공간의 유형학

건축과 디자인에서 유형의 연구와 활용 ②

나남
nanam

한국연구재단 학술명저번역총서
서양편 331

공간의 유형학
건축과 디자인에서 유형의 연구와 활용 ②

2012년 4월 30일 발행
2012년 4월 30일 1쇄

엮은이_ 캐런 프랭크 · 린다 쉬니클로스
옮긴이_ 한필원
발행자_ 趙相浩
발행처_ (주) 나남
주소_ 413-756 경기도 파주시 교하읍
출판도시 518-4
전화_ (031) 955-4601 (代), FAX : (031) 955-4555
등록_ 제 1-71호(1979.5.12)
홈페이지_ http://www.nanam.net
전자우편_ post@nanam.net

ISBN 978-89-300-8572-4
ISBN 978-89-300-8215-0 (세트)
책값은 뒤표지에 있습니다.

'한국연구재단 학술명저번역총서'는 우리 시대 기초학문의 부흥을 위해
한국연구재단과 (주)나남이 공동으로 펼치는 서양명저 번역간행사업입니다.

공간의 유형학

건축과 디자인에서 유형의 연구와 활용 ②

캐런 프랭크 · 린다 쉬니클로스 엮음 | 한필원 옮김

나남
nanam

공간의 유형학

건축과 디자인에서 유형의 연구와 활용 ②

차 례

제 4부 유형을 통한 유희

제11장 유형에 대한 한 미술가의 시각_낸시 울프 11

제12장 유형의 안과 밖_진 라마쉬 33
서문 35

제13장 기억 그리고 장소 만들기_프랜시스 다우닝 63
심상 그리고 경험의 형성 66
기억과 설계 69
설계 이미지의 원천 72
기억 그리고 설계 추정 81
기억과 혁신 88
결론 91

제 5부 학문에서의 유형

제 14장 유형 그리고 건축학의 가능성_구이도 프란체스카토 97

유형이란 무엇인가? 99

유형, 그리고 건축적 대상물의 성격 114

건축과 연구 117

건축의 도구적 학문을 위하여 125

결론 131

제 15장 분석도구로서의 유형: 재해석과 적용_로데릭 로렌스 137

분석도구로서의 유형 138

공유지식의 총체로서의 유형 142

연구에 대한 적용: 스위스의 도시주거와 가정생활 144

건물·주거 배치의 분석 145

기록 자료의 분석 158

공간의 의미와 사용 해독 160

유형의 통합적 해석 162

제 16장 인공경관의 이해: 유형형태학_안느 베르네 무동 167

이탈리아의 무라토리Muratori와 카니지아Caniggia 170

영국의 콘젠과 도시형태학연구 그룹 183

프랑스의 베르사유 학파 194

결론 209

제 6부 유형과 사회적 실천

제 17장 표본화 그리고 사회의 건설: '사라진 후원자'_데이비드 반더버그 **215**
대중의 시대 216
표본화와 부르주아지 계급 222
건축과 기능유형 226
결론 244

제 18장 내 유형이 아닐 뿐이다: 젠더, 관례, 그리고 불확실한 용도
_앨리스 프리드먼 **251**

제 19장 유형은 우리다_캐런 프랭크 **277**
가변적인 망으로서의 유형 279
망 드러내기 285
용기container가 아닌 망의 계획과 설계 307
결론 326

· 옮긴이 해제: 유형학의 역사와 개념 333
· 참고문헌 347
· 찾아보기 379
· 저자 · 역자 약력 391

제4부

유형을 통한 유희

PLAYING WITH TYPE

제11장

유형에 대한 한 미술가의 시각

냅시 울프 Nancy Wolf

이 장에서 미술가인 필자는 일반적으로 인정되고 있는 유형의 정의와 용도에 대해 자유롭게 의문을 제기하고자 한다. 이런 과정을 통해 건조환경에 대한 우리의 지식, 그리고 장소와 공간에 대한 우리의 관계에 이의를 제기하려는 것이다.

이 글에 게재한 드로잉·회화·판화는 내가 지난 20년에 걸쳐 근대적 경관에서 목격한 도시 형태와 공간의 변화를 비판한 내용을 담고 있다. 이 글에서 나는 내 그림들에 대해 기술했는데, 이는 급격히 변화하는 환경에 대한 나의 시각적 대응을 언어로 표현한 것이다. 매우 성공적인 건물과 도시공간에는 생기가 있음을 직관적으로 느낄 수 있다. 그것들은 우리의 내적 자아가 외면화된 형태다. 그것들은 우리의 물리적 요구는 물론 희망과 꿈, 그리고 사회적 신념을 보여준다. 그러나 현대의 건물과 그것을 둘러싼 공간에는 근대적 기술과 소비자의 요구 이외의 것들은 거의 반영되어 있지 않다.

최근 나는 장기간 비서구권 문화에서 여행하고 생활했다. 그동안 나이지리아·네팔·인도에서, 사람들의 매우 내밀한 물리적·심리적 요구와 신념을 외부세계와 통합하기 위해 만들어낸 매우 강렬한 건물과 공간을 보았다.

네팔 건축가인 순다르샨 라지 티와리(Sundarshan Raj Tiwari)는 전통적인 네팔 건설자들이 "순례자에게 배경음을 만들어주기 위해, 새벽녘과 땅거미가 질 무렵 바람의 속도에 맞추어 경쾌하게 딸랑거리는 종의 특성을" 사용해왔음을 설명한다(Tiwari 1989, 102). 가나의 시인인 코피 아우노르(Kofi Awoonor)는 "내 내면의 오두막집에서 또다시 외친 신들"에 관해 자극적으로 말한다(Egudu 1977, 69). 한편 도시사회학자인 리처드 세네트(Richard Sennett)는 다음과 같이 말한다.

> 고대인들은 도시에서 그들의 눈을 통해 정치적인 경험과 종교적인 경험, 그리고 에로틱한 경험에 관해 생각할 수 있었던 반면, 근대의 문화는 내부와 외부 사이의 분리로 인해 어려움을 겪고 있다. 그것은 주체적 경험과 세상적 경험, 혹은 자아와 도시 사이의 분리다. 심지어 사람들이 내적 삶을 구체화하려고 할 때마다 애를 먹는 것이 우리 문화의 특징이다. 이에 따라, 우리는 우리의 기원으로부터는 물론, 가면·춤·의식·신전·신성한 장소·우주론을 통해 주체적 삶과 물리적 요소를 연결하는 비유럽권 문화로부터도 차단되어 있다(Sennett 1990, xii).

20세기 중반에 루이스 멈퍼드(Lewis Mumford)는 "인간은 신의 이미지 속에서, 신이 정해놓은 정도까지 자란다"고 썼다(Mumford 1961, 575). 20년 전 내가 건축과 관련지어 사람들을 그리기 시작했을 때, 유형·장소·공간을 규정하는 신은 유용성·효율성·상업·양식·기술, 그리고 사람들의 필요에 따라 벌인 웅장한 도시재생사업이었다. 나는 그 결과 나타난 유형과 공간이 사람들에게 미친 심리적 영향을 당황스럽게 바라보았다. 나는 도시 공간과 형태의 새로운 유형들로 인해 우리 자신과 지역사회 안에 점점 더 황폐와 격리, 그리고 절망이 나타나는 것을 보았다.

1974년의 드로잉인 〈도시의 입구〉(*Entrance to the City*)는 어느 정도 르코르뷔지에의 '빛나는 도시'(*La Ville Radieuse*)에 근거하고 있다. 그 당시 도시개발 사업의 중요한 특징인, 똑같은 모습의 거대한 오피스타워가 스카이라인을 압도하고 있다. 이런 사업 과정에서, 마을의 느낌을 유지하기 위해 필수적인 도시의 많은 친밀한 공간과 표현적이고 세밀한 건물들이 파괴되었다. 여기에 도시와 교외를 연결하는 고속도로를 그렸는데, 그것으로 교외와 도시 사이에 있는 미묘하고 중요한 많은 전이지구(*transitional neighborhood*)가 분할되었다. 그런 지구들의 사회적 패턴이 교란됨에 따라 사람들은 절망하고 그에 따라 자신의 집과 지역사회를 방기하고 파괴하게 되었다.

같은 시기에 제작한 에칭 콜라주(*etching collage*)인 〈미래도시 #5〉(*Future City #5*)에서 나는 대량 생산된 주거를 미로의 주거로 표현했는데, 집들이 다른 집의 꼭대기에 놓여있거나 도로변을 따라 늘어서 있다. 그곳에는 가로를 바라보거나, 잡담을 하거나, 태양을 즐기는 기분 좋은 구석이

그림 11-1 〈도시의 입구〉(Entrance to the City). 1974. 종이에 연필. 사진: 낸시 울프

그림 11-2 〈미래도시 #5〉.
1972. 플렉시 유리(plexiglass) 위에 에칭 콜라주.
사진: 낸시 울프, 마샤 마테이카 갤러리
(Marsha Mateyka Gallery), 워싱턴 D.C.

그림 11-3 〈캘리포니아 해안선〉. 1974 종이 위에 연필. 사진: 낸시 울프.

나 현관 포치가 아니라, 사람들이 숨어드는 불길한 비인간적인 모퉁이들이 있다. 이 '미래도시'에는 친구들과 만나 커피 한 잔을 마시며 생각을 나누거나 함께 모여 잔치를 열 수 있는 중앙광장이 없다.

〈캘리포니아 해안선〉(*California Coastline*)은 〈미래도시 #5〉의 교외판이다. 여기서도 교외주택과 이동주택은 나무 한 그루 없이 태양이 내리쬐는 살벌한 지역에 있어서 은신처라는 친밀한 느낌을 주지 못한다. 그곳 어디에서도 공간을 통해 의미 있게 나아간다는 느낌을 받을 수 없다. 발전소 · 송전선 · 가스탱크 · 집단 표준주택 · 이동식 주택, 이 모든 것의 형태는 획일적이며 똑같이 느껴진다. 사람들은 이 불모의 교외 경관을 보자마자 마음이 멀어지게 된다.

많은 근대 도시와 교외 계획의 바탕을 이루는 형태는 격자다. 격자는 도시계획가와 건축가 모두의 요구를 충족한다. 도시계획가는 그것을 이용해 효율적이고 합리적으로 계획할 수 있다. 건축가는 그것을 이용해 프리캐스트 모듈 형태를 기념비적 고층건물로 손쉽게 번안할 수 있다. 격자는 무한히 확대될 수 있다. 격자가 무한히 펼쳐져서 광대한 미국의 지평선을 채울 수 있고, 종종 실제로 채우기도 한다. 그러나 격자가 가장 작고 즐거운 일상생활의 세밀한 부분을 충족시킬 수는 없다. 격자는 환경에 대한 우리의 근대적 사고방식을 실체적으로 나타낸다. 〈격자의 포로〉(*Prisoner to a Grid*, 1973)는 이러한 사고방식의 잘못을 시각화한 것이다. 근대 건축의 밋밋한 격자가 곧 철거될 빅토리아양식의 타운하우스를 에워싸고 있다.

1977년에 그린 〈조세법원〉(*Tax Court*)은 빅터 런디(Victor Lundy)가 워싱턴 D. C. 도시 재개발 사업의 일환으로 설계한 미국 조세법원을 토대로 한 작품이다. 이 그림은 도시적 맥락에서 건물의 적절한 규모와 위치가 무엇인지 묻는다. 이 건물은 뒤로 도시를 두고 앞으로는 낮은 고속도로를 바라보고 있다. 이것은 도시구역의 철거와 재생으로 만들어진 임의적인 공간에 특정 기능을 가진 단일체(*monolithic*) 건물을 도입함으로써 수많은 도시적 고려사항과 관심사를 무시한 사례다.

그림 11-4 〈격자의 포로〉 1973
종이 위에 목탄연필, 마일라(*mylar*) 및 금속 마일라(*metalized mylar*) 코팅.

그림 11-5 〈조세법원〉. 1977. 캔버스 위에 오일. 사진: 랜스 와이먼(Lance Wyman)

나는 수년간 근대주의 건축을 시각적으로 비평한 데 이어, 1970년대 말에는 버려진 도시 건물을 새롭게 그리기 시작했다. 이들 드로잉에서는 폐허로 분해되는 건물유형들을 묘사했다. 그것들은 우리 자신과 환경 사이의 연관성이 상실되면서 나타난 절망감을 보여준다. 나는 1960년대와 1970년대에 이런 상실감이 일어나는 것을 목격했다. 또한 유형의 형태가 이렇게 분해되는 것을 보면서 우리의 가치들을 재평가하지 않으면 안 된다고 느꼈다.

〈새로운 장소로의 여행〉(*Journey to a New Place*, 1979) 에서 나는 비계와 가림막을 설치한 채 서 있는 근대적인 단일체 건물들을 다루었다. 나는 퇴락한 도심에서 일부가 철거되고 파괴된 건물 위에 걸쳐진 비계와 가림막

그림 11-6 〈새로운 장소로의 여행〉. 1979. 종이 위에 연필. 사진: 낸시 울프.

을 아주 자주 보았다. 나는 새로운 건물의 기단 주위에 있는 부끄러운 도시의 쓰레기를 모아서 그렸다. 그러나 〈건축가의 딜레마〉(*Architect's Dilemma*, 1981)에서 나는, 일부가 파괴된 건물의 잔재 안에 기분전환이나 희롱을 허용하는 '형태의 융통성'이 숨어있다고 주장한다. 이 드로잉은 이런 절망의 잔재에서 해법을 암시받을 수 있는지를 묻는다. 멀리 있는 근대주의자의 고층건물 기단 주변에는 근대주의 도시의 진공 안에 갇힌 사람들의 형식적이고 경직된 행태가 묘사되었다.

도심이 쇠퇴하고 점차 버려짐에 따라 건축가들과 비평가들은 실패의 이유를 이해하려고 했다. 근대주의 건축에 대한 비판을 수용하여 지은 새로운 건물들을 보았을 때, 건축가들이 아직 근본적인 문제를 이해하지 못한 것 같았다. 근대주의 건축과 도시공간이 차갑고 비인간적이라는 비평가와 대중의 우려에 대응하여, 건축가들은 형태의 불모를 해결하기 위해 기교, 양식, 그리고 역사적 인유(引喩)를 채용했다. 그러나 탈근대주의 건물에서 건축가들은 단지 근대주의 건물의 정면만을 변경시켰다. 그들은 유형을 변화시키지 않았다. 건축가들은 건물유형에 관한 사고방식이 그토록 심각하게 격리된 건물과 공공공간을 만드는 데 일조했다는 사실을 이해하지 못했다.

〈숨겨진 갈망〉(*Hidden Longings*)은 근대주의 건물의 내부 장면이다. 여기서는 위로 끝없이 펼쳐지는 격자를 가리려고 장식된 표면을 중첩시켜 놓았다. 이렇게 전통건축의 기교를 더했음에도 불구하고 이 공간은 장소성을 불러일으키지 못한다. 홀로 또는 줄지어 서 있는 사람들은 수동적이다. 그들이 이 공간에 존재하는 이유는 불분명하다. 그들은 근대주의적 공간에서 흔히 보는 사람들의 모습이다. 빗장을 지른 판유리 문의 너머에 그리스 신전과 아프리카 오두막의 좀더 친밀한 세계가 보인다. 드로잉의 제목에 암시되어 있듯이, 우리는 그 세계에 다다를 수 없다.

〈벽 안에 있는 산 피에트로의 템피에토〉(*Tempietto of San Pietro inside the Walls*)에서 브라만테(Bramante)의 성당이 근대주의자 기획의 초점 역할을 한다. 이 드로잉은 이들 두 건물유형 사이에 상호작용과 통합이 없음

그림 11-7 〈건축가의 딜레마〉. 1981. 종이 위에 연필과 색연필. 사진: 낸시 울프.

그림 11-8 〈숨겨진 갈망〉. 1987. 종이 위에 콩테 연필. 사진: 이바인케리(eeva-inkeri)

을 비판한다. 이는 앞의 〈격자의 포로〉(*Prisoner to a Grid*) 와 유사한 표현이다. 두 경우 모두에서 역사적 형태가 감금되어 있다. 그 빅토리아양식 주택은 파괴되었는데, 나는 1960년대의 도시 재생 사업에서 그런 파괴를 아주 자주 목격했다. 한편 탈근대적 기획에서는 브라만테의 성당이 잘 모셔지겠지만 근대주의의 환경 속에서 생명력을 잃고 말 것이다.

1986년에 제작한 〈집 안의 집〉(*Das Haus Im Haus*) 이라는 드로잉의 주제는 프랑크푸르트에 있는 웅거스(O. M. Ungers) 의 〈독일건축박물관〉[1] 이다. 이 드로잉은 웅거스가 사용한 유형을 비판하려는 의도로 제작되었다. 기교와 아이러니가 풍부한 세련된 공간인 웅거스의 **집**이 식상한 19세기 말 빌라 안에 건축되었다. 그러나 집이란 무엇인가? 그것의 기능은 무엇인가? 냉정하게 중립적인 웅거스의 집은 어떤 목적에 쓰이는가? 익명의 노숙자들이 그 주변과 내부에 붐비는데, 그들은 그곳에 있을 수 있지만 편안하지는 않다. 그 집의 앞에서는 즉흥가면극의 인물들이 근처의 고통받는 사람들은 안중에도 없는 듯 시시덕거리는 연기를 한다. 그 집의 아래로는 군중이 물결을 이룬다. 그들의 목적지는 불분명하다. 위의 구름에는 아래의 장면이 반영되어 있다.

이 책 표지의 드로잉인 〈완벽한 질서〉(*Perfect Order*) 는 1988년 완성했는데, 현대 도시환경의 조감 장면을 해석한 것이다. 명확히 분화된 각각의 영역에 건물 · 공간 · 거주자가 정해져 할당되어 있다. 이 질서에는 우리의 자신에 관한 사고방식이 반영되어 있다. 가운데에는 거석문화의 탈근대적 간판건물(*signature building*) 이 있다. 그 선두에는 필립 존슨의 유명한 치펜데일 빌딩(Chippendale Building) (AT&T) 이 있다. 이들 건물은 격식을 갖춘 웅장한 정원 위로 솟아있다. 높은 벽이 부자와 권력자들을 오른쪽에 있는 과거의 황폐한 도시로부터 고립 · 격리시킨다. 그리고 왼쪽에 있는 교외 "주변도시"(*edge city*)[2] 는 얽힌 고속도로망으로 구분된다.

1980년대 초 이러한 공간 · 장소의 질서에 이의를 제기하는 일은 시들했다. 이런 건물 · 공간의 건축 유형이 어떻게 인간정신을 계몽하고 고무할 수 있는지 묻는 사람은 적었다. 한 장소에서 다른 장소로 진행하는 순례의

그림 11-9 〈벽 안에 있는 산 피에트로의 템피에토〉. 1987. 종이 위에 콩테 연필. 사진: 이바인케리

그림 11-10 〈집 안의 집〉. 1986. 종이 위에 연필. 사진: 이바인케리, 마샤 마테이카 갤러리, 워싱턴 D.C.

느낌을 상실했음을 알아차린 사람은 훨씬 더 적었다. 눈을 즐겁게 하고 마음을 자극하는 친밀한 장소는 거의 없었다. 이런 환경에서 우리는 사회가 부와 권력에 경의를 표하는 것을 분명히 목격했다.

우리는 건물과 공간의 진정한 기능이 무엇이어야 하는지 알지 못했다. 사회와 그것에 봉사하는 건축가는 회사의 간판건물, 장식적인 몰(*mall*), 디즈니식의 현실 도피적 판타지 건축을 만들어냈다. 이런 건축은 벽 안에 갇혀있어서 주변에 대해 무관심하다. 근대주의의 황폐함과 차가움에도 불구하고, 훌륭한 근대주의 건축가들은 그들의 공간에 거주하는 모든 사람들에게 빛과 공기를 제공하겠다는 유토피아적 꿈을 가졌다. 이와 대조적으로 탈근대주의는 자의식적이고 자기 함몰적이다.

AT&T 건물은 탈근대주의 운동의 간판건물이 되었다. 사람들은 그 건축을 지대한 관심을 가지고 바라보았다. 그것에 관한 글과 분석이 많이 발표되었다. 그러나 가로 높이에서 볼 때 건축가의 아이디어는 실망스러운 것이었다. 거대한 아치가 어둡고 불길한 공공공간을 만들어냈다. 그 공공공간에는 작은 회색 철제탁자와 의자가 배치되어서 훨씬 더 동굴 같아 보였다. 사람들은 이전의 파시스트 건축을 떠올렸다. 지금 그 건물을 소유하고 있는 소니(SONY) 사는 가로 레벨의 공간을 리노베이션했다.

에드워드 라라비 반스(Edward Larrabee Barnes)는 뉴욕시의 IBM 건물에 좀더 활기찬 공공공간을 만들었다. 태양과 빛을 받아들이는 투명한 공간격자가 큰 마당 위에 걸쳐있다. 이 공간에서 나무와 꽃이 잘 자라고 있다. 음식은 유쾌한 컬러 카트로 서비스 되며, 계절에 따라 오락거리가 제공된다. 밀도 높은 사무소 건물과 상업 건물에 접해있어서 어떤 때는 이곳에 빈자리가 없다.

그림 11-11 〈새로운 현실〉. 1990. 종이 위에 연필. 사진: 제임스 디(D. James Dee)

그림 11-12 〈미묘한 균형〉. 1990. 종이 위에 콩테 연필. 사진: 제임스 디

□□□

근대주의의 이상주의적 꿈과 탈근대주의의 맥락적 역사주의에 대한 열정이 약해진 후에 "이른바 건축적 확실성의 침식"을 딛고 새로운 운동이 일어났다(Giovannini 1988, 43). 해체주의 건축은 "본래의 딜레마"(*inherent dilemma*)를 건물 안에 위치시킴으로써 건물에서 "이종의(*disparate*) 텍스트들과 부분들"을 조사하고자 한다(Johnson and Wigley 1988, 11). 나는 하나의 건물유형이 다른 것에 미치는 영향을 조사하기 위해서, 이런 "건물 안에 있는 본래의 딜레마"를 건물들 사이에 있는 본래의 딜레마로 확대했다.

이아코프 체르니코프(Iakov Chernikhov)가 만든 구성주의의 구성에 바탕을 둔 〈새로운 현실〉(*New Realities*), 〈미묘한 균형〉(*Delicate Balance*) 등의 드로잉은 미드타운(midtown) 맨해튼에 있는 하이테크 건물들과 로어(lower) 맨해튼의 캐스트 아이언(Cast Iron) 지구에 있는 오래된 산업·상업 건물들 사이의 불편한 관계를 보여준다. 이들 드로잉에서 주철건물을 과도한 규모의 고층건물에 얹음으로써 우리 사회에서 건물을 짓고 사용하는 규모와 태도가 엄청나게 변했음을 강조했다. 고층건물은 주로 투기꾼들이 건축하고 20세기 중반의 세련된 컴퓨터 기술을 다루는 대규모 회사가 입주한다. 19세기에 지어진 주철건물들에는 대개 개인 소유의 소규모 직물상점, 섬유제조업, 창고업 등이 입주해 있었다. 이 건물들은 "소유자에게 커다란 자부심의 대상"이었다(Gayle and Gillan 1974, vi).

〈광고판의 꿈〉(*Billboard Dream*, 1989)은 건물의 정면을 모아 연출한 것인데, 필라델피아에 있는 헬무트 얀(Helmut Jahn)의 〈원 리버티 플레이스〉(*One Liberty Place*)를 그 초점에 놓았다. 이 작품은 부분적으로 18세기 이탈리아의 **치네아**(*Chinea*, 불꽃놀이 기계)에서 영감을 얻었다. 피에르 장 그로슬레(Pierre Jean Grosley)는 그 당시 이 기계에 대해서 다음과 같이 썼다. "저녁마다 장식이 바뀐다. 항상 마지막 것이 가장 눈부시다. 어떤 것도 지난해의 것과 닮지 않았다"(Myers and Boorsch 1971, 230에서 재인용).

그림 11-13 〈광고판의 꿈〉. 1989. 종이 위에 콩테 연필. 사진: 제임스 디

버려진 도시에 일부가 잘려나간 채 아무렇게나 널려있는 건물의 구조체와도 같은, 역동적이고 파격적인 재료를 사용한 해체주의 건축은 건축가·도시계획가·비평가들이 장소·공간·유형에 대한 현 시대의 관점을 재점검하는 계기를 마련해 준다. 이 드로잉으로부터 우리는 인간과 환경의 관계에 의문을 갖게 되고, 어떻게 하면 건축이 인간의 꿈과 열망을 잘 충족할 수 있는지 질문하게 된다. 퍼트리샤 라이 브라운(Patricia Leigh Brown)의 〈뉴욕타임스〉 기사에서 노숙자가 집 없음에 대해 간단히 설명하듯이, "집은 당신이 누구인가를 말해준다"(*a home is the idea of who you are*, 〈뉴욕타임스〉, 1993년 3월 28일자). 허버트 머스햄(Herbert Muschamp)은 최근 완공된 워싱턴 D. C.의 〈대학살박물관〉(*Holocaust Museum*)에 대한 평론에서 "장소는 지식의 형태다"라고 알기 쉽게 말한다(〈뉴욕타임스〉, 1993년 4월 11일자). 환경이 우리의 희망과 꿈을 반영하도록 하려면 우리는 환경에 어

그림 11-14 **〈순례〉**. 1993. 캔버스 위에 아크릴. 사진: 토니 홈즈(Tony Holmes)

떤 기여를 해야 하는가? 우리가 가치 있게 생각하는 것들을 우리의 내면으로부터 어떻게 드러낼 수 있을까, 우리가 어떻게 그것들을 건축 유형으로 번안할 수 있을까? 우리는 속도를 필요로 하는가, 아니면 연결을 필요로 하는가? 우리는 양식(*style*)을 원하는가, 아니면 도시의 평온을 원하는가?

우리는 선택을 통해 유형을 다시 정의할 수 있다. 주차장은 광장이나 스포츠 공원이 될 수 있다. 주유소는 만남의 장소가 될 수 있다. 광고판은 정신의 표지가 될 수 있다. 격자는 만다라가 될 수 있다. 버려진 공장은 미술가의 작업실이 될 수도 있다. 강둑을 따라 난 고속도로는 산책하는 공원이 될 수 있다. "도시 위의 도시"인 〈순례〉(*Pilgrimage*, 1993)에서 나는, 지역사회나 공동체 사이의 연결이 근대적 경관에서 어떻게 나타나는지 알아보기 위해 우리가 가진 가치의 질서를 전복하는 시각적 가능성을 탐색했다. 건축 비평가인 볼프 폰 엑카르트(Wolf Von Eckardt)는 다음과 같이 썼다.

> 공동체의 빛으로 인간 정체성의 그림자가 드리워진다는 사실은 거의 간과되어 왔다. 공동체를 매우 추상적인 의미로 본다면 그렇지 않겠지만, 영혼이 육체에 관련되듯 공동체는 다시 그것의 물리적 환경에 관련된다. 우리가 공동체에서 정체성을 확인하고 또 그로부터 정체성을 얻는다고 할 때, 공동체는 건물과 장소(*locus*), 곧 이런 상호관계가 만들어 낸 물리적 장소 없이는 온전히 존재할 수 없다(Von Eckardt 1967, 31).

나는 전통적인 네팔의 도시를 걸으면서 진정한 연결은 수많은 작은 암시들(*reminders*)로 이루어진다고 느꼈다. 우리가 고개를 돌려 볼 때마다, 그리고 우리가 걷는 길의 모퉁이마다에서 그 암시들을 볼 수 있다. 그것들은 우리의 발밑에, 그리고 우리가 하늘을 응시할 때 지붕 위에 있다. 그것들은 바람에 딸랑거리는 종에도 있고, 사원 조각의 정교한 세부에도 있다. 그것들은 시간과 영원함으로 이루어진다.

역자 주

1) 독일 포스트모던 건축의 거장인 오스왈트 마티아스 웅거스(Oswald Mathias Ungers)가 설계한 〈독일건축박물관〉(*Deutsches Architektur Museum*)은 건축 전문 박물관이자 건축 자료 보존관이다. 프랑크푸르트(Frankfurt am Main)에 소재한 이 건축물은 1979년에 재단이 설립되었고 1984년에 처음으로 일반에 공개되었다.

   웅거스는 19세기에 지어진 빌라의 외벽만 남겨두고 완전히 개조하여 내부공간에 큐브에 기초한 4층의 형태로 강력하고도 장대한 인테리어를 창출했다. 이로써 건물 자체가 국제적 명성을 얻었다. 〈독일건축박물관〉에서 웅거스는 그 지역과 건물이 지니고 있는 장소적 가치를 형태론적 구상으로 수용할 뿐만 아니라, '집 안의 집'(*Haus in Haus*)이라는 건축 테마를 전개해 복합적인 기억의 건축을 구현했다.

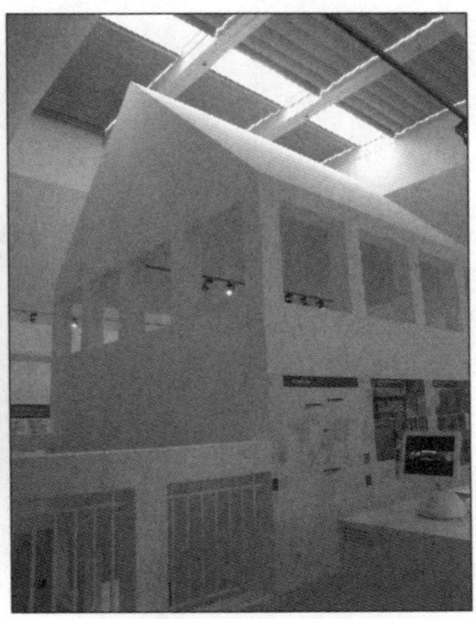

독일건축박물관의 외부(위), 내부(아래). 사진: 나승철.

2) 베드타운의 기능에서 소매·금융·위락 기능이 있는 중심지로 변화하는 교외 지역을 말한다.

제 12 장

유형의 안과 밖

진 라마쉬 Jean La Marche

이 장은 주석을 모아놓는 형식으로 구성했는데 이에는 몇 가지 이유가 있다. 알도 로시(Aldo Rossi)의 건축 의도를 글의 형태로, 유추적으로 예시하고자 한 것이 그 이유 중 하나이다. 로시의 "망각하는 건축"(*forgetting architecture*)을 건축에 관한 생각하기와 글쓰기의 반복과 나란히 놓고 비교해보려는 것이다. 텍스트[1]는 모방하고 반복한다. 그것은 예시할 뿐 아니라 설명한다. 그 예시는 공간적이고 시간적이다. 〔나는 '텍스트'라는 용어를 다음과 같이 두 가지 의미로 사용한다. (a) 한 가지는 원고, 책 또는 신문의 본문이라는 일반적 의미다. 그리고 (b) 좀더 중요한 또 한 가지는, 경험은 일반적으로 '읽기'로 간주될 수 있으며 따라서 그것을 문학적·언어학적·기호학적 비평으로 분석할 수 있다는 의미다.〕*

---

* 은유적으로 볼 때, '텍스트'라는 의미를 바꾸는 데 영향을 미친 사람 중 한 사람인 자크 데리다(Jacques Derrida)가 텍스트를 다루는 방식은 유형에 대한 로시의 개념과 비슷하다. 로시의 유형에 대한 개념은 앞으로 이 글의 본문에서 서술될 것이다. 로버트 버나스코니(Robert Bernasconi)는 데리다의 입장을 다음과 같이 설명한다. "해체적 또는 이중적 읽기가 텍스트들을 속속들이 규명하여 이전의 읽기보다 더 진전된 '루소(Rousseau) 식의 읽기'를 하려는 것은 아니다. 오히려 '새로운' 읽기와 그보다 앞선 읽기들 사이의 **관계**가 관심사다. 실제로, '새로운' 읽기는 지배적인 읽기를 가져온 배경이 무엇인지를 알려는 시도

여기서 텍스트는 두 가지 방식으로 공간화되었다. 먼저 자료를 관례적으로 본문과 각주 · 인용 · 참고문헌 등 여타의 정보〔인유(*allusion*)나 연상을 포함한〕로 구분함으로써 텍스트는 공간화되었다〔비록 나는 원래의 텍스트(*original text*) 역시 목소리들의 집합이라고 주장하지만, 그래도 그것에 무게를 둔다〕.

또한 텍스트는 다른 목소리들의 축적, 반복, 그리고 어떤 시각적 조작을 통해 공간화되었다.* 텍스트를 공간화한 의도는 '망각'의 유형학을 사용한 로시의 의도와 작가의 힘이 개입된 문학 이론 · 비평 사이의 관련성을 보여주기 위해서다. 여기서 텍스트의 의도는 예시하는 것, 곧 로시의 유형

에서 나타난다. 지배적인 읽기만큼 로고스 중심주의가 드러나는 곳은 없다. 이런 식으로, 데리다는 그가 연구하는 텍스트에 대한 선행 (그의 생각으로는, 일방적인) 해석의 기억과 정기적으로 씨름하며 그럼으로써 그 기억을 유지한다. 그의 루소 읽기도 예외가 아니다. 그가 《언어의 기원에 대한 에세이》(*Essay on the Origin of Languages*)에 대한 논의를 글 쓴 날짜에 대한 논쟁으로부터 시작한 것은 우연이 아니다. 이전의 해석들은 무시될 수 없다. 데리다에게 그러한 읽기들은 텍스트에 해당한다. 그것들은 서로 짜여서 텍스트를 이룬다. 결론적으로, 텍스트는 그것을 다양하게 읽어온 역사라고 정의될 수 있다. 데리다가 사용하는 부가(*adding*)와 대리(*substituting*)라는 루소 식 개념으로 볼 때, '계속되는' 새로운 읽기는 그것이 다루는 이전의 해석들에 부가될 뿐 아니라 그것들을 보충한다(*supplement*). 그래서 데리다가 부가한 새로운 해석에만 초점을 맞추어 데리다를 주석한 사람들은, 이중적 읽기가 좀더 복잡한 병치를 통해 '나뉘면서 통합된 하나의 움직임'이 된다는 점을 인식하지 못한다."(Bernasconi 1992, 147). 도시의 역사와 건축에 대한 로시의 시각은 텍스트의 읽기에 관한 데리다의 입장과 유사하다.

* 목소리들은 다음과 같다. JB: 호세 버스카글리아(Jose Buscaglia), EC: 엘리자베스 크롬리(Elisabeth Cromley), MF: 미셸 피셔(Michelle Fisher), KF: 케네스 프램튼(Kenneth Frampton), KAF: 캐런 프랭크(Karen A. Franck), AF: 앨리스 프리드만(Alice Friedman), BG: 브루스 굿윈(Bruce Goodwin), JK: 존 크네슬(John Knesl), NCM: 니콜라스 마르코비치(Nicholas C. Markovich), TM: 토마스 미캘(Thomas Mical), 그리고 LS: 린다 쉬니크로스(Lynda Schneekloth).〔역자 주 — 원서에는 이들의 '목소리'들이 제시되어 있으나, 내용이 지나치게 복잡하여 이 번역서에서는 제외했다.〕

에 대한 개념[2]을 공간적으로 유추하고 구체적인 산문으로 반복하는 데 있다.*

텍스트의 일시성은 독자의 시간관념, 곧 독백과 반대되는 대화의 **속도**, 그리고 흔적(*trace*)[3]의 일시성과 관련이 있다. 흔적이란, 원래의 55개 주석 중 일부는 사라졌고 그것들을 둘러싼 대화가 역사 혹은 기억으로 남은 것을 말한다. 이러한 종류의 텍스트를 읽는 데 드는 시간은 관례적인 텍스트를 읽는 데 드는 시간과 판이하다. 읽는 속도는 읽기에 등장하는 목소리들의 수와 질, 그리고 목소리들이 관련되는 방식에 따라 달라진다.

요컨대, 이 장의 의도는 예시를 하는 것이다. 그것은 글쓰기에서 로시의 "망각하는 건축"을 유추하는 것이다. 구조와 기원(건축)에 나타난 작가의 힘은, 과거에는 주변화되었으나 이제 텍스트 비평에서 중요시되는 타자들(삶)과 관련성을 갖는다. 주석은 원래의 텍스트와 경쟁하며, 때로는 형태/바탕(*figure/ground*)이 역전되듯 텍스트를 압도한다.

서문

1950년대 후반에 이탈리아 건축가 알도 로시는 건축에서 유형의 개념을 부활시키는 데 일조했다. 근대주의 작품들의 단순한 표피 이면에서 유형이 소생함에 따라서 그간 학문적인 이론과 실천에 머물러 있던 역사가 다시 관심을 끌게 되었다. 또한 근대주의자들이 억제하고 회피했던 기원 ·

* 이 텍스트와 로시의 작품이 갖는 관련성은 여러 복합적인 문제와 얽혀있다. 그 중 하나가 유형을 기원(*origin*)으로 보는 개념인데, 그것은 계몽주의가 유형을 해석하는 가장 중요한 방식 가운데 하나였다. '원래의' 55개 주석은 어떤 텍스트를 이루는 많은 목소리들로 이루어진 반면, 이 텍스트에 남은 것들은〔*모두 43개임〕 어떤 글쓰기나 모든 건축에 축적된 목소리들을 이끌어내기 위해 마련한 하나의 통일된 주석 모음으로 볼 수 있다. 만일 주석자들 사이에 교환의 과정이 계속되었다면, 최종의 텍스트에는 '원래의' 주석들이 없는 상황이 전개되었을 것이다. 기원은 미끄러져 부재의 상태가 되었을 것이다.

원리 · 법칙에 관한 오래된 질문들이 활기를 되찾게 되었다. 로시는 새로운 개념의 유형을 확립했다. 그 유형에는 그가 거침없이 추구했던 시적인 목표와 물질주의적 확신이 발현되었으며, 그 유형은 삶의 증거이자 조건이 되었다. 그의 확신과 관심으로 인해, 이성과 기억의 건축(Moneo 1978) 혹은 사물에 기억을 도입하는 건축(Eisenman 1982)을 위한 자료가 마련되었다. 그런 건축에서 형태는 이미 의미를 상실했으며 그에 따라 유형이 커뮤니티의 삶을 드러내는 바탕이 되었다.

건축에서 유형의 재생이나 갱신은 구조주의의 여러 양상들과 유사했고 또한 그것들을 인용해 정당화되었다. 건축에서 구조주의가 가장 분명히 발현(*manifestation*)된 것은 바로 이 지점이며, 이에 따라 건축을 사고하고 만들 수 있는 (만들어야 하는) 구조들이 제안되었다.* 로시가 제시한 유형의 개념이 결국 그랬던 것처럼, 건축을 사고하고 만드는 일에는 정치적인 논제가 포함되었다. 다음의 텍스트에서 유형 전반, 특히 알도 로시의 작품에 관련되는 정치적 논제와 그 밖의 논점들을 다루고자 한다.

일

그리스어에서 유형의 원래 의미는 '자국'(*impression*)이나 '형상'(*figure*)과 관련되었다. 그리고 그것은 '친다'(*to beat*)라는 동사에서 유래했다.

이

알도 로시는 이것을 뒤집어 유형을 바탕(*ground*)으로 생각한 것으로 보인다.** 유형은 비전형성(*atypicality*), 곧 비유형(*non-type*)에 대한 관계,

* 이런 발현의 예들은 많다. 피터 아이젠만(Peter Eisenman)의 초기 작품도 그런 예인데, 제한된 수의 자율적인 건축적 원형(*archetype*)을 사용했고 노암 촘스키(Noam Chomsky)의 구조언어학에 대한 관심을 바탕으로 했다(Eisenman 1987). 그 밖에 아이젠만(Eisenman 1975a와 b)도 참조할 것.

** 나는 텍스트에서 바탕(*ground*)이라는 용어를 다음과 같이 두 가지 방식으로 사용한다. (a) (형태심리학에서 형태/바탕의) 배경으로서, 그리고 (b) 개념을 구축하는 토대로서 사용한다. 전자의 용법은 로시가 건축과 극장 사이에 유추

또는 로시 작품에서 나타나는 삶(커뮤니티 생활의 "사건들")에 대한 관계 등 이원적 관계에서 형성될 수 있다. 그러나 유형과 관련해 비전형성이 의미하는 것은 무엇인가? 비유형은 무엇인가? 크게 보면 삶이 비전형적으로 보일 수 있지만, 우리가 삶의 비전형성을 구체적으로 드러내는 바탕을 마련하는 것이 중요하다. 로시의 작품에서 비전형성은 시간이 지남에 따라 발생하는 변화를 의미하는 것으로 보인다. 유형의 순수한 상태는 형상화(*figuration*)—사람들이 일상생활에서 접하는 사건들—가 일어나는 바탕이 된다. 일상생활의 우연성과 의외성(로시가 말하는 "예견되지 않은 일")으로 인해 유형 위에 시적 부가물(*poetic excrescence*)이 창조된다.

삶

〔"최근의 몇몇 프로젝트 혹은 프로젝트에 대한 아이디어에서 나는, 마치 건축가가 주택에서 전개되는 생활을 예견하기나 하는 듯이(어떤 의미에서는 실제로 예견한다), 사건이 일어나기 바로 전에 그것을 중단시키려고 한다." (1981, 6)〕 로시의 "예견되지 않은 일"의 의미는, 예를 들어 "방을 예기치 않게 떠나는 사람이 만들어낸 결과"(1981, 35)를 상상하는 데서 형성된다. 이것이 수년 동안 로시가 스케치한 프로젝트인 〈실내가 있는 빌라 계획〉(*Plan for a Villa with Interior*) 같은 작품에 잠재된 시흥을 찾아내는 방법 중 하나이다. 그러므로 로시의 유형학은 삶의 사건들이 묘사될 수 있는 배경이나 무대를 제공하는 일단의 건축적 "부분들"(*pieces*, 계단·복도·아케이

관계가 있다고 한 가정, 곧 건축은 무대이자 배경막이므로 삶의 사건에 대한 배경이라는 가정과 일치한다. 후자의 용법은 일부 후기구조주의 건축프로젝트와 관련이 있다. 예를 들어, 아이젠만은 '바탕'(*ground*)과 같이 철학에서 쓰인 건축적 은유에 이의를 제기하는 비평적 건축을 시도했다. 그는 〈카네기 프로젝트〉, 후기 주택들(예를 들어, 〈Fin d'Ou T Hou S〉), 〈체크포인트 찰리〉(*Checkpoint Charlie*: 주요한 도시 역사를 드러내기 위해 베를린에 있는 대지의 지면을 굴착했다), 그리고 오하이오 주립대학의 〈웩스너 센터〉(*Wexner Center*: 뒷면에서 건축과 풍경이 뒤섞인다)에서처럼, 말 그대로 바탕을 자르는 다양한 시도를 했다. 그러나 이 두 용법이 서로 배타적인 것은 아니다.

그림 12-1 이탈리아 무지오(Muggio) 시청사 현상설계안. 설계: 알도 로시, 1973(주: 모든 로시의 드로잉은 Studio di Archittetura 자료임)

드 등)"이다.* 그것은 극장의 건축이며 연극 같은 건축이다. 그런 건축을 만들어내기 위해서는 "건축을 잊는 것이" 중요하다.

---

* 로시는 젊은이처럼 종종 영화와 극장에 관심을 나타냈다. 텍스트에 인용한 문장 바로 앞에 있는 다음 문장은 로시의 건축관에서 공연예술이 차지하는 중요성을 보여준다.

"물론, 복도든 방이든 그것은, 그 안에서 누군가가 조만간 '이 모든 것에 관해 우리가 이야기해야 하나요?'라거나 '물건들이 어떻게 바뀌었는지 보세요!'같이 영화대본이나 드라마에서 따온 듯한 말을 하는 장소다. … 복도는 개인적인 행동들, 예견할 수 없는 일들, 연애, 후회, 특히 필름 자체에 새겨지지는 않으나 사물들에 축적되는 이미지들로 둘러싸이고 장악된 듯한 공간의 띠였다" (Libeskind 1980 참조).

사

로시의 이론적 프로젝트는 그의 일부 작품이 보여주는 환원적인 이미지보다 기본적으로 좀더 인도주의적이고 고전적이다.* 그의 건축에서는 골조, 곧 몸체에 부가·표시(*mark*)·기억을 실제적으로 또 은유적으로 덧붙이고자 한다. 이것은 건축에서 일어나는 삶의 사건이 발생시키는 부가물이다. 그리고 이것이 건축을 잊으라는 그의 논의의 바탕이 된다.

오

로시는 도시를 역사적으로 분석함으로써 집단의지의 이해관계를 뒷받침하거나 저해하는 '요소들'을 이해할 수 있다고 주장한다. 그는 형태와 구성을 드러내는 놀리(Nolli)의 형태/바탕 지도[4]와 같은 기법으로 여러 도시를 분석했다. 그는 분석을 통해 도시들을 일련의 단순한 유형과 구성전략으로 환원시켰다. 바로 이러한 분석을 통해 도시에서 부가물이 상실되고, 지워지고, 제거되었다. 유형이 사건들이 나타나는 배경이라면, 그것이 도시의(많은 역사를 만드는 사건들의) 역사를 포함할 수 있는가? 삶에 대한 관심으로 촉발된 과정이 그 목표를 추구하면서 삶을 지워버린 것은 의아한 일이다.

육

로시의 초기 작품은 유물론적인 건축과 관계가 있다. (물질적 대상물, 요구, 고려사항에 관심을 기울이고 그것을 강조하며, 정신적 가치에 무관심하거나 그것을 거부함.) 이는 도시의 형태와 구성에서 나타난다.

칠

도시의 구조를 분석함으로써 로시는 '자율적' 건축에 도달하는데, 그것

---

* 로시 프로젝트의 중심을 이루는 고전주의에 관한 크네슬의 결론을 참조할 것(Knesl 1988).

은 건축과 도시의 관계를 유형학적으로 전개함으로써 나타났다. 그레함 쉐인(Grahame Shane)이 제시하듯, 이탈리아의 맥락주의 이론은 "설계가 주변 환경에 적합하고, 그것에 반응하며, 그것을 중재해야 한다. 그래서 설계는 가로 구성에 내재된 패턴을 완성하는 것이거나 새로운 패턴을 도입하는 것이어야 한다"라는 전통적인 유물론자의 태도를 취했다(1976, 676).*

팔

신합리주의자들은 도시의 분석을 통해서 "산업혁명 시 고전적 질서 체계가 해체된 것을 추적한다". 그 결과로서, 형태에서 "어떤 의미작용(*signification*)도 고갈되었다"는 결론을 내린다(Shane 1976, 676~9). 이러한 견해에 따라 로시는 "기존 도시에 존재하는 형태·디자인의 역사적 어휘를 회복할 수 있다 … 〔그리고〕 과거의 형태 및 유형 그리고 그것들로 이루어진 설계를 주어진 조건으로 받아들일 수 있다. 그러나 이는 유추를 통해서만 가능하다"는 결론을 내린다(Shane 1976, 678). 합리주의자들은 계몽주의 건축가처럼, 순수 기하학에 관한 유럽의 전통을 반영해 건축을 사고의 표현으로 정의한다. 사고를 표현하는 형태, 그리고 의미가 고갈된 형태 사이의 차이는 무엇인가?

구

불레(Boullée)의 이론[5]과 르코르뷔지에의 저술에서 보듯, 신고전주의의 전통에는 "신고전주의 형태의 함의는 집단 잠재의식 속에 잘 형성되어

---

* 건축 담론에서 쓰이는 자율성은 몇 가지로 정의된다. 이에 대해서는 로시와 아이젠만의 작품에 나타난 두 대립적 입장에 관한 논의(Editors 1985)를 참조하라. 로시의 자율성은 '요소는 그 자체의 성격에만 관계되며, 요소의 기하학적 형태는 과학적이지도 기법적(*technical*)이지도 않으며 본질적으로 건축적이'라는 개념에 바탕을 둔다. 아이젠만의 자율성은, 사물을 '인간'으로부터 독립된 개념으로 보는 근대적 감성에 바탕을 두고 있다.

있다"는 기본적인 가정이 있다(Goodwin 1980, 119). 20세기 합리주의의 입장에서 중요성을 갖는 "집단 잠재의식"을 창안하고 유지하는 것은 가능한가? 의미작용은 잠재의식의 함의와 다른가?

□□□

십

로시의 초기 작품은 그의 이론이 추구한 집산주의자(*collectivist*) 적 가치와 관계가 있다. '자율론자'였던 그는 "사회가 도시 및 공공의 신념을 표현할 수 있는 것은 바로 건축을 통해서다. 건축의 자율성이 갖는 진정한 가치는 그것이 사회의 표현을 허용한다는 데 있다. 사회에서 건축은 도시생활에 필요한 골격을 만드는 데 불가결한 도구다"(Moneo 1976, 19) 라고 말한다.

십일

신합리주의자의 논의에 '유형'이 사회의 '자연스런' 표상(*representation*), 표출(*presentation*) 또는 표현이라는 가정이 있는가? 아니면, 유형의 사회에 대한 관계만이 건축의 관심사로서 적절하다는 가정이 있는가? 로시는 유형-형태 관계가 사람들의 집단의지를 반영한다고 말한다. 이는 건축 만들기에 개입되는 정치적 논제들을 인정하는 주장인가? 그것은 누가 생산을 통제하는가라는 질문을 간과하고 있는가? 우리가 **민중정신**(*volksgeist*) 이라는 19세기 개념으로 돌아가지 않는 한, 생산을 통제하는 것이 '민중'이 아님은 확실하다.* 로시의 도시에 대한 개념은, 건축과 '민중' 사이에 확립된 기존의 관계, 곧 도시의 물질적 조건에 '구현된' 관계에 바탕을 두고 있다.**

---

* 로시의 논의에는 19·20세기의 시대정신을 정당화하는 복합적인 후기 근대주의자의 잔재가 남아 있다. **민중정신**과 **시대정신** 사이에 (각각의 성격, 구조, 그리고 수사적 의미에) 유사성이 있다고 본다면, 그것들 모두 그의 작품에 반영되었다고 볼 수 있다.

그림 12-2 이탈리아 밀라노의 갈라라테세(Gallaratese) 지구 아파트.
사진: 알도 로시, 1973

십이

합리주의자로서 로시는 불레와 마찬가지로 낭만적인 성향을 가지고 있으며, 그는 불레의 《논문》(*treatise*)을 번역하고 서문을 쓰기도 했다. 로시는 '숭고의 전통' 속에 있다. 로시의 특징 중 하나는 "현실적인 것, 곧 일상

** "말하는 기념비"(*speaking monuments*)는 "질서가 잘 잡힌 공화주의 사회의 본질적 구성요소"라는 불레의 확신은 맑스주의적으로 변형되어 로시의 논의에서 반복된다. 비들러(Vidler)에 의하면 "사회에 대해서 발언하는 작품을 만들 때, 불레는 형태의 상징적 성격보다는 은유적·유추적 측면을 강조해 유형의 성격에 대한 이론을 언급했다. 불레와 많은 그의 동료들에게 "말하는 기념비"는 질서가 잘 잡힌 공화주의 사회의 본질적 구성요소였다. …"(Vidler 1977, 103). 나아가서 불레는 상징적 유형의 죽음을 선언한다. 그럼으로써, 로시가 의미 없는 형태를 논의할 기반을 마련한다. "이 [**말하는 건축**(*architecture parlante*)] 상징적 프로젝트가 궁극적으로 무익하다는 것이 밝혀졌다. 소비의 시대에 상징은 순간적이고 개인적인 의미만을 가질 뿐이다"(Vidler 1977, 103).

적 사건으로 이해되는 것으로부터의 이탈"이다(Moneo 1976, 18). 그의 이런 성향은 〈갈라라테세(Gallaratese) 주거〉 프로젝트, 〈모데나(Modena) 공동묘지〉, 그리고 〈파냐노 올로나(Fagnano Olona) 학교〉 등에서 자주 쓰인 환원적이고 형태주의적인 이미지에서 분명하게 나타난다. 그러나 로시의 건축이 의도한 것은 "일상적 사건"을 허용하고 조장하는 것이다. 로시의 작품이 현실의 중심에서 합리성을 가장 강력하게 출현/분출시킨 것이라 할 수 있는가? 형태/바탕이라는 형태심리학의 개념같이, 매우 시각적인 이원적 기법을 다른 비시각적 관계를 측정하거나 규정하는 데 사용할 수 있는가?

십삼

로시는 동일한 "기념비적 유형-형태(*type-form*)와 순수주의 기하학"을 지속적으로 반복한다(Shane 1976, 678). 〈갈라라테세 주거〉 프로젝트에서 기념비성은 명백하다. 마틴 필러(Martin Filler)에 의하면, 이 프로젝트에서 "끊임없이 반복되는 단순한 정방형 창과 측면 벽의 개구부는 중력과 형식성을 드러냄으로써 일부 비평가들을 불편하게 만든다"(1980, 104). 〈모데나 공동묘지〉를 포함한 로시의 많은 프로젝트에서 동일한 불편함이 뚜렷이 나타난다. 로시의 작품들이 멀게 느껴지는 것은 그의 이론과 의도가 초래하는 불가피한 결과인가?*

□□□

로시의 작품에서는 아주 일반적인 유형 이외의 것을 배제하고 세부적인 것을 피하려는 경향이 있다. 특정한 형상은 원형(*archetype*)을 암시하는 힘을 가지고 있을 때만 사용된다 ……(Colquhoun 1986b, 199).

---

* 흥미롭게도, 하버드에서 학문적 근대주의를 교육받은 건축가들이 만들어내는 환원적이고 다이어그램적인 건축은 로시 작품의 공허함이나 거리감과 유사한 느낌을 준다. 허덱(Herdeg 1983)을 참조할 것.

□□□

십사

로시는, 과거 건축교육을 받을 때 다른 학생들과 조사를 하면서 광장의 평면을 길이와 각도만으로 그리려 했던 이야기를 한다. 그는 삼각형을 '닫지' 못한 기쁨을 회상한다. "나는 삼각형을 닫는 것이 불가능한 데서 고차원의 공간과도 같은, 신화적인 무엇을 발견했다"(1981, 49). 철저한 합리성의 통제에서 벗어난 무언가가 있었던 것이다. "나는 삼각형을 그릴 때마다 그것을 닫기가 어려웠던 기억뿐 아니라 그때의 착오 속에 풍부함이 함축되어 있었음을 생각한다"(1981, 81).

그러나 제 2차 세계대전 후 합리성이 쇠퇴하는 과정에서 나타난 문제들에서 그가 기쁨을 느꼈다 해도 이성적 건축에 대한 로시의 관심은 약해지지 않았다.

> 삼각형을 닫으려는 잘못된 시도를 통해 좀더 복잡한 기하학적 형태를 확인했다. 그런데 그것은 가장 기본적인 사실들만을 드러낼 뿐 표현될 수 있는 대상이 아님을 알게 되었다(Rossi 1981, 49~50).

그는 계속 이야기한다. "아마 이런 경험에서 트리에날레(Triennale)에 있는 다리와 세그라테(Segrate)에 있는 기념비 같은 내 초기 작품들이 탄생한 것 같다"(1981, 49). 만일 그렇다면, 그가 결코 정의한 바 없는 "좀더 복잡한 기하학적 형태"를 표현하려는 그의 희망은 그의 초기 작품에서 충족되지 못했다고 할 수 있다.*

---

* 자신이 포착할 수 없는 것, 표현할 수 없는 것을 표현하려는 로시의 초기 시도는, 합리성 그리고 '비인간적인 것', '불확정한 것', '표현될 수 없는 것'과의 관계에 관한 리오타르(Lyotard)의 입장과 관련된다. 근대 세계의 사진에 대한 비평에서 리오타르는 "예견될 수 없기 때문에 불확정한 것은, 제거까지는 아니더라도, 적어도 장치의 용량을 넘지 않도록 제한되어야 한다. …"고 말했다(1991, 122). 그는 또한 로시의 딜레마와 기쁨의 원천에 모두 대답할 수 있는

그림 12-3 기억의 기하학 연구. 그림: 알도 로시, 1978

십오

이탈리아 합리주의 운동에서 로시를 비롯한 여러 사람이 채택한 분석 방법은, 도시 평면에서 형태/바탕 관계라는 형태심리학의 개념에 바탕을 두고 있다. 그 기법으로 인해 궁극적으로 건물유형학에 대한 연구가 전 세계적으로 이루어지게 되었다. 건물유형학은 신고전주의에서 중심이 되는

가능성을 제시한다. "이성은 의문의 여지가 없는 것처럼 생각된다. 따라서 그것의 사명은 불확정한 것을 끌어내어 그것에 형태를 부여하는 것이며, 이성은 그러한 사명을 틀림없이 수행한다. 그러나 그것은 이성이 이치를 밝힌다는 것을 의심하지 않을 때만 가능하다"(Lyotard 1991, 4). 로시는 유추에 대한 관심을 논할 때 리오타르를 흉내 내는 것 같다. "나는 십자가의 성 요안(Juan de la Cruz)이 카르멜 산(Mount Carmel)을 오른 데서 이것과 비슷한 것을 만났다. 그의 장대한 드로잉/문장에서 산의 표상은 내가 사크리 몬티(Sacri Monti)를 처음 보았을 때를 연상시켰다. 당시 내가 가장 이해하기 어려웠던 것은 산을 오르는 의미와 이유였다"(1981, 81). 그는 어린 시절을 회상하면서 이것을 좀더 분명하게 말한다. "이것은 근대건축에 대한 이상한 기억 혹은 경험이다. 또한 항상 그것에는 현실의 측면들은 한 번에 하나씩만 이해할 수 있다는 자각이 뒤따랐다. 내 말의 뜻은, **합리성 혹은 최소한의 명백함으로 현실의 매우 매혹적인 측면인 '표현할 수 없는 것'을 분석하는 것이 가능하다는 것이다**"(Rossi 1981, 52). (강조 표시는 필자)

분류 경향이다.*

십육

유형에는 질서 · 명료함 · 단순성에 대한 경향이나 욕구가 드러난다. 그러한 욕구는 기법(*technique*)에 대한 열망으로 충족되거나 적어도 표명된다. 유형은 "분석과 측정을 하는 장치 혹은 도구다"(Eisenman 1982, 7). 그리고 그것은 생산을 위한 도구다. 표현할 수 없는 것이나 '나타낼 수 없는 것'은 '착오' 혹은 '신화적인 것'이라고 명명됨으로써 받아들일 수 없게 되었다. 그런 것들과 직면하는 긴장은 질서 · 명료함 · 단순성에 대한 욕구로 극복되거나 대체된다.

십칠

탈구조주의자들, 특히 해체주의자들은 방법이나 기법(*technique*)에 대해 혐오감을 품는다. 왜냐하면 그것은 형이상학적인 전제를 바탕으로 하는 원칙들을 가정하고 있기 때문이다(Knesl 1988).

십팔

기법은 이데올로기와 복잡하게 관련된다. 그것은 사고와 생산에 반영된다(Baudrillard 1981). 또한 기법으로 인해 특정한 주체성(*subjectivity*)이 성립되고 드러난다. 곧, 기법은 우리의 성격 · 가치 · 세계관을 형성하는 일에 관련된다(Hollier 1989). 그것으로 인해 특정한 종류의 질서가 드러난다. 장치 또는 도구로서의 유형을 포함해서 설계활동을 위한 방법이나

* 비록 로시(1981)는 비평가들이 신계몽주의적 합리주의라고 비난하는 것을 거부하지만, 그는 분명히 불레의 입장에 공감하고 그것을 칭송한다. 그의 형태심리학적 틀을 볼 때, 건축과 '삶'이라는 단순한 이진법은 "망각하는 건축"의 구조이기도 하다. 그레이엄 쉐인(Shane 1976)은 1950년대 이탈리아 합리주의 운동에서 형태심리학의 형태/바탕 개념이 가진 다양한 측면과 복잡한 문제들을 논한다.

목표 지향적 행동이 기법이다. "나의 건축 프로젝트와 관심사에서 기법에 대한 열정은 매우 중요하다"(1981, 37~38) 라고 로시는 말한다. "행복도 하나의 기법이지 않을까?"(1981, 55) 라고 물음으로써, 그는 이런 생각을 초현실적인 데까지 전개하는 것 같다.

십구

기법으로서의 기능: 아이디어 대 경험. 19·20세기의 도시가 **말하는 도시**(*cité parlante*) 라면, 그것은 기능을 시각적으로 분명히 드러내는 사물들로 가득 찰 것이다. 지정된 목적들에 쓰이고 분류와 명명을 통해 이해하려는 의지에 부합된다는 점에서, 그 도시는 용도의 매트릭스(*matrix*), 곧 **거**

그림 12-4 이탈리아 모데나의 〈산 카탈도〉(San Cataldo) 공동묘지. 그림: 알도 로시, 1974

주하는 기계(*machine à habiter*) 일 것이다.* 그 도시는 건축의 생산, 상징, 그리고 그것의 읽기를 통제하는 수단을 제공할 것이다. 소유관계, 곧 다양한 경제방식을 통해 통제되는 것을 설명하기 좋아하는 사람들에게 그 도시는 도움이 될 것이다. **말하는 건축**(*architecture parlante*) 은 그러한 도시(용도로 철저히 규정된 장소)를 만드는 데 동원되었으며, 실용주의적 시각성에 관심이 있는 주체 집단(*collective subjectivity*) 에 기여했다.

이십

〈모데나 공동묘지〉에서 인간 형상을 사용한 것은 합리주의자로서 로시가 가졌던 확신과 유추에 관한 관심을 입증한다. 사고가 존재를 증명한다면 — **나는 생각한다, 고로 나는 존재한다** — 사고의 부재는 죽음이다. 빈 건물 — 공동묘지의 출입구에 위치한 머리 — 은 사고하는 삶의 방정식을 증거한다. 이것이 (1) 텐덴자(Tendenza)[6]**의 도시 분석이 구성 전략을 이해하는 데까지 이르지 못했다는 증거인가? (2) 그러한 분석과 결과가 공동묘지에는 부적절하다는 증거인가? (3) 로시가 적어도 초기의 확신을 일부 포기했다는 증거인가?

> 로시의 작품에서 고전양식은 발전되고 변형된다. 도시에서 발견한 건물유형의 기억을 토대로 스케치한 이미지에서 그의 프로젝트가 발전된다. … 기억을 토대로 드로잉 하는 행위를 통해 부수적인 것이 걸러지고, 이미지는 불필요한 것이 제거된 본질적 존재가 된다(Editors 1985, 9).

기억을 토대로 하는 드로잉이 '유형'을 밝히는 데 적법한 근거라고 로시

---

* 비들러(Vidler) 는, 유형은 "건물의 종류를 구분하는 데 관심 있는 건축이론가들에 의해 쉽게 흡수되었다. 그런데 여기서 건물유형은 그것이 나타난 본래의 의미뿐 아니라 유형의 특정한 측면, 곧 한눈에 그것의 목적이 읽히는 형태를 암시했다"(1977, 97) 라고 말한다.

** 로시가 속했던, 텐덴자로 알려진 집단의 간략한 설명에 대해서는 필러(Filler 1980) 를 참조할 것.

가 믿는 근거는 무엇인가? 그리고 이러한 활동에서 어떠한 유형의 유형이 나타나는가? 왜 로시는 자신이 그린 기억을 유형이라고 가정하는가?*

이십일

기억을 토대로 한 드로잉으로 어떻게 유형을 밝힐 수 있는가? 게다가 텐덴자가 의도성과 자기인식이 건축생산의 적법한 바탕임을 부인했다면, 로시가 어떻게 이 전략을 사용할 수 있는가? 우리는 이 두 가지 명백한 정반대의 조건으로부터, 기억이 구조주의적 성향이 요구하는 만큼 과학적이고 객관적이라는 결론, 곧 그것이 구조주의의 보편적인 방식으로 작동한다는 결론을 내려야 한다.** 만일 그렇다면, 기억은 적법성의 목적을 충족하며, 적법성의 일차적인 조건 중 하나가 된다. 같음(*sameness*) 속에서 차이를 볼 때처럼7) 모든 인간이 정보를 처리한다면, 로시가 자신의 드로잉을 통해 기억하는 것은 다른 사람이 기억하는 것이다. 그러나 이 논의에서 간과되고 모호한 것은, 그가 건축적인 드로잉과 사고를 훈련받았다는 점, 곧 그의 전문성이다. 그는 다른 곳에서 이와 유사한 내용을 인정했다.

---

* 프랜시스 다우닝(Frances Downing)은 이 책에서, 기억과 드로잉이라는 문제를 둘러싼 많은 질문들에 관해 논한다.

** 제 2차 세계대전 후 클로드 레비스트로스(Claude Lévi-Strauss)의 연구와 나란히 건축이론에서 유형학이 출현했다. 그의 주된 저서인 《구조인류학》으로부터 보편적인 정신구조에 관한 그의 확신과 그것을 밝히려는 그의 시도가 확산되었다. 그런 시도는 구조주의라고 알려지게 되었다. 구조주의에 대한 몇몇 알려진 비판(그것이 너무 일정하여 혼돈을 허락하지 않았다는)이나 그것이 "인간의 실존과 거리가 멀고 심지어 실존의 기본 조건인 자유를 부인한다"(Kurzweil 1980, 24)는 사르트르(Sartre)의 비판은, 제 2차 세계대전 후 유럽의 상황에서 등장한 유형의 개념에 대해서도 적용될 수 있다. 찰스 레빈(Charles Levin)은 이런 논의를 확대한다. "존 페켓(John Fekete)이 설명하는 것처럼, '구조주의는 인간이 자신을 객관화하는 방식을 변경하는 것에 관심을 두지 않는다. 결과적으로, 구조주의로는 질서, 질서의 규약, 질서에 관한 성찰, 그리고 질서의 경험을 제외하고는 조사할 것을 찾을 수 없다.'"(1981, 10)

> 다른 것도 그렇듯이, 건축과 건축이론은 절대적이지도 중립적이지도 않은 개념들로만 기술될 수 있다. 그리고 그것들에는, 그것들의 중요성에 따라 다르지만, 인간이 보는 방식을 근본적으로 변경시킬 수 있는 잠재력이 있다(Rossi 1982, 165).

□□□

이십이

유형에 대한 주된 해석방식은 시기에 따라 바뀐다. 그 예로, 19세기 후반에 상징주의에서 유물론으로 바뀐 것을 들 수 있다(Vidler 1977). 어떤 시기에는 유형이 특히 시각성에 바탕을 둔 용어였다. 그것이 시공간적·구성적·기능적이었던 시기도 있었다. 유형의 주된 개념이 바뀐 것은 시각적 경험에서 현상적 경험으로 관심이 옮겨갔기 때문인가? 아이디어로서 유형의 역사는 이 두 가지를 비롯한 여러 가능성들 사이를 이동하며 문화적 변형이라는 공간을 복잡하게 수놓는가? 유형에 다른 가능성이 있는가? 그렇다면, 인간이 건축에서 할 수 있는 일련의 경험은 유형의 이런 특정한 가능성들을 국한하거나 그것들에 국한되는가? 아니면 건축은 우리가 건축을 구축해온 역사에서 벗어날 수 없는가?

이십삼

유형의 다양성으로 인해, 유형의 '모델'만큼이나 유형의 정의에도 융통성이 있는 것으로 보인다. 앤터니 비들러(Anthony Vidler 1977)에 따르면, 기원(*origin*)이 되는 유형, 분류된 종의 특징적 형태를 보여주는 유형, 그리고 상징적 부호(*mark*)의 유형 등 세 가지 계몽 유형(*Enlightenment type*)이 있다.

이십사

유형의 유형들: 기능·형태·심상(*image*)·양식·구성(*constructional*)

·공간구성(*compositional*)·개념 유형. 모든 것들은 때로 어떤 방식으로 서로 관련된다. 로시의 유형은 구체적이다. 그는 미스 반 데어 로에(Mies van der Rohe)를 존경하며, '보편적 공간'(*universal space*)[8]에 관한 미스의 주장에 본질적으로 동의한다. 곧, 건물의 기능은 시간에 따라 바뀐다고 본다. 그러므로 건물이 정직하게 표현되기 위해서 진실해야 하는 것은 그것의 구조, 구성, 그리고 예견하지 않은 사건과 행위를 위한 여지뿐이라는 것이다. 따라서 로시의 '도시'는 유형-형태의 측면에서 유물론자의 도시다.* 곧 도시는 어떤 구성의 일정한 반복에 바탕을 둔 형태들의 유형학이다.

이십오

역사적으로 유형이라는 개념의 초점은 시각적인 것에서 기능적인 것으로, 시각적인 것에서 현상적인 것으로 바뀌고 있다. 몇 가지만 예로 든다면, 1970년대 후반에 시작된 마이클 그레이브스(Michael Graves)의 작품, 피터 아이젠만(Peter Eisenman)의 초기 작품, 롭 크리어(Rob Krier)의 탈근대적 분류체계, 그리고 마리오 보타(Mario Botta)와 스티븐 홀(Steven Hall)의 작품과 같은 탈근대세계의 여러 유형학적 프로젝트에서 이런 다양성이 뚜렷이 나타난다.

이십육

유형이라는 개념은 다양한 '척도'(*scale*)에서 작용한다. 크리스토퍼 알렉산더(Christopher Alexander)는 《패턴언어》(*A Pattern Language*, 1977)에서 건축적 "파편들"에 유형의 지위를 부여하려고 시도한다. 그럼으로써 기법으로 사용될 수 있는 유형의 도구적 성격을 좀더 친근하고 경험적인 척도로 바꾸려 한다. 이러한 척도의 전환에서 서로 다른 차원 사이를 움직

---

* "이른바 건축의 자율성에 대한 텐덴자의 탐구가 건축의 형태를 해방시킨 것은 사실이나, 사회적·문화적 공학(*engineering*)에 의해 건축이 기능주의적으로 전유(專有)되는 것을 건축형태가 거부하는 한에서만 그렇다"라고 크네슬(Knesl)은 주장한다(1988, 163).

이며 다양한 시각의 읽기를 조장하는 경계 조건의 이동을 볼 수 있다.*

이십칠

생물학적 · 논리적 맥락에서 이루어지는 정보 처리라는 관점에서 볼 때, 유형은 우리가 만드는 경계, 곧 갈라진 틈(*incision*)을 따라서 나타난다.

이십팔

각 텍스트에는 그것의 형태와 경계에 들어있는 형이상학적 조건을 묘사하는 '표면과 가장자리의 풍경'이 나타난다.** 가장자리와 경계는 아이디어 · 언어 · 주체성에 의해 새겨진 선이다.

후기구조주의 작가들은 "세계의 중심에서 통제하는 주체라는 개념 그리고 기원과 끝이 있는 역사라는 개념을 가진 초기 인문주의를 거부한다. 또한, 자체의 중심을 가진 구조라는 개념으로 인문주의를 확장하는 것도 거부한다. … 이 작가들은 모두 해석체계의 권위에 의존하지 않고 물성(*materiality*)을 수용할 방식을 찾는다고 말할 수 있다"(Knesl 1988, 163). 이것이 후기구조주의가 철저히 유물론적이라는 뜻은 아니다. 해석체계에

---

* 예를 들어, 그러한 경계 차이(*boundary difference*)는 자율성의 바탕인 이원성과 관련하여 나타난다. 이원성은 형태와 의미 사이의 차이로 정의되기도 하며(로시), 형태와 기능 사이의 차이로 정의되기도 한다〔아이젠만(Eisenman) · 추미(Tschumi) · 미스(Mies)〕. 이와 함께, 하나의 입장이 상이한 공간적 관점에 바탕을 둘 수도 있다. 예를 들어, '켜 잇기'(*layering*, 르코르뷔지에의 작품에서 정면성과 순수주의 회화의 켜 잇기)와 중첩(추미의 라빌레트 공원)의 개념은 모두 동심원으로 재구성될 수 있는 '방사상의' 은유적 구조에 바탕을 둔 것으로 볼 수 있다.

** 나는 존 크네슬(John Knesl)이 사용한 것과 같은 의미에서 **형이상학**이라는 용어를 사용한다. 특히 우리가 해체를 다음과 같이 말한다면, 그것은 데리다의 목표에 대한 크네슬의 해석을 따르는 것이다. 해체는 "형이상학적인 것을 몰아낸다. 왜냐하면 형이상학적인 것이 의미와 가치를 부여하는 활동을 지지하기 때문이다. 그런 활동은, 텍스트의 전략 속에서 생명력을 얻는 의지에 의해 수행된다"(Knesl 1988, 164).

의문을 갖는다고 해서 세계를 단순한 유물론적 실체로 보는 것은 아니다. 의문을 갖는다는 것 자체가 의문시된 대상을 부정한다는 뜻은 아니다.

주체성의 건축적 생산에 저항하는 건축이 있는가? 건축이 현재 조장하는 것 이외의 주체성을 만들거나 뒷받침하는 건축이 있는가? 홀리어(Hollier 1989)는 주체성을 창출하는 '공간'이 없는 건축의 성립 가능성을 논한다. 그는 베르나르 추미(Bernard Tschumi)의 라 빌레뜨 공원(Parc de la Villette)[9]에서 그런 건축이 시도되었다고 주장한다. 추미(Tschumi 1983)는 그러한 주체 이전의(*pre-subjective*) 건축이 가능함을 암시한다. 그는, 형태와 기능이 서로 관련된다는 가정을 비판하는 데 다음과 같은 세 가지의 가능성이 있다고 말한다. 그 두 가지가 합치하는 것, 그것들이 상치되는 것, 또는 서로 무관심한 것. (공간과 사건이 서로 거의 관련되지 않는 건축은 무엇인가?) 크네슬은 특히 로시의 기억에 대한 개념과 관련해 주체성을 논한다. 로시는 기억이 "집단적 도시 조직체에 속한다. … 집단적 도시 조직체란, '주체'와 '사물'을 자원으로 만드는 근대적 권력 기법들에 저항할 수 있는 물질적 조직체다"라고 말한다(1988, 170).

형이상학적인 것에 의해 이러한 주체성의 선들이 발생·유지(분해로부터 보호)·성장한다. 우리 각자가 또는 우리가 함께 확신(신념의 건축)을 견지함으로써 형이상학적인 것과 이러한 주체성의 선들이 제자리를 유지한다.

이십구

첫 번째 선은 같음과 차이의 사이에서 나타난다. 처음에 이렇게 나타남에 따라서, 첫 구분과 그 다음의 모든 분화는 같음과 차이로 인해 일어난다. 앎과 존재는 부분적으로, 그리고 아마 일시적으로만, 기원(*origin*)의 부수적 결과들에 의해 통제된다.*

---

* 도시의 역사에 관련해, 로시의 가정들이 기원에만 관련되는 것은 아니다. 그는 시간을 두고 반복되는 것에 더 큰 관심을 갖는다. 반복은 중요성의 증거이다.

> 형이상학적인 것의 바탕은, 정당성 있고 권위 있는 권력 중심, 곧 의미를 발생시키는 존재 위에 〔위계적으로 질서 잡힌 대립(*opposition*)들로 만들어지는〕 체계가 형성된다는 개념이다. … 구조는 순간순간 세계를 생성하는 움직임인 차이를 완화시킨다. 그리하여 구조는 체계 **안에서** 단지 입장 〔공간적 은유구조〕 차이의 역할만 한다. 여기서 체계는 위로부터 또는 뒤로부터의 통일성을 견지하고 있으며, 궁극적인 참조틀인 구조에 바탕을 둔 동일성(*identity*)을 필요로 한다. '우리'의 동일성에 대한 기억을 끌어냄으로써, 그에 따라 우리를 동일성을 필수요소로 하는 주체로 만듦으로써, 건축은 분명 주요한 역할을 해왔다. (Knesl 1988, 164)

삼십

모든 것은 구조화를 통해 장소를 갖게 된다. 배제된 것, 외부에 있다거나 다르다고 규정된 것조차도 구조화를 통해 통제된다.

삼십일

서로 다른 체계들에서 서로 다른 점은 같음이나 차이를 어떻게 해석하고 특징짓느냐에 있다.* 각각의 체계와 모든 변경(*modification*)은 같은 기원을 반영하고 같은 기원으로 구성된다. 그리고 각각의 체계는 다른 골격과 다른 형이상학을 구성한다.

삼십이

구조는 더 큰 구성개념인 **세계관**(*weltanschauung*)을 이루는 하나의 네트워크다. 구조의 가장 단순한 형태는 **무한히**(*ad infinitium*) 이원적인 것이다. 이러한 구조화의 사다리에서 통일성 · 단일성 · 동일성이 창안되고 유

---

* 같음과 차이의 문제에 대한 해석의 또 한 예로는 보드리야드(Baudrillard 1993), 특히 "같음의 지옥"(113~23쪽) 그리고 "차이의 멜로드라마"(124~38쪽)를 참조할 것.

지된다. 구조에서 발생하는 내용에는, 지배/종속의 위계 관계(위와 아래, 왼쪽과 오른쪽, 안쪽과 바깥쪽)에 의해 가치가 문화적으로 스며들어 있다. 위계적 관계를 보유하고 유지하는 이원항(*binary set*) 들에 의해 구조의 안정성은 강화된다. 구조화가 창안되거나 유지되는 방식은 무엇인가?

삼십삼

각각의 이원항은 '초보적'이고, '본질적'이고, '자연적'인 선들을 따라서 파악된다. 이 용어들에서 이론적 입장이 넘을 수 없는 한계를 규정하는 갈라진 틈이 드러난다.

삼십사

언어는 이원항의 형태가 아니라 이원항의 내용과 특성을 특징짓는 기반이다. 이원항의 내용은 그것의 부차적인 효과들에도 똑같이 반영된다.[10)]

삼십오

이런 이원적 체계를 경험에 매핑하는(*map*) 순간에 우리는 같음과 차이를 의식하게 된다. 그 순간에 이원항의 특징이 형성된다. 이원항의 성격 때문에, 이원항에 사용된 두 '항'(*term*) 은 경계를 맞대고 공존한다. 그것들은 다른 가능성이 없는 닫힌 집합에 속한다. 유일하게 2라는 수만 존재한다.

삼십육

경험의 흐름에서 보는 것에 의도적으로 집중하는 순간들이 있다. 그런 순간에 지각(*perception*) 을 끄는 요소들에 어떤 것이 포함되거나 배제되는 경향은 개인적인가 문화적인가, 자기 발생적인가 문화화된 것인가? 아인슈타인은, 우리가 "세계의 그림을 만들며" 경험을 이해하고 대체하는 수단으로 그 그림을 사용한다, 라고 말했다.[*]

삼십칠

우리는 경험의 구조를 '쓴다'(*write*). 경험의 구조가 전적으로 경험적이라고 생각할 수는 없다. 해석체계에 지배되지 않는 객체나 유물론적 '현실'을 철저히 규정할 수는 없다. 극단적 상대주의를 받아들이지 않는 한, 이것들 역시 결정적인 것이 아니기 때문이다. "모든 의미가 설명되는 근본적인 은유성은 어디에서 찾을 수 있는가?"(Knesl 1988, 164)

> 그러나 끝내는, 바로 구조라는 관념이 은유 자체일 수 있다. 그리고 은유의 성립 여부는 바로 구조라는 개념의 수사적 위상을 잊으려는 의지에 달려있다(Knesl 1988, 163~4).

□ □ □

삼십팔

'유형'은 '역사'나 '자아' 같은 불분명하고 교란된 개념들과 마찬가지의 결과에 직면해 담론에서 사라지거나 배척되고 있다. 유형의 현전은 미끄러져 부재가 되고 있다. 그것은 이론적 통제의 지평을 넘어 사라진다. 그러나 만일 유형이 유지된다면, 그 내용은 미끄러지고 그 의미는 변형된다.[11]

삼십구

유형학적 전환: 주택(*house*)이 저택(*residence*)으로 바뀐 것처럼, 재명명을 통해 특정한 이름을 바꾸려는 시도들. 특정한 절단의 윤곽에 따라 다양성은 (그것이 정하는) 연속물로, 차이는 같음으로(Baudrillard 1993), 다수는 하나로 변형된다. 시각성(*visuality*) 그리고 일반적으로 몸은 근대

---

* 경험의 성격은 매우 복잡해서 여기서 탐구하기는 어렵다. 건축이론의 다양한 입장들과 그 결과를 다양한 입장들에서 나온 물질적 생산에 관련시키는 방법에 관해서는 라 마쉬(La Marche 1992, 1993)를 참조하라.

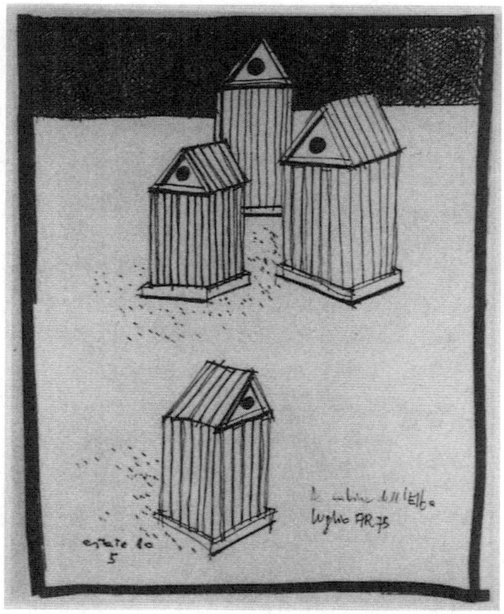

그림 12-5 엘바(Elba)의 오두막집. 그림: 알도 로시, 1975

기술(컴퓨터 · 텔레비전 · 비디오 · 영화 · 가상공간 등)에 의해 변화되었다. 그러므로 사고를 통해 우리가 현재 만들고 있는 특정한 절단이나 연결을 변경하거나 대체할 수 있다. 지각과 시각성의 변화는 경험의 구조는 물론, 연상 · 기억 · 몸에 영향을 미친다.

사십

유형은 지속성과 같음을 특성으로 한다. 재현과 재생산에서, 재생산의 이념적 내용, 곧 정치적 연속성의 선택을 가져오는 중복(*duplicity*)과 반복에서, 유형은 지속성과 같음을 뒷받침한다.

사십일

로시는 정치적 확신에 따라 형태가 모든 의미를 상실했을 때에만 유형을 사용할 수 있었다. 이러한 확신은 그의 작품에서 비극적인 것과 숭고한 것의 원천이 되었다.

사십이

삶의 역사와 관련지어 볼 때, 로시의 분석과 초기 건축은 우리의 역사주의 시대에 적합하다.* 근대주의자의 규범이 약화됨에 따라서 우리는 역사에 의지하게 되었다. 그런데, 우리가 받아들이는 역사에서 간과되는 것은 누구의 삶인가?

사십삼

'유형'은 '역사'나 '자아' 같은 불분명하고 교란된 개념들과 마찬가지의 결과에 직면해 담론에서 사라지거나 배척되고 있다. 유형의 존재는 미끄러져 부재의 상태(*sliding into absence*)가 되고 있다. 그것은 이론적 통제의 지평을 넘어 사라진다. 우리는 해체적 자유낙하 상태에 있다. 크네슬은 해체에 대한 비평에서, 우리가 필요로 하는 것은 공간유형학에서 그것의 비밀스런 내용, 아이디어, 가치가 모두 이탈되도록 하는 기법이라고 말한다. 유형학의 해체는 구조의 모든 수준에서 일어날 수 있을 것이다. 시청의 파사드와 국가의 관계 혹은 아파트와 궁전의 관계 같은 분명한 수준부터 도시 격자와 시장 및 교환의 연관성 같은 심오한 수준에 이르는 모든 수준에서 유형학의 해체는 일어날 수 있다(Knesl 1988, 170~1).

---

* 《역사주의의 빈곤》(*The Poverty of Historicism*)에서 칼 포퍼(Karl Popper 1957)가 공시적 역사주의와 통시적 역사주의를 구분한 것을 참조하라. 나는 과학에서 역사로 사상적 조건의 형태가 이동하는 것의 잠재력을 말하고 있다. 과학과 역사는 모두 19세기 사상의 매우 강력한 조건이었다. 우리는 19세기 사상의 마지막 단계에 살고 있는가?

역자 주

1) '텍스트'라는 말은 짜다(*texere*)는 뜻에서 나왔다. 본래 텍스트의 개념은 분석 대상이 되는 문학작품을 일컫는 것이었는데, 자크 데리다(Jacques Derrida, 1930~2004)는 직물조직처럼 이질적인 것들이 얽혀서 만들어진 것을 텍스트(*texte*)라고 부른다. 그에 따르면 텍스트란 차이의 놀이가 벌어지는 장으로, 그 안에서 하나의 원천적인 중심개념은 있을 수 없다.
   종래 해석 이론은 텍스트를 텍스트 '바깥'에 있는 저자의 의도로 설명하거나 텍스트를 저자의 의도가 표현, 객관화된 것으로 보고 그것을 '재현'(*re-presentation*)하는 것을 올바른 해석으로 보았다. 데리다는 텍스트의 의미가 텍스트 안에서 규정될 수 있을 뿐이고 그것은 기표(記標, 시니피앙, *signifiant, signifier*)들의 운동에 따른 효과라고 본다. 데리다는 경험적 기표들 전체의 선험적 근거로 상정되는 선험적 기의(記意, 시니피에, *signifié, signified*)를 허구라고 본다. 그렇다면 어떤 것도 차이 관계의 놀이 '바깥'에서 그 자신의 동일성을 갖지 않는다. 데리다는 '텍스트성', '상호 텍스트성'을 강조하면서, 모든 것이 텍스트 안에 있으며 "텍스트 바깥은 없다"(*Il n'y a pas de horstexte*)고 선언한다. 이것을 흔히 범텍스트주의라고 부른다. 데리다의 이 개념은 '텍스트 바깥'을 주장하는 형이상학적 가정을 공격하기 위한 것이다. 그가 모든 것을 텍스트로 보는 것은 텍스트에서 각 요소들의 상관성을 은유적으로 표현한 것이다. 즉 기호의 체계에서 기호가 차이의 놀이 바깥에 있을 수 없는 것처럼 텍스트에서 각 요소들은 그 요소들의 망 안에서 차이 관계에 의해서만 존재할 수 있다. 그는 이런 맥락에서 텍스트 바깥의 실재를 부정한다(김형효, 《데리다의 해체철학》, 민음사, 1993; 박정호 등 엮음. 《현대 철학의 흐름》, 동녘, 1996).
2) 자신의 이론과 실무를 통해 유형학을 건축의 분석과 설계에 적용할 수 있는 가능성을 보여주며 유형학의 확산에 크게 기여한 이탈리아의 건축가 알도 로시는 그의 대표적인 저서인 《도시의 건축》(*The Architecture of the City*)의 '유형의 문제'에서 유형에 대한 자신의 개념을 밝힌다. 그는 유형의 개념을 "영속적이며 복합적인 것으로, 그리고 형태 이전에 존재하고 그 형태를 성립시키는 논리적 원칙"으로 생각한다. 또한 "건축의 본질에 매우 근접해 있는 건축의 개념으로, 그 모든 변화에도 불구하고 건축과 도시의 원칙으로서 언제나 '감정과 이성'과 함께해 온" 것으로 본다.
3) 데리다가 볼 때 현전(現前)하는 것은 그것이 어떠한 것이건 차이 작용의 효과이다. 차이 작용은 현전을 구성하지만 그것 자체가 현전하는 것이 아니다.

그는 이것을 '흔적'으로 설명한다.

형이상학에서 현전은 나름의 충실함(*plenitude*)을 지닌 것으로 보고, 흔적은 충실함이 결핍된 것으로 여긴다. 즉 흔적을 현전이 있다가 없어진 빈자리로 본다. 그래서 흔적들은 충실한 현전에 비해 파생적인 것으로 여겨진다. 그러므로 형이상학은 현전을 바탕으로 삼고 흔적을 지워 버린다.

그러나 데리다는 현전이 흔적에 의해 구성된다고 본다. 그에 의하면 현전이 흔적을 가능케 하는 것이 아니라 흔적이 현전을 가능케 한다. 그는 '최초에' 현전이나 단순성이 있고 그 다음에 그것의 흔적이 있다고 보지 않는다. 반대로 흔적들이 만드는 차이의 공간이 있고 그 안에서 '최초의' 현전이 마련된다. 따라서 어떠한 단순성도 어떠한 기원도 흔적에 앞서지 않는다.

데리다는 이렇게 말한다. "생생한 현재는 자기와 자기 자신과의 차이에서부터, 잡아당겨지는 흔적의 가능성에서부터 솟는다. 흔적은 자기 내면적인 삶이나 생명만이 있는 현재의 단순성으로는 생각될 수도 없다. 생생한 현재의 자기란 근원적으로 하나의 흔적이다."

4) 놀리(Giambattista Nolli 또는 Giovanni Battista, 1701~1756)는 이탈리아의 건축가이자 연구자다. 그는 오늘날 〈놀리의 지도〉(*Nolli Map*)로 알려진 형태/바탕 방식의 로마 지도로 유명하다. 그는 1736년에 조사를 시작해 1748년 동판에 조각함으로써 이 지도를 완성했다.

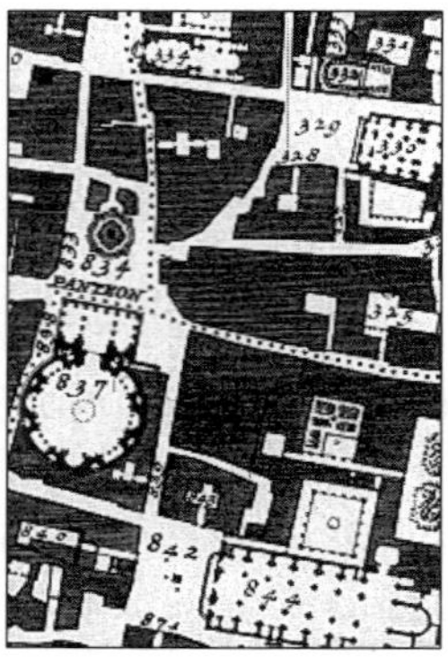

놀리의 지도(판테온 부분)

5) 불레(Boullée, 1728~1799)는 1728년 파리의 유복한 중산계층에서 태어났다. 아버지는 루이 15세 때의 건축가였다. 당시 문화적 영감의 주요 근원이었던 이탈리아의 바로크 양식이 쇠약해진 후 유럽은 고대 그리스에 열광하고 있었으며, 불레도 이에 영향을 받았다. 또한 로마건축을 좋아해 기념비적 건축에 필

요한 요소를 로마건축에서 발견했다. 불레의 스승으로는, 경쾌하고 표면지향적이며 전통적 파리 스타일 건축가인 프랑수아 블롱델(Francois Blondel)과 코즈모폴리턴이고 로마적 기념비성을 수입한 장 로랑 르가시(Jean Laurent Legacy)를 들 수 있다.

불레의 건축이론은 다음과 같이 정리할 수 있다.

① 상대적이고 절대적인 이중의 개념: 불레가 제시한 비전에는 뉴턴(Newton)과 라이프니츠(Leipniz) 등과 같은 위대한 물리학자에 의해 발전된 과학철학 속에 내포된 개념인 '상대적'이고 '절대적'이라는 이중의 개념이 표현되어 있다. 즉, 무한과 유한, 측정할 수 있는 것과 없는 것, 상대적인 공간과 절대적인 공간이라는 패러독스를 일치시키는 데 성공했으며, 그것을 하나의 공간적이고 단순한 볼륨으로 시각화시켰다.

② 빛의 강조: 고딕건축의 불규칙성을 싫어했지만 고딕의 채광예술, 상부로부터 유입되는 빛의 효과를 좋아했다. 천창을 사용해 실내분위기를 비현실적으로 만들었다.

③ 기하학적 단순성: 절대적이고, 고정되고, 모든 것을 포괄하는 것을 원했으며, 따라서 웅장하고 대칭인 형태를 좋아했다. 로코코의 복합성은 그를 혼란시켰으며, 그는 가장 기본적인 것 — 규칙성과 대칭 — 을 통해 질서를 찾으려 했다. 디자인에 입방체 · 원통 · 피라미드 · 원추형을 도입했으나, 그의 이상적 형태는 구였다. 구는 가장 완벽한 규칙성과 단순성을 가지고 있기 때문이다. 불규칙성은 지성의 몰가치성과도 같이 생각하여 경멸했다.

④ 기념비주의(*Monumentalism*): 불레는 로마건축에서 영향을 받아 대칭을 강조하고, 구심점과 강한 내향성을 갖는 건축을 추구했다. 건축 기본요소를 위계적으로 처리하고 피라미드나 구 같은 이상적인 입체를 사용해 건축의 기념비성을 추구했다.

6) 유럽에서 신합리주의 운동의 건축을 한 집단.

7) 해체철학자 데리다는 같음(*sameness*)과 동일성 혹은 자기 동일성(*identity*)을 다른 개념으로 사용한다. 데리다는 같음 속에 다른 것이 내포되어 있다고 보며, 같음을 '차연'(差延, *la différance*)과 같은 뜻으로 사용한다. 차연은 공간적 개념인 차이(*la différence*)와 시간적 개념인 연기(延期, *le délai*)의 두 개념이 동시적으로 복합된 관념으로, 데리다가 차이 작용을 나타내기 위해 새로 만들어낸 용어다. 한편, 동일성은 자기 자신과의 순수한 일치를 말하는데, 이런 동일성의 순수한 이상은 영원히 불가능한 하나의 신화나 거짓에 지나지 않는다고 본다.

8) '보편적 공간'은 미스 반 데어 로에의 대표적인 공간개념으로, 특정한 용도와 무관한 중성적인 공간을 말한다. 곧, 그것은 이상화되고 구획되지 않으며, 방해되지 않는 공간을 말한다. 여기서, 건축공간은 언제나 변하고 확장될 수

있다는 미스의 생각을 볼 수 있는데, 이는 문화가 고정된 위치를 갖지 않는 미국문화와 일맥상통한다.

9) 현재 컬럼비아대학 건축학과 교수로 있는 추미가 설계한 라빌레트 공원은 특별한 기능을 가지지 않으면서 공원 전체에 질서를 부여하는 이른바 폴리(*folie*, 프랑스어로 비정상적인 것을 가리킴)를 일정한 간격으로 배치한 것이 큰 특징이다.

10) 필자인 라마쉬 교수는 번역자와의 대화에서 이 문장의 뜻을 다음과 같이 부연 설명했다. "'위'와 '아래', '안'과 '밖' 등 이원항의 내용은, 위계와 같은 이원항의 구조에 영향을 받는다."

11) 미끄러짐(*sliding*)은 의미의 '연기'(延期)를 뜻한다.

제13장

기억 그리고 장소 만들기*

프랜시스 다우닝 Frances Downing

> 의미 있는 것이 되기 위해서, 건축은 잊혀야 한다. 아니면, 뒤이어 기억들과 뒤섞이게 되는 경외의 이미지만을 나타내야 한다.
>
> 알도 로시(Aldo Rossi) 1981, 45

기억은 떠다니고, 춤추고, 우리의 의식에 문득 떠오른다. 환영을 받든 못 받든, 그것은 생각에 침투하고 상상력을 불러일으킨다. 기억은 정서적이고 감각적이고 때로 객관적인, 과거 경험의 영역을 나타낸다. 과거의 경험은 우리의 존재를 늘 따라다니면서 동시에 우리가 미래를 상상하는 것을 돕는다. 기억은 단순한 경험의 창고가 아니라 역동적이다. 그것은 무의식 중에 종종 경험을 형성하고 재형성한다. 기억이 흔히 자유롭고 창조적으로 상상력에 입력되고 혹은 불필요한 방해물이 된다는 것을 인정하지만,

---

* 이 글에는 3학년 설계스튜디오에 참여한 학생들이 그린 드로잉이 포함되어 있다. 학생들에게 어린 시절부터 경험한 강력한 경관 장소를 기억해보도록 요구했다. 그들이 제시한 이미지는 옥수수 밭, 과수원, 논, 소나무 숲, 강바닥, 미루나무 초원, 정글과 해변, 뒤뜰 오솔길, 협곡, 전원 경관 등으로 다양했다. 그들에게 그 장소의 가장 두드러진 물리적 특성을 골라내 개략적인 모형을 만들도록 했다. 처음에 학생들은 경험의 기억에서 물러나서 그것의 특징·의미·패턴을 분석하는 것을 어려워했다. 그러나 기억하는 장소를 모형으로 제작하고 또 그리면서, 그들은 주어진 설계과제를 수행하는 데 유용한 질서·치수·형상·형태·구성을 발견했다.

인간은 기억의 유용성을 이해하고 그것을 어느 정도 질서 있게 표현할 수 있다. 유형은 기억의 복합성을 질서화하는 하나의 유용한 구성개념(*construct*)이다.

이 글에서는 유형이라는 구성개념을 사용해서 '기억과 상상력'이라는 설계 이론을 구축하고자 한다. 분류와 조직의 메커니즘인 유형은 기억의 복합성을 모형화하기에는 너무 경직되어 보일 수도 있다. 그러나 기억이 질서 없이 의식에 나타나는 것으로 보이지만, 기억에 남는 경험에 포함된 정보를 의식적으로 조직할 수 없는 것은 아니다. 그리고 기존의 형판(*template*)으로 새로운 경험을 분류, 질서화함으로써 우리의 마음이 작동한다는 증거가 있지만(Edelman 1992), 이 이론에서도 기억에 남는 경험을 마음이 재범주화할 수 없다거나 같은 경험을 몇 개의 범주로 재구성할 수 없다고 보지는 않는다. 유형은 기억에 남는 경험 속에 있는 여러 종류의 장소와 사건을 확인하고, 설계과정에서 이런 경험들이 사용되는 방식을 제시하며, 혁신적인 형태들 사이를 구분하는 틀이 되는 구성개념이다.

이 글에서는 설계 아이디어의 원천을 여섯 범주의 심상(心像, *mental image*)들로 유형화해서 과거 경험의 목록으로 삼는다. 설계과정에서 과거의 경험들은 전형(*prototypical*)과 선례(*precedential*)라는 두 가지 유형의 참조 비교를 통해 현재 프로젝트에 맞도록 조정된다. 이들 참조대상(*referent*)은 설계자가 미래 장소의 설계를 상상하고 조작하는 구조다. 이 장에서는 설계과정에서 유추적 혹은 은유적 사고의 결과물로서 혁신이 일어나는 방식을 탐구한다.

설계자들만 과거 경험을 미래의 가능성을 이해하는 형틀로 사용하는 것은 아니다(Ghiselin 1952; Black 1962; Rugg 1963; Ahsen 1982; Mac Cormac 1985). 모든 사람들이 사고의 기본 조건으로서 과거 경험을 가지고 있다(Richardson 1983). 인간 마음의 자연적 작용, 외견상 무관한 현상과 경험을 연결하는 인간 마음의 능력, 심상을 탐구의 기본 조건으로서 개방적으로 다룸으로써 얻게 되는 가능성 등에 대해 좀더 정확히 알면 설계과정에 도움이 될 것이다. 설계자는 필요한 정보를 얻기 위해 범주를 만

그림 13-1 〈정글에서〉. 퍼트리셔 레볼로(Patricia Revollo). (정글과 해변의 기억)

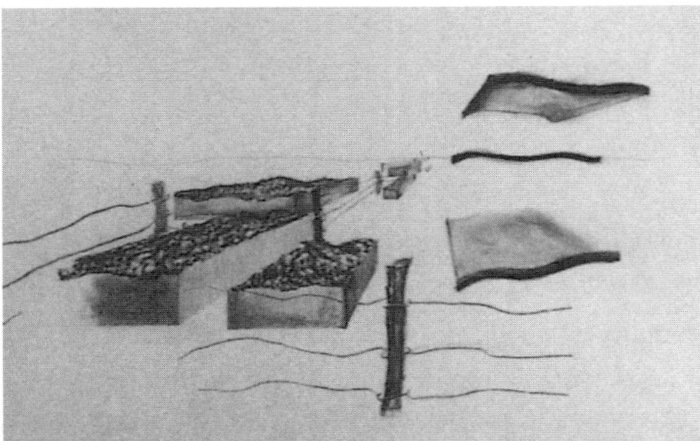

그림 13-2 〈간헐적인 경계〉. 수잔 코만(Suzanne Corman). (논의 기억)

들고 조정함으로써 장소와 사건 경험을 재해석한다. 이로부터, 성공적으로 설계과정을 진행하기 위해서는 일종의 유연한 사고가 필요함을 알 수 있다.

사고와 감정의 과정은 무의식적인 반응으로 일어날 때가 많다. 그러나 새로운 경험이 잠재의식 속의 기존 구성개념과 맞지 않을 때, 그 상황을 규정하고 조절하기 위해 새로운 경험을 어떤 과거의 구조와 맞추려는 의식적인 노력이 생긴다. 여러 연구자들은 심상을 의식적으로 사용해 과업을 규정하고 조절하는 것이 설계자의 역량임을 입증했다(Korobkin 1976; Lawson 1980; Rossi 1981; Littlejohn 1984; City of Phoenix 1985; Downing 1992a). 설계를 하는 동안 이미지를 조작하는 것은, 적극적인 의도에 따라 본래의 경험을 다른 각도에서 재규정하거나 이해할 수 있음을 의미한다. 조작된 심상을 이렇게 성찰적으로 자각하는 것이 설계과업의 중심을 이루며, 그에 따라 원 자료의 기본적인 창고인 기억은 설계과업에 관련된다.

심상 그리고 경험의 형성

심상은 시각·청각·후각·촉각·미각 등 감각적 경험을 통해 수집한 정보의 적극적이고 활기 있는 창고다. 심상은 애초에 기억되어 마음에 지각된 것 이상이다. 그것에는 경험적인 것을 넘어 정서적이고 지적인 영역으로 확대되는 다면적인 관계가 내포되어 있다(Ahsen 1982; Downing 1992b). 예를 들어, 할머니의 정원 수풀 속에 있는 작은 정자의 기억은 그늘과 그림자, 장미의 향기, 또는 정원에 대한 조망이라는 경험적 차원을 일깨운다. 이런 감각적 경험에 더해, 그 기억은 소속감과 안전, 문화적 정체성, 또는 개인적 표현이라는 정서적 차원을 일깨운다. 이 경험에서 크기와 디테일의 객관적인 치수들, 확인 가능한 요소들, 그리고 집합의 규칙들을 도출할 수 있다. 기억에서 심상은 직접성(*immediacy*)과 힘을 가짐으로써 세계를 성숙하고 좀더 추상적으로 이해하는 기반으로 작용한다. 심상은 계속해서 세계를 질서화하고 그것 자체의 구조 안에 의미 있는 디테일과 복합성을 내포한다.

기억에서 심상이 아무리 강력해 보여도 그것이 어떤 특정한 장소나 사건 경험에 내포된 모든 환경 정보를 가지고 있는 것은 아니다. 그 대신 심상은 특정한 순간에 개인이나 상황에 매우 중요한, 경험의 **각색**(*version*)을 보여준다(Antrobus 1968; Mandler 1975; Marks 1977, 1983). 설계자는 경험의 각색들을 의식적으로 '선택해' 미래 장소의 설계에 적합한 경험적·정서적·객관적 기준을 시연하는(*rehearse*) 역량을 발휘한다.

새롭거나 다른 것을 만날 때 모든 인간은 알고 있는 경험을 일깨워내지만 이런 역량에 관한 연구는 매우 적다. 연구하기에 적합한 것을 실험을 통해 규명하는 실증주의의 그림자 아래서 긴 시간 동안 위축된 후에(Hebb 1968; Sheehan 1972; Neisser 1976), 사람의 정신적·물리적 생활에서 심상이 작동하는 구조·기능·역할을 다루는 연구는 1960년대에 와서야 착수되었다. 불행하게도, 지난 30년간 이루어진 심상에 관한 대부분의 연구는 이 글과 관계가 없다. 그런 연구는 대개 심상의 조작에 관한 생물학적 구조를 다루거나, 마음속 심상의 형태에 대한 이론적 입장을 해설한 것이다. 형태적인 실험연구에서는 상상의 복합성보다 심상의 기능과 특징이 연구되고 논의되는 경향이 있다. 1970년대 이전에 심리분석을 한 사람들만이 경험을 형성하는 심상의 영역을 탐구했다. 사람의 일상생활에서 심상이 갖는 의미와 기능에 대한 연구는 의료 임상 정신의학과 심리학의 몫으로 남겨졌다. 그런 연구는 실험실 연구보다 신뢰를 받지 못하는 경향이 있다. 그러나 설계 탐구와 어느 정도 친근관계가 있는 것은 그런 '현장에서의' 임상활동이다.

아이들은 가장(*make-believe*) 놀이를 통해 연속적으로 경험을 형성한다. 그런데 그런 경험의 특징은 '변형'이다(Caplan and Caplan 1973). 놀고 있는 어린이를 보면 빈 상자가 온갖 종류의 자동차로, 탁자 아래 공간이 집의 축소판으로, 그리고 나무 집이 왕국으로 사용됨을 관찰할 수 있다. 이런 종류의 놀이에 참여하는 동안, 아이들은 주변의 소도구를 사용하고 자

그림 13-3 〈밀도〉. 존 앨런(John Allen). (소나무 숲의 기억)

신의 상상을 통해서 세부적인 것들을 채운다(Singer and Singer 1977). 아이들에게 상상은 이중성을 가진다. 곧, 아이는 자아, 물체, 그리고 사회적 역할을 변형하면서 동시에 그것들 본래의 정체성과 기능을 자각하고 있다(Qualls and Sheehan 1983). 이렇게 심상을 통해 경험을 형성하는 능력은 건축 설계자에게도 필요한 역량이다. 과거의 장소 경험으로부터 미래를 상상해서 형성하는 설계는 어린이의 가장 놀이와 비슷하다. 설계자가 아이디어를 적용하고 검증하는 것은 단순히 심상을 통해서라기보다 **상상**을 통해서다. 심상을 적용해 미래의 장소를 형성하기 위해 과거의 장소 경험을 변경할 수도 있지만 반드시 그래야 하는 것은 아니다. 어린이가 상자의 실체를 인정하는 동시에 그것을 자동차로 '상상할' 수 있듯이, 설계자는 설계 탐구 중에 본래의 경험을 조작함과 동시에 그와 별개로 그 본래의 경험을 보유하는 것으로 생각된다.

알도 로시(Aldo Rossi)가 '기억에 새겨진 과거의 경험'이라고 회상하는 심상은 설계의 도구이다. 저장되어 있는 이 설계 도구는 설계 탐구를 위한 형틀로 사용된다.

> 사물을 관찰하는 것이 내게 매우 중요한 형태 교육이었던 것 같다. 관찰은 후에 기억으로 변형되기 때문이다. 관찰해온 모든 사물들은 깔끔하게 줄지어 정돈된 도구처럼 보인다. 그것들은 식물도감이나 카탈로그, 또는 사전에서처럼 정렬되어 있다. 그러나 상상과 기억 사이의 어디쯤에 있는 이 카탈로그는 중립적이지 않다. 그것은 항상 물체들에 다시 나타나서 그것들을 변형(*deformation*) 시키고, 어떤 방식으로든 발전시킨다(Rossi 1981, 23).

경험의 목록을 작성하는 것은 자연스럽고 생물학적인 인간의 요건이다(Smith and Medlin 1981). 복합적인 경험을 이렇게 목록화하고 유형화하는 과정을 통해 설계의 개념이 형성된다.

기억과 설계

설계의 과정은 어느 창조 활동만큼이나 복합적이고 불가사의하다. 그래서 그것을 확고한 방법으로 정립하지 못하는 것이다. 건축가는 토론을 통해 얻은 아이디어와 이미지로부터, 그리고 많은 경우 공식적인 프로그램으로부터 건축주가 바라는 것을 결정해야 한다. 그러나 건축주의 요구가 항상 초기에 제시되지는 않으며, 필요 공간의 목록으로 제시되는 것도 아니다. 건축주가 요구하는 장소의 종류에 관한 설명과 진술을 주의 깊게 듣는 것은 전통적인 건축가의 모습이다. 프로그램, 기능 요건, 그리고 관련 연구를 조사한 후 건축가는 설계 업무를 시작한다. 그리고 결정의 순간마다 이상한 것, 아직 명료하지 않은 것과 마주친다. 그러나 건축가는 건축주에게 그가 표명한 요구에 대응하는 설계안을 명확히 제시해야 한다. 건축주가 초기 설계안을 본 후에야 그가 원하는 것의 실체가 진짜로 나타나기 시작하는 경우가 많다. 가능한 것이 무엇인지를 본 후에야 요구사항이 좀더 분명해진다. 건축주는 보통 초기 설계안을 접하고서야 그의 요구를 명료하게 밝힌다. 달리 말하자면, 건축주는 종종 원치 **않는** 설계안을 대함으로써 자신이 원하는 것을 더 잘 이해하게 된다.

아이디어와 드로잉을 통해 설계자와 건축주가 협의하는 초기 단계는 문제를 규명하는 과정이다. 마치 의사가 환자의 병력과 신체를 검사해 진단에 이르듯, 설계자는 초기에 분명하지 않을 수도 있는 의미를 구축하기 위해 건축주의 구상과 제시된 사업의 성격을 조사해야 한다. 이런 규명·조사·해석의 과정은 초기의 개략설계 단계를 지나서도 오래 계속된다. 그것이 상세설계와 착공의 단계까지 계속될 때도 많다. 합의에 이르기 위해서는 설계자와 건축주 모두 상당한 통찰력이 있어야 한다.

설계자는 건축주가 타당성이 있다고 제안한 사업의 모든 환경과 구성요소에 대해 직접적인 경험이 없을 수도 있다. 그러나 인간의 마음은 범주화를 통해 모르는 것을 아는 것으로 변형시키므로, 설계자는 그의 경험 안에서 건축주의 요구와 욕구를 위한 '여지'(*niche*)를 찾을 수 있다. 이를 위해 설계자는 건축주 및 다른 설계자와 적절한 심상에 관해 토의하고 그것을 공유한다. 이런 토의, 공유된 이미지, 그리고 개인의 이미지는 드로잉이나 다른 물리적 표현 매체로 발전한다. 설계과정에 참여하는 모든 사람은 자신의 특정한 경험을 동원함으로써 요구사항을 집단적으로 이해하게 된다. 설계자는 건축주가 요구하는 특성·감정·경험과 어떻게든 친근관계를 보이는 그 자신의 심상에서 정보를 수집해 재구성한다. 모든 그룹이 본질적 의미의 핵심을 이해하면서 참여자 각자의 필터로 다르게 채색할 때, 심상은 지적·정서적·경험적 주제 등으로 변화될 수 있다(Downing 1992b).

미래의 장소에 대해 설계자가 건축주와 물리적·경험적·감정적 가능성을 검토하기 때문에, 두 그룹은 점점 더 종이 건축(*paper architecture*)의 결과를 **보는 것**에 익숙해진다. 성숙하고 성공적인 설계자가 건축주에게 특정한 설계안의 상대적인 장점을 확신하도록 능숙하게 설명하고 유도하는 것은, 설계자가 이미지를 조작하고 통제해서 설계를 탐구하는 능력을 가지고 있을 뿐 아니라 설계자와 건축주가 함께 기억하는 경험이 있기 때문에 가능

그림 13-4 〈밀도〉. 존 앨런.
(소나무 숲의 기억)

하다. 건축주는 설계자가 설정한 미래 장소의 방향을 확신하기 위해 정신적 시연에 참여한다. 설계자와 건축주가 심상을 공유하는 것은 비슷하게 기억되는 경험을 여러 가지로 각색할 수 있다는 뜻이다. 그렇지 않다면, 참여자들 사이의 논의는 어떤 공통의 출발점을 갖지 못할 것이다. 건축주와 설계자가 과거의 경험을 의식적으로 적용하고 그로부터 배우는 능력을 가지고 있기 때문에 기억 이미지를 다룰 수 있다(Richardson 1983). 기억은 물론 잠재의식적으로 작동하기도 한다. 그러나 대부분의 성숙한 설계자들은 심상을 의식적으로 사용해 문제를 규정하며, 현재의 과업에 그것이 적용될 수 있는 이유도 파악한다(Hillier, Musgrove, and O'Sullivan 1972; Darke 1978; Downing 1992a).

어떤 공통의 이해에 도달할 필요성이 있을 때, 심상을 사용하거나 경험의 심상에서 도출한 아이디어를 사용하게 된다. 설계자나 건축주는 설계 과정을 시작할 때 종종 미래의 장소가 무엇과 '같아야' (*like*) 하는지 기술한다. 설계자는 다음과 같은 여섯 개의 범주에서 기억을 이끌어내 설계 이미지와 아이디어의 원천으로 사용한다. 그것들은 특정한 장소, 특정한 사건, 장소유형, 각본화된 행태(*scripted behavior*), 개념, 그리고 본질적 구성개념이다. 이 범주들은 설계자의 원천자료이며, 건축주와 설계자 또는 설계자들 사이에서 의사소통의 도구로 작용할 때가 많다. 과거 경험의 심상은 그것을 사용하는 맥락에 따라서 하나 이상의 범주에 해당하거나 한 범주에서 다른 범주로 옮겨갈 수 있다. 설계 탐구가 이루어지는 환경, 곧 특정한 시간과 장소, 그리고 특정한 사람들 사이의 상호작용 속에서 설계에 경험이 기억되고, 개념화되고, 사용되는 방식이 형성된다.

알도 로시(Aldo Rossi)는 《과학적 자서전》(*Scientific Autobiography*, 1981)에서 그가 설계활동을 하며 설계 탐구에 사용한, 기억에 남는 장소와 사건의 풍부한 사례를 제시한다. 그 사례들은 이 글에서 명명한 범주들에 분명히 포함된다. 현상설계 당선자인 바튼 마이어스(Barton Myers)의 보고서에서 또 하나의 풍부한 사례군을 발췌할 수 있다. 설계위원회와 일반대중에게 시청 건물(Municipal Center Building) 설계 현상공모에 대한 아이디어를 보여주는 보고서다(City of Phoenix 1985). 설계 이미지의 원천이 되는 여섯 개의 범주를 이들 출처에서 얻은 사례들과 함께 아래에 제시하고자 한다.

설계 이미지의 원천

특정한 장소란 명명될 수 있는 장소다. 건축의 역사는 설계자에게 원천으로 사용되지만 건축주에게는 대개 친근하지 않다. 공식적으로 '설계된' 장소가 역사에서 참조대상으로 인식되는 것이 일반적이다. 그 밖에, 역사에서 참조대상으로 인식되는 것은 성격상 토속적인 장소지만 어떤 시대나 양식을 대표하는 것들이다. 설계자와 건축주는 공식적으로 인식되는 '건축'이 아닌 비공식적이고 일반적이며 개인적 장소에 대해 개인적인 경험을

그림 13-5 〈터널의 지각〉(perception). 커티스 쿱(Kurtis Koop). (강 바닥의 기억)

가지고 있다. 복잡한 연관 · 영향 관계로 가려져 있는 그 경험들이 기억에 남는 이유를 밝히거나 이해하기는 쉽지 않다. 그러므로 특정한 장소는 할머니의 정원에서 프랭크 로이드 라이트(Frank Lloyd Wright)의 〈낙수장〉에 이르기까지 광범위하다. 효과적인 설계 탐구를 위해 로시(Rossi)는 기억에 남는 특정한 장소들을 명명하고 조사했다.

> 시레나 호텔(Sirena Hotel)은 나의 건축에 아주 기본이 되는 것이어서 내가 그것을 고안했고 내 프로젝트 중 하나라고 생각하는 사람이 있을지도 모른다. 그것의 중정 유형을 보면, 그것이 건물 체적에 대한 나의 건축적 분석을 구현하고 있다고 말할 수도 있을 것이다. … 그렇지만 실은, 내 작업에 영향을 준 것은 그 호텔의 유형학적 측면이 아니라 그것의 색채다. 확실히 그 색채는 기묘하다(Rossi 1981, 25).

특정한 사건은 특정한 장소와 아주 비슷하다. 그것은 명명될 수 있는 사건이다. 기억에 남는 사건이 설계에 유용하리만큼 강한 공간 구성요소를 가질 필요는 없다. 설계자와 건축주는 특정한 경우의 기억을 사용해 미래의 기능에 필요한 정서와 경험을 규정할 수 있다. 또한, 특정한 사건은 의식(儀式)처럼 공식적일 수도 있고, 우연한 사건처럼 비공식적일 수도 있다. 아버지의 장례식에서부터 《스완네 집 쪽으로》(*Swann's Way*)[1]를 읽으며 보낸 저녁시간까지, 이런 이미지의 범위는 넓다. 피닉스 시청(Phoenix Municipal Center)의 설계에서 특별한 행사를 위한 교통 통제를 어떻게 할 것인가 하는 질문에 대해, 바튼 마이어스는 다음과 같은 하나의 사건 이미지를 소개했다.

> 나는 어제 뉴욕의 그곳을 그냥 지나갔다. 여러분도 알다시피, 유엔에서 매우 큰 쇼가 개최되었다. 대통령이 … 도착했다. 그래서 안전상의 이유로 맨해튼 전역에서 도로들이 폐쇄되었다. 따라서 아무도 대통령이 어디 있는지 정확히 모르며, 교통은 혼란에 빠졌다. 그러나 뉴욕이 갑자기 다른 도시가 되었다는 흥분감이 있었다. 알다시피, 대통령이 올 때 당신은 그쪽이 아니라 이쪽이나 저쪽으로 가야 한다. 이런 것이 우리가 이곳에서 하고 싶은 일이다(City of Phoenix 1985, 51).

특정한 장소와 사건에 덧붙여서, 경험을 더 추상적으로 해석함으로써 기억에 접근할 수 있다. 수잔 랭거(Susanne Langer)는 추상화(*abstraction*)를 "형태를 내용과 분리해 생각하는 것"이라고 정의한다(Langer 1967, 33). 그녀는 '형태'의 의미를 형상이라는 일반적 의미를 넘어서서 어떤 종류의 패턴이나 구조를 따르는 것까지 확대한다. 이런 식의 정의를 따르면 음악·의식·에티켓 같은 것에도 형태가 있다. 추상화에서 우리의 관심을 끄는 것은 특정한 매체가 아니라 논리적 형태나 구조다. 이 글에서 논하는 장소유형, 각본화된 행태(*scripted behavior*), 개념, 본질적 구성개념 등의 원천에서 경험으로부터 추상화한 논리적 형태를 확인할 수 있다.

장소유형은 공통의 속성, 형성의 규칙, 또는 문화적 표명을 통해 같은 집단이나 부류로 분류되는 장소들이다. 뉴잉글랜드의 연결 농가들(*connected farmhouses*)이 그런 예다(Hubka 1984). 이 농가들은 중목구조방식(*heavy* *timber built structure*) 이라는 문자 그대로 구조뿐만 아니라 공간구성 · 방향 · 재료 등에서 모두 비슷한 구조를 가지고 있다. 그 밖에도, 연결 농가들의 역사에서 물리적 · 사회적 규칙이 명확히 발전했음을 볼 수 있다. 증축을 통해 형성된, 변형된 U형 중정, 또는 외피재료의 변화를 통한 '전면'과 '후면'의 정의 등 연결 농가들의 **일부** 측면을 이해해 미래의 장소는 어때야 하는지에 대한 해결안을 만들 수 있다면, 설계자는 특정한 농가의 특정한 속성을 참고할 필요가 없다.

로시는 거주의 개념을 규정하는 장소유형에 있어서 역사적 가치의 의미를 다음과 같이 전한다.

> 나는 인간의 삶이 표명되어 있는 형태를 말할 때, 내 삶의 의미가 연관되어 있고 젊은 시절부터 고고학적 · 인류학적 관점에서 감명받은 그런 구조를 논의했다. 나는 세비야(Seville)의 우리(*corral*), 밀라노의 중정, 특히 시레나 호텔의 중정을 언급했다. 그리고 수녀원 · 학교 · 병영에서 받은 문학적이고 실제적 감명은 물론, 발코니 · 아케이드 · 복도도 언급했다. 한 마디로, 빌라의 형태 외에도 그런 거주의 형태는 인간의 역사에 어느 정도 저장되어 있어서, 그것은 건축에 속하듯 인류학에도 속한다. 다른 형태들, 곧 다른 기하학적 표상들을 상상하는 것이 어려운 것은 우리가 그런 사례를 갖고 있지 않기 때문이다(Rossi 1981, 71).

각본화된 행태는 전형적인 상황에 대한 추상적이고 규범적인 대응을 묘사한다(Bower, Black, and Turner 1979). 각본화된 행태는 익숙한 상황에 대응하기 위해 개략적인 '각본'으로 마음에 존재한다. 그러므로 문화적 · 사회적 기준에 따르는 적절한 행태를 추상화해서 이해하는 것도 각본에 포함된다. 각본화된 행태의 한 예는 식당에서 단골손님의 상호작용이다. 단골손님은 주인이나 종업원, 또는 다른 손님 등과 상호작용한다. 표준적인 행태 반응에서 벗어나면 더 이상 기준을 따르지 않는, 각본 밖의 특정한 사건이 된다. 프로그램을 어느 정도 이해하게 되거나 종이 설계를 마치면, 설계자와 건축주는 모두 마음속으로 각본화된 행태를 시연한다.

만일 우리의 복잡한 일상의 경험을 추상화해서 논리적 형태로 환원시킬 수 있다면, 이는 우리가 개념을 발전시키는 데 도움이 된다. 이 글에서 **개념**은 개인이 장소(중간을 관통하는 축)나 사건(논의하기 위해 둥글게 모인 사람들)의 여러 유형에 표명된 논리적 형태를 이해하는 것을 말한다. 이 개념은 경험에 바탕을 두고 있으나 매우 추상화되거나 일반화되어 독립적인 생각으로 존재한다. 개념은 설계 탐구의 틀을 만들기 위한 참조대상으로 작용할 수 있다. 중앙을 관통하는 축을 만들어내는 것과 같은 개념적 반응이 설계 탐구의 초기부터 특정한 장소나 장소유형에 관련될 필요는 없다. 논의를 위해 둥글게 모인다는 개념적 생각도 특정한 사건이나 각본화된 행태에 얽매일 필요는 없다. 그러나 일반적으로 설계자는 장소나 경험이 어떠해야 하는지를 예시하기 위해 추상적 개념을 장소나 사건에 대한 특정한 기억과 결부시킬 수 있다. 심상으로 개념이 풍부해지고, 설계자는 탐구에 주체적으로 참여하게 된다. 다음 글에서 로시는, 추상적 구성 격자라는 공간 질서화의 개념을 특정한 장소 경험을 통해 이해하는 방식을 설명한다.

> 나는 건물에 또 건축에 어떻게 삶이 결합되는지 강조하고자 할 뿐이다. 세비야에 있는 몇몇 "도시 구조물"(*urban artifact*), 특히 로마 도시 같이 정밀하게 배치된 거대한 여름휴가의 야영지를 보며 이런 생각이 … 특히 명료해졌다. 그 야영지에는 작은 집에 맞게 가장 작게 나뉜 필지들이 있고 거대한 개선문이 있다. 이 야영지는 불안정하고 쉽게 흔들리는 몸을 지탱해주는 약하지만 매우 정확하게 접합된 뼈대이다. 이것은 휴가라는 짧은 기간 동안에만 유지된다(Rossi 1981, 20).

논리적 형태를 실제 경험에 결부시키는 활동을 랭거(Langer)는 해석이라고 말한다. 랭거는 추상적 형태(패턴·구조·구성의 개념)를 해석하는 것은 어떤 형태가 속한 사물들의 종류를 찾는 과정이라고 말한다. 이 글에서 다루는 '사물들'은 장소와 사건의 심상이다. 많은 현상을 동일한 '논리적 형태'의 표본으로 봄으로써 경험의 어마어마한 변형들을 만들어낼 수

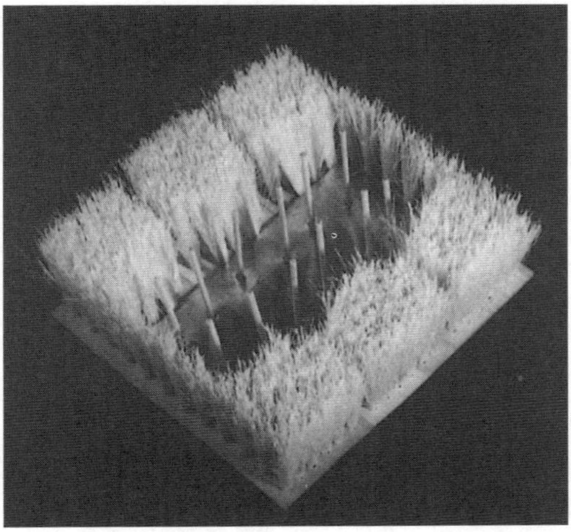

그림 13-6 〈두 가지 질서〉. 제니퍼 그린(Jennifer Green). (옥수수밭과 과수원의 기억)

있다고 랭거는 주장한다. 일단 실제 경험에서 개념, 각본화된 행태 또는 장소유형을 추출하면, 우리는 해석을 통해 과정을 역전시킬 수 있다. 추상적인 것에서 시작해 그것을 구현한 특정한 장소·장소유형·사건을 찾는 것이 해석이다. 설계자는 그 자신의 경험에서 표본을 불러내 추상적인 것을 더 깊게 이해할 필요가 있다.

본질적 구성개념은 일반적으로 프로젝트의 성격에 내포된 의미에서 발견된다. 우리는 건물 형태에서 이런 의미를 볼 수 있다. 이런 의미의 내포(*connotation*)는 장소의 특정한 물리적 외연(*denotation*)에서 주의 깊게 찾아내야 한다. 설계 프로젝트를 시작할 때 설계자가 부지불식간에 그 프로젝트의 의미, 곧 진정한 본질을 찾는 경우가 많다. 아이디어에 대한 협의를 통해, 설계자와 건축주는 장차 그 설계의 물리적 조작을 이끌 '톤'(*tone*)이나 '주제'를 정한다. 피닉스 시청(Phoenix Municipal Center)의 현상공모에서는 참여 건축가들에게 **민주주의**라는 개념이 과제로 주어졌는데, 이는 주제가 있는 본질적 구성개념의 사례다. 마이어스는 다음과 같이 썼다.

> 몇 달 전 시장이 팀에게 … 개방된 민주사회를 매우 강력히 소개한 것에 〔대응한〕〔우리의 개념은〕 개방된 민주사회에서는 필수적으로 건물에 접근하기 쉬워야 한다는 것이다. 따라서 어떤 비공식적인 성격이 요구된다. … 접근성의 개념은 이런 민주적인 생각의 중요한 〔한〕 부분이다. 그리고 〔그것을〕 입증하기 위해 우리는 거대한 공공의 실이라는 독창적인 아이디어로 계획안을 만들었다. … 나는 그것을 도시의 방(City Room)이라고 부르는데, 기본적으로 그 방으로부터 〔시청의 모든 사무실로〕 사람들이 접근할 수 있다(City of Phoenix 1985, 36).

본질적 구성개념이 원천으로 사용될 때, 설계자는 그 구성개념을 만족시키는 잠재된 형태나 패턴 또는 구조를 발견하려고 애쓴다. 마이어스는 접근성의 개념을 통해 민주주의라는 본질적 구성개념을 다루었다. 다시 그는 일반대중과 설계위원회에 그리스의 아고라에서 이탈리아와 멕시코의 대규모 도시광장에 이르는 장소들, 곧 그가 말한 "도시의 방"의 많은 사례를 보여주었다. 비록 본질적 구성개념 그 자체가 물리적 속성을 나타내는 것은 아니지만, 설계자는 본질적 구성개념을 개념, 그리고 좀더 특정한 장소나 사건과 결부시키기 위해 자신의 경험창고를 참조할 필요가 있다. 알도 로시는 죽음이라는 구성개념, 그리고 죽음이라는 불가피한 사건에 대응해 사회가 세우는 인공물(*artifact*)에 대한 자신의 투쟁을 다음과 같이 설명한다.

> 이미 언급했듯이, 모데나(Modena)의 공동묘지 프로젝트에서 나는 표상을 통해서 죽음이라는 문제를 새로운 방식으로 해결하고자 했다. 나는 이것이 프로젝트를 설명해나가는 최선의 방법이 아닐지도 모르며, 내가 이미 언급한 뼈대의 매개 혹은 뼈에 대한 명상도 아닐지 모른다는 것을 아주 잘 알고 있다. 이 프로젝트에는 이런 것들 너머에 대상물과 그것의 표상 사이의 매개, 후속의 프로젝트부터는 사라진 매개가 분명히 존재했다. 죽은 사람들의 사물·대상물·건물이 살아있는 사람들의 그것들과 다르지 않다는 나의 깨달음이 이 공동묘지의 중심적 개념이었

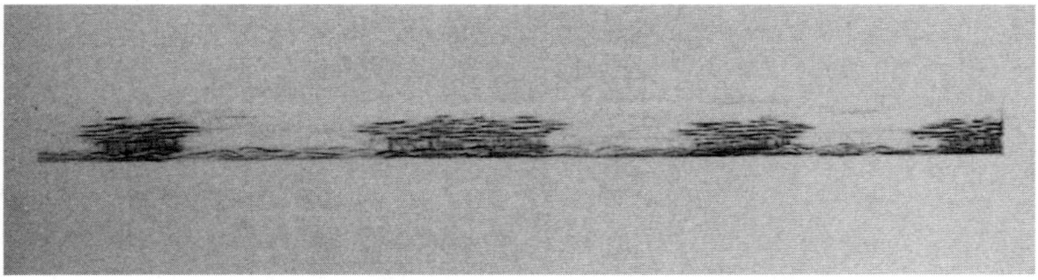

그림 13-7 〈쭉 뻗은 지평선〉. 매트 위드머(Matt Widmer). (전원 경관의 기억)

> 던 것 같다. 나는 로마의 빵집주인 묘지, 버려진 공장, 빈집을 참조했다. 나는 또한 죽음을 "아무도 이곳에서 더 이상 살지 않는다"라는 의미로 보았다. 애석하게도, 이 사람과 우리의 관계가 무엇이었는지 모르기 때문에 우리는 아직도 그를 어떤 식으로든 찾고 있다[2] (Rossi 1981, 38~9).

본질적 구성개념은 특정한 프로젝트에 고유한 '의미'를 규정하려는 설계자의 욕구와 관련된다. 주택의 설계에서 설계자는 가스통 바슐라르(Gaston Bachelard)의 《공간의 시학》(*The Poetics of Space*, 1964)에서 개괄된 **보호된 내밀함**(*protected intimacy*)이라는 본질적 구성개념을 생각할 수 있다. 시청과 시 건물의 설계에서 설계자는 **민주주의**의 성격을 생각하라고 요구받을 수 있다(City of Phoenix 1985). 로시는 죽음의 형태가 처음에는 신체의 물리적 구조를 띠었다고 본다. 그리고 그는 죽음이라는 아이디어를 사물의 부재(*emptiness*)와 연결해나간다. 로시가 죽음을 뼈대의 형태와 중첩한 것은 본질적인 것에서 물러나 물리적 형태의 추상적 개념으로 옮겨간 것이다. 그의 죽음에 대한 이해는 제 2차 세계대전의 끝에서 폭격으로 파괴된 건물에 대한 기억에서 발전했다. 이 심상 혹은 심상의 집단은 그의 의식에 **죽음**이라는 본질적 구성개념을 가져왔다. 로시는 이런 식으로 모데나 공동묘지의 설계 탐구에 대한 이해를 넓혀갔다. 그는 기억에서 얻은 개념 및 심상에 본질적 구성개념을 연결하는 과정을 따름으로써 설계를 이해했다. 이런 연결의 방향, 곧 로시가 본질적 구성개념에서 시작했는지 혹은 구성개념을 야기하는 이미지에서 시작했는지를 해명하는 것은 중요하지 않다. 설계자에게 중요한 것은 그것들을 연결하는 일이다.

설계의 세계에서는 일반적으로, 현재의 과업에 유익한 물리적 참조대상을 찾기 위해 본질적 구성개념을 사용한다. 설계자는 결국 본질적 구성개념을 사용해 의미를 구체화한 장소와 사건을 찾는다. 장소나 사건을 활발히 조작하는 동안 본질적 구성개념은 설계를 질적으로 검토하는 도구로서 배경에 남아 있다. 알도 로시는 그의 과거 경험이 설계의 가능성을 탐구하는 기반이 되었음을 인정한다. 설계 탐구의 과정에서 이런 경험은 조작과 발전을 통해 변형되거나 재해석된다.

장소라는 물리적 '유형'의 기본 성격도 로시에게는 영감과 길잡이의 원

그림 13-8 〈두 개의 질서〉, 제니퍼 그린(Jennifer Green). (옥수수밭과 과수원의 기억)

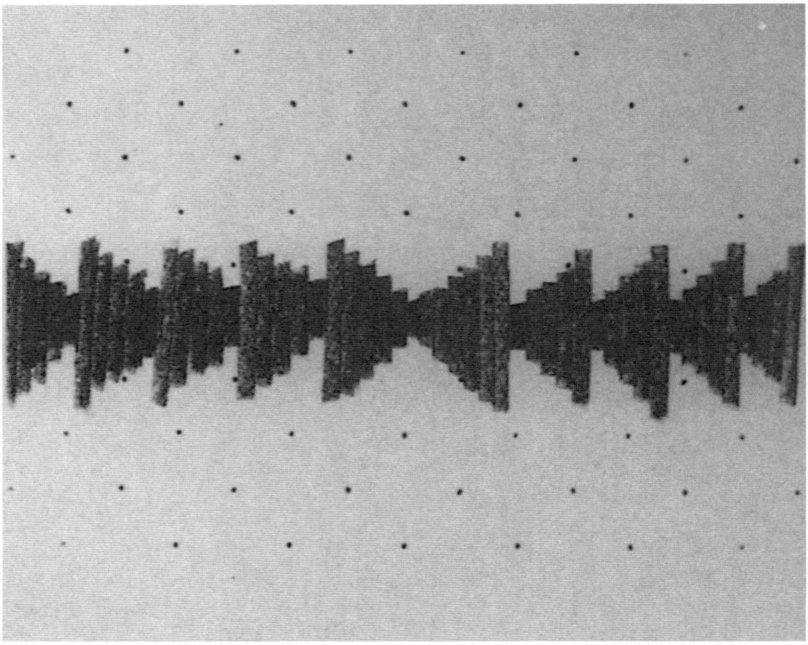

천이었다. 이는 유형이 기능적이고 형태적인 물리적 속성을 표상하기 때문이 아니라 유형이 장소와 거주의 '성격', 곧 인간성의 성격을 암시하기 때문이다. 《자서전》(*Autobiography*)에서 그는, 설계를 하는 동안 자료와 지침으로 이용될 수 있는 각각의 경험에서 복잡한 층위(*layer*)를 계속 발견했다. 로시의 건축 탐구에서 원천이 갖는 중요성은 창작의 순간을 뛰어 넘어 확대된다. 심상은 기억을 통해 개인적·사회적·문화적 정체성을 이루는 경험의 저장고에 저장된다.

설계자는 추상적이고 언어 중심적인 프로젝트 설명이나 불확실한 설계 환경에 대응하기 위해 자신이 가지고 있는 심상의 원천을 사용한다. 설계자가 나아가야 할 '올바른' 길이란 없다. 설계 탐구, 외관상 무관한 지적 활동, 또는 우연성의 작업이 갖는 특정한 환경에 따라, 저장된 경험이 여기서 명명된 여섯 범주를 넘나들 수 있다. 각각의 경험은 하나의 범주에 자리하지만 기억의 틀은 특정한 장소와 사건, 장소유형, 각본화된 행태, 개념 그리고 본질적 구성개념을 일시적인 고리로 본다. 하나의 경험이 그 고리에 매달려서 일정한 기간 동안 특별한 관점으로 이해될 수 있다. 필요할 경우, 같은 경험이 재구성되어 다른 범주에 부합될 수도 있다. 설계자나 건축주는 한 범주의 원천을 사용하기 시작하고 점차 다른 범주에 속하는 이미지들을 사용해 나감으로써 유용한 결과를 얻을 수 있다.

기억 그리고 설계 추정

1960년대 초, 전통적인 설계과정은 철저히 검토되었고 여러 가지 비판을 받았다. 프루이트 이고(Pruitt Igoe) 공공 주거단지[3]와 같은 근대 설계의 실패가 널리 알려짐에 따라 설계과정과 설계 지식에 대한 관심이 고조되었다(Stevens 1990). 전통적인 설계과정에 대한 불만은, 대부분의 설계자들이 사람들이 환경에 반응하는 방식에 대한 실제의 증거를 갖고 있지 않다는 데 집중되었다. 기존의 설계과정은 블랙박스에 갇혀 있으며, 설계

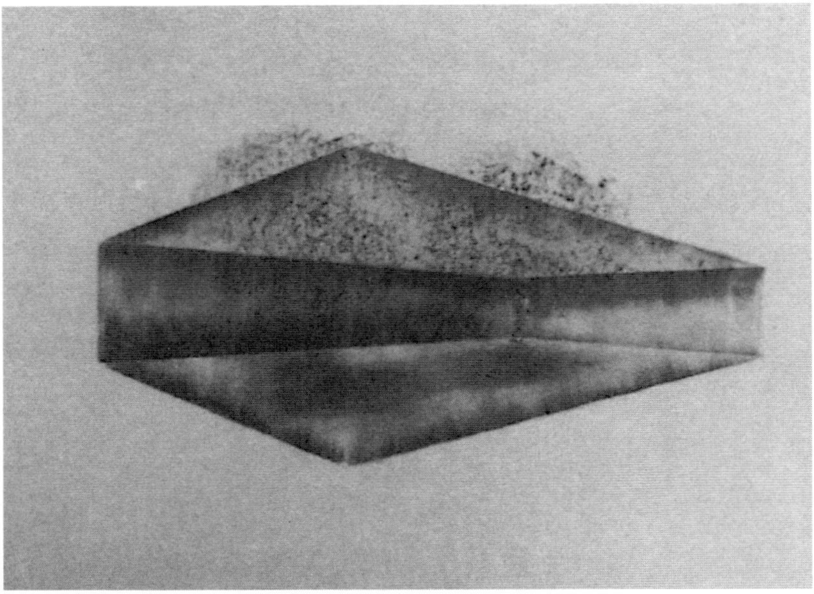

그림 13-9 〈투명한 경계〉. 마이크 해리스(Mike Harris). (경계가 있는 뒤뜰의 기억)

자는 그 속에서 공간에서의 행태에 대한 개인적 지식에 의존해 설계한다고 비난받았다. 이때 인간행태에 대한 자세한 연구에 의존하는 '과학적인' 방법임을 내세운 시스템 이론이 개발되었다(Alexander 1971; Cross 1977). 설계를 좀더 과학적으로 만들려는 시도는 선의의 노력이라고 칭찬할 만했지만, 설계업계에서 그것은 전혀 쓸모가 없었다(Darke 1978). 제안된 과정은 너무 시간이 많이 걸리고 힘들어서 대부분의 실무 건축가들은 친숙한 전통적 과정 대신 그것을 사용하려는 생각을 하지 않았다.

1970년대에 와서, 설계과정에 대한 연구에서 직관적인 설계과정이 조명을 받기 시작했다. 1972년, 브라이언 로슨(Bryan Lawson)은 건축학과 학생과 과학전공 학생 등 두 개의 집단을 대상으로 문제해결 과정을 조사했다(Lawson 1980). 두 집단 사이에 차이가 있는지 조사하기 위해 설계와 관련된 문제를 사용해 실험했다. 과학전공 학생들이 사용한 문제해결 과정은 설계전공 학생들에게는 비효율적인 것으로 여겨졌다. 설계전공 학생들이 해결안 지향의 과정을 선호한 반면, 과학전공 학생들은 문제 중심의 과정을 사용함이 밝혀졌다. 문제 중심은 해결안을 찾기 전에 문제의 구조에 관해 가능한 한 많은 것을 알아야 하기 때문에 시간이 많이 소비되었다. 해결안 지향에서는, 문제 설명과 설계자 자신의 경험에 저장된 표본이 설계자의 마음에서 합치하면 해결안이 즉시 도출되었다. 그들은 프로그램 기준을 비롯해서 설계 문제에 영향을 주는 여러 요인들에 견주어 표본을 조사함으로써 해결안을 평가했다.

시스템 이론이 실무에서 실패한 사실을 바탕으로 하고 직관적 과정을 새롭게 이해함으로써 설계 방법론자들은 새로운 모델을 만들기 시작했다. 그 모델은 행태 연구, 프로그램 정보, 그리고 평가 등 객관적으로 신뢰할 수 있는 것들로 주관적 지식을 사용하는 설계자의 경향을 설명해야 했다(Hillier, Musgrove, and O'Sullivan 1972). 이 모델에서는 '만일'이라는 진술로 추정을 해나가는데, 그 추정은 문제/해결안 관계에 대한 지식에 바탕을 두고 있다. 분석은 '그러면'이라는 대응인데, 추정한 해결안에서 발견한 원리의 조작과 조정을 조사해 설계 문제에 대한 '적합성'을 검증하는 것이다(Korobkin 1976). 이 **추정-분석**(*conjecture-analysis*) 모델에서는 설계를 '만일-그러면'의 방식으로 고찰한다(Schön 1983). 대부분의 과학적 가설보다 시험적이고 실행 지향적인 '설계의 가설'을 설명하는 형식이 추정이다. 추정을 통해서 알 수 있는 것은, 특정한 문제를 다루기 위한 '만일'이라는 임시적 진술이 '그러면'이라는 평가적 대응이 필요한, 특정한 해결안과 연결되어 있다는 점이다. 이런 추정은, 초기에 설계 문제를 규정하는 아이디어를 도출하는 것부터 적합한 구조 상세를 고안하는 것까지 널리 관련된다. 어쨌든 추정은 기억 안에 저장되어 있는 심상을 통해 형성되는 경우가 많다. 추정-분석 모델로 본질적 구성개념은 물론, 장소나 사건의 개인적 경험, 장소유형, 각본화된 행태, 공간 · 형태 · 질서라는 광범위한 추상적 개념들의 쓰임새가 설명된다.

제인 다크(Jane Darke 1978)는 건축가의 공공주택 설계에 대한 연구에

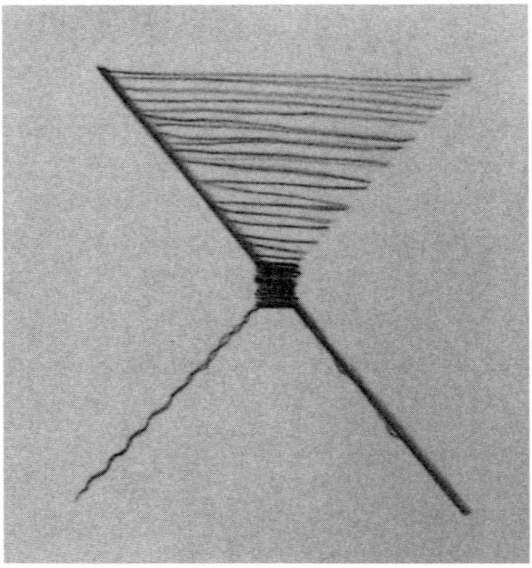

그림 13-10 〈캐노피〉. 라나 메디나 (Lana Medina). (뒤뜰 오솔길의 기억)

서, 초기설계 결정 이전에 설계자가 표현한 가치체계를 설명했다. 설계과정에서 건축가들이 프로젝트에 대한 설계안을 만들기 위해 해결안 지향적 추정을 할 뿐 아니라 그가 **일차 생성원**(*primary generator*)이라고 부른, 숨겨진 논제에 의존함을 발견했다. 일차 생성원은 설계자나 건축주가 가지고 있는 일단의 가치인데, 그것으로 초기에 미래 장소가 어떠할 것인지에 대해 추정한다. 다크가 수행한 연구에서, 부지의 높은 가치가 '생성원'이었으며, 그것은 이어지는 설계과정에서 나타난 모든 중요한 추정에 영향을 미쳤다. 일차 생성원은 설계자가 초기에 고려해야 하는 범위를 좁혀준다. 다크는 확보된 증거를 토대로 설계과정을 **생성원-추정-분석**(*generator-conjecture-analysis*) 모델로 수정했다.

설계과정에서 추정이 해결안 지향적일 때, 진술의 '만일' 부분은 아직 정의되지 않은 설계 문제에 형판으로 사용된 경험을 표상한다. 참조된 이미지로 설계 문제의 골격이 만들어지며, 직접적인 구조와 의미가 부여된다. 설계자가 참조대상이 전달하는 개념의 결과를 고려할 때, 설계과정에서 '그러면' 부분이 생겨난다. 알려지지 않은 미래를 이해하기 위해 알려진 경험을 사용하는 추정은 전형적 혹은 선례적 참조대상으로 설명될 수 있다.

전형prototype과 선례

심상은 그 원천이 특정한 장소나 사건, 각본화된 행태, 장소유형, 개념, 본질적 구성개념의 어느 것이든, 설계자의 마음에 나타나는 사용 가능한 원 자료(*raw data*)다. 설계에서 기억이 도구로 사용되는 **방식**은 참조 활동을 통해서다. 이미지를 과업과 비교하는 참조 전략에는 두 가지가 있는데 전형 혹은 선례를 사용하는 것이다. 이들 두 가지 참조 유형으로 설계자는 과거의 경험에서 도출한 정보 · 감정 · 감각을 현재의 미발달된 설계업무와 비교하거나 대비할 수 있다.

전형은 다음과 같이 정의된다. "'어떤 사물의 첫 번째 또는 일차적인 유형', '기원이 되는 것〔사물이나 사람〕으로, 다른 것은 그것의 복사 · 모방 · 표상 · 파생물인 것, 다른 것이 따르는 것 또는 따라야 하는 것', '패턴 · 모델 · 표준 · 표본 · 원형(*archetype*)'"〔《옥스퍼드 영어사전》(*Oxford English Dictionary*) 1971〕. 이런 정의는 건축 문헌에서 다양한 형태로 되풀이되는데, 요컨대 전형이란 하나의 집단이나 유형 또는 분류 내에서 기능적 혹은 형태적 관련성을 갖는 일단의 장소들을 말한다(Glassie 1975; Gulgonen and Laisney 1982; Williams and Scofido 1983). 미래 장소를 '보기' 위해 전형을 형틀로 사용하는 것은 유사한 현상을 비교하는 전략이다. 전형은 설계자가 이해하고 규정하려는 종류의 장소와 상이하기보다는 **유사하다**. "도시의 방"이 갖는 부가적 용도를 설명하면서, 바튼 마이어스(Barton Myers)는 미국 · 유럽 · 멕시코의 많은 도시에서 발견할 수 있는 장소와 경험의 유형을 슬라이드로 설명하고 예시했다.

> 우리는 토요일 장터 … 농산품을 가져올 수 있는 장소를 갖게 된다. 나는 단지 트럭〔의 짐칸〕에서 판매가 이루어지는 장터의 사례를 수없이 알고 있다. 트럭을 몰고 들어가면 거기에 작은 파이프 장비가 있다. 트

> 럭의 짐칸 문을 천막 안으로 열면 통로, 곧 길이 만들어진다. 그러면 즉석에서 재미있는 트럭 농장이 생겨난다. 우리는 이렇게 할 수 있다. 또 그곳에서 대중연설도 할 수 있다. 만일 대통령이 와서 피닉스 사람들에게 옥외연설을 하고 싶으면, 이 장소에서 할 수 있다. 마침내 우리는 그런 종류의 의식에 적당한 (도시의) 방을 갖게 된다(City of Phoenix 1985, 43).

선례는 다음과 같이 정의된다. "시간적으로 앞선 것, 어떤 것이 나타나거나 제시되기 전에 존재하거나 생겨난 것, 이전의, 선행하는 것, 뒤에 오는 것에 본보기나 규칙이 될 수 있는 이전의 사례, 또는 어떤 활동이나 사건을 뒷받침하거나 정당화하는 이전의 사례"〔《옥스포드 영어사전》(*Oxford English Dictionary*) 1971〕 미래 장소를 '보기' 위해 선례를 형틀로 사용하는 것은 상이한 현상을 비교하는 전략이다. 선례는 설계자가 이해하고 규정하려는 종류의 장소와 유사하기보다는 **상이하다**. 현재의 과업과 뚜렷한 유사점이 없는 인공장소가 선례가 될 수 있다. 그러나 선례와 미래 장소 사이를 비교하면서, 설계자는 양자 사이에 어떤 친근관계, 곧 탐구할 설계의 방향을 제시하는 형태·공간·질서 상의 관련성이 있음을 확인하게 된다. 선례는 자연 형태나 물체, 또는 추상적인 사회 상황에서도 도출될 수 있다. 로시는 이렇게 외견상 무관한 현상에서 의미의 패턴을 발견하는 능력을 보여준다.

> 〈남겨진 사람들의 크리스마스〉(*Il Natale dei rimasti*)와 〈트리불치오 요양소의 축제일〉(*Pio Albergo Trivulzio*)[4] 같은 안젤로 모르벨리(Angelo Morbelli)의 그림은 언제나 나를 감동시켰다. 나는 그것들을 어떻게 판단할지 모른 채 매료되어 바라보았다. 이제 그것들은 내가 이 〔모데나 공동묘지〕 프로젝트를 진행하는 데 조형적·구상적(*figurative*) 수단이 되었다. 빛의 연구, 곧 노인들이 앉은 벤치에 떨어지는 대단한 빛다발, 그런 의자의 기하학적 형태와 난로가 만들어낸 정확한 그림자는 그림자 이론에 관한 지침서를 따른 듯하다(Rossi 1981, 12).

그림 13-11 〈골짜기〉. 케이시 맥리시 (Kayce McLish). (골짜기의 기억)

로시는 경험을 조작하고 발전시켜 탐구에 적극적으로 사용했는데, 이때 경험은 변형되거나 재해석된 것 같다. 로시는 다양한 설계 프로젝트에 사용한 많은 참조대상을 거명한다. 그는 커피포트 같은 일상적인 물체를 사용해 공간의 내용을 탐구한다. 식탁을 세팅하고 음식을 준비하고 식탁에 음식을 배열하는 것을 건축에서 사건을 전개하는 은유로 사용한다. 로시는 어린이의 놀이인 '거위 게임'(*goose game*)[5]을 그가 디자인한 탁자의 선례로 사용하기도 했다. 랭거(Langer 1967)가 제시하듯, 이런 참조대상들은 다양한 '내용'을 표상하는데, 그런 내용에서 사람들이 공유하는 어떤 잠재된 논리적 형태를 볼 수 있다.

전형과 선례의 정의가 문서상으로는 분명해 보이지만, 설계 탐구를 하는 동안 의식적으로 유지되는 '규칙'이나 '정의'는 거의 없다. 설계에 열중하다보면 이런 추정의 형태들 사이의 구분은 흐릿해지고 만다. 형틀을 선례나 전형으로 분류하는 것조차도 어려울 때가 많다. 예를 들어, 설계자가 공공도서관을 설계하고 있고, 법원을 도서관의 모습에 대한 초기의 추정으로 사용하기로 선택했다면 법원은 선례인가, 전형인가? 법원은 도서관의 특정 기능을 갖지 않으므로 당연히 그것은 선례일 뿐이라고 말할 수 있다. 그러나 법원과 도서관은 모두 공공건물이며 따라서 공통의 형태적 속성을 가지고 있다고 주장할 수도 있다. 심상은 어떤 설계 환경에서 전형의 형틀로, 다른 설계 환경에서는 선례의 형틀로 사용될 수 있다. 전형과 선례를 분류하는 것은 그 경계가 애매해 로시가 말하는 "기형"(*deformity*) 들이 많이 나타날 수 있다. 이미지를 과업과 비교하고 대조하는 이 두 가지 전략은, 유사한 참조대상과 상이한 참조대상의 사이를 잇는 연속체의 양극단이라는 점만 분명할 뿐이다.

기억과 혁신

설계에서의 혁신은 심상의 조작에 긴밀히 연결되어 있다. 정확히 반복되는 경험은 없기 때문에, 현재나 미래의 상황을 규정하는 데 과거의 지식을 사용하기 위해서는 과거에서 도출한 아이디어·정서·경험을 추상화, 조정, 발전시키는 것이 반드시 필요하다. 아이디어를 현재의 설계 상황에 내재된 기능과 욕구에 맞추기 위해 필요한 조정이나 조작을 혁신이라고 한다. 어떤 설계 문제에 대한 해결안이 **유사한** 참조대상에 관한 지식에 들어있을 때, 혁신의 요구는 국부적인 것이 된다. 곧, 그것은 맥락·부지·건축주·재료 등의 세부사항에 관련된다. 어떤 설계 문제에 대한 해결안이 **상이한** 참조대상들의 비교에 들어있을 때, 두 참조대상의 관련성이 모호하거나 직접적이지 않으면 혁신의 요구는 증가한다. 의식적인 사고에 과거 경험과 잠재적 미래의 참조대상이 동시에 포함되어 있을 때, 그것들이 상이하면 좀더 많은 질문과 요구, 곧 혁신이 제기된다(Mac Cormac 1985).

유추와 은유 사이의 차이에서처럼, 유사한 참조대상과 상이한 참조대상 사이의 이런 구분은 언어에서 분명히 나타난다. 유추와 은유 사이의 차이는 상이성의 정도 문제다. 곧, 본질적으로 다른 참조대상은 은유적인 반면, 좀더 유사성을 보이는 참조대상은 유추적이라고 간주된다(Mac Cormac 1985). 전형과 선례같이, 유추와 은유는 유사한 참조대상과 상이한 참조대상 사이의 연속체를 이룬다.

은유적 사고를 통해 언어와 언어적 표현에 내포된 아이디어가 전개된다. 맥 코맥(Mac Cormac 1985)은 '단계적 의미론' 이론을 제안함으로써 의미론 발달의 유연한 위계적 구성을 탐구했다. 첫 단계는 은유가 언어적 형태로 나타나는 표면 단계다. 다음은 언어적 설명의 심화단계다. 마지막은 인지활동의 심층 단계다. 은유적 사고가 발생하는 것은 심층 단계에서다. 은유적 진술이 표현으로 계속 사용될 때, 그것은 인지라는 심화 단계에서 수용된 의미라는 표면 단계로 나아간다. 은유적 표현이 기준으로 용인될 때, 애초에 은유적 표현을 탐구수단으로 삼은 감정적 긴장감이 사라진다. 이미지 중심의(*imagistic*) 추정이 형태상으로 언어적이지는 않지만, 그것은 긴장에서 수용으로 변하는 동일한 경로를 따라 진행된다. 초기의 정서적 긴장감에서 용인된 기준으로 아이디어가 전개되는 것은 의미론의 세계에서는 물론 물리적 세계에서 변화가 일어나는 틀이다. 공유되지 않는 개념들을 병치함으로써 아이디어가 신속히 혁신되고 전개된다. 이는 의미론에서 아이디어의 전개를 이해하는 데 중요한 것과 마찬가지로 물리적 세계의 조작을 이해하는 데 있어서도 중요하다.

언어가 그런 것처럼 건축 분야는 은유적 병치를 통해 발전해왔다. 예를 들어, 건축의 초기 근대운동은 민주주의와 평등성의 사회적 모델을 은유적 참조대상으로 사용함으로써 부분적으로 추동되었다. 이런 혁신적 접근은 전통적인 공간·형태·공간조직·재료를 물리적으로 조정하고자 했기 때문에 많은 논란을 야기했다. 이런 병치를 고안한 사람들을 인지하고 천천히 수용하는 쪽으로 혁신이 진행되었으며, 나중에는 혁신이 양식화되었다. 건물 형태에 대한 초기의 혁신적 은유가 동일한 과정을 거친 예가 많다. 증기기관, 파워플랜트, 전기 도관(*electrical conduit*), 외장 기계(*inside-out machine*), 컴퓨터, 그 밖의 많은 미래 기술 등 새로운 기술시대마다 기계의 은유는 다시 나타난다. 그것이 수용되어 양식적인 조작의 상태가 됨에 따라 모든 새로운 현상은 그 혁신적 성격을 상실한다.

설계 탐구에서 의미론을 사용해 혁신의 성격을 설명하는 것은 위험하다. 언어는 공간성을 제시할 필요가 없으나, 시각 이미지나 운동성의 이미지에는 공간 요소가 요구된다. 그러나 참조대상의 비교는 언어나 심상을 통해서 이루어질 수 있다(Black 1962; Langer 1967; Kuhn 1970; Mac Cormac 1985). 유추적·은유적 비교는 언어와 이미지라는 두 가지 의사소통 양식 모두에 있어 동일하다. 사고의 통로는 다르게 나타날 수 있지만, 두 종류의 사고 모두에서 비교 활동은 기능적 중요성을 갖는다.

창조적 노력으로 이끄는 것은 참조대상 사이의 긴장이라고 믿는 이론가들이 있다(Mac Cormac 1985). 설계를 위한 참조대상으로 다른 건물을 사용할 때, 그것이 특정한 설계 문제와 유형학적 혹은 기능적 관련성이 없을지라도, 두 참조대상이 모두 건물 형태이므로 긴장감은 상대적으로 작다. 자연 형태, 기계, 생물학적 시스템, 사회적 모델, 또는 어떤 아이디어나 물리적 참조대상도 설계 문제를 규정하는 데 사용될 수 있다. 건물 이외의 것을 선례로 사용하면 자연히 참조대상 사이에 좀더 강한 긴장감이 유발된다. 그리고 그런 선례를 사용하면 좀더 신선하게 여겨진다. 상이한 현상을 비교함으로써 참조대상들 사이의 긴장이 유발되는 것이다.

유추적 사고나 은유적 사고, 어느 것을 통해서도 혁신이 가능하다. 혁신의 필요성은 현재의 과업에 혁신이 적절한지를 기준으로 평가할 수 있다. 설계를 위한 이미지 추정으로 전형을 사용하는 것은 현상을 대체적으로 유지하려는 것으로 볼 수 있다. 이때 혁신은 작은 조정과 적응 작업에 한정된다. 설계를 위한 이미지 추정으로 선례를 사용하면 혁신의 기회가 훨씬 많아진다. 보통 서로 관련되지 않는 것으로 생각되는 기존의 구성개념들을 조합함으로써 새로운 지각과 새로운 관련성을 생성할 수 있으며, 알려지지 않은 것에 대한 두려움을 해소할 수 있다. 죽음을 부재(*emptiness*)에, 민주주의를 접근성에 비유하는 것처럼, 서로 다른 양상(*modality*)과 특성을 가로질러 은유적 결합을 할 수 있으므로, 은유적 선례를 통해서 혁신을 가져올 뿐만 아니라 아이디어를 신속히 전개할 수 있다. 설계 탐구에 있어서 언제 또는 어떤 조건 아래서 유추적 혹은 은유적 사고를 적용해야 하는가에 대한 규칙은 없다. 프로젝트의 성격과 그것의 맥락적 상황에 따라 그 적절성이 결정될 뿐이다.

결론

물리적 세계를 이루는 유형에 대한 지식으로 설계 분야에서 사회적 · 문화적 형태, 공간, 그리고 질서를 더욱 깊이 이해하게 되었다. 마찬가지로, 설계 아이디어의 원천 그리고 참조의 과정에서 얻은 유형에 대한 지식으로 경험과 혁신 전략의 풍부한 창고를 이용해 설계를 탐구할 수 있다.

설계 탐구를 형태적으로 설명하고 이해하는 데 범주 · 정의 · 구성개념이 필요한 반면, 설계 탐구의 **성격**은 그런 것들로 설명되지 않는다. 설계하는 마음은 이미지와 아이디어를 융통성 있고 복합적으로 결합하는, 동적인 유동성을 가지고 있다(Downing 1992b). 이런 유연함은 사고의 기본이며, 그것으로 인해 경험 · 정서 · 정보가 의도적으로 또는 우연하게 통합된다. 특정한 장소와 사건, 각본화된 행태, 장소유형, 개념, 그리고 본질적 구성개념으로 심상을 분류한다고 해서 경험이 고정되거나 한정되지는 않는다. 이런 범주들을 경험의 '도구'가 계속 부가되는 골격으로 본다면, 그것들은 인간 사고의 복합성에 더욱 부합될 것이다. 로시는 다음과 같이 썼다.

> 설계는 이 같은 연결 · 기억 · 이미지의 조직을 추구한다. 그러나 결국 이런저런 설계안에 대해 명확한 결정을 내려야 한다. 다른 한편 기원(*the original*)은, 실제 존재하는 것이든 가정된 것이든, 그것의 복제품으로만 확인할 수 있는 난해한 물체다(Rossi 1981, 35).

같은 이미지 내용을 서로 다른 시간이나 조건 아래에서 사용할 수 있다. 정보가 설계자의 사고과정에 영향을 주므로, 설계 상황은 동적이며 항상 변화한다. 동일한 심상이 한 설계 상황에서는 특정한 장소로 상상되고, 다른 설계 상황에서는 어느 한 장소유형에 속하는 것으로 상상될 수 있다. 동일한 심상을 한 설계 상황에서는 전형적 참조대상으로 사용하고, 다른 설계 상황에서는 선례적 참조대상으로 사용할 수 있다.

심상을 설계 탐구의 일부로 또는 지적 호기심을 충족하기 위해 사용할 때, 이 글에서 구성한 범주와 정의는 우선 그러한 심상을 '매달' 수 있는 틀이다. 설계 중인 설계자가 일반적으로 범주화를 사용하는 것은 아니다. 그러나 이런 범주의 틀에 대한 지식, 그리고 미래를 가시화하는 능력은 설계자들에게 도움이 될 것이다. 전형이나 선례를 참조해 설계할 때, 설계자는 추정 단계에서 여러 가지 가능한 전략에 대한 지식을 바탕으로 좀더 효과적으로 설계를 탐구할 수 있다. 더 많은 비교를 하고, 설계를 수행하고 평가하는 수단을 폭넓게 개발할 수 있기 때문이다.

설계자의 마음이 갖는 탄력성, 하나의 심상을 다른 많은 상황에 맞추는 능력은 설계를 '상상하는' 데 필요한 조건이다. 로시는 "반복, 콜라주, 그리고 한 설계에서 다른 설계로 요소를 치환하는 것을 통해 내가 수행하는 프로젝트는 항상 내가 하고 싶은 새로운 프로젝트가 되었다. 그러나 그것은 또한 어떤 다른 것의 기억이기도 하다"(Rossi 1982, 20) 라고 말한다. 우리는 자신의 경험을 초월해 그 경험을 다른 사람과 장소를 상상하는 데, 새롭고 놀라운 것을 발견하는 데, 그리고 사고를 심화하는 데 사용할 수 있다. 그러한 능력이 있기 때문에 기억은 장소 만들기에서 힘과 풍부한 잠재력을 갖는다.

역자 주

1) 프랑스의 소설가 마르셀 프루스트(Marcel Proust)의 장편소설.
2) 로시는 산 사람의 건물과 죽은 사람의 건물인 공동묘지가 다를 것이 없다고 생각한다. 따라서 공동묘지의 건축주라고 할 수 있는 죽은 사람이 누구인지 모르고 공동묘지를 설계하는 것은 불가능하다고 생각하는 듯하다.
3) '프루이트 이고'는 1950년대 세인트 루이스(St. Louis)에 건설된 주거단지로, 23헥타르의 부지에 11층 아파트 33동, 2,870세대로 이루어졌다. 테러로 파괴된 뉴욕의 세계무역센터(World Trade Center)를 설계한 야마자키 미노루가 1951년 설계한 이 단지는 처음에는 매우 우수한 설계로 칭송되었다. 그러나 몇 년이 안 되어 범죄와 파괴가 빈발했고 전체적으로 생활을 영위할 수 없는 곳이 되어 사람들이 떠나고 남은 사람들은 위협을 느끼게 되었다. 이에 따라 지어진 지 20년도 되기 전인 1972년, 철거가 시작되었다. 다이너마이트로 이 단지의 건물을 폭파하는 장면은 근대건축의 실패를 상징하는 것으로 널리 알려졌다. 탈근대건축가인 찰스 젠크스(Charles Jencks)는 이 폭파가 "근대건축의 사망일"을 알렸다고 말했다. 오늘날 이 단지의 부지는 게이트웨이 공업학교(Gateway Institute of Technology)로 사용되고 있다.
4) 〈트리불치오 요양소의 축제일〉(*Pio Albergo Trivulzio*), 1892. 프랑스 파리 오르세 미술관(Musée d'Orsay).

5) 주로 어린이들이 하는 오래된 게임으로, 탁자 위에 보드를 놓고 주사위를 던져서 한다(출처: http://maisonceleste.files.wordpress.com).

거위 게임 보드

제5부

학문에서의 유형

TYPE IN SCHOLARSHIP

제14장

유형 그리고 건축학의 가능성

구이도 프란체스카토 Guido Francescato

모든 것에는 선례가 있기 마련이다.

카트르메르 드 캥시(Quatremère de Quincy)

최근 건축 유형의 개념에 대해 다시 관심이 커짐에 따라 이 글을 쓰게 되었다. 이 책도 그런 관심의 한 예라고 생각한다. 유형에 대한 담론은 건축 전반에 관계되지만, 특히 환경설계 연구, 건축 및 계획 연구, 환경-행태 연구,[1] 환경심리학 등 다양한 분야에 관련되는 것으로 보인다.*

이 장의 초점은 건축학에 있다. 현재 환경설계 연구의 결과가 실제 설계 업무에 제한적으로만 적용된다는 점을 고려해, 건축에서 기술 외적(*non-technological*) 연구가 갖는 성격과 역할을 밝히는 것이 이 글의 목적이다. 나는 다음과 같은 질문에서 출발했다. 유형이라는 개념이 인간 경험을 다루는 다른 영역의 지식과 달리 건축 지식에 고유한 특징들을 제시해 줄 수 있는가? 이 질문에 대답함으로써 현행의 연구들보다 설계자의 주요 관심

---

* 이 장에서 **건축**이라는 용어는 건축뿐만 아니라 다른 환경설계 분야(예로, 도시설계·조경설계·실내설계)를 포괄하는 넓은 의미로 사용한다. 물론 이들 분야가 다루는 업무와 작업 사이에는 일반적으로 인정되는 차이가 있다. 그러나 이 장에서 다루는 일반적 원리는 대체로 이 모든 분야에 적용될 수 있다고 본다.

사를 좀더 잘 다루는 연구가 무엇인지를 발견하게 되고, 따라서 연구의 적용성을 높일 수 있으리라는 것이 나의 핵심적인 가정이다.

그러나 건축학에 대해서 건축 자체의 성격과 방법을 다루지 않는 질문을 할 수는 없다. 특히 새거트(Saegert 1987)와 라포포트(Rapoport 1990)가 지적했듯이, 놀랍게도 환경설계 연구분야에서 이런 점은 상대적으로 주목받지 못했다. 나는 긴밀하게 관련되는 다음의 세 가지 문제를 연구함으로써 그렇게 건축학의 성격을 간과하는 일이 없도록 하려고 한다. 첫째, 건축이 만들어지는 **과정**의 성격, 둘째, 건축이 생산하는 **대상물**의 성격, 셋째, 건축이 의존하는 **지식**의 성격 등이다. 언뜻 볼 때 이것들은 학술적이고 추상적인 문제로 보이지만 사실은 그렇지 않다. 이것들은 설계자가 환경을 만들어내는 방식뿐만 아니라 일반대중·비평가·연구자들이 설계분야와 그 분야의 활동으로 얻어진 건물과 공간을 보는 방식에도 암묵적 혹은 명시적으로 영향을 미치기 때문이다.

건축과 연구의 관련성을 가장 집중적으로 조사한 것은 건축이론과 행동과학에 관한 랭의 연구(Lang 1987)다. 그러나 그의 접근방법은 이 장에서 제시한 것과 기본적으로 반대 방향이다. 사실 랭은, 건축의 이론과 실무는 각각의 패러다임을 예리하게 발전시킴으로써가 아니라 행동과학 연구의 기여를 통해 변모될 수 있고 또 변모되어야 한다고 주장한다.

라포포트의 연구(Rapoport 1990)도 학문과 설계 사이의 연관성을 재검토할 것을 강력하게 제안한다. 역사에서 배우는 것의 가치, 좀더 유용한 역사적 분석방법의 개발 등 이 장에서 다루는 논제의 일부는 여러 측면에서 그의 연구와 유사하다. 그러나 그 자신이 인정했듯이, 라포포트(1991)는 현행의 설계실무가 아니라 '환경-행태 연구'와 '과학적 은유'에 바탕을 둔 새로운 설계이론에 합치되는, 새롭고 차별성 있는 환경디자이너의 미래상을 논한다.

랭과 라포포트의 연구, 그리고 그와 유사한 다른 접근방법들은 논의가 불충분한 건축과 인간과학 분야에서 통용되는 수많은 가정들에 대해 의문을 갖도록 한다는 점에서 유용하다. 환경과 사회적 행태의 학문성·엄격함 · '적합성'(*congruence*), 그리고 기술적(*descriptive*) 이론과 규범적(*prescriptive*) 이론의 차이 등은 의문의 여지가 있는 가정들이다. 그러나 설계 외적 분야가 건축 또는 좀더 넓게 환경설계의 실무에 효과적으로 기여하려면, 설계 외적 분야의 이론 · 세계관 · 가치 · 방법론이 아니라 설계 자체의 그것들에서 출발해야 한다. 다른 인간 활동과 마찬가지로 건축 또한 시대의 문화에 영향을 받으므로 과학 지식을 우대하는 현 시대의 성향을 피할 수는 없지만, 건축의 본질이 바뀌거나 그것의 성격과 존재이유를 근본적으로 바꾸는 견해가 수용되지는 않을 것 같다.

나는 위에서 개괄한 것들과 다른 접근방법을 취하고자 한다. 사회과학이나 행동과학의 개념에 근거한 학문보다 건축 **자체의** 주요 개념에 바탕을 둔 학문이 건축가의 기본적인 관심사를 더 잘 다룰 것이며 따라서 설계자들에게 필요불가결한 지식으로 수용될 것이라는 논제를 발전시키고자 한다. **유형**이라는 개념은 건축을 만들고(실무), 건축에 관해 사고하고(이론), 건축을 이해하는(연구) 데 적절한 아이디어이다.

하나의 환경을 설계할 때 보통 수많은 유형을 모아 결합하게 되지만, 특정한 건물이나 공간을 설계하는 데 관련되는 특정한 실체들보다 개념에 초점을 맞추기 위해 이 장에서는 가능한 한 집합적 의미의 '유형학'보다 '**유형**'이라는 단수형의 용어를 사용하기로 한다. **유형학**이라는 용어는 엄격히 말하면 유형에 대한 연구를 말하는 것이지만, 문헌에서 종종 **유형**의 동의어로 사용된다. 이 장에서 유형학은 유형의 집합이나 집단, 혹은 유형에 중심을 둔 과정을 지칭한다.

유형이란 무엇인가?

유형에 관한 담론을 이끌기 위해서는 먼저 용어를 정의해야 한다. 다른 유용한 개념들과 마찬가지로, 유형에는 많은 서로 다른 의미가 있다. 일상의 대화에서 그것은 **계층**(**부류**) 그리고 **범주**와 같은 뜻으로 쓰인다. 이에

그림 14-1 체코공화국 텔치(Telč)의 주 광장. 광장을 둘러싸는 건물들은 각기 독자적인 모습이지만, 모두 비슷한 형태적 · 기능적 특징을 가지고 있다. **건물유형**으로 보면, 그것들은 선산업 건물, 그리고 상점 겸 주거라는 동일한 부류에 속한다. **관계유형**(relational type)으로 보면, 그것들은 다기능적 성격을 특정한 **형태 개념**으로 구현하고 있다. 그것들은 모두 같은 형태 개념에 속하나, 개별 건물은 그 개념을 독자적으로 표현하고 있다. 사진: 필자.

따라 건축과 디자인 분야에서는 분류만이 그것의 용법이라고 오해하는 경향이 있다. 전공 문헌에서 유형은 상대적으로 직설적인 것에서부터 모호하고 추상적인 것에 이르기까지 폭넓게 해석되고 있다. 이 스펙트럼을 따라 유형을 다양하게 정의한 사례들을 이 책의 여러 장에서 발견할 수 있다.

일반적인 용도나 구조의 범주와 연관될 때, 유형은 기능적 혹은 구조적 분류의 용어로 이해된다. 예를 들어, 전문잡지에서는 '도서관' · '병원' · '쇼핑센터'와 같은 표현으로 건물유형을 관행적으로 분류한다. 마찬가지로 '패시브 솔라'(*passive solar*) 나 '프리캐스트 콘크리트'(*precast concrete*) 같이 건물에 적용된 기술도 하나의 분류체계를 이룬다.

형태의 속성은 이 같은 유형의 용법에서 중심적인 요소가 아니다. 병원이 쇼핑센터와 같아 보여서는 안 된다든지, 프리캐스트가 어떤 눈에 띄는 형태적 측면을 건물에 부여하리라고 기대하는 경우가 있지만, 같은 병원이나 쇼핑센터 그리고 프리캐스트 콘크리트 구조물 사이에도 온갖 종류의 형태적 차이가 있다. 따라서 이런 종류의 유형학을 사용하는 목적은 건물을 형태가 아니라 기능이나 구조기술로 범주화하려는 것이다.

다른 한편, 유형에 대한 정의의 스펙트럼 반대쪽 끝에서는 형태가 유형의 필수적인 구성요소다. 모호성이 극대화되는 것은 바로 이 끝에서인데, 그곳에서 유형에 관한 가장 유용한 관념들도 발견된다. 그러나 이곳에서조차 유형에는 분류의 성격이 있다. 곧, 세부적으로는 각기 다른 일군의 건축 작품들에 있는 불변의 특징들이 유형으로 묶인다. 필자들마다 서로 다른 정의를 제시하지만 거기에는 두 부류의 주요한 개념이 있다. 하나는 유형을 형태의 기하학적 특성으로 생각하는 것이다. 다른 하나는 유형을 형태의 역사적 발전 및 용도와 관련된 관계적 속성으로 보는 것이다.

기하학적 유형학은 쉽게 말해 구성, 곧 형태의 유클리드 기하학적 특성에 바탕을 둔 분류다. 구아리니(Guarini)의 작품에 대한 파산티(Passanti 1963)의 해석이 그런 예다. 파산티는 그것을 (1) 보조 공간들로 둘러싸인 중앙 공간, (2) 구간으로 분절된 선형 공간, (3) 돔으로 짜인 공간, (4) 돔이 중첩된 공간 등 네 가지 유형으로 구분한다.

기하학적 유형학이 기술적(*descriptive*) 도구로서 매우 유용함은 의심의 여지가 없다. 건축역사 관련 문헌이 평면, 파사드, 그리고 무엇보다도 공간의 기하학을 다루지 않는 것은 생각할 수도 없다(공간의 분절이 건축을 만드는 일의 핵심이라는 것을 파악하지 않고 건축을 조사하고 분석하는 것은 불가능하다. Zevi 1948, 1960; Giedion 1967). 그러나 기하학적 유형학이 건축에 고유한 것은 아니다. 그것으로 건축에 독자적 성격을 부여할 수는 없다. 예를 들어, 그것은 회화나 조각 등의 다른 예술형태와 일반적 형태에도 똑같이 적용될 수 있다(Eco 1968).

이 장의 주제인 관계적 유형학은 덜 직설적이다. **관계적**이라는 말에는 유형이 건축형태와 쓰임의 관계를 전형화한다는 개념이 내포되어 있다. 이런 연결은 건축 특유의 속성이며 건축 기획의 핵심이다. 그러나 어떻게 유형이 건축을 구현하는가를 밝히고 기술하기는 어렵다. 실로, 관계적 유형학에 대한 건축가와 비평가들의 해석에서 유형의 의미에 대한 여러 가지

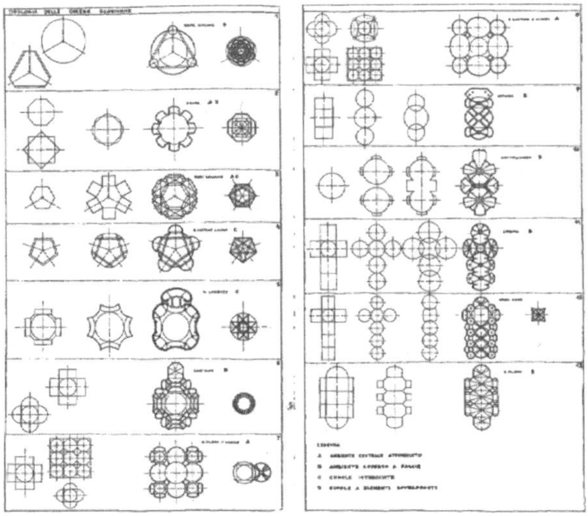

그림 14-2 파산티(Passanti)가 만든 구아리니(Guarini) 교회의 기하학적 유형학. 자료: M. Passanti 1963, Nel mondo magico di Guarino Guarini, Toso

혼동이 발생한다. 이런 점 때문에 일부 필자들은 유형을 "혼돈스런" 관념이라고 규정한다(예로, Pérez-Gómez 1991). 그렇지만 일반적으로, 다음과 같은 두 가지의 주요한 부류가 있음을 다시 확인할 수 있다. 관계유형의 해석에 관한 첫 번째 부류는 알도 로시(Aldo Rossi)와 크리어(Krier) 형제[2]와 같은 설계자들이 지지하는 것으로, 유형에 대한 매우 개인적인 견해를 나타내는 것이다. 예를 들어 레온 크리어는 유형을 구성요소들이 갖는 형태적 특성으로 생각하는 것 같다. 이때 완성된 건물이란 선정한 구성요소들의 유형을 조합하는 과정의 결과다. 예를 들어 그의 생 쾡탱 앙 이블랭(St. Quentin en Yvelines)에 있는 학교 계획에서 이것이 명시적으로 드러난다.

로시(Rossi 1982)는 비슷한 유형의 개념을 이른바 "자서전적"(*auto-biographical*) 접근방법과 결합한다. 자서전적 접근방법이란 "개인적 경험, 기억, 심지어 잠깐 동안의 인상"(Doordan 1989, 59), 그리고 "기억과 이성의 병치에" 의존하는 것이다(Moneo 1978, 36). 그 결과 강력하고 도발적인, 그러나 매우 특이한 건축이 만들어졌다. 주로 역사에 대한 개인적 해석에 의존해 유형을 봄으로써 얻어진 불가피한 결과일 것이다(〈그림 14-3〉). 실제로 모네오는, 로시의 작품은 건축가의 상상력에서 탄생한 것이며, "존재하지 않았을 수도 있는 과거"를 반영하는 유형들에 기반을 두고 있다고 말했다(1978, 37). 이것은 중요한 통찰이다. 왜냐하면, 뒤에서 논하겠지만 일반적 견지에서는 유형의 기반을 역사에서 찾게 되는데, 로시는 있을 수 없는 '존재하지 않는 과거의 역사'를 개인적으로 만들어낸 셈이기 때문

그림 14-3 레온 크리어(Leon Krier)가 설계한, 생 캥탱 앙 이블랭(St. Quentin en Yvelines)에 있는 학교의 구성요소와 평면을 보여주는 드로잉. 고전 건축의 요소들에는 기능의 이름표가 마치 각 요소의 형태적 속성인 것처럼 붙여졌다. 제공: 레온 크리어

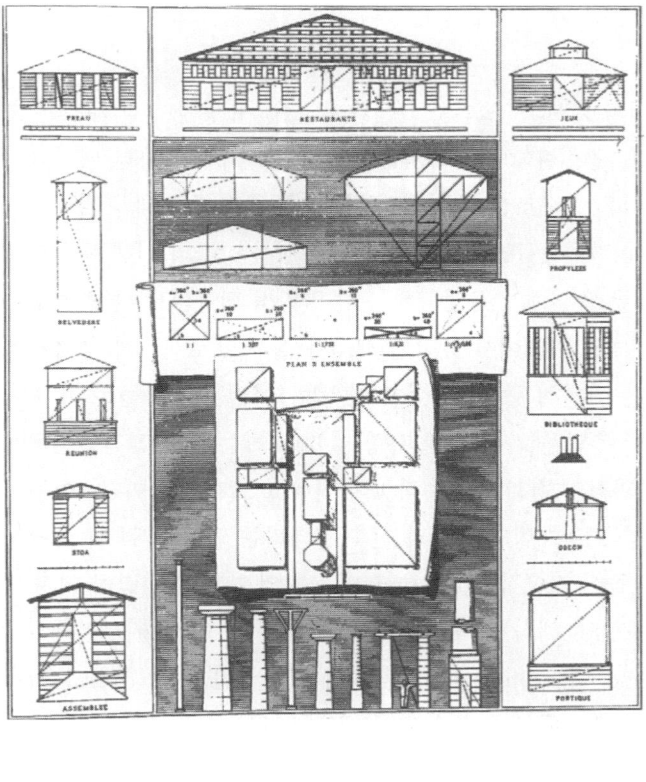

그림 14-4 알도 로시, 뉴욕 시 남 브롱스 예술학교(South Bronx Academy of Art). 사진: 아델만(M. Adelman)

문이다.

크리어와 로시의 (그리고 그들과 유사한) 유형에 대한 개념은 고도로 규범적이다. 곧, 현대의 건축가들은 근대운동의 반역사적 태도와 자본주의 사회의 이윤 추구로 인해 상실된 형태, 특히 도시 형태를 과거에서 회복해야 한다는 견해를 표명한다. 이런 의미에서 그들의 견해는 확실히 복고적이다. 많은 측면에서 유형학에 관한 일반적 담론의 물을 흐려놓은 책임이 있지만, 그런 견해에서 표명된 해석과 실제 프로젝트에 문제가 있더라도 그 견해는 여전히 중요하다. 그 이유는, 이런 설계자들은 이미 형태 **그리고** 기능의 측면을 가진 실체(유형)를 고려하는 것으로 건축설계가 시작되며 그런 과정의 결과가 건축적 대상이라고 보기 때문이다. 이는 기능주의가 주장한 프로그램의 요건과 건축 형태라는 인과관계[3]와 극단적으로 대조되며, 좀더 기술적인(*descriptive*) 유형의 개념에 연결될 여지가 있다.

관계유형의 해석에 대한 두 번째 부류는 원래 카트르메르 드 캥시(Quatremère de Quincy)가 《체계적 백과사전》(*Encyclopédie méthodique*, 〔1825〕 1977)[4]에 실은 논설에서 제안한 개념으로 거슬러 올라간다. 유명하고 독창적인 이 논설은 잘못 해석되는 경우가 많다. 카트르메르의 논설은 로지에(Laugier 1753)의 '원시 오두막'을 건축의 근원적 원리 또는 기원으로 삼는 신플라톤주의5)의 개념에 기반을 확고히 두고 있다(Vidler 1977, Lavin 1992).* 이 논설은 신고전주의 전통의 미덕을 찬양하고 바로크와 로코코 그리고 불레(Boullée)와 르두(Ledoux) 같은 전낭만주의의 (*pre-Romantic*) 상징주의가 갖는 과잉에 반대하는 선언문이라고 할 수 있다. 더욱이 카트르메르가 한 주장의 배경에는 예술을 모방, 곧 자연의 모방으로 보는 개념이 있다. 물론 그가 실증주의적 의미에서 모방의 개념에 얽매이지는 않았음을 인식해야 한다. 반대로, 그는 기존의 형태를 평범하게 복제하는 문자 그대로의 해석을 비판했다.

카트르메르의 논문을 현대적으로 읽을 때는 그것의 신플라톤주의적 어조와 규범적 성격을 떼어버려야 한다. 그것들은 그 시대의 논쟁에 관련되는 것으로 현재의 논의와 무관하다. 그러나 애석하게도 그렇게 보지 않는 경우가 종종 있었다. 이는, 유형을 진부하고 환원적인 관례에 관한 규범이라거나(Bandini 1984; Pérez-Gómez 1991) 기원 혹은 원초적 근거의 개념에 집착하는 경직된 이념 원리라고 보는(Bell 1991) 비판으로 이어졌다.

카트르메르의 유형에 대한 논의는 다음의 주제에 따라 나눌 수 있다. (1) **유형**과 **모델** 사이의 신중한 구분, (2) 대상물과 그것의 **역사적 선례** 사이의 불가피한 관계, (3) **형태**와 **용도**의 관계에 대한 강조.

첫 주제는 카트르메르의 패러다임을 이해하기 위해서뿐 아니라 유형의 제한성에 반대하는 최근의 수많은 비평을 논하기 위해서 중요하다. 카트르

---

* 카트르메르 자신은 철저하게 반동적이진 않더라도 지적으로 보수적이었다. 카트르메르가 건축가 보나르(Bonnard)와 들라바르(Delabarre)를 각각 찬양하는 동안 에꼴 데 보자르(Ecole des Beaux-Arts)의 학생들은 두 차례 폭동을 일으켰고 경찰에 의해 해산되었다고 자크와 비들러(Jacques and Vidler 1977)는 보고한다. 매우 세련되고 진보적인 역사가인 아르강(Argan 1963, 1965)이 카트르메르의 유형에 대한 견해를 부활시키고, 특히 이탈리아에서 근대운동과 현대 소비사회를 모두 비판하는 선봉에 선 수많은 건축가들이 그것을 수용하여 발전시킨 것은 아이러니하다.

르메르는 "모델에서는 모든 것이 정확하며 또한 주어진다. 유형에서는 모든 것이 다소 모호하다"라고 썼다(〔1825〕 1977, 148). 그의 견지에서 **모델**은 분명 반복·복사·모방되는 형태다. 그래서 건축보다는 수공업이나 현시대의 산업생산 기술에 더 적합하다. 반면 **유형**이라는 말은 **"그 자체가 모델의 규칙으로 작용하는 요소**라는 개념… 각 〔예술가가〕 〔모델과〕 **닮지 않았을 수도 있는** 예술작품을 구상하는 근거"임을 암시한다(〔1825〕 1977, 필자가 강조 표기를 추가함).

둘째 주제인 대상물과 그 역사적 선례 사이의 관계는 '기원과 원초적 근거'라는 신플라톤주의의 개념을 넘어서, 형태란 이전의 형태에 대한 지식 없이 예술가가 자유롭게 상상한 산물이 아니라는 인식을 보여준다. 반대로, 형태는 이전의 형태, 더 바람직하게는 이전의 형태 개념, 곧 이전의 형태에 구현된 관계에 작용을 가함으로써 얻어지는 것으로 본다. 따라서 역사는 형태의 생성에 필요한 기반이다.

마지막으로, 카트르메르의 논의에서 세 번째 주제는 한 유형의 역사적 발전과 대상물의 용도를 연관시키는 것이다. 이는, 어떤 미학적 장점이 있을지라도 의도된 목적에 불리하거나 부적당한 형태가 있는 반면, 특정한 기능을 뒷받침하는 형태가 있음을 암시한다. 예상할 수 있듯이 이 주제는, 일찍이 19세기에 뒤랑(Durand, 1805)의 이론에서 시작해 근대운동의 프로그램 결정론으로 귀결된 논의 과정의 중심에 있었다.

이미 카트르메르의 사고에서 유형이 한편으로는 제한하고 다른 한편으로는 자유롭게 하는 것이라는 중요한 개념의 싹을 보게 된다. 설계자들은 그들 작업의 존재이유인 사회적 용도와 물리적 환경이 부과하는 제약을 피할 수 없기 때문에, 유형은 제한하는 속성을 갖는다. 그리고 설계자들에게 역사적 모델을 노예처럼 반복하도록 강요하지는 않기 때문에, 유형은 자유롭게 하는 속성도 갖는다. 일반대중에게 이미 익숙하고 그들이 '원하는' 형태를 만들 것인가(Michelson 1968), 아니면 새로운 형태를 고안할 것인가, 이는 설계자들이 계속 부딪히는 딜레마다. 이 딜레마를 다룰 때 유형의 양면성에 대한 생각이 큰 도움이 된다.

그리고 카트르메르에게 유형은 건축적 의도나 목적("사물의 본래 존재 이유"), 형태의 생성원("모델의 규칙으로 작용하는 … 요소"), 그리고 검증된 기능성의 용기("용도와 특성상의 … 유형을 갖는다")를 동시에 의미한다([1825] 1977, 148~50). 유형은 시각적 형태의 영역에 속하지만, 단순한 도상(*icon*)이나 이미지가 아니라 형태와 기능의 복합체다. 그리고 형태와 용도 사이의 관계(그런 관계가 하나만 존재하면 더 좋을 것이다)를 내포한다는 바로 그 이유 때문에, 유형은 건축적 지식의 매개체가 되기도 한다("대상물을 수용하기 위해 발전·변형된 형태들을 집합시키는 … 일종의 핵") (148).

이런 유형의 개념은 분명 고도로 추상적이고 복잡하며, 다소 모호하다. 그러나 복잡하고 모호한 이 개념이 설계의 본질적 특성인 확실성의 부재, 명시적이지 않으며 자주 충돌하는 목표들의 복잡한 상호작용, 그리고 '결과 예측의 어려움'을 반영하기 때문에, 오히려 사고의 계기가 마련된다. 그런 유형의 개념에서, 건축의 지식도 마찬가지로 불확실하나 (선례를 연구함으로써) 얻을 수 있고 (역사적 분석에 의해) 소통될 수 있음을 알 수 있다. 따라서 카트르메르의 개념이 가진 모호성을 부정적인 의미로 해석할 필요는 없다. 예를 들어, 그것을 은유구조의 현대적 개념들에 바탕을 두고 해석한 칸(Kahn 1991)은 관례와 혁신 또는 유사성과 차이 같은 대립물들 사이의 긴장관계에 중대한 가치가 내포되어 있음을 지적했다. 그녀는 형태를 생산하는 데 있어 이 관계성이 반드시 필요하다고 했다.

아르간(Argan 1963, 1965)은 카트르메르의 유형에 대한 정의를 재조명했다고 인정된다. 그러나 모네오(Moneo 1978)는 아르간의 해석이 중요한 한 측면에서 카트르메르의 개념과 정반대라고 지적한다. 카트르메르가 신플라톤주의적 태도로 유형을 **선험적** 실체로 생각하는 데 비해, 아르간은 그것을 주로 실제 건축작품들의 공통성을 탐색한 결과, 곧 그런 일련의 작품에 내재한 '내적 형태구조'를 밝히려는 **귀납적** 연구의 결과로 보았다. 역사가로서 아르간은 유형의 기술적이고 분류적인 성질에 주로 관심이 있었으며 형태의 생성에 영향을 주는 성질들은 부수적으로 다루었다.

아르간은 "유형학의 단계(*moment*)"와 "형태 정의의 단계"를 구분했다.

그는 전자를 건축가와 역사적 선례 사이의 연결, 곧 건축가가 수동적으로 형태를 수용하는 것으로 보았고, 후자는 건축 작품의 생산에서 능동적으로 형태를 부여하는 것으로 보았다. 그는 형태가 유형학 영역의 외부에서 일어나는 작용들, 곧 형태의 '결정인자'인 기능과 경제성의 논리에 여전히 지배되는 작용들의 결과물이라고 본다. 이에 대해 모네오는 "그가 근대운동의 정통성에 존경심을 드러냈다"고 지적한다(Moneo 1978, 36). 형태란 이미 기능 요건에 형태적으로 대응해 형성된 실체, 곧 유형에 가해진 작용들의 결과가 아니라 '건축 프로그램의 기능 요건'에 가해진 작용들의 결과물이라고 보는 입장을 따랐다는 것이다.

아르간이 건축의 형태적 측면을 중시하는 유형의 개념을 암시하고 있음에 주목해야 한다. 바이마르 공화국의 사회적·경제적·지적 분위기와 그로피우스와 바우하우스의 작품 사이의 관계에 대한 연구와 같은 그의 저술에서, 훌륭한 역사가들이 항상 그랬듯이, 그는 작품의 형태적 측면을 그것이 생산된 문화적 맥락에 능숙하게 연결한다(Argan 1951). 그러나 이것으로 형태와 용도 사이의 연관성이 해명되는 것은 아니다. 그가 형태-용도의 연관성을 밝힌 것은 카트르메르의 정의에 부합하는 유형에 대한 관점을 가졌기 때문에 가능했을 것이다. 바우하우스와 그것이 만든 건축의 사례, 특히 데사우-퇴르텐(Dessau-Törten)과 베를린-지멘스슈타트(Berlin-Siemensstadt)의 주거단지(*siedlungen*) 사례에서 형태와 용도 사이의 연관성을 탐구함으로써, 그는 작품의 공적 의미와 사회적 수용, 그리고 궁극적으로는 로빈슨(Robinson 1991)이 말한 작품의 "정치적·도덕적 결과"를 분석했다.

비록 아르간이 카트르메르의 주요한 요점 하나를 오독한 것으로 보이지만, 그는 유형에 대한 논의를 재개하고 그것을 "형태의 생성원"(*generator of form*, *progetto di forma*)[6]으로 다시 정의했다. 그렇게 함으로써 사실상 그는 건축적 담론의 초점을 순수한 기능적 시각에서 돌려놓기 시작했으며, 관례적인 설계과정을 다시 생각해보는 계기를 마련해주었다.

유형과 설계과정

로저스(Rogers 1965)는 설계과정이 유형으로 **시작**될 뿐 아니라 사실상 유형에 대한 작용들로 **구성**된다고 제시함으로써, 아르간의 해석을 확장하는 동시에 기능주의의 전통과는 완전히 단절했다. 로저스는 기능적 적정성이 명시적이고 의식적인 유형학적 작업으로 반드시 확보되지는 않을지라도 그런 작업에 본디 내재한다고 보았다. 설계과정에 대한 이런 관점은 방법론학파(*methodologist school*) (예를 들면 Alexander 1964; Jones 1970)가 주창한 당시로서는 유력한 이론에 완벽히 반대되는 것이다. 예를 들어 알렉산더는 그의 유명한 '인디언 마을 분석'에서, 기능요건을 확인·서열화·그룹핑하고 그것에서 위상 다이어그램을 도출하는 과정을 기술했다. 그는 다이어그램을 스케치하는 데서 멈춤으로써 그것으로 '형태의 종합'이 이루어졌음을 암시했다. 알렉산더의 견지에서, 형태란 일단의 '기능적' 프로그램 요건들 사이의 연결 또는 '상호작용'을 분석하는 환원적 과정의 결과물이다. 이런 과정은 건축의 역사와 선례에 느슨하게 연결된다. 기능요건이 이전의 형태가 아니라 이전의 요건과 관련될 때만 그런 연결이 성립한다.*

이와 달리 로저스의 시각에서 보면, 건축가는 특정한 유형을 도입할 때 건물이 지어지는 정확한 **장소**(*topos*) ·기후·사회·문화와 함께 기능요건을 고려한다. 이런 초기의 판단에서 설계가 완성되기까지 모든 작용들은 선정된 유형을 중심으로 일어난다. 이는, 유형이 적어도 어느 정도 용도에 대응하고 요건에 적합하다고 가정하기 때문에 가능하다. 이런 가정이 의문시될 때, 건축가는 다른 유형을 선택하거나 그 유형을 변경하게 된다.

---

* 잘 알려진 대로, 알렉산더는 후에 입장을 바꾸고 "패턴 언어"에 근거하여 다른 접근방법을 주창했다. 패턴 언어는, 적어도 이론상, 선례와 연구에 바탕을 두고 있기 때문에 설계에 대한 유형학적 관점에 좀더 가까워 보인다. 그러나 그것은 규준적인(*normative*) 구조와 단정적인 규범을 갖기 때문에 공식같이 순응적인 해법을 암시하는 것으로 보인다.

그림 14-5 밀라노 스카이라인에서 본 **벨라스카 탑**(Torre Velasca). 에르네스토 로저스[Ernesto Rogers(BBPR 스튜디오)]가 설계한 이 건물에는 좁은 부분에 사무실, 넓은 상층부에 아파트가 있다. 다른 건물들에서는 형태적 분절 없이 공존하는 사무실 · 주거 등 일단의 기능을 형태의 분절을 통해 수용하는 새로운 유형을 만들어내려 시도했다. 사진: 필자.

그래서 때로는 초기의 유형이 더 이상 인정되지 않으며 새로운 유형이 고안되기도 한다. 완전히 새로운 유형이 제안되었을 때, 사용자들은 그것에 그다지 익숙지 않기 때문에 받아들이지 않을 가능성이 크다. 따라서 유형의 역할을 의식하는 건축가라면 제시된 유형이 이미 검증된 유형에서 과도하게 이탈한 것이 아닌지를 검토하게 된다. 이에 따라, 변경된 유형을 구현한 건물이나 공간도 사회적으로 수용될 가능성이 커진다. 그것이 문화에 내재한 유형을 상기시키기 때문이다.

방법론자들은 형태와 기능요건 사이의 적합성을 설계과정의 목적으로 삼았다. 요건을 정확하게 규명하고 체계적으로 분석하면, 형태는 잘 조합된 퍼즐조각처럼 반드시 적합하게 된다고 보았다. 이런 패러다임에는 기능적 적합성이 형태에 내재하는 특성이며 어떤 형태구성은 그 자체로 건축 프로그램에 적합하다는 생각이 잔재해 있다. 두말할 나위 없이, 이런 관점에서는 형태가 대중에게 수용될 것인가 하는 문제는 대두되지조차 않으며, 요건을 엄격한 절차에 따라 분석하면 기능적 적절성은 사실상 확보된다고 본다. 그러나 로저스는 기능적 적합성이란 특정한 문화(인간 역사)가 실제 건물(건축의 역사)을 사용하는 역사적 과정의 결과물이라고 보았다. 설계자들은 새로운 형태를 만듦으로써 역사를 만드는 데 참여하기 때문에, 적합성이 보증된다는 안도감에 안주할 수 없다는 것이다. 그래서 그들은 부적합한 형태를 만들 위험을 감수하면서 새로운 형태를 만들어낸다.

로저스의 이론에서 중심이 되는 것은, 유형학을 통해서 건축 지식이 생성되고 전파된다는 생각, 곧 건축가는 유형을 통해 알게 된다는 생각이다. 만일 유형이 특정한 용도에 맞는 형태구조이며 사회와 자연이 상호작용한 결과라면, 카트르메르가 제안했듯이 프로그램이 제시한 문제를 해결할 유형을 확인하는 데 건축 지식을 사용할 수 있을 것이다. 건축가는 초기에 유형을 선택함으로써 사회에 뿌리를 뻗고, 인간의 요구와 관계를 맺으며, 추상적 유형〔아르간의 "**형태의 계획**"(*progetto di forma*)〕을 특정하고 구체적인 현실에 맞게 변형하기 시작한다.

아르간과 로저스의 유형에 관한 개념은 많은 부분 무라토리의 연구(Muratori 1959)에 의존하고 있다. 무라토리는, 아마도 카트르메르 드 캥시의 개념과는 무관하게, 도시의 "도구적 역사"(*instrumental history*, *storia operante*)라고 말한 도시설계 방법론을 발전시켰다. 도시의 역사를 체계적으로 분석하면, 도시 성장 그리고 기존 도시조직에 대한 개입의 바탕이 되는 도시형태의 유형학을 얻을 수 있다고 무라토리는 주장했다. 그의 저술에 종종 신비적인 측면이 있음에도 불구하고, 무라토리가 크게 기여한 것은 역사를 유형의 유용한 보고로 본 그의 강한 역사의식뿐 아니라 유형의 특수성에 대한 일관된 주장에 있다. 예를 들어 베네치아의 역사적 발전에 대한 분석에서, 그가 연구하고 기술한 도시유형은 가로·골목·광장 등의 포괄적인 유형이 아니라 칼리(*calli*)·코르티(*corti*)·캄피(*campi*)[7] 등 분명히 베네치아적인 유형들이다.*

로저스와 동시대에 활동한 콜쿠혼(Colquhoun 1967)도 방법론자들의 이론을 대신할 대안에 관심을 가졌다. 유형에 바탕을 둔 절차가 단지 수공업시대의 유물이라는 그들의 주장을 비판하면서, 그는 건물과 같이 용도를 갖는 대상물은 탈산업사회에서도 '사용'가치뿐 아니라 '메시지'가치를 유지한다고 지적했다. 콜쿠혼의 견해에 따르면, 이 메시지는 건축의 목적, 곧 사회에 쓸모 있는 객관적 세계를 '표상'하려는 목적에 관련된다. 그는 과거의 유형학을 현재의 요구에 맞게 적응시키는 것이 설계과정의 일부라고 말했다.

로저스의 개념을 지지하는 것 이외에도, 콜쿠혼은 유형의 개념과 의미의 개념이 교차하는 지점에 주목한다. 바르트(Barthes 1964)가 강조하듯, 용도는 반드시 의사소통을 암시하기 때문에 이 교차점은 유형에 대한 담론에서 중요하다. 언어 기호와 실용적 대상물(건물과 도시공간이 주된 예다)의 기호 사이에 존재하는 차이를 논하면서, 바르트는 후자를 기호-기능(*sign-function*)이라 불렀다. 그것은 무엇을 의미하는 것을 목적으로 하지 않으며 기능적 요구에 대응해 발전한다고 지적한다. "**사회가 존재하자마자 모든 용도는 자체의 기호로 변환되기**"(Barthes 1964, 41) 때문에, 여전히 그것은 필연적인 의미론화의 과정을 통해 의미를 획득한다. 바르트의 용어를 우리의 담론에 적용하면, 건축적 대상은 '의미 있는 형태'가 실현된 '실체'인 유형이 실현된 것으로 볼 수 있다. 설계된 환경은 형태 · 기능 · 의미의 차원을 가진 통합체다. 유형은 바로 사회적 용도를 통해 발생했기 때

---

* 언뜻 보아 무라토리의 개념과 최근 라포포트(Rapoport 1990)가 제시한 개념 사이에 어떤 유사성이 있는 것 같지만, 유형의 특수성에 대한 무라토리의 주장은 라포포트의 일반화 가능성에 대한 탐구와 직접적으로 대조된다. 라포포트는 "역사적 자료"에서 환경/행태학의 "구성개념, 개념, 모델과 이론"을 도출함으로써 일반적인 "교훈과 원리"를 발견하고자 한다. 그것이 새로운 설계가 근거해야 하는 "선례"가 된다(Rapoport 1990, 30)는 것이다. 그러나 무라토리에게 선례란 공간과 건물 자체, 곧 불변의 특성을 가진 어떠한 유형이다. 따라서 그 선례는 물론 어느 정도 일반성을 갖지만, 주로 목적 · 장소(*topos*) · 사회 · 문화의 특정성과 관련된다.

문에, 암호화된 의미를 보유한다. 이는 로저스 및 콜쿠혼의 견해와 매우 유사하다.

카트르메르에서 모네오에 이르는 유형학 담론에서, 설계과정은 직관이 뒷받침하는 창조성의 불가해한 비약이라거나, 기능요건을 변형하고 환원하는 체계화된 과정이라거나, 이미지를 형성하는 과정과 실제 문제를 해결하는 과정 사이의 상호작용이라고 설명되지는 않는다. 건축적 대상은 건축가가 마음속에서 유형을 선택함으로써 그 생애를 시작한다. 유형은 역사를 통해 전해지고, 그것은 건축과 사회 사이의 변증법적 충돌로 인해 변형된 형태·기능·의미의 통일체다. 따라서 유형은 건축 지식의 매체라고 할 수 있다. 일단 초기에 유형을 선택했어도 후에 그것을 의문시하거나 폐기할 수 있다. 그러나 유형의 선택이 유효한 경우, 그것은 전체 과정을 지배하고 예고한다.

유형에 내재한 발생 규칙을 따름으로써, 이런 "형태구조(*formal structure*)의 개념"(Moneo 1978)은 프로젝트의 부지, 사회적·문화적·경제적 맥락, 그리고 설계자 자신의 경험과 사회에 대한 태도에 따라 좀더 구체화된다. 이런 변형의 과정으로 기존 유형이 단순히 각색될 수도, 아니면 좀더 근본적으로 발전할 수도 있다. 전자의 경우, 최종 결과물의 형태가 과거 형태에서 상당히 벗어날 수도 있지만, 해당 유형이 다시 사용됨으로써 현재도 그것이 타당하다는 것이 입증된다. 후자의 경우, 본래의 유형은 그것의 적합성에 대해 제기되는 의문이 무엇인지에 따라 변경된다. 요컨대 건축가의 과업은 특정한 유형을 수용·발전시키는 것, 그것에서 벗어난 환경을 만드는 것, 극단적으로는 새로운 유형을 생성하는 것 등의 방식으로 유형학에 작용(*operation*)을 가하는 것이라고 볼 수 있다.*

* 작용자(*operator*)와 작용(*operation*)의 개념에 대해서는 미첼의 연구(Michell 1990)를 참조하라. 설계와 컴퓨터 사용의 관계를 다룬 그의 연구에 유형에 관한 부분이 있다.

유형, 그리고 건축적 대상물의 성격

어떠한 분야에서든, 연구의 목적은 무엇보다도 그 분야 자체와 그 분야가 다루는 현상을 이해하는 것이다. 이런 의미에서 연구는 사실을 밝히는 것으로 족하다. 그러나 전문분야에서는 실용적인 지식을 생산하는 것도 연구의 목적이 된다. 이때 연구는 '좀더 나은 생산물'을 만드는 데 유용해야 한다. 곧, 그것은 도구적 성격을 가져야 한다. 그러나 무엇이 건축적 산물의 성격인가? 만일 유형이 건축적 의도, 형태-생성 규칙, 그리고 검증된 기능성의 복합체라면, 또한 설계과정이 유형을 바탕으로 어떤 대상물을 생산하는 것이라면, 유형의 개념은 이런 대상물의 성격을 규정하는 데 도움이 될 수 있는가? 건축적 대상물은 의미화의 과정을 거쳐서 의미가 부여된 기호-기능이지만 실용적인 요소, 곧 용도를 가진 대상물에 불과하며, 본질적으로 공예나 공업의 생산물과 다를 바 없지 않은가? 아니면, 분명한 개별성, 독특함, 그리고 특유의 의사소통 내용으로 인해, 예술가의 **벨탄샤웅**(*weltanschauung*),[8] 곧 건축가의 세계관을 구현하고 표현하는 진정한 예술품인가?

모네오(Moneo 1978)는 설계활동이란 형태구조의 아이디어, 곧 유형(카트르메르가 말했듯이, 유형에서는 "모든 것이 다소 모호하다")을 작품의 구체적이고 특정한 형태에 투여하는 것이라고 함으로써 이런 질문들에 대답하기 시작했다. 건축가들이 유형을 통해 지식을 얻는다면, 초기에 그들은 특정한 유형이 내포한 구성에 얽매인다. 그러나 유형이 모방할 모델이나 문화적으로 수용되고 기능적으로 적합한 표준을 표상하는 것이 아니기 때문에, 건축가는 초기 유형의 형태구조에서 이탈한 유형을 자유롭게 제안할 수 있다.

유형에 작용을 가할 때, 건축가들은 불가피하게 자신의 이념, 세계관, 기억, 개성, 그리고 개인적 창의성에 의존한다. 이것들로 인해 건축적 대상물에 표현적·표상적 성질들이 부가된다. 결과적으로, 건축의 창작과정은 다른 미학적 작업과 다르지 않다. 그러나 본질적으로 용도에 무관한 예술에는 건축 유형에 해당하는 것이 없기 때문에 창작과정의 출발점은 **다르다**. 그러므로 유형학적 시각에서 볼 때, 건축적 대상물이 다른 예술작품보다 유일성, 곧 다른 예술작품들과 구분되는 독자성이 덜하다고 볼 이유는 없다.* 그러나, 건축 작품(그리고 용도를 갖는 대상물)은 의사전달/미학적 목적과 더불어 실용적 목적으로 발생되기 시작하므로, 다른 예술작품들과 다른 면도 있다.

앞에서 언급했듯이, 건축가는 특정한 유형에서 이탈한 유형을 자유롭게 제안할 수 있다. 사실, 전적으로 새로운 유형을 제안함으로써 건축계에서 자신의 이름을 내고 건축의 역사에서 자신의 자리를 공고히 하는 경우가 많다. 건축물을 만드는 것은 유형을 통해 과거에서 설계안을 이끌어냄과 동시에, 과거를 비판적으로 탐구해 한 유형으로부터 이탈한 유형 그리고 궁극적으로는 새로운 유형을 등장시키는 것이다. 새로운 유형을 개발하는 것에는 사회의 가치와 구조에 의문을 제기하는 측면이 있으므로 건축은 다른 예술과 마찬가지로 현재에 대한 비평에 관련된다.

그러나 새로운 세계관이나 예술관을 제안하는 다른 예술들과 달리, 건축은 환경 속에서 새로운 생활방식을 제안한다. 또한 다른 예술들과 달리, 건축에는 예술이 아니라 매스 커뮤니케이션에 관련되는 측면들이 많다.

> 그것의 담론은 설득력 있고 … (사람들에게 새로운 방식으로 살도록 권유하기 때문에) 장려한다 … (텔레비전 시청이나 만화처럼) 생각 없이 소비된다 … (예를 들어, 대성당을 소나기를 피하는 임시 피난처로 사용하도록 허용하는 등) 그것의 본질적 의미를 놓지 않은 채 이탈된 의미를 허용한다 … (유행처럼) 급속히 쇠퇴하고 다시 의미를 부여받는다 … 상업세계에 몰입된다(Eco 1968, 228).

---

* 미스 반 데어 로에(Mies van der Rohe)의 다른 많은 작품이 현존함에도 불구하고 1929년 바르셀로나 박람회를 위한 미스의 전시관을 최근 재건축한 것은, 건축적 대상물이 갖는 유일성을 보여주는 사례다.

이런 측면에서 설계과정에 대한 유형학적 관점과 수사학적 담론의 현대 이론들 사이에 존재하는 유사성에 주목하는 것은 흥미 있다. 후자에 해당하는 것은, 수사학을 순진한 청중에게만 먹혀들어가는 낡은 논쟁의 창고로서가 아니라, "설득력 있는 담론의 일반적 조건에 관한 연구"나 "정보와 잉여성 사이의 변증법에 바탕을 둔 생성기법"(Eco 1968)으로 간주하는 이론이다. 이 유사성이 흥미로운 것은, 수사학도 건축처럼 새로운 것과 알려진 것 사이를 진동하기 때문이다. 수사학은 정보를 생성하기 위해 한편으로 새로움을 제공해야 한다. 곧, 그것은 청중이 알거나 예상하지 못했던 것을 바탕으로 작용해야 한다. 그러나 다른 한편으로, 완벽하게 새롭고 예상치 못했던 것이란 의미 없는 것임이 자명하기 때문에, 청중들이 이미 알고 또 원하는 것으로부터 출발하지 않으면 정보를 생성할 수 없다. 곧, 수사학은 친근한 것의 잉여성에 바탕을 두어야 한다.

마찬가지로 건축도 알려진 것과는 다른 것, 익숙한 형태와 소비되어 온 형태로부터의 변화 등을 기대하는 사용자를 바탕으로 작용하기 때문에, 유형을 모델로 사용하거나 친근한 것, 흔한 것, 진부한 것을 전달하는 것을 피해야 한다. 이와 동시에 건축은 형태의 사회적 용도에서 비롯한 일반적 형태-용도 관계에 대한 사용자의 예상을 바탕으로 작용하기 때문에, 한 유형을 인식할 수 없을 정도로 완전히 변형한 형태는 피해야 한다. 그렇지 않으면 사회의 거부에 직면할 수 있다.

요컨대, 이런 유형의 개념으로부터 건축적 대상물 역시 하나의 유일한 결과임을 알 수 있다. 그러나 그것이 실용의 세계에 구애되지 않는 다른 예술작품들과 같지는 않다. 설계과정의 중심적인 특징이 유형의 변경임을 강조함에 따라, 유형학적 접근에는 '좀더 많은 조건과 전제'가 요구된다. 그러나 유형학적 접근이 설계를 또 하나의 서비스에 머무르게 할 만큼 창조성을 부당하게 제한하거나 부인하지는 않는다(Oechslin 1986). 이런 시각에서 건축적 대상물은 다른 예술작품들과 구분되는 그것만의 계층에 속한다. 그것은 예술이나 공예작품이 아니고, 과학적 발견의 기술적 응용물이나 공산품도 아니다. 그렇다면 건축적 대상물을 만드는 데 유용한 지식을 제공하는 연구는 그러한 대상물의 성격을 반영하는 독자성을 가져야 하지 않을까? 그런 연구는 다른 시각예술이나 과학과 다른 건축의 차별성에 바탕을 두어야 하지 않을까?

건축과 연구

앞의 두 절에서 나는 설계과정 및 그 생산물의 성격에 대한 유형학적 견해를 제시했다. 이 절에서는 다음과 같은 질문을 제기하고자 한다. 현행 환경설계 연구 및 건축역사의 패러다임과 방법은 이런 유형학적 견해를 얼마나 뒷받침할 수 있는가?

잘 알려진 대로, 1960년대와 1970년대 초에 대두된 설계방법론에 대한 관심은 '건축 연구', 또는 좀더 넓게 볼 때 '환경설계 연구'와 나란히 나타났다. 그런 연구는 구조·기계·시공 시스템에 대한 연구와 같은, 건축의 오랜 전통인 기술 중심의 연구가 아니다. 대신 그것은 사회과학과 행태과학에 바탕을 둔 연구이며, 사람과 건조환경의 상호작용에 관한 지식을 생성하는 것을 목적으로 했다. 따라서 흔히 이 분야는 환경-행태 연구, 인간-환경 관계, 건축심리학 또는 환경심리학, 환경사회학, 그리고 인간생태학 또는 사회생태학 등의 용어로 설명되었다.

이 분야가 성장하고 점점 많은 연구결과가 나오면서, 건축 실무에 적용되는 연구결과가 전반적으로 적다는 문제가 많은 관심을 모았다(예로, Kantrowitz 1985; Proshansky 1987; Sommer 1987). 실제로, 사회·행태 연구가 설계 실무에 별 도움이 안 된다는 불만이 계속되면서, 연구와 실무 사이에 '틈'이 있다는 비유적인 지적이 많아졌고 '그 틈을 메우는 것'에 대한 요구가 커졌다.

건축가가 자신이 설계하는 건물의 성능을 예측하지 못한다는 인식에서 오는 불만이 환경설계 연구의 근거가 되었다. 유용한 정보가 거의 없거나 기존 정보는 신뢰할 수 없기 때문에(또는 두 가지 모두 때문에), 설계자들이 부적당한 지식 기반(*knowledge base*)에 의존한다는 것이다. 연구결과의 신뢰성과 타당성을 검증해야 하는 과학적 방법에는 분명 엄밀함의 매력이 있다. 신뢰성과 타당성이라는 요건이 충족될 때 예측을 확신할 수 있다. 환경설계 연구에서도 사회과학과 행태과학에서 도출한 지식이 설계와 사용 사이의 정합성을 예측하는 데 도움이 된다고 가정했다. 예를 들어, 랭(Lang)은 다음과 같이 썼다.

> 자신의 설계가 어떻게 작동할 것인지에 대한 설계자의 예측이나 주장 그리고 그것이 **실제로** 작동하는 방식 사이의 틈을 줄이려면, 설계 활동을 위한 지식 기반의 수준이 상당히 높아져야 한다. 특히 설계자들이 자신의 작품이 사람들의 생활에 영향을 미친다고 주장하려면 그렇게 되어야 한다(Lang 1987, vii).

지젤(Zeisel 1981)도 좀더 신뢰할 만한 예측이 필요함을 강조했다. 설계과정에 대한 그의 견해는 방법론파의 견해를 발전시킨 것이다. 그는 "이미지 형성"(형태의 고안) 그리고 "검증 정보"(*test information*, 설계 지침과 연구결과)라고 부른 것들의 반복적이고 순환적인 상호작용으로 설계과정이 구성된다고 했다. 그런데 그런 설계과정은 "수용 가능한 반응의 영역" 안으로 이미지를 가져오는 것을 목적으로 한다. 그리고 다시 이 수용성의 영역에서는 설계의 결과, 곧 어떤 설계의 "효과와 부수적 효과"를 예측할 수 있다.

지어진 후에 설계가 어떻게 성능을 발휘할 것인가에 대해 좀더 신뢰할 만한 정보를 얻는 것이 바람직하다는 생각을 반박하기는 어렵다. 그러나 이런 목적으로 과학적 방법에 의존하는 것은 과학의 한계를 간과하는 것이다. 또한, 인과관계를 해명한다는 고전적인 의미의 예측이 언제나 과학의 목적은 아니라는 사실을 간과하는 것이다. 이 문제를 자세히 논하는 것은 이 장의 범위를 넘어선다. 인간 행위의 일부 영역에서 일어나는 현상은 과학으로 아주 잘 설명되었지만 다른 영역에서는 그렇지 않았음을 지적하는 것으로 충분하다고 본다. 경제학이나 정치과학을 생각해보면 된다. 더욱이 예측이 과학의 유일한 형식은 아니다. 최근 카오스 수학과 물리학의 출현은 예측에 반드시 엄밀함이 따르는 것은 아님을 암시한다. 로렌츠(Lorenz 1979)가 비정기적으로 거동하는 물리적 시스템은 예측할 수 없다고 지적함으로써, 전적으로 새로운 과학적 시각으로 실세계의 현상을 묘사하고 이해하는 길이 열리게 되었다. 나아가 톰(Thom 1991)은 "예측하는 것은 설명하는 것이 아니다"라고 지적했다. 사회과학에도 예측에 의존하지 않는 접근방법들이 있다. 예를 들어, 알트만과 로고프(Altman and Rogoff 1987)는 인간의 사건이 갖는 우연성을 강조한다. 거겐(Gergen)은 빌헬름 분트[9]의 다음과 같은 개념을 회상한다.

> 사회심리학에서 은유는 자연과학이 아닌 역사 분석의 은유다 … 사회심리학의 기능은 예측을 하는 것이 아니다 … 사회심리학의 목표는 예측이라기보다 인간사의 세계를 이해할 수 있게 만드는 것이다(Gergen 1982, 174).

좀더 일반적으로 말하면, 설계에 적용되는 연구가 부족한 이유는 일반적으로 건축가와 연구자 사이에 차이가 있기 때문이라고 생각되어 왔다. 건축가들은 시각 중심적, 직관적, 주관적, 비체계적이고, 대개 사회적으로 책임감이 없으며, 때로는 심지어 외고집이어서 연구결과를 자신의 작품에 통합하려 하지 않는 것으로 생각된다. 반면, 연구자들은 언어 중심적이고 건축가와 반대의 성격을 소유한 것으로 비춰진다. 두 집단의 성격에 대한 판단은 보류하더라도, 이 두 집단의 목적과 태도가 기본적으로 다르다는 시각이 널리 퍼져있다. 곧, 건축가는 세상을 변화시키려고 애쓰고, 인문과학자는 세상을 설명하려고만 한다는 것이다.

이런 인식의 아래에는 유형학적 관점과 매우 다른 건축의 개념이 있다. 그 개념의 중심을 이루는 것은 설계의 생산물이 설계자의 의도를 따라서는 안 되고 사용자의 기대만을 따라야 한다는 생각이다. 건축적 대상물은 의미화과정을 통해 의미를 띤다고 인정되지만, 일차적으로 실용적 물건으로 간주된다. 이런 시각에서 보면, 건축은 에코(Eco 1968, 245)의 말대로 "유일한 그리고 최후의 인문학 분야"가 아니라 하나의 서비스산업이다. 그런 예로, 라포포트는 다음과 같이 말한다.

> 〔건축에서〕 무엇을 해야 할지 그리고 왜 해야 하는지에 관한 결정은 설계자의 호오(好惡)가 아니라 최상의 가용한 정보, 일단의 문헌, 인간-환경 상호작용에 관한 연구, 이론에 바탕을 두어야 한다. 사실, 이 입장을 강하게 견지하면 **설계자는 싫어하는 것, 심지어 혐오하는** 것도 설계해야 한다(Rapoport 1984, 100, 강조는 필자가 추가함).

이것은 로시(Rossi)와 텐덴자(Tendenza)[10]가 봉착한 딜레마는 말할 것도 없고, 아르간(Argan)과 로저스(Rogers)가 염두에 둔 건축가가 직면하게 될 딜레마가 무엇인지를 가장 적나라하게 말해준다. 건축가가 유형을 통해서 지식을 얻는다고 할 때, 이것은 역사에 대한 인식적·정서적 연구로부터 특정 유형들에 감정이입이 발생하며, 따라서 유형에 대한 매우 분명한 호오가 있음을 확실히 암시한다. 사실 라포포트의 주장은 설계란 공간을 질서화하는 기획이라고 보는 일반적 관념과 모순된다. 이러한 질서화는 무엇으로 구성되는가? 사실 그것은, 형태에 의미를 부여함으로써 건조환경이 실체를 갖도록 하는 것이며, "이해할 수 없을 때 실체는 없다"는 바르트(Barthes)의 말(1964, 42)로 강조된 과정이다. 그 과정에는 단지 사용자만이 아니라 설계자와 사용자가 모두 포함된다. 라포포트의 주장을 따르면 설계자는 추종자로 전락할 것이다. 에코가 말하듯, 추종자는 "그를 대신해 결정하는 사람들, 그가 갖지 못한 것과 그가 결정할 수 없는 것을 표현하는 '단어'를 제공하는 사람들의 사회학적·'정치적' 결정에 순종한다"(Eco 1968, 246).

유형은 형태적-기능적 실체들 사이의 선택을 의미한다. 카트르메르(Quatremère)가 제시했듯이 유형이 〔로시(Rossi)가 믿는 것처럼, 개인적 기억에 바탕을 둔 것이라기보다는〕 사회와 맥락에 바탕을 둔 것이라면, 그 선택은 임의적이거나 사소한 것이 아니며, 반대로 역사적 선례에 바탕을 둔 학습의 결과다. 랭(Lang)은 유형의 선택이 건축가의 활동에서 필연적으로 중심적 역할을 한다는 점을 인정한다. 그러나 그것을 설계과정의 본질적 요소라기보다 장애로 간주한다. 그는 다음과 같이 썼다.

> 대부분의 의사결정론자들은… 〔설계〕 과정에 선인식된(*preconceived*) 유형을 현재의 상황에 맞도록 조정하는 많은 작업들이 포함된다는 데 동의한다(46) …설계자들은 현재의 문제를 탐구할 때 흔히 일반적인 해결안과 유형을 참조한다… 설계자가 다루는 문제에 대한 인식을 바탕으로 유형이 분류되고 사용된다. 이것은 **가치가 실린 선택**[11] **이다** (Lang 1987, 62, 강조는 필자가 추가함).

라포포트와 랭은 건축 실무의 '전통적' 모델들이 현행의 실무를 반영할 뿐(마지못해서이긴 하지만, 랭은 이런 역할을 시인한다) 건축 실무의 바람직한 방향을 설정하는 데 부적합하다고 확신한다.* 건축이론이 너무 규범적이어서 실무를 확실히 설명해주지는 못한다는 견해로부터 시작된 사고의 흐름에서 볼 때, 이는 이상한 결과다. 여기서, 환경-행태 연구자의 이론・가정・방법은 사실 건축가의 그것들만큼이나 '가치가 실린' 것이라는 결론을 피하기는 어렵다.

여기서 언급하는 어느 것도 환경설계 연구에 대한 비평이나 비난으로 여겨져서는 안 된다. 환경설계 연구는 사람과 환경의 상호작용에 관한 일반적 지식, 그리고 그런 상호작용으로부터 야기되는 문제를 해결하는 데 크게 기여해온 분야다. 그런 연구는 건조환경에 중요한 영향력을 갖는 입법, 그리고 법규에 관한 정책 결정 단계에서 특히 효과가 있었다. 예를 들어, 신체적 장애가 있는 사람들의 건물 접근성에 관한 표준과 규정이 마련

---

* 설계과정이 유형으로 시작된다는 점은 행태과학 연구자들은 물론 방법론학파의 문헌에서도 나타나기 시작했다. 예로 호크스(Hawkes 1976)를 참조하라. 좀더 경험적인 증거를 보려면 쇤(Schön 1988)을 참조하라.

되었고 이제 그것은 법이 되었다. 거주 전과 거주 후 평가는 복합건물에 대한 프로그램을 만드는 데, 또는 기존 환경의 문제를 해결하기 위한 방안을 마련하는 데 효과적으로 사용되었다. 그리고 그런 연구에서 개발된 기법과 방법들의 일부는 유형 중심적인 연구에도 사용되었다.

나아가 환경심리학의 교류적 접근방법(*transactional approach*)[12] 같은 총체적 관점들이 제안되고 있다(Altman and Rogoff 1987). 그리고 최근의 문헌조사(Lawrence and Low 1990)에 따르면, 환경-행태 연구에서 문화와 역사에 주안점을 두는 새로운 연구가 출현하고 있다. 이 분야가 발전하고 성숙함에 따라, 전망이 확대되고 연구가 훨씬 더 유용해질 것으로 보인다. 그럼에도 불구하고, 그것의 패러다임이 사회·행태과학 분야에서 쓰이는 패러다임에서 도출되었기 때문에, 그것이 유형 중심적 지식을 생성할 수 있을 것 같지는 않다. 아마 이런 부류의 연구가 갖는 가장 중요한 가치는 성가시게 따지는 역할, 곧 설계자가 가정한 사용자의 기대·가치·선호에 대해 지속적으로 의문을 제기하는 데 있을 것이다. 이는 물론 사소한 기능이 아니나, 내가 설계과정에 관한 절에서 기술한 그런 기획에 큰 의미를 갖는 것은 아니다.

여기서 수많은 질문을 할 수 있다. 대중의 요구와 기대에 대한 사회의 인식, 좀더 정확히 말하면 사회과학자의 인식을 충족하기 위해 건축의 고유한 성격과 **작동방식**(*modus operandi*)을 근본적으로 변경하는 것이 실로 바람직하고 또 가능한가? 환경설계 연구가 현재의 지식생성과 파급방식으로 전통적 이론보다 강한 개념적 기반을 건축에 제공할 수 있는가? 그것은 건축적 대상물이 어떻게 '작동할'(*work*) 것인가에 대한 우리의 예측능력을 높일 수 있는가? 그것은 건축 생산에 대한 사회적 타당성, 그리고 그에 따른 대중의 수용성을 이전보다 높일 수 있는가?

만일 예술이나 과학이론보다 건축의 유형학적 이론이 건축 분야의 진정한 성격을 더 잘 반영한다면, 이런 질문들에 대한 대답은 부정적일 수박에 없다. 건축 실무가 사실상 파괴되지 않는 한 근본적으로 변할 수는 없다. 또한 이제까지 설계실무에 그다지 효과적으로 적용되지 못한 현재의 환경설계 연구방식으로 인해 유형학적 지식에 대한 건축가의 요구가 크게 감소하리라 기대하기는 어렵다.

나는 유형학적 지식이 그 정의상 당연히 선례에 바탕을 둔다고 언급한 바 있다. 그렇다면 우리는 건축역사가의 연구에서 그런 지식을 찾을 수 있을까? 랭(Lang 1987)은 전통적인 건축역사 연구는 이론 구축이나 형태 만들기를 위한 지식을 제공하는 데 "별로 도움이 되지는 않았다"고 (내가 볼 때 올바르게) 주장한다. 그러나 이것은 역사 연구가 일상적인 환경보다 기념비적 건축과 "고급 디자인"에 초점을 맞추었기 때문이라는 〔라포포트(Rapoport 1990)도 동의한〕 그의 설명은 부분적으로만 옳은 것 같다. 사실은 대부분의 환경-행태 연구처럼 역사 연구는 대부분 건축 자체가 아닌 다른 분야, 특히 예술사의 이론 · 방법 · 가치에 바탕을 두고 있다. 그 결과는 대개 건축 도상(*icon*)의 역사, 곧 에쉬린(Oechslin 1986)이 펩스너의 저작(Pevsner 1936, 1976)에 관한 글에서 "비문(碑文)의 역사"라고 부른 것에 머무른다.

전통적인 건축역사는 인문 분야로서 그 자체의 목적을 가질 뿐 아니라, 분명히 설계 실무와 밀접히 관련된다. 실로, 건축가들은 유형학적 지식의 많은 부분을 역사 연구에서 도출한다. 가장 혁명적인 작품도 결국 건축역사, 또는 적어도 그 역사의 어떤 견해를 바탕으로 구체화된다. 르코르뷔지에가 《스케치북》(*Sketchbooks*, 1981)이나 《프레시지옹》(*Précisions*, 1930)을 썼음을 기억하기만 해도, 그가 역사적 선례에 대한 거부로서 개념과 제안을 제시했지만 동시에 그의 작품에는 건축역사가 깊이 현존함을 확인할 수 있다. 게다가 건축역사는 설계의 사회적 결과에 대해 최근 일고 있는 관심의 물결을 피하지 않았다. 예를 들어, 코스토프(Kostof 1985)의 저작들은 건축의 형태적 측면을 넘어 그것을 용도와 사용자의 측면과 연결하려는 새로운 시도를 보여준다. 이것에는 **아날** 학파(Annalistes school)[13]의 역사 기술 방식, 특히 브로델(Braudel)이 어느 정도 영향을 주었다. 건물유형으로서 마천루에 대한 스커리의 연구(Scuri 1990)는 이런 관심의 또 한 예다. 그리고 고완스(Gowans 1992)의 최근 연구인 《북미 건축의 양식과 유형》

(*Styles and Types of North American Architecture*)은 형태유형과 그것이 수용하고 상징하는 공공기관 사이의 관계를 탐구함으로써 사용의 문제를 다루고 있다. 그러나 건축역사는 여전히, 본질적으로는 그 자체의 목적과 패러다임에 매여 있다. 그 분야의 역할과 성향을 충족시키려면 마땅히 그래야 할 것이다.

따라서 환경설계 연구나 건축역사 어디서도 이 장에서 논하는 설계과정과 건축적 대상물의 성격에 대한 지식을 얻을 수 있을 것 같지는 않다. 그런 지식은 환경설계 연구 분야에 어울리지 않는다. 왜냐하면, 그 분야는 적용할 수 있는 설계 지식이 부족하다는 인식에 따라 대두되었기 때문이다. 대체로 환경설계 연구는 '그런 지식의 성격'을 논제로 삼은 적이 없다. 그러므로 설계자가 그 분야의 연구결과를 별로 활용하지 않는 것은 놀랄 일이 아니다.

건축역사의 방법론은 선례의 연구에 기반을 두기 때문에 건축역사에서 그런 건축적 지식을 얻을 수 있는가 하는 문제는 훨씬 더 혼란스럽게 느껴질 수 있다. 그러나 선례를 탐구하는 목적이 서로 다를 수 있음을 생각해야 한다. 그리고 건축역사의 목적은 설계자의 의도와 환경의 사용 사이의 관련성을 연구하는 것과 거의 관계가 없다. 그러므로 역사적 선례를 용도를 가진 형태에 대한 집단적 경험이 아닌 '인용'하는 도상의 원천으로 본다 해서 놀랄 일은 아니다.

그렇다면, 건축적 지식은 말로 표현될 수 없다, 건축과 학문은 상호 배제적이고 서로 도움이 되지 않는 세계에서 영원히 작동되도록 되어 있다고 결론지어야 하는가? 유형의 개념에서 새로운 종류의 학문을 도출할 수 있다면 그렇지 않을 것이다. 그 학문이란 앞에서 개괄한 유형의 세 가지 상호 관련된 측면, 곧 '건축적 의도, 형태 생성 규칙, 사용'을 체계적이고 집중적으로 탐구하는 것을 말한다.

건축의 도구적 학문을 위하여

설계과정에 대한 유형학적 견해가 올바르다면, 유형학적 이론은 규준적인 것이(*normative*) 아니라 기술적인(*descriptive*) 이론이다. 이런 시각에서 볼 때, 건축가들은 불가피하게 유형학적으로 작용한다(*operate*). 실로 그들은 유형을 기반으로 하지 않고는 형태를 창조할 수 없다. 그러므로 유형학적 관점에서 볼 때, 미학이든 과학이든, 건축 외적인 과정과 방법에 바탕을 둔 이론이나 학문을 개발하려는 어떠한 시도도 시작부터 실패가 예정된 것이다. 그렇다고 우리가 경험이나 역사를 통해 흡수한 전통적인 유형학 지식만으로 유형의 매우 중요한 두 가지 기능을 충분히 수행할 수 있다는 뜻은 아니다. 그 두 가지 기능이란, 사용이 설계자의 의도만큼이나 설계의 중요한 측면이 되는 설계 문화를 조성하는 기능, 그리고 대중이 설계를 수용하거나 거부할 가능성이 있음을 건축가에게 환기시키는 기능이다.

랭은 "설계 분야는 학문의 역사가 빈약하다"고 말한다(Lang 1987, 1). 이는 대체로 사실이나, 필연적으로 그런 것은 아니다. 건축이 본연의 구성 개념에 바탕을 둔 그 자체의 학문을 발전시킬 수 있다면, 현재 이용 가능한 연구들보다 더 안정적이고 소통이 잘 되는 지식 기반을 이룰 수 있다. 무라토리(Muratori 1959)의 용어를 따라 이를 **도구적**(*instrumental*) 학문이라고 부를 수 있다. 내가 말하는 도구적 학문이란 학문을 건축의 중심적 과업, 곧 형태의 생성과 발전을 위한 도구로 생각해야 한다는 뜻이다.

아직 실험적 연구로 검증되지 않은 이런 연구가 어떤 형태를 취할지 예측하거나 그것의 방법론을 발전시키기 위해 미리 명료하고 철저한 기준을 세우기는 어렵다. 환경-행태 연구는 사용에 집중하고 건축역사는 형태를 중요시하기 때문에, 사회과학과 예술사의 접근방법들을 결합하는 것을 구상해볼 만하다. 이것은 어느 정도 가능하고 실로 바람직할 것이다. 그러나 서로 다른 패러다임에 의존하기 때문에, 새로운 절차가 필요할 것 같다. 그런데도 일종의 역사적 분석이어야 한다는 이 기획의 본질은 의심의 여지가 없다. 그것은 선례에 구현된 유형학의 연구, 즉 형태-용도의 교류에 관한 역사적 연구(금세기에 무엇이 지어졌는지에 대한 역사를 포함해서)에 초점을 맞추어야 한다. 이것을 염두에 둘 때, 학문이 유형학적 관점을 갖는데 필요한 많은 것들을 알게 된다.

첫째, 건축가가 유형을 통해서 지식을 얻는다면, 가장 중요한 과업의 하나는 유형학으로 기존 연구의 유용한 결과를 통합하고 전달하는 일이다. 무동(Moudon 1989)이 말하듯이, 일부 환경설계 연구자들(예를 들면, Newman 1980; Cooper Marcus and Sarkissian 1986; Lawrence 1986)은 적어도 부분적으로는 이런 바탕 위에서 연구를 수행했다. 결과적으로, 그들의 연구결과는 설계자들 사이에서 일정하게 수용되었다. 그러나 흔히 그러한 연구가 취하는 분석적 형식의 지침은 형태 생성 단계에 중요한 정보라기보다 설계과정이 진전된 단계에서 검토용 도구로서 더 유용해 보인다.*

유형이 형태에 대한 정보를 전달하고 형태는 시각적이기 때문에, 관례적으로 사용되는 기법보다 정보를 시각적으로 표현하는 좀더 발전된 기법을 집중적으로 연구할 필요가 있다. 이런 분야는, 그래픽과 멀티미디어 컴퓨터 기술에서 전에 없는 기회를 찾을 수 있을 것이다. 이런 과업에 솔리드 모델링(*Solid Modelling*), 가상현실, 인터랙티브 양식(*interactive modality*), 시디롬(CD-ROM) 기술 등을 효과적으로 사용할 수 있을 것이다. 그러나 시각적 형식을 단지 의사소통의 결과물로만 생각한다면 그것은 실수다. 연구 자체를 그런 형식으로 모델링해야 한다.

둘째, 유형학이 종합적 실체임은 분명하다. 따라서 분석적이기보다 총체적인 방식에 의존하는 연구의 패러다임과 방법으로 원하는 결과를 얻을 가능성이 크다. 분석적 방식은 잘 알려져 있고, 엄격하고 정확하게 사용될

* 건축가들은 본능적으로 지침에 대해 적대적인 경향이 있다. 예를 들어, 레푸에르초(Refuerzo)와 베르더버(Verderber)의 공공 보건시설의 리노베이션과 건축에 관한 지침은 “지독히 규범적이다. 복도는 이래야 하고, 이것은 이래야 하고, 저것은 저래야 한다. … 그것은 사실 건축물을 만들 가능성을 죽인다”라고 비판받았다(Saitowitz 1992, 94~5).

그림 14-6 마른느라발레(Marne-la-Vallée). 건축가 지라르(E. Girard)가 설계한 주거단지의 중앙 공간. 사진: 필자

수 있을 뿐더러 신뢰성과 타당성의 일반적인 기준으로 검증될 수 있다. 반면 학술적인 관점에서 볼 때, 총체적인 접근방법은 임의적이거나 적어도 말로 표현하기 힘들어 보인다. 그것은 기술하고 전달하기 힘들기 때문에 일관되게 적용하기도 힘들다. 이런 점은 유형의 연구에 장애물이지만 극복하기 어려운 것만은 아니다.* 무릇 역사적 방법들은 기록을 비롯한 여러 연구 업무를 위해 분석적 기법에 의존할 때도 있지만, 본질적으로 종합적이다. 앞에서 다른 분야의 방법에 의존하는 것이 문제라는 경고를 했지만, 전반적으로 종합적인 방식이 유지되는 한 일부 과학과 인문학 분야의 연구절차는 유형학적 학문의 요구에 맞도록 조정해 적용할 수 있다.

셋째, 유형은 역사에 의해 형성된 형태-기능적 실체이고 사회적·문화적 **변화**에 의해 형성된 실체이기 때문에, 유형 중심적 학문의 본질적 구성요소 중 하나는 시간에 초점을 맞추는 것이다. 최근 교류적 접근방법

* 미첼(Mitchell 1990)의 《건축의 논리》(*The Logic of Architecture*)는 명시적으로 또 엄격하게 규정된 설계의 여러 측면들을 철저하게 논한 책이다. 이 같은 논의를 유형 중심적 연구양식의 바탕으로 삼을 수 있을 것이다. 그만큼 분명하진 않지만 디스이벤슨의 연구(Thiss-Evenson 1987)에서도 역시 유용한 방식을 볼 수 있다.

(Altman and Rogoff 1987)이 나타날 때까지, 시간과 변화의 개념은 환경설계 연구의 담론에서 중심에 있지 않았다. 물론 이 분야에서 시계열과 통시적인 연구는, 비록 자주 실천되지는 않았지만, 오랫동안 기획되어 왔다. 그러나 시간을 고려할 때에도 건축의 관점에서 시간의 중요성을 고려했던 것은 아니다.

시간을 중시하는 이유는, 건물과 공간은 그것이 구상된 역사적 상황보다 더 오래 지속된다는 사실에서 비롯된다. 그러므로 건축 작품이 초기에 대중의 기대, 지침, 또는 프로그램 요건을 만족시켰더라도 실패할 수 있다. 시간이 흐름에 따라 건축적 형태는 새로운 의미와 용도를 얻는다. 그것은 계속 변화하는 사회적 · 문화적 · 정치적 환경에서, 그리고 건물을 빨리 물리적으로 파괴하는 현대 사회 속에서 존재한다.* 따라서 변화의 측면에 훨씬 더 큰 관심을 기울여야 하며, 인간사의 심리적 · 사회적 · 문화적 · 경제적 · 건축-환경적 측면 중에서 알트만과 로고프(Altman and Rogoff 1987)가 부른 "**변화하는** 관계"에 집중적이고 지속적인 관심을 기울여야 한다.

넷째, 유형이 건축적 개념이지만 유형의 성격상 유형학적 연구에는 개별 건물이나 공간을 구성요소로 하는 도시조직이 포함되어야 한다. 도시유형학 연구의 발생, 특히 이미 언급한 무라토리의 연구(Muratori 1959)와 아이모니노의 연구(Aymonino 1966)를 기술하면서, 무동(Moudon 1989)은 유형 중심적 연구가 독립된 건물이 아니라 건물 · 가로 · 공간 등 환경을

---

* 재사용(*reuse*)은 형태와 기능 사이의 비결정론적(*nondeterministic*) 연결을 나타내므로, 유형과 변화하는 관계에 대한 담론에서 중요하다. 예를 들어 워싱턴에 있는 국립 건물 박물관(National Building Museum)이나 샌프란시스코의 기라르델리(Ghirardelli) 광장처럼, 이전의 사무실 건물을 미술관으로 만들거나 이전의 공장을 쇼핑센터로 만드는 것은 더 이상 기능적이지 않은 건물을 재활용하는 활동이다. 사실상 재사용은 옛 건물유형을 다시 의미화하고 새로운 유형을 생성한다. 그리고 새로운 용도와 의미를 다시 코드화해 노후한 형태를 새로운 방식으로 이해하고 사용할 수 있도록 만든다. 유형 개념의 역동적인 차원을 잘 이해할 수 있는 것은 이런 재사용에서다.

이루는 여러 요소들로 이루어지는 도시 전체를 고려해야 한다고 지적한다. 또한 "고급 양식"(*high-style*)의 건물만이 아니라 소규모 구조물과 토속건물들도 고려해야 한다고 지적한다.

마지막으로 그리고 매우 중요한 것은, 건축의 도구적 학문이 갖는 주안점은 유형의 본질적 특징을 밝히고, 기록하고, 전달하는 것이라는 점이다. 유형의 본질적 특징이란 형태 · 용도 · 의미 사이의 관계를 구체화하는

그림 14-7 누아지르그랑(Noisy-le-Grand). 리카르도 보필(Richardo Bofill)의 주거단지, 극장(Le Théâtre). 배치에서 주거 단위로 둘러싸인 중앙 공간이 〈그림 14-6〉의 예와 전체적으로 동일하다. 그러나 이것만 유사하며, 이 두 사례 사이에는 큰 유형학적 차이가 있다. 사진: 필자.

것, 건축 작품들이 구상되고 사용된 시간 · 장소 · 문화의 특정성을 유지하면서 그 작품들 사이의 공통성을 밝히는 것, 그리고 건물과 공간의 내적 형태구조를 드러내는 것이다.

제 2차 세계대전 이후 유럽에 지어진 도시 주거단지를 조사하던 중, 여기서 전망한 것과 같은 연구를 보여주는 사례를 발견했다(Francescato 1987). 거주자의 만족도, 일반적 유지관리 상태, 그리고 점유비율로 판단할 때, 매우 성공적인 주거에서는 1920년대와 1930년대 초 오스트리아에서 개발된, 이른바 비엔나 슈퍼블록(Viennese Superblock)[14]의 여러 가지 단지설계 특성이 나타났다. 비엔나 슈퍼블록은 미에트카서르네(*mietkaserne*)라고 알려진 독일의 공동주택을 발전시킨 것이다. 이런 특징들에는 건물의 외부 입면을 가로(街路) 선에 맞추어 가로의 연속성을 유지하는 것, 녹화된 중앙공간을 만들어 특히 어린이의 레크리에이션 활동에 할애하는 것, 이 공간에 문이 설치된 분명한 출입구를 만드는 것 등이 있다. 이런 특성을 반영한 프랑스와 네덜란드의 최근 주거단지에서 설계의 적정성은 중앙 오픈스페이스의 비례, 주변 건물의 높이, 단지의 전체적인 크기, 그리고 중앙 공간에 설정된 활동에 어느 정도 좌우됨을 알 수 있었다. 이런 특징들은 유형 개념의 중요한 측면인 형태 생성 규칙에 매우 밀접히 관련되는 것으로 보인다.

현재로서는 이런 관찰을 통해 초기적인 단서만을 볼 수 있다. 그러나 여기서 설명하는 학문의 맥락에서 볼 때 그것들은, 환경에서 형태와 기능의 관계를 연구하면 도시주거의 설계자에게 유용한 정보를 얻을 수 있음을 보여준다. 또한 건축가들이 사회적 · 경제적 · 정치적 변화를 반영하는 새로운 유형학을 탐색한 것을 바탕으로, 20세기의 주거 역사를 쓰는 것이 가능함을 암시한다. 최소한, 그런 역사에서는 특정한 용도의 환경에서 성공적인 주거유형들을 분류하는 가치 있는 분류법이 만들어질 것이다.

결론

학문의 주제로 건축 자체를 강조하고, 시간과 변화의 측면에 대한 좀더 정교한 이해를 강조하고, 그러한 이해를 설계과정에 적용하는 것을 강조하는 것이 개인적 미학, 개별적 취향, 그리고 사회적 무책임이 환경설계를 압도하는 현상을 지속시키려는 것으로 해석되어서는 안 된다. 그와는 반대로, 유형에 대한 진지한 담론은 설계분야가 높은 수준의 사회적 책임을 가져야 할 필요성을 강조하지 않으면 안 된다. 이런 관찰을 통해, 모든 기술적인(*descriptive*) 이론과 마찬가지로, 유형학적 시각에도 불가피하게 규범적(*prescriptive*) 측면이 도입된다는 사실을 알 수 있다. 설계의 이런 복합성, 모호성, 그리고 불가피한 주관성을 인정한다고 해서, 건축은 단지 건축에 관한 것이며 따라서 사용과 사회적 수용의 문제에 관계할 필요

그림 14-8 누아지르그랑(Noisy-le-Grand). 피카소의 아레나(Les Arènes de Picasso). 건축가 누네즈(M. Nunez)가 설계한 주거. 대규모 주거단지에 있는 또 하나의 중앙 공간. 〈그림 14-6〉 및 〈그림 14-7〉의 사례와 매우 다른 성격의 공간을 가지고 있다. 사진: 필자.

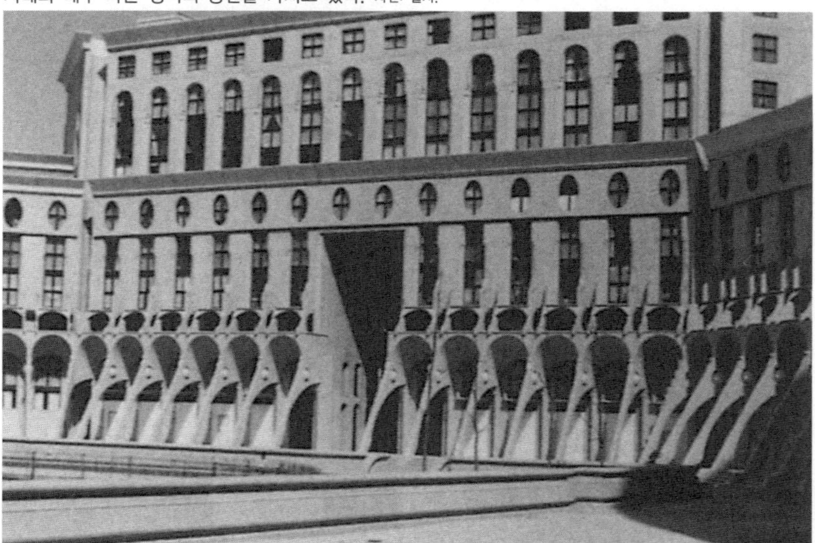

가 없다는 견해를 받아들이는 것은 아니다. 개인적 기억과 경험, 그리고 개별 건축가가 어떠한 형태와 양식에 대해 가지는 불가피한 감정이입의 중요성을 인정한다고 해서, 적절하든 아니든 역사적 선례를 사적으로 특이하게 적용하는 것을 지지하는 것은 아니다.

건축의 내적인 학문에 대한 나의 바람이, 일부 비평가들이 대체로 편협하다고 보는 현행의 전문적 논쟁을 계속해야 한다거나 "건축이 인문학을 떠나야 한다"(Portoghesi 1991, 21)는 것을 의미하지는 않는다. 그와는 정반대로, 사용-시간에 중심을 둔 학문을 발전시키고 제고함으로써 설계자들은 건축의 사회·문화적 역할을 다하게 될 것이다. 이런 역할이 유형 개념의 핵심에 있음은 분명하다. 나는 설계자들이 사회적 책임감이 없이 이런 목표를 성취할 수 있으리라고 보지 않는다. 책임감이 역할과 가치의 문제만은 아니다. 목적이 뚜렷하고 확고한 학문에서 도출된, 공유되고 소통되는 지식 또한 책임감을 높이는 데 도움이 된다.

다른 전문 분야의 실천에서도 마찬가지지만, 건축에서 지식 자체가 전문가의 **선택** 여지를 없앰으로써 '잘못된' 선택을 초래한다는 오해가 있어서는 물론 안 된다. 결국 이는 전문분야와 단순한 직업과의 차이다. 건축이 과거에 못지않은 비중으로 우리의 건조환경에 다양하게 눈부신 기여를 했음에도 불구하고, 전문분야로서 건축은 한동안 위기에 처해 있었다. 그 이유는 그것의 연구가 적절했는지 하는 문제와 거의 관계가 없다. 굿만(Gutman 1988)이 매우 철저히 설명했듯이, 여기서 논의한 문제들과 관계없는 많은 실제적 요인이 이 분야에 영향을 미쳤고 그 활동을 형성했다. 게다가 나는, 전문분야의 이념이 건축가뿐만 아니라 건조환경에 책임이 있는 여러 집단의 의사결정 과정에서 강력한 역할을 한다는 사실을 다른 연구에서 밝혔다(Francescato 1987). 이런 이념이 사실적 정보와 지식에 우선하는 경우는 드물지 않다.

그러나 설계자는 유형들 중에서 선택하므로, 건축분야의 도구적 학문은 수많은 중요한 효과를 유발할 것이다. 도구적 학문은 형태 만들기라는 건축의 중심적 업무에 직접 사용할 수 있는 지식을 제공할 것이다. 사회적으로 수용되는 설계는 선례에 바탕을 두어야 함을 밝힘으로써, 그것은 건축 분야가 고급의 기념비적 건물만이 아니라 **전체** 건조환경을 창조하는 데 탁월한 역할을 담당한다는 주장을 뒷받침할 것이다. 건축가들이 개인적으로 특이하고 사소한, 아니면 작동되지 않는 설계를 선택할 가능성이 적어지기 때문에, 도구적 학문은 이런 한계를 이해하는 건축가들이 좀더 성공적으로 실무를 해나가도록 할 것이다. 마지막으로 그것은 현행의 환경설계 연구 방식에서 얻은 결과를 적용하는 데 틈이 생기는 이유를 밝혀줄 것이다. 그리고 도구적 연구의 가능성과 한계를 예리하게 규정함으로써 건축 분야를 강화시킬 것이다.

편집자들이 질문을 통해 유형에 대한 나 자신의 사고를 예리하게 해준 데 대해 감사한다. 또한 초고에 대해 통찰력 있는 조언을 해준 후안 파블로 본타(Juan Pablo Bonta), 이사벨 구르네(Isabelle Gournay), 그리고 피에라 스커리(Piera Scuri)에게 감사한다.

역자 주

1) 환경-행태 연구(*Environment-Behavior Studies*)는 '인간-환경 연구', '사회생태학', '인간적 요인', '행태건축' 등 다양한 용어로 불리는 연구분야다. 이것의 이론적 측면은 '환경심리학'에 근거하며, 응용적 측면은 흔히 '사용자 요구' 혹은 '사회적 · 행태적 요인'이라 불린다. 이는 건축을 비롯하여 심리학 · 지리학 · 인류학 · 사회학 · 도시계획 등과 관련되는 다학제적 분야다.

건축에서 환경-행태 연구는 환경과 인간 행태 사이의 관련성을 체계적으로 조사하고 이것을 설계과정에 응용하는 것을 뜻한다. 여기서 기본 논제는 사람들이 어떻게 건조환경과 상호작용하는가? 그들의 요구는 무엇인가? 그리고 우리는 그런 이해를 설계과정에 어떻게 응용할 것인가? 라는 질문이다.

건축가가 연필을 움직일 때마다 인간의 요구에 대해 가정을 하고 또 건조환경이 이러한 요구를 잘 충족시키는 방안을 결정하게 된다. 많은 경우 이런 가정은 무의식적이며, 의사결정 과정은 분석적이 아니다. 그리고 그 결과인 건물이 실제로 얼마나 잘 작동하는지를 알아내기 위한 평가는 하지 않는다. 이에 대한 비판, 그리고 이런 문제를 극복하는 방안으로, 1950년대에 환경-행태 연구가 태동하였고 1980년대에 연구분야로 정립되었다. 이 장에서 여러 번 인용된 라포포트(Amos Rapoport)는 환경-행태 연구의 창시자이자 가장 활발한 연구자 중 한 사람이다.

건축에서의 환경-행태 연구는 기능 이상의 것을 포함한다. 환경-행태 연구는 환경의 사용자가 건물 형태, 사회적 상호작용 요구, 생활방식의 하부문화적 차이 그리고 건물의 의미와 상징성을 어떻게 지각하는가 하는, 사용자의 심리까지 다룬다(Snyder, James C., Catanese, Anthony J. ed., *Introduction to Architecture*, McGraw-Hill, 1979, 46~47쪽).

환경-행태 연구의 다학제적 학문 교류에서 유용한 많은 정보들이 얻어졌다. 그러나 이 장에서도 지적하듯이, 연구의 결과를 실제 설계과정에 활발히 도입해 좀더 나은 건축을 만드는 단계로는 나아가지 못함으로써 최근 환경-행태 연구는 빛이 바랜 느낌이 든다.

2) 룩셈부르크의 건축가이자 도시계획가인 롭 크리어(Rob Krier)와 레온 크리어(Léon Krier) 형제.

3) '형태는 기능을 따른다'는 루이스 설리반(Louis Sullivan, 1856~1924)의 말이 이런 주장을 잘 보여준다.

4) 총 206권으로 된 《체계적 백과사전》(*The Encyclopédie méthodique par ordre des matières*)은 1782년부터 1832년 사이에 프랑스의 출판인인 샤를르 조세프

팡쿠크(Charles Joseph Panckoucke)와 그의 딸 테레즈샤를로트 아가스(Thérèse-Charlotte Agasse)가 출간했다. 이 백과사전은 본래 드니 디드로(Denis Diderot)가 편집한 알파벳순의 백과사전을 개정하고 증보해 주제 별로 정리한 것이다.

5) 플라톤의 '이데아설'을 신비주의와 접목해 발전시킨 그리스 철학의 일파. 기원후 2~6세기에 흥성했다. 암모니오스 사카스(Ammonios Sakkas, 175?~242)가 창시한 것으로 알려져 있으며, 플로티노스가 이 사상을 널리 알렸다. 신플라톤주의에서는 태초에 '일자'(一者)가 있었고, 빛이 뿜어 나오듯 일자가 '유출'하여 고등한 존재가 생기고, 다시 고등한 존재가 유출하여 하등한 존재가 생겨난다고 생각한다. 한편, 이미 생겨난 존재들은 일자를 '관조'(觀照)함으로써 일자에 가까워지고 그것으로 돌아가려고 한다. 이처럼 위에서 아래로, 또 아래에서 위로 일어나는 두 가지 운동이 우주를 구성한다는 것이 이들의 주장이다. 신플라톤주의는 초기 기독교 사상가들에게 큰 영향을 끼쳤으며, '이븐 시나'나 '알파라비' 같은 이슬람 철학가들에게도 영향을 끼쳤다. 그것은 유럽 르네상스기에 신비주의 사조가 각광을 받으면서 다시금 위세를 떨쳤다(김태호, 《아리스토텔레스 & 이븐 루시드 자연철학의 조각그림 맞추기》, 김영사, 2007, 225쪽).

6) progetto는 이탈리아어로 '계획'이라는 뜻이지만, 이 글의 필자는 영어로 생성원이라는 뜻의 generator로 옮겼다.

7) 각각 골목, 마당, 광장이라는 의미.

8) 세계관이라는 뜻.

9) 빌헬름 분트(Wilhelm Wundt, 1832~1920)는 독일의 심리학자이자 철학자다. 그는 감각생리학과 영국 연상파(聯想派)의 심리학을 종합해 실험 심리학을 확립했다. 그는 심리학을 직접경험 학문이라 정의하고, 의식의 내관(內觀)에 따라 분석적으로 포착되는 부분의 기술(記述)에 전념했다. 이것은 무의식의 추방을 뜻하며, 물리학이나 생리학과 다른 심리학의 독자성을 주장하는 입장이다. 주요 저서로, 《철학체계》(1889), 《심리학원론》(1896) 등이 있다(출처: 네이버 백과사전).

10) 유럽의 신합리주의 운동.

11) 객관적인 선택이기보다 설계자의 주관에 따라 달라지는 임의적인 선택이라는 뜻.

12) 여기서 교류는 인간과 환경 사이의 쌍방향 관계를 의미한다.

13) '아날'이란 1929년 뤼시앙 페브르(Lucien Febvre, 1878~1956)와 마르크 블로크(Marc Bloch, 1886~1944)가 창간한 역사학 잡지 〈경제사회사 연보〉(*Annales d'histoire économique et sociale*)에서 나온 말이다. 아날 학파는 이

잡지를 중심으로 활동하는 역사가들이 이룬 학파를 말한다. 이들은 소르본의 전통적인 역사학에 도전하면서 사회과학고등연구원을 중심으로 활동했다(김응종, 《아날 학파의 역사세계》, 아르케, 2001).

이 학파는 역사에서의 개인의 역할, 변동에 대한 설명 등에서 한계를 드러내기도 하였으나, 일상적인 사람들의 삶을 역사의 무대에 소생시켜 주었다는 점에서 사학사(史學史)에 공헌했다. 이 학파는 1970년대에 특히 세계적인 주목을 받기 시작했으며, 1970년대 말에는 한국에도 소개되었다. 최근 아날 학파에 대한 국내의 관심도 더욱 높아져, 페르낭 브로델(Fernand Braudel)의 대작인 《지중해》(한길사, 1995)와 《물질문명과 자본주의》(까치, 1995)를 위시한 이 학파의 주요 연구업적들이 활발히 번역 소개되었다.

14) 1920년대 이후 사회주의 정부의 보조로 조성된, 슈퍼블록 개념의 노동자 집합주택 단지다. 라벤호프(Rabenhof), 칼자이프호프(Karl-Seitz-Hof), 칼맑스호프(Karl-Marx-Hof) 등이 있는데, 이들 단지에서는 블록이 종래 독일이나 네덜란드의 블록보다 훨씬 커졌다.

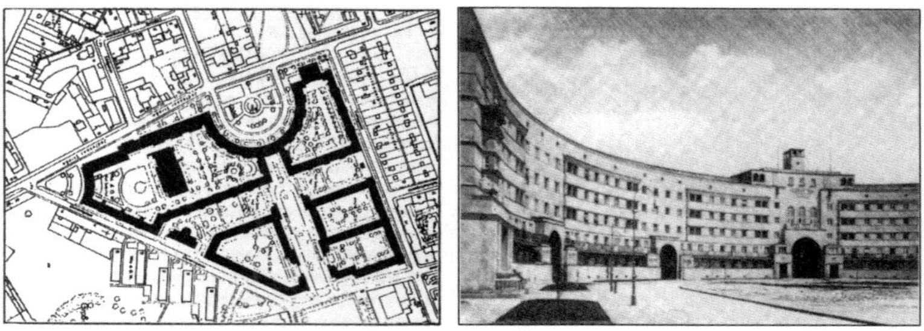

〈칼 자이프 호프의 배치도〉(왼쪽), 〈칼 자이프 호프의 외관〉(오른쪽).
출처: 손세관, 《도시주거 형성의 역사》, 열화당, 1993, 292쪽

제15장

분석도구로서의 유형: 재해석과 적용

로데릭 로렌스 Roderick J. Lawrence

유형은 일반적으로 어떤 공통의 특징을 가진 사람이나 사물의 종류 · 계층 · 범주를 지칭한다. 따라서 특정한 유형의 물체 · 사건 · 환경 · 사람은 특정한 특징을 통해 확인할 수 있다. 그런 특징으로 인해 각 유형의 일반적인 형태 · 평면 · 설계가 나타나며, 그것을 다른 것들과 구분할 수 있게 된다.

《옥스퍼드 영어사전》(*Oxford English Dictionary*, 1989)에 따르면, 유형은 첫째 "어떤 대상을 상징화하거나 형상화하는 것, 상징적 의미를 지닌 것; 상징적 의미를 갖는 것"을 말한다. 이런 관점에서 유형학은 "공통적 특성을 갖는 계층에 대한 연구; 유형에 의한 분류, 특히 인간의 생산물 · 형태 · 특징 등의 분류; 구조나 특징의 비교 분석"은 물론, "상징적 표상에 대한 연구; 성서(*Scripture*) 유형들의 기원과 의미에 대한 연구"를 지칭한다.

이들 유형과 유형학의 정의에서는 그 의미의 미묘하고 상징적인 층위(*layering*)를 포함한, 다차원적 성격이 강조된다. 이런 미묘한 의미의 층위에는 명시적인 제도적 · 물질적 구조는 물론 무언의 인지구조가 포함된다. 이런 두 가지의 구조가 함께 건축 유형을 정의한다고 할 때, 특정한 장소에 있는 건물유형의 다차원적 성격을 밝히기 위해서는 그 구조들을 연구해야 한다. 이런 접근방법을 건조환경의 연구에 적용할 때, 건축 유형은 분석의 도구로 사용될 수 있다. 이런 목적을 달성하기 위해 건축·도시 연구에서 유형은 공유하는 지식의 총체, 곧 건물유형을 비롯한 사회적 유형을 이루는 사회적 관례와 규칙이라고 해석될 수 있다. 이런 해석은 자연과학과 사회과학의 몇몇 분야에서 진행되는 유형과 유형학에 대한 담론을 개괄함으로써 얻은 것이다(Lawrence 1986).

원칙적으로 사회적 유형과 건물유형은 맥락에 따라 정의된다(Lawrence 1987). 그것들은 무언의 구조와 명시적 구조들에 의해 표현되고 전달된다. 그런 구조들로 인해 개인이나 집단이 건물유형을 비롯한 인간 문화를 생산·재생산하는 것이 가능하기도 하고 제한되기도 한다. 개인과 집단의 실천은 건조환경의 설계자·시공자·소유자·사용자 등 사회를 구성하는 사람들의 역할, 책임, 그리고 의무와 관련된다. 로렌스(Lawrence)는 스위스의 프랑스어 사용 주(*canton*)에 있는 도시임대지구의 개발에 관한 연구에서 유형에 대한 이런 다차원적인 해석을 예시한다. 이 글에 적용된 이론적 틀은 로렌스의 연구(Lawrence 1993)에 제시되었다. 유형을 분석도구로서 적용한 이러한 예시는 건축·도시의 연구에서 미래의 이론적·응용적 연구를 위한 원리를 만드는 계기가 되었다.

분석도구로서의 유형

철학·언어학·자연과학을 비롯한 몇몇 학문분야는 유형·유형학의 이론을 정립하고 적용해온 긴 역사를 가지고 있다. 고대부터 인간은 식물학·지질학·동물학 등 자연과학에서 관찰한 것을 체계화하고자 했다. 아리스토텔레스는 400개의 동물 종을 유형 또는 계층으로 분류하고 언급했다. 그 이래로, 점점 더 많은 종을 인지하고 분류함으로써 인간 지식이 확대되었을 뿐 아니라 유형학이 발전했다. 이러한 발전은 생태계의 구성요소를 체계적으로 분류함으로써 가능했다.

오늘날 일반적으로 적용되는 유기적 유형(*organic type*)의 해석은 주로 철학에서 버트란트 러셀(Bertrand Russell, 1872~1970), 사회과학에서 막스 베버(Max Weber, 1864~1920)는 물론, 자연과학에서 에티엔느 줴오프레 생틸레르(Etienne Geoffrey Saint-Hilaire, 1772~1844)에서 비롯되었다. 유형을 체계적인 연구방법의 적용에 필요한 분석도구로서 해석했다는 점에 이들의 공통점이 있다. 건축계의 유형에 관한 담론에서는 이런 연구들을 거의 인용하지 않지만, 그것들은 여러 면에서 면밀히 주목할 가치가 있다.

첫째로 이런 연구들에서, 다양한 분야의 학자들이 세계의 질서를 서로 다른 분류 항목들로 밝히기 위해 **분류의 원리**들을 사용하고 있음을 볼 수 있다. 이런 시각에서, 계층이나 유형은 사람·환경·물체·사건 사이의 개념적 경계를 정의하고 구분 짓는 암시적인 인지구조로서 의미를 갖는다. 결과적으로 (건축 유형만이 아닌) 모든 유형은 인간에 의해 구축된다. 일반적으로 뒤르켐과 모스(Durkheim and Mauss 1903)가 인간환경의 물질적·비물질적 구성요소에 있는 인간적 질서를 밝히기 위해 유형의 개념을 처음 적용한 것으로 알려져 있다. 그들은 주로 종교적이고 도덕적인 종족의 상징적인 분류와 그것의 친족관계와 세습체계에 대한 관련성을 연구했다. 그것들은 해당 사회의 씨족·결혼계층·반족(半族, *moiety*)[1]에 반영되어 있다.

둘째로, 뒤르켐과 모스의 연구는 건조환경을 이해하는 것과 거의 관련이 없어 보이지만, 공간의 질서와 의미, 그리고 건물의 용도와 관련해 상징적 분류를 조사한 학자집단에 미친 그들의 영향에 주목할 필요가 있다(Needham 1973; Markus 1987). 그들의 연구는 별로 알려지지 않았으나 파급력이 크다. 사회적 분류를 사람·환경·물체·사건의 유형이나 계층을 이루는 기초라고 해석한 연구자들도 있다. 태국 북동부에 있는 반 파란 무안(Baan Phraan Muan)의 마을에 대한 탐비아(Tambiah)의 민족지학은 그런 예다. 이 연구는 결혼과 섹스의 규칙, 주택과 마을의 공간범주, 숲과 사육동물 등 세 쌍의 인간 및 인간 외적 분류가 마을 건물들의 정통적인 배치에서 행태·개념·공간·시간의 경계를 조직하고 사용하는 방식을 기술하고 해석한다. 탐비아는 마을사람들이 주택과 가축, 그리고 다른 소유물에 대해 가지고 있는 명시적인 아이디어의 체계를 다음과 같이 분석한다.

> 실과 바닥공간의 물리적 배열, 곧 주택 범주는 마을사람들의 가계(*human series*)와 직접 연관되며, 사육동물과 숲 동물을 생각하는 방식과도 관련된다. 따라서 주택 건축은 인간세계와 동물세계를 연결하는 중심적인 격자다(Tambiah 1969, 429).

건조환경을 구축하고 사용하는 데 관련되는 인간의 작용·계획·생산물에는 사회조직과 분류체계를 비롯한 넓은 범위의 사회적 차원이 포함됨을 이런 민족지학에서 볼 수 있다. 탐비아가 사용한 접근방법으로 우리는 유형의 암시적이고 명시적인 인류학적 차원을 밝히고 연구할 수 있다. 따라서 건물유형의 물질적 특성은 특정한 건조환경을 구축하고(구축하거나) 사용한 사람들이 공유하는 상당히 미묘한 의미들에 뚜렷이 관련된다. 현재 우리는 유형을 양식·형태·기능의 기준으로만 해석하고 있는데, 이 접근방법을 건축과 도시의 연구에 적용하면 건축 유형에 대한 이해가 풍부해질 수 있다.

앞서 언급한 연구들은 건축 유형에 대한 해석을 재정립하고 풍부하게 하는 데 도움이 된다. 그렇지만 그것들의 대부분은, 연속성과 시간에 따른 변화를 모두 설명해주는 통시적인 해석과 대조되는, 공시적인 해석이다. 사회적 분류의 체계로 일상생활을 역동적인 과정으로 해석함과 동시에 고정된 해석의 틀을 형성할 수 있는지 **여부**를(형성한다면, **어떻게**) 밝히려면 시간의 관점이 필요하다.

인공 환경, 특히 건물의 역사를 통해 18세기 말부터 특정한 종류의 내·외 공간이 특정 집단과 목적을 위해 구축되었음을 볼 수 있다. 같은 시기에 진화에 관한 생물학 이론과 분류학이 발달했다. 그것들은 새로운 형태의 사회적 분류에 대한 폭넓은 사회적 관심을 촉발했다. 건물 재고가 급증

함에 따라, 특정 건물들을 사용자의 사회계층을 포함하여 미적·기능적·물질적 기준 등 여러 기준으로 분류하는 것에 관심이 많아졌다. 예를 들어 주거라는 하나의 기능유형 안에서, 서로 다른 주택들을 세분된 주거유형으로 분류하기 위해 점차 특정 용어들이 생성되고 적용되었다. 로렌스의 연구(Lawrence 1986)에서 보듯 본질적으로, 증가하는 주거 단위의 종류와 그것에 수용되는 거주자 집단들 사이를 구분하는 명칭에서 점점 더 사회적 분류와 차별이 나타나게 되었다.*

그러한 연구들에서, 주거건물을 비롯한 인간의 생산물과 과정에 관한 아이디어·가치·의도를 전하기 위해 사회적 분류가 암시적으로든 명시적으로든 널리 사용됨을 알 수 있다. 공유지식과 사회적 관례는 건조환경의 공간적 질서, 의미, 용도와 연관된다. 이런 식으로 유형의 개념을 정의할 때, 공유지식과 사회적 관례에서 묵시적이거나 명시적으로 상호 관련된 차원을 밝히는 분석의 도구로 유형을 사용할 수 있다. 이런 분석적 접근방법으로 특정한 위치에 있는 건축 유형과 도시 유형이 갖는 다중의 차원을 맥락에 맞게 이해할 수 있다. 이는 스위스 도시 주거건물의 개발에 대한 역사적 연구에서 확인할 수 있다(Lawrence 1986).

---

* 로렌스의 저서(Lawrence 1986)에 보고된 연구에서는 19세기 중반부터 벌어진 공적인 논쟁에서 노동자 주거(*logement ouvrier*), 소형 주거(*petit logement*), 경제적 주거(*logement économique*), 저렴주거(*low-cost housing*), 저소득층 주거(*logements pour les personnes peu aisées*) 같은 용어들이 사용되었음을 밝혔다. 그리고 나서 주거개선운동이 확대됨에 따라 위생주거(*logement hygié nique*), 건강 주거(*logement salubre*), 개선 주거(*logement amélioré*) 같은 용어들도 사용되었다. 이런 용어들은 주거건물의 용적을 지칭하는 용어들로 보완되었다. 건물이 상대적으로 클 때, 부동산 소유자의 재정적 이점을 나타내기 위해 수익용 임대아파트(*immeuble de rapport*)라는 용어가 사용되었다. 또는 건물이 군대 막사 같다는 암시를 주기 위해 카세른 로카티브(*caserne locative*)라는 멸시적인 용어가 사용되었다. 대조적으로, 단지 하나만의 주거 건물이 있을 때, 로쥐멍 앵디비뒤엘(*logement individuel*)이라는 용어가 단독·2호연립·로우하우스(*row house*)를 지칭하는 데 사용되었다.

공유지식의 총체로서의 유형

설계란 만들어질 무엇인가의 표상을 생산하는 일이다. 형태 설계의 형틀(예를 들어, 글 · 모델 · 드로잉)에 의한 어떤 물체의 표상은 그 물체의 계층이나 유형이 갖고 있는 관례적인 이미지와 대비될 수 있다. 이미지를 목적에 맞게 쓰기 위해서는 물체의 시공자 · 사용자 모두 그 이미지를 공유하고 이해해야 한다. 설계 문서가 없어도, 이미지는 새로운 물체를 만들 때마다 재생산되는 형틀로 작용한다. 결과적으로 어떤 인공물의 구현에서도 이미지와 실체, 과정과 생산물은 명백히 연관된다. 이런 연관성은 암묵적인 인지구조 — 물체의 정신적 표상 —, 그리고 그것이 건물이든, 창문이든, 또는 건물 안의 비품이든, 동일한 물체의 명시적인 형태적 · 재료적 특징 사이에 암시적 · 명시적으로 존재한다. 유형의 개념을 물질문화의 관례적 이미지와 공유지식에 관련시킨 하브라켄(Habraken)의 연구는 주목할 만하다. 그는 유형이 사회적 관습에 따라 분류되는 기능적 · 형태적 특성을 구현한다고 다음과 같이 말했다.

> 내가 제시하는 유형의 개념은 분류의 수단을 훨씬 넘는 것이며, 형태의 역사적 기원 이상의 것이다. 그것은 공통적인 경험을 통해 일군의 사람들에게 익숙한, 지식이라는 사회적 존재 안에 있는 복합적 형태다. 유형은 사회와 그 문화와 함께 오고 간다. 그것은 대체로 문화다(Habraken 1985, 25).

하브라켄은 유형의 개념으로 인간 생산물의 발생이나 그 형태적 특성의 존재 이유를 설명할 수 없다고 말한다. 그러나 그는, 사회적 관례에 따라 유형들에 암시적 · 명시적 의미들을 부여하는 **분류의 원리**들을 참조하지 않았다. 이 원리들은 주거유형을 비롯한 건축 유형의 의미와 용도를 구성하는 암시적 지식을 표현하고 전달하는 매체로 작용한다. 이런 좀더 폭넓은 시각에 따르면, 유형의 개념이 대부분의 건축학자들이 주장하듯 단지 기술적이거나(*descriptive*) 규정적인 것은 아니다. 무엇보다도 유형은 지식·활동·물질문화를 구축하는 공유지식과 관례의 총체다. 따라서 유형이 갖는 다중의 차원을 이해하기 위해, 사회의 다양한 집단이 갖고 있는 공유지식과 사회적 관례를 밝히고 연구할 필요가 있다. 하브라켄(Habraken 1985)은 이 일에 **설계자**(물체의 형태적 특징을 통제하는 사람)·**시공자**(재료를 물체로 변형하는 것을 통제하는 사람)·**사용자**(물체의 사용을 통제하는 사람)가 관련된다고 지적한다.

오늘날 대부분의 산업사회에서 설계자·시공자·사용자는 서로 다른 사람들이다. 결과적으로 이미지·표상·생산물은 정보 전달의 사슬을 필요로 한다. 특히 건조환경에서 그렇다. '사용자'라는 용어는 흔히 다양한 문화적·사회경제적·종교적·직업적 배경을 가지고 특정 건물을 사용하는 일단의 사람들이라는 뜻을 품고 있다. 마찬가지로 '설계자'라는 용어는 종종 설계과정 동안 여러 사람들에게 업무가 배정된다는 사실을 담고 있다. 마지막으로 '시공자'라는 용어가 대상물의 생산에 참여한 사람의 수를 말하는 것은 아니다. 이러한 관련자들의 책임과 의무를 분석함으로써 우리는 특정한 장소에 있는 건물유형에 내재된 비물질적 차원을 밝힐 수 있다.

이런 논의는, 건축 유형 같은 개념들을 폭넓게 뭉뚱그려 해석해 건축 연구에 적용하는 것에 의문의 여지가 있음을 말해준다(Lawrence 1987). 그런 폭넓은 해석으로 사회적 과정과 문화적 이상의 본질이 밝혀지기보다 오히려 흐려지는 경향이 있다. 특정한 상황에 놓인 건축 유형의 다차원적 성격을 이해하기 위해서는 특정한 맥락에서 작동하는 변수들만이 아니라 그것들 사이의 상호관계를 집중적인 분석을 통해 규명함으로써 인간 사회의 특징을 밝혀야 한다. 이러한 목적을 달성하기 위해, 건조환경의 구축과 사용에 연관된 인간의 활동·의도·계획을 사회조직, 개인 간 의사소통 등 넓은 범위의 사회적 차원에 관련지을 수 있다. 따라서 지역화된 인간 사회의 구조와 기능은 개인과 집단의 권리·책임·의무에 관련된다. 이것들은 건물의 소유권·통제·사용을 비롯한, 부동산에 대한 연구를 통해 설명될 수 있다. 이런 시각에서 관련자들(예를 들어 개인·공동·공공) 사이 책임의 분할, 관련자들 사이의 (행정적 · 강제적 · 공식적 · 관례적 · 비공식적 · 선택적) 규칙과 관례의 규명은 물론 관련자들(예를 들어 지주 · 임대인 · 관리인 · 임차인)의 수와 부류를 밝히고 이해하기 위해서, 전통적으로 일반화된 공(公) · 사(私)의 구분을 뛰어넘어야 한다. 이런 모든 특징들이 사회의 다양한 척도와 수준에서 개인 · 집단의 요구와 책임을 규정한다. 이들 요구와 책임은 암묵적인 불문율의 관례를 통해 전해질 수도 있고, 명시적인 법규로 규정될 수도 있다. 결과적으로 그것들은 주거부문에서 다양한 사회적 수준으로 일어나는 개인의 행위와 집단의 실천을 가능하게 하기도 하고 제약하기도 한다.

유형을 분석도구로서 재해석함으로써 개인이나 집단의 차원에서, 아니면 개인과 집단이 반드시 관련되는 문화적 · 역사적 맥락에서, 암시적인 인지구조와 명시적인 사회구조가 서로 관련된다. 한편 '역사적 맥락'에서 인간의 활동을 위한 추상적인 시간의 틀이 제공될 뿐 아니라, 암시적 · 명시적 구조와 관련된 사람 · 환경 · 물체 · 사건의 암묵적이고 명시적인 의미들이 규정된다. 다른 한편 '문화적 맥락'은 개인과 집단의 활동과 계획에 틀을 제공한다. 그런 문화적 맥락에는 제도적 권력과 통제 같은 적극적인 과정 지향적 지식, 그리고 사회적 지식과 관례가 포함된다. 이런 문화의 구성요소들이 모여서 특정한 시점에서 건축 유형의 정의와 사용 등 일상사를 가능하게 하기도, 제한하기도 한다.

연구에 대한 적용: 스위스의 도시주거와 가정생활

이 장에서 개괄한 분석적 접근방법은 1860년에서 1960년 사이, 프랑스어를 사용하는 스위스의 세 주에서 개발된 도시임대주거 단위에 관한 장기적인 연구에 적용되었다. 이 연구는 서로 다른 문화적 · 경제적 · 지리적 · 정치적 배경을 가진 제네바 · 프리부르(Fribourg) · 르로클(Le Locle)에서 공유지식, 그리고 사회적 관례와 규칙이 도시주거지의 배치 · 의미 · 용도와 연관되는 방식을 밝히기 위해 공시적·통시적 시각을 적용했다 (Lawrence 1986). 이 연구는 다음과 같이 두 개의 상호 관련되는 분석으로 이루어진다.

첫째 분석은 1860년에서 1960년 사이 조성된 주거지에 있는 공공·공동·개인 공간과 설비의 설계·의미·용도에 대한 역사적 분석이다. 이것은 가구(*household*)의 크기와 구성, 지역의 주택 재고, 그리고 이 시기의 주거 보유에 대한 장기간의 연구다. 이 연구는 다음과 같은 세 건의 자료를 바탕으로 했다. (1) 제네바·프리부르·르로클에 현존하는 주거와 지어지지 않은(현상공모 프로젝트 등) 주거계획의 건축평면 표본 100건, 주거에 관한 건축가들의 설명문과 기사, 부지의 기존 건물 답사, (2) 정부기관, 자선단체, 건강·주거 개혁가의 보고서를 포함한 공식적 출판물의 표본, 그리고 건축법규와 임대협정의 사례, (3) 소설·자서전·브로슈어·신문.

둘째 분석은 국가 통계청이 제공한 대표적인 표본에서 선정한, 제네바 주의 525가구에 대한 연구로 현재 진행 중이다. (1) 주거건물과 인접 환경의 평면 분석, (2) 주거단위에서 배치와 비품의 변화에 대한 기록, (3) 구조화된 설문, 반구조화된 설문, 그리고 개방형 설문으로 주거단위 내·외부에서 가구와 각 응답자의 일상활동에 관한 면담, (4) 응답자의 거주기록, (5) 주거단위, 주거건물, 인접 환경, 그리고 단지 및 그 설비와 서비스에 관한 설문조사가 이루어졌다. 이 분석의 결과는 아직 처리 중이므로, 앞으로 이 글에서는 둘째 연구의 초기 결과를 포함한 역사적 연구의 결과를 주로 다룬다.

건물·주거 배치의 분석

기존의 모든 주거건물을 현장답사한 후 진행한 건축평면 분석을 통해, 다음의 기준에 따라 주거유형을 분류할 수 있음을 알 수 있었다.

(1) 건물의 입면구성에 관련된 양식(예를 들면 고전·신고딕·근대). 이 기준은 흔히 패턴북(*pattern book*)[2]이나 다른 전문 출판물에 수록된, 건축가·시공자의 명시적인 전문지식을 보여준다. 비전문가의 관점이 고려된 경우는 드물다.

(2) 거주자의 소득과 직업상의 지위에 관련된 사회경제적 변수(예를 들면 노동계층 또는 중산층, 노동자 또는 사무근로자). 일반적으로 모든 계층의 사람들은 이 기준으로 규정되는 자신의 사회적 지위를 알고 있다.

(3) 주거건물의 각 층에 있는 주거단위의 수·크기·배치〔예를 들면 2실 또는 3실, 관통형 바닥평면(*through type*)[3] 또는 일면 개방〕. 건축가, 부동산 소유자, 부동산업자가 이 기준으로 도시주택유형을 분류하고 평가하는 경우가 많다.

(4) 건물의 배치와 구조(예를 들면 목가구조, 벽돌조나 석조). 이는 전문가가 물리적 경계(예를 들면 벽·창·문)의 성격을 해석하는 데 사용할 뿐 아니라, 비전문가가 주거건물에 사회적 가치를 부여하는 데도 사용한다.

(5) 공적 영역인 가로로부터 사적 영역인 각 주거단위로 접근하는 수단(예를 들어 사적 옥외공간, 공유 외부공간, 내부공간을 통한 접근 등)과 관련한 바닥평면의 공간구성

나는 이런 기준을 사용해서 1860년에서 1960년 사이 프리부르·제네바·르로클에 세워진 도시 임대주거의 유형학을 만들었다. 이것에는 연구대상 시기, 세 도시에 각각 지어진 주거건물의 건축평면 100개에 대한 분석이 포함된다. 분석의 방법은 〈그림 15-1〉에 제시했다. 이 건물들의 공간구성, 내·외부 공간의 명칭, 공간의 본래 용도와 실제 용도에 특히 관심을 기울였다.

최근 바닥평면의 위상 분석(*topological analysis*)으로 다양한 건물을 비교하는 체계적 방법이 개발됨에 따라, 그것을 바탕으로 건조환경의 공간구성을 형태학적으로 해석하는 연구가 진행되고 있다(Steadman 1983). 이 접근방법에서는 노드(*node*)라 불리는 점들을 선으로 연결해 그래프를

만든다. 〈그림 15-1〉에서 보는 것처럼, 각 내부공간은 노드로 표현되며, 공간들 사이의 이동 가능성은 선으로 표현된다. 이 그래프로 건물의 모든 내부공간과 주변의 외부공간을 나타낼 수 있다. 이 방법을 사용해 구성이 서로 달라 보이는 수많은 건물들의 공간패턴이 같음을 밝힐 수 있다. 마치와 스테드만(March and Steadman 1971)은 프랭크 로이드 라이트(Frank Lloyd Wright)가 설계한 세 주택의 유형학적 분석에서 이것을 훌륭하게 설명했다. 이 연구에서 이 접근방법이 시각적 표현의 수단일 뿐 아니라 건물의 공간조직을 연구하는 방법임을 확인할 수 있다.

그림 15-1 이 주거건물의 연구에 분석적 방법을 적용했음을 보여주는 글, 바닥평면, 그리고 유형학적 분석

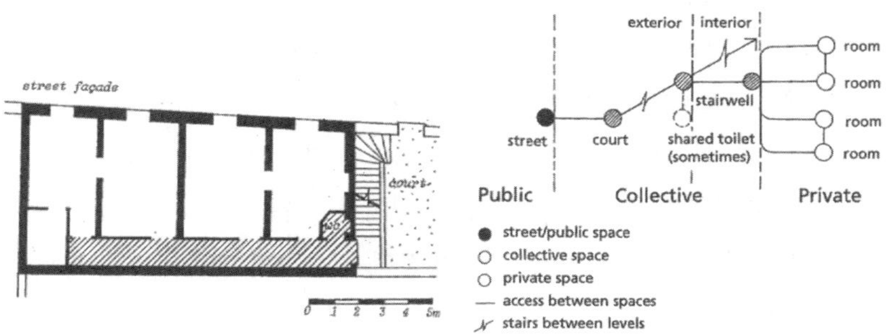

Case GE 1: 미디 골목(Ruelle di Midi) 14

1860년경에 지어진, 지층과 상층이 있는 2호연립 주거건물. 각 층은 2 · 3 · 4개의 주거단위로 임대할 수 있는 5개의 실로 구성된다. 하나의 공동변소가 각 주거로 접근하는 내부 복도에서 접근된다.

위치: 가로를 따라 선형으로 배열된 건물들이 주거단지를 이룬다. 창문은 가로를 내다보는 한 면에만 나있다.

건축적 특징

① 외부 입면에 미적인 장식은 없다. 건물의 내부에 장식은 없다. 실의 치수는 최소치다. 건물은 전이공간이 없이 보도를 따라 배열되어 있다. ② 작은 마당으로 열리는 문을 통해서 건물로 접근한다. ③ 건물의 문을 통해 중정에서 지층의 내부 복도, 각 주거단위, 공동변소로 접근한다. ④ 중정과 건물의 지층 사이에 바닥 높이의 변화는 없다. ⑤ 중정에서 외부 계단을 통해 상층의 내부 복도, 각 주거단위, 공동변소로 접근한다. ⑥ 각 주거의 현관문은 직접 각 주거의 실 안쪽으로 열린다. ⑦ 실 사이의 연결 문을 차단해 실을 융통성 있게 사용함으로써 각 층에 1 · 2 · 3실의 플랫(*flat*)을 만들 수 있다.

기록: 이 건물에 대한 지주-임차인 협정의 기록은 없다.

주의: 농업노동자의 숙소로 사용된 건물에서 이 건물의 용적과 공간구성을 차용한 것 같다. 이런 사례는 제네바에서 그다지 흔하지 않다.

그렇지만 건물의 이차원적 표현을 전통적인 척도의 바닥평면도에서 그래프로 변형한다고 해서 건물의 의미와 용도에 관련되는 문화적·사회적·심리적 차원의 정보가 얻어지는 것은 아니다. 그러나 힐리어와 한슨(Hillier and Hanson 1984)은 다양한 건물들의 위상 분석이 인간관계가 건조환경의 공간구성에 구현되는 방식을 나타낸다고 주장한다. 그들은 개인들과 집단들 사이의 사회적 접촉을 조장하거나 억제하는 건물과 외부공간의 형태적 특성을 파악하려고 노력한다. 또한 위상 그래프에서 한 공간의 위치나 깊이, 그리고 인접 공간들에 대한 관계가 방문자가 그 공간으로 쉽게 접근할 수 있는지 여부를 보여준다고 주장한다.

이런 일반화에는 몇 가지의 조건이 필요하다. 예를 들어, 주거의 공간구성이 그래프로 표현될 수 있다고 해도, 임대주거와 자가(自家)라는 상이한 맥락에서 어떤 공간에 대한 접근성은 건축적 요인만이 아니라 법적 권리와 의무, 그리고 사회적 관습과 규칙에 의해 결정된다. 원칙적으로 다양한 주거단위에 대한 위상 분석으로 그 공간구성 사이의 유사성과 차이를 밝힐 수 있다. 그러나 그것만으로 주거단위의 다차원적 의미와 용도에 관한 정보를 도출할 수는 없다. 주거단위의 의미와 용도는 그 성격상 한시적인 행태적·법적·상징적 차원으로 규정되기도 하기 때문에 그것들이 물질적으로만 나타나는 것은 아니다(Lawrence 1987). 그러므로 이런 종류의 분석은 건조환경이 처음 구축되었을 때 공간적 성격에 관한 정보만을 제공해준다. 그때 건물은, 그것의 생활사를 무시한 정적인 추상화에 의해 고정된 물체로 해석된다. 특정한 건물이 증축되거나 그 구조나 기능에 내부적인 변화가 있으면 어떻게 되는가? 시간이 흐름에 따라 다양한 공간들은 어떻게 분류되고 사용되는가? 이런 질문들은 건조환경의 설계·의미·용도에 관한 것이다. 위상 분석으로는 이에 만족스럽게 답할 수 없다. 따라서 이 장에서 설명한 대로 이런 접근방법은 다른 분석방법과 함께 보조적으로 사용해야 한다.

이들 조건을 염두에 두고, 이 연구에서는 주거건물의 위상 분석을 했다. 이로써, 공간의 기능적 명칭과 상대적 위치 사이의 관련성, 그리고 각 주택에서 가로의 공적 영역으로 접근하는 공간인, 공동의 공유공간과 각 주택의 사적 영역 사이의 접촉면(*interface*)에 대한 연구를 진행했다. 이런 방법은 〈그림 15-1〉에 예시되었고, 로렌스의 연구(Lawrence 1986)에 상세히 제시되었다. 이런 방법을 적용해 다음과 같은 유형들을 도출했다.

유형 1: 〈그림 15-2〉에서 보는 것과 같이 도시구역에 건축된 공동주택 건물로, 각 층의 주거단위로 공동으로 접근할 수 있는 내·외부의 복도가 있다. 가로에 면하든 뒤뜰에 면하든, 각 주택은 한 면을 통해서만 일조가 이루어진다. 각 주택에는 비슷한 크기의 실이 2·3개 있는데, 일반적으로 실들이 일렬로 배열되어 있다. 각 층에는 보통 하나의 공동변소가 있다.

그림 15-2 주택유형 1의 사례, 1860년경 제네바의 미디 골목(Ruelle di Midi)에 건축됨.

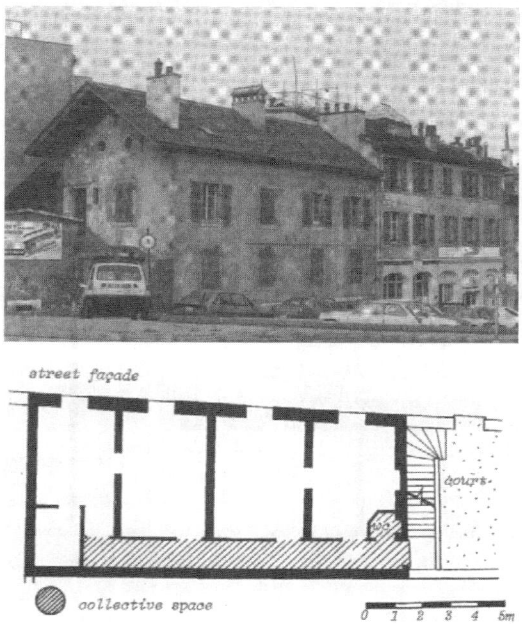

a. 가로에 면한 건물 입면의 모습

b. 바닥평면에 공유공간을 표시함

유형 2: 〈그림 15-3〉에서 보는 것과 같은 신도시구역에 건축된 공동주택 건물로, 자연 채광이 되는 내부의 공동 로비, 계단실, 각 층에 2·3개 또는 그 이상의 주택에 접근할 수 있는 복도〔그리고 보통 두 개의 관통형(*through type*) 평면〕가 있다. 각 주택에는 비슷한 크기의 실이 2·3개 있다. 중앙의 통로나 동선 배분공간에서 각 실로 독립적으로 접근한다. 1900년 이전, 이들 주거에는 일반적으로 설비공간[4]이 없었다. 그 후 실 하나와 욕실이 추가되었다.

유형 3: 〈그림 15-4〉에서 보는 것과 같은 종류의 주거단위로, 도시구역보다는 교외의 부지에 건축되었다. 관통형 바닥평면을 가지고 있으

그림 15-3 주택유형 2의 사례, 1897년경 제네바의 카를포그트 대로(Boulevard Carl-Vogt)에 건축됨.

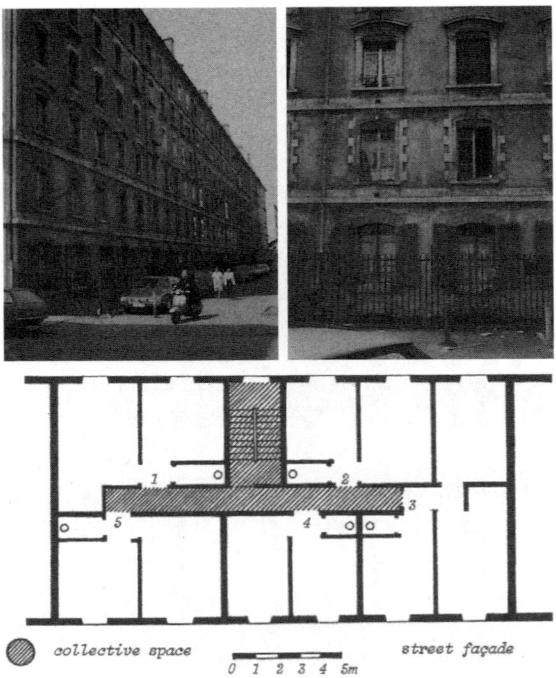

a. 가로에 면한 건물 입면의 모습

b. 바닥평면에 공유공간을 표시함

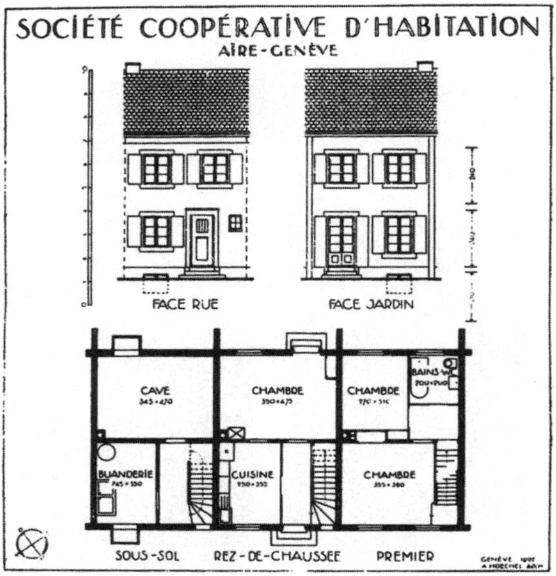

그림 15-4 주택유형 3의 사례, 1920년대 제네바의 에르(Aire) 교외에 건축됨. 자료: Centre d'iconographie genovoise

며, 붙박이 테라스를 가진 2·3층 건물이다. 가로에서 사적 옥외 공간을 통해 접근한다. 이들 주거는 설비공간을 갖추고 있으나, 인접 단위와 경계벽을 공유한다.

유형 4: 〈그림 15-5〉에서 보는 것과 같은 아파트로, 관통형 바닥평면을 가지고 있다. 각 층의 외부 회랑에서 접근되는 주택은 세 개 이상의 실로 구성된다. 보통 각 층에는 공동 세탁실이 있다. 1900년 이전 이 유형의 공동주택은 설비공간을 갖추고 있지 않아서, 사적 영역인 각 주거단위 이외에도 공동 공간과 공동 설비가 있었다.

유형 5: 〈그림 15-6〉에서 보는 것과 같은 종류의 코티지(*Cottage*) 주거로, 관통형 바닥평면을 가지고 있다. 단독주택 혹은 2호연립이며, 1층 또는 2층(간혹 3층)이다. 설비공간을 완벽하게 갖추고 있고, 근처의 주거들과 분리되어 있다.

그림 15-5 주택유형 4의 사례, 1930년과 1932년 사이 제네바의 시테 비외쇠(Cité Vieusseux)에 건축됨.
a. 외부의 공유하는 동선 회랑을 보여주는 건물 입면의 모습
b. 공유 정원을 내다보는 입면의 모습
c. 공유공간과 세탁실이 표시된 바닥평면

a

b

c

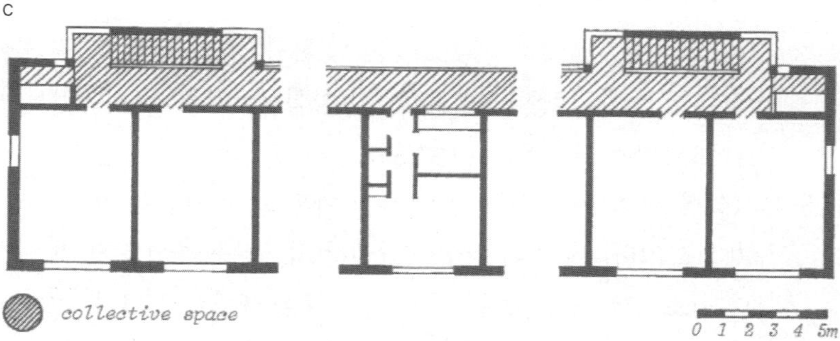

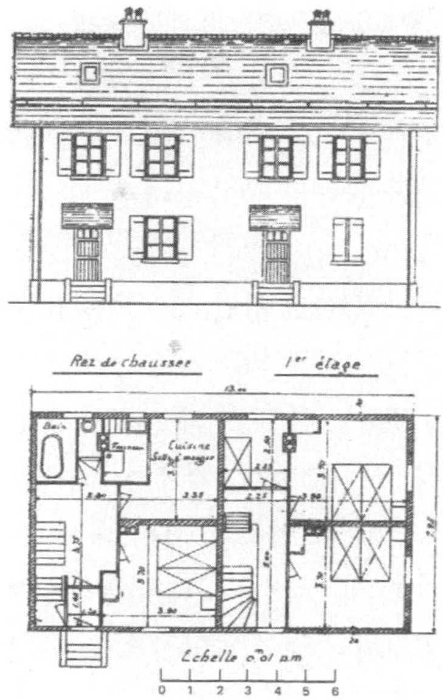

그림 15-6 주택유형 5의 사례, 1920년대 제네바의 샤르미유 (Charmilles) 교외에 건축됨.
자료: Centre d'iconographie genovoise

이런 도시 임대주거의 유형학이 1860년에서 1960년 사이에 지어진 주거단위를 대표하지만, 이에는 몇 가지의 제한이 있다. 첫째, 이 모든 유형들의 사례는 19세기 말에 동시에 지어졌으며, 연대기 순서를 따르지 않는다. 둘째, 각 주거유형의 상대적인 수에는 상당한 차이가 있다. 예를 들어, 이 연구의 모든 시기에 걸쳐 두 번째 유형의 비중이 가장 크다. 셋째, 1900년부터 다섯 번째 유형을 제외한 모든 유형의 주거단위에서 위생·취사 설비의 공급이 일반화되어 갔다. 반면 19세기에 이런 설비들은 대개 공유였고 내부의 공동공간에서 접근되었다. 넷째, 이 다섯 가지 유형의 주거단위는 그 설계와 공간구성이 상당히 다양하지만, 모든 점유자의 거주 자격은 모두 동일하다. 그들은 임대협정에 규정된 대로 공동·사적 공간과 설비를 사용할 권리와 의무를 갖는 임차인이다(Lawrence 1986). 더불어 직업을 비롯한 여러 면에서, 임차인들의 사회경제적 지위는 동일했다. 마지막으로, 이 유형들은 건물입면과 내부공간에 화려한 장식이 없고 발코니를 갖추지 않았으며, 가정부의 방(중 · 상층 주거에는 일반적으로 구비되었음) 이 없는 등 주거단위의 건축적 · 양식적 · 기능적 특징이 같다. 이들 특징으로 주거건물의 의미와 용도가 설명되지는 않지만, 본래의 연구 중 몇 장을 요약한 다음의 분석을 통해 그 의미와 용도를 분명히 알 수 있다(Lawrence 1986).

연구 기간 동안, 도시 주거단위의 규모가 다소 증가한 것과 대조적으로 사적 가사 서비스의 공급이 크게 개선되었고 가구당 사람 수가 뚜렷이 감소했다. 주거밀도의 감소와 공공 · 공동 · 개인 공간 용도의 변화에 인구학적, 사회경제적, 기술적 요인들이 건축적 요인만큼이나 관련되었다. 이런 측면에서, 건축적 · 사회적 특징이 명시적으로 상호 관련되는 통합적 유형학을 개발하면, 건물의 공간구성 · 의미 · 용도가 시간에 따라 사회적으로 변형되는 것을 종합적으로 이해할 수 있을 것이다.

도시 임대주거의 다섯 유형 안에 실의 개수가 한정되어 있으므로 원칙적으로 각 가구 구성원의 활동은 공간적으로나 시간적으로 제한된다. 그래서 소수의 작은 실을 사용할 때는 활동을 동시에 배치하는 것보다 시간순으로 배치할 필요가 있다. 실이 많거나 매우 큰 실이 있는 주거단위와 비교할 때, 작은 주거단위에서는 가사활동은 동시에 하는 것이 거의 불가능하다. 예를 들어 전통적인 농가의 부엌에서는 여러 가사활동을 동시에 할 수 있다. 그러나 일반적으로 19세기에 제네바 · 프리부르 · 르로클에 있던 대부분의 도시주택에서는 가사활동들 사이에 분명한 물리적 · 시간적 경계가 있었다. 도시주택유형의 이런 특징으로부터 거주자들 사이에 공동 · 개인 공간과 설비의 사용에 관한 불문율의 관례가 있었음을 알 수 있다. 이런 관례는 같은 건물의 거주자들이 공유하는 암묵적인 행위 규칙이자 규약이었다.

이들 다섯 가지 도시 임대주거 유형에서 공간구성과 용도의 발전은 목욕 · 세탁 · 조리 등 사적 혹은 공동의 가사서비스 측면에서 생각할 수 있다. 19세기 후반 스위스(그리고 다른 많은 유럽국가들) 에서 전개된 '노동계급'을 위한 도시주거의 최소 기준에 관한 논쟁은 '자족적 공동주택' (*self-*

contained tenement)의 정의와 설계에 집중되었다. 자족적 공동주택이란 사적인 설비, 그리고 부모와 열 살이 넘는 이성 자녀를 위한 침실들이 별도로 갖추어진 주택이다. 이것이 주거계획에 암시하는 바는 분명했다. 특정한 가족 활동을 위한 실의 설계와 공간구성, 그리고 건축적 경계로 실들 사이의 연결을 통제함으로써 생활방식을 개혁하고 위생적인 생활조건을 갖추려 한 것이다. 이런 건축적 · 도덕적 개념으로 주거의 설계와 도덕적 웰빙이 연결되었다. 도시지역에서 주거 조건의 개선을 추구함에 따라 각 주거단위에 사적 변소와 부엌, 그리고 후에는 욕실이 도입되었다. 세탁 행위가 여전히 공동공간이나 공공공간에서 일어났지만, 그 장소는 지하실로 내려갔다. 이렇게 다섯 가지 도시 임대주거 유형의 내용과 용도는 시간이 경과하면서 발전했다. 결과적으로 공공 · 공동 · 개인 공간과 설비들 사이의 공간적 · 시간적 경계는 이전보다 좀더 명료해졌다. 이런 경향에 대해서는 좀더 고찰할 필요가 있다.

도시 주거건물에 있는 사적인 내부 공간과 설비의 설계 · 용도에 일어난 변화와 별도로, 같은 시기에 내 · 외부 공유 공간과 설비의 설계 · 용도에도 상당한 변형이 일어났다. 바닥평면의 분석과 현장조사를 통해 19세기 말 이래 공동의 내부공간(지층의 로비, 상층의 계단과 계단참 등)이 집중적으로 재설계되었음을 알 수 있다. 크기와 장식의 축소, 창과 천창을 통한 자연채광의 억제, 바닥 높이의 작은 변화 제거, 그리고 공유 설비, 특히 목욕설비의 개인화가 나타났다. 이런 경향으로, 각 주거단위의 정면 현관 입구와 가로의 공적 영역을 연결하는 공동공간이 보행동선 이상의 기능을 갖지 않는 최소 크기의 통로로 변화되었다. 결과적으로 거주자는 주거단위의 정면 현관에 인접한 공간을 더 이상 개인화할 수 없었다. 이제는 어린이들이 추운 날 이런 공유공간에서 놀 수 없었다. 따라서 이웃이 일상적으로 만나는 것이 점점 어려워졌다. 왜 이런 변화가 일어났는가를 조사하면 교훈을 얻을 수 있다.

우리가 연구한 바에 따르면, 모든 유형의 도시주거에서 내부의 공동공간과 설비를 변형시킨 촉매는 무수한데, 그것들을 여기서 요약해보기로 한다. 첫째, 건축적 · 기술적 발전, 특히 주요 수직 동선수단으로서 엘리베이터의 도입이다. 장기간에 걸쳐 계단은 화재 피난설비로 전락했다. 둘째, 공공 서비스(예를 들어 가스 · 전기 · 수도 등) 의 확산은 물론 가사 기술의 혁신으로 목욕 · 취사 · 세탁을 위한 사적 설비의 도입이 촉진되었다.

마지막으로, 그러나 역시 중요한 것은, 19세기 말 많은 주거개혁가들은 도시주거에서 공간관계가 다르면 사람들의 상호작용도 달라진다는 생각을 기본적으로 공유했다는 점이다. 이 생각은 가정문화 원리의 기초가 되었는데, 건축가 · 지주 · 부동산업자 · 개혁가들은 이것을 지지하고 다음과 같이 도시 주거단위의 건설 · 관리에 적용했다.

(1) 각 건물에서 임대 공간의 면적을 극대화하고 비임대 공간과 서비스의 관리비용을 줄이기 위해, 그리고 거주자들 사이의 개인 간 접촉을 최소화

그림 15-7 프리부르 임대주거의 모습. 이 두 모습에서 옥외공간이 재정의되었음을 볼 수 있다. 특히, 가로에 직접 연결되는 방식과 가로와 완전히 구분되는 방식 사이의 차이를 볼 수 있다.

a. 1900년경에 지어진 임대주거단위

b. 1960년경에 지어진 임대주거단위

하기 위해 공유 공간과 설비, 특히 위생서비스의 규모를 축소한다.
(2) 각 주거단위에 사적 설비를 제공한다. 이로써 임차인은 임대비를 높일 수 있다. 임대협정에는 임차인이 이런 설비의 관리와 수리를 책임진다는 사항, 더불어 내부의 공유공간에서 가사활동을 해서는 안 된다는 사항이 명기되었다.
(3) 임차인이 내·외부의 공간과 설비를 사용하는 방식을 규정한다. 이런 규정에는 문서화된 행위 규약이 포함된다. 행위 규약의 목적은 임차인의 일상생활을 규정하는 행태적·시간적 경계를 규제하는 것임이 분명했다. 거주자들이 이렇게 규정된 경계를 넘지 못하도록 하려고 관리인이 고용되는 경우가 많았다.

이 연구의 대상 시기에 내부 공동공간과 설비의 영역을 넘어, 모든 유형의 도시 주거건물에 인접한 외부공간에도 다른 중요한 변화가 일어났다. 현장조사와 평면 분석을 통해, 19세기의 마지막 10년 동안 모든 유형의 건물은 가로·골목·마당을 따라 배치되기보다는 그것들에서 후퇴해(*set back*) 배치되는 것이 일반화되었다. 건물을 가로·골목·마당을 따라 배치하는 것은 당시까지 스위스의 도시에서 관례였다. 이런 점진적 변화(제1차 세계대전 이후 증가됨)로 주거건물이 더 이상 가로의 공공영역에 직접 연결되지 않게 되었다. 초기에 건물과 가로 사이에 작은 정원이었다. 그러나 1930년대 이래, 그것은 점차 넓은 면적의 조경이 되었고, 주차공간을 두는 경우도 있었다. 〈그림 15-7〉에서 보는 것처럼, 그런 외부공간이 흔히 주거건물의 네 면 모두를 둘러쌌다. 그것은 가로와 같이 '공적인' 공간도, 빌라의 정원과 같이 '사적인' 공간도 아니다. 그것은 일반적으로 가로의 공적 영역과 구분되지 않는 공동공간이다. 결과적으로 거주자들은 그것을 주거단위와 가로 사이에서 잘못 조성된 공간이라고 본다. 나아가 이 공간이 여가활동에 거의 사용되지 않는다는 사실(이것이 임대협정으로 허용되어 있다 해도)로 인해, 그것은 잘해야 무성격의 공간이고 최악의 경우 익명성의 공간이다. 그리고 관리인이나 주거당국이 잘 관리하지 않으면,

그것은 방치되고 파괴된다.

어떤 건축법규나 도시계획법규에도 이런 변화가 규정되어 있지 않았고, 정부나 지방 주민들도 그것을 억제하려고 하지 않았음을 연구를 통해 알 수 있었다. 그러므로 이런 변화의 근저에 있는 이유에 대해서는 더 많은 연구가 필요하다. 이는 단지 건물 평면의 연구와 현지조사만으로는 밝혀질 수 없다. 이 사례에서는 주거유형에 내재된 사회적 차원과 명시적인 건축적 차원의 상호관계를 밝히기 위해 다양한 기록 자료의 연구가 수행되었다.

기록 자료의 분석

증가하는 도시인구를 적정한 임대료를 받고 위생적인 주거에 수용하는 문제에 대한 정치인·자선단체·지성계의 관심이, 많은 의회문서, 건축가, 부동산 소유자, 부동산 중개업자, 건강·주거 개혁가의 출판물에 기록되어 있다. 공동주택과 코티지(*cottage*)[5]의 장점과 단점, 그리고 '주거단위 밖에 설비공간이 있는 주거'와 '자족적(설비공간을 갖춘) 주거'에 대한 논쟁이 있었다. 자족적 주거단위로 이루어진 공동주택을 건축해서 양적 요구를 가능한 한 경제적으로 충족시켜야 한다는 것이 일반적인 생각이었다.

자율적인 주거단위를 제공하면서도 여러 가구를 한 건물에 수용하려는 자선단체와 개혁가들의 야심찬 의도로 인해 지주와 투기꾼에게 딜레마가 생겼다. 지주와 투기꾼은 관리비를 최소화하고 주거에 대한 투자에서 경제적 이익을 최대화하면서도 위생적인 건물을 공급하기를 원했다. 이 딜레마로 인해, 명시적으로 문서화된 행위 규약으로 내부공간의 사용을 규제하는 것이 촉진되었다. 〈그림 15-8〉에서 보듯, 이런 규제 중에는 오늘날까지 적용되고 있는 것들도 있다. 제네바에는 1893년부터, 르로클에는 1932년부터, 프리부르에는 1943년부터, 지주와 부동산 중개업자가 이런 규약을 도입했다(Lawrence 1986). 그들의 목적은 분명히, 행태적·공간적·시간적 경계, 그중에서도 내부 공동공간에서 특정한 행위들(특히 어린이 놀이, 빨래 건조, 가사물품 세척)을 규제하는 것이었다. 그런 행위들을 의도적으로 금지한 데서, 그것들이 모든 유형의 도시 임대주거에서 일상적으로 일어났고(<그림 15-9> 참조) 지주와 부동산 중개업자가 부과한 행태적·공간적·시간적 경계와 갈등을 빚었음을 알 수 있다.

임대협정을 분석하면 지주와 부동산 중개업자의 권력과 전략을 알 수 있다. 그들은 임대주거단위의 내부 공동공간이 다른 잠재적·명시적 기능에 사용되지 않고 내·외부 사이의 보행자 통로로만 쓰이기를 바랐다. 이에 따라 임차인의 일상적 행위를 규제해야 했다. 건축적·행정적 개입으

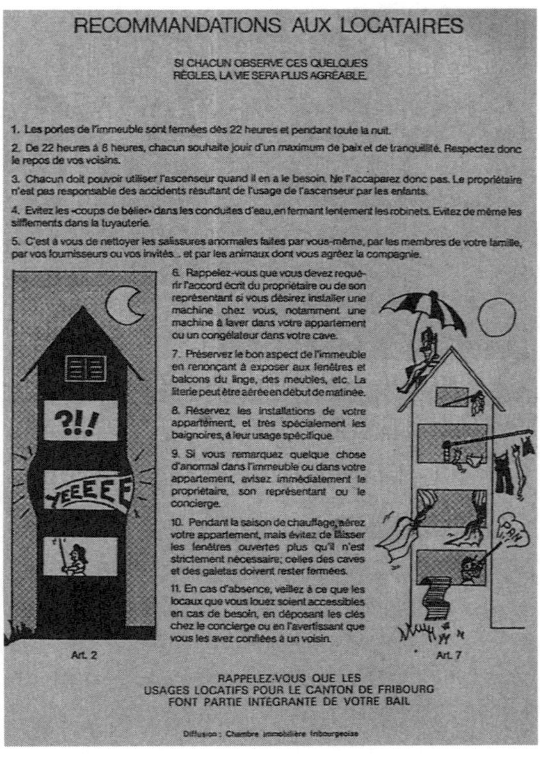

RECOMMANDATIONS AUX LOCATAIRES

SI CHACUN OBSERVE CES QUELQUES RÈGLES, LA VIE SERA PLUS AGRÉABLE.

1. Les portes de l'immeuble sont fermées dès 22 heures et pendant toute la nuit.

2. De 22 heures à 6 heures, chacun souhaite jouir d'un maximum de paix et de tranquillité. Respectez donc le repos de vos voisins.

3. Chacun doit pouvoir utiliser l'ascenseur quand il en a le besoin. Ne l'accaparez donc pas. Le propriétaire n'est pas responsable des accidents résultant de l'usage de l'ascenseur par les enfants.

4. Evitez les «coups de bélier» dans les conduites d'eau, en fermant lentement les robinets. Evitez de même les sifflements dans la tuyauterie.

5. C'est à vous de nettoyer les salissures anormales faites par vous-même, par les membres de votre famille, par vos fournisseurs ou vos invités... et par les animaux dont vous agréez la compagnie.

6. Rappelez-vous que vous devez requérir l'accord écrit du propriétaire ou de son représentant si vous désirez installer une machine chez vous, notamment une machine à laver dans votre appartement ou un congélateur dans votre cave.

7. Préservez le bon aspect de l'immeuble en renonçant à exposer aux fenêtres et balcons du linge, des meubles, etc. La literie peut être aérée en début de matinée.

8. Réservez les installations de votre appartement, et très spécialement les baignoires, à leur usage spécifique.

9. Si vous remarquez quelque chose d'anormal dans l'immeuble ou dans votre appartement, avisez immédiatement le propriétaire, son représentant ou le concierge.

10. Pendant la saison de chauffage, aérez votre appartement, mais évitez de laisser les fenêtres ouvertes plus qu'il n'est strictement nécessaire; celles des caves et des galetas doivent rester fermées.

11. En cas d'absence, veillez à ce que les locaux que vous louez soient accessibles en cas de besoin, en déposant les clés chez le concierge ou en l'avertissant que vous les avez confiées à un voisin.

RAPPELEZ-VOUS QUE LES USAGES LOCATIFS POUR LE CANTON DE FRIBOURG FONT PARTIE INTÉGRANTE DE VOTRE BAIL

Diffusion : Chambre immobilière fribourgeoise

그림 15-8 임대협정의 한 예. 공동주택 건물에서 개인·공동의 공간과 설비의 사용에 대한 명문화된 규정으로 오늘날까지 적용되고 있다. 1893년 지주와 부동산 중개업자가 제네바에 이런 규정을 처음 도입했다.
자료: Chambre immobiliére fribourgoise

로 이런 의도가 관철되었으며, 따라서 내부 공동공간의 설계와 용도가 변형되었다. 이런 식의 변형이 거주자들에게 어떤 영향을 미쳤는지, 다시 말해 그들은 공간과 설비를 어떻게 평가했는지, 그리고 의도적으로 제공된 그 공간과 설비를 어떻게 사용했는지 조사하는 일이 남았다.

공간의 의미와 사용 해독

앞의 두 절에서, 주거건물의 개발에 관련된 일련의 요인을 고려함으로써 주택유형의 분석이 주거건물의 설계를 연구하는 체계적인 방법임을 살펴보았다. 이제 거주자의 생활방식과 가치, 특히 과거에 특정한 공간이 가졌던 의미와 그것의 사용을 논하려 한다. 이 연구의 전 시기에 걸쳐 거주자의 행위와 가치를 해독하기 위해 관련되는 이야기들을 분석했다.

자서전 · 일기 · 소설의 텍스트 분석으로 주거지의 설계 · 의미 · 사용을 조사할 수 있다. 19세기에는 공적 · 사적 공간과 설비의 한계를 정하는 건축적 경계가 명시적으로 정의되지 않았다는 사실은 이런 자료에도 나타난다. 각 건물에 있는 공동 공간과 공동 설비의 공간구성과 용도로 볼 때, 각 단위주택의 현관문까지로 규정된 건축적 · 법적 · 상징적 경계를 넘어 주거단위를 확장할 수 있었다. 거주자들이 이웃으로 활동 장소를 확대한 것은 일반적으로 사적 공간과 공동 공간 사이의 경계(현관문의 옆이나 창문)에서였다. 〈그림 15-9〉에서 보는 것처럼, 이런 문턱(*threshold*)에는 장식물이 배치되었고, 공동 공간은 다양한 행위(허드렛일과 아이들의 놀이 등)에 사용되었다. 이에 따라 각 주거의 물리적 경계가 완화되었다. 누가 · 언제 각 주거단위의 사적 영역으로 들어갈 수 있는가 하는 불문율의 사회적 규칙과 관례를 통해 공간적 의미가 드러났다. 조금 열려 있는 주거단위의 주 출입문(사적 영역으로 접근할 수 있다는 신호)이나 닫혀 있는 침실문(접근이 허용되지 않는다는 신호)과 같이, 어떤 행위 규약은 공간배열 속에서 해석된다. 이런 규칙과 관례는 거주자들에게 알려져 있었다. 이런 암묵적

그림 15-9 제네바 구도시에 있는 공적 마당의 1900년경 모습. 공동주택으로 접근하는 공동 계단과 회랑을 볼 수 있다. 여성들이 팔려고 내놓은 물품들이 눈에 띈다.
자료: Centre d'iconographie genevoise

지식은 가정생활 방식과 문화의 중요한 특징일 뿐 아니라 당시의 보편적인 도시주거유형에 대한 거주자들의 해석을 보여준다.

이런 해석으로부터, 인간 행위와 건물 공간구성을 결정론적으로 연결해서 공간의 의미와 용도를 규정할 수는 없음을 알 수 있다. 원칙적으로, 명시적 물질구조와 암시적 인지구조를 각각 나타내는 건축적 경계와 행태적 경계 사이에 일대일 관계가 성립하지는 않는다. 명문화된 임대협정과 거주자를 감시하는 관리인으로 공동주택 건물의 공간적 재구성을 보완해야 하는 이유가 여기에 있다. 그 같은 가정문화의 구성요소로 인해 거주자의 일상생활에 적용되던 무언의 규칙과 관례에 제동이 걸렸고, 오늘날까지 시행되고 있는 건축적 · 행정적 · 법적 규정이 도입되게 되었다.

유형의 통합적 해석

위에서 설명한 도시주거의 연구에서 이 글의 앞에 제시한 많은 이론적 · 방법론적 원리들을 볼 수 있다. 현재 건축과 도시의 연구에 관한 대부분의 논쟁에서 유형이 너무 제한적으로 해석되고 있음도 바로 알 수 있다 (Lawrence 1986). 이런 최근의 연구들과 대조적으로, 여기서 보고한 연구는 이 글의 앞부분에 제시한 많은 원리들의 타당성을 확인시켜준다.

첫째, 도시주거의 공간 · 설비 · 사람 등 모든 종류의 범주를 규정하고 제한하기 위해 암시적 · 명시적으로 사용된 개념적 경계의 근저에 사회적 분류의 원리가 있다. 그러므로 건축과 도시의 연구에서 연구자가 유형의 개념을 채용할 때 양식적 · 기능적 · 형태적 차원의 분석으로 미리 제한할 필요가 없다. 오히려 이 글에서 논의된 암시적인 인지 구조와 명시적인 제도적 · 물질적 구조에 의해 일부라도 규정되는 다른 미묘한 차원들도 설명해야 한다. 따라서 유형의 암묵적 · 명시적 차원을 밝히고 이해하기 위하여 선택적 접근방법보다 통합적 접근방법을 택할 필요가 있다.

둘째, 도시주택유형의 다차원적 성격은 건축가, 부동산 소유자, 부동산 중개업자, 관리인, 임차인 등 다양한 집단의 시각에서 맥락에 따라 규정된다. 결과적으로 건축가가 사용한 미적 · 공간적 차원, 곧 건물의 설계와 시공에 사용된 설계자의 전문 지식과 관례를 조사하는 것은 유익할 것이다. 그리고 이들 차원을 명시적 지식과 규칙, 그리고 관례에 따라 건조환경을 관리하는 부동산 소유자, 부동산 중개업자, 건물 관리인의 경제적 · 기능적 차원과 비교할 필요가 있다. 이 두 부류의 차원을 거주자의 일상생활에서 나타나는 개념적 · 행태적 · 상징적 차원, 곧 거주자가 주택유형을 해석하고 사용하는 데 쓰는 암묵적 지식이나 관례에 비교할 수 있다. 주택유형의 설계 · 의미 · 용도는 시간에 따라 변하는 인간의 가치와 이상에 기반을 두기 때문에, 여기에 보고한 연구에는 이런 비교론적 접근방법이 사용되었다. 결론적으로 다양한 집단의 가치와 이상을 공시적 · 통시적으로 고려해야 한다. 이런 접근방법을 사용하면 특정 건물의 건설 · 관리 · 사용에 관계된 개인이나 집단의 어떤 상충하는 행위 · 의도 · 가치들을 밝힐 수도 있다. 이런 시각에서 볼 때, 암시적인 사회적 지식은 합의된 것으로서 도시주택유형의 건축적 특징에 반영되거나 그것에 의해 전달된다고 추정할 필연적인 이유는 없다.

셋째, **만일** 건물의 '공간구성'과 '용도'를 암묵적 · 명시적인 '구조'의 관점에서 동시에 고려한다면, 도시주거와 관련된 유형의 세 가지 측면을 확인할 수 있다. 이런 시각에서 유형은 다음과 같이 규정될 수 있다.

(1) 건축가 · 시공자 · 지주가 건조환경의 설계 · 시공 · 용도와 관련해 공간 · 물체 · 사람을 분류하는 도구로 사용하는 개념적 형틀이다. 더욱이 이 형틀은 어떤 환경의 특징에 관한 전문지식을 전달하는 데도 도움이 된다.
(2) 전문가나 비전문가가 공간 · 물체 · 사람 · 시간을 명시적으로 질서화하는 데 사용하는 도구다. 이런 유형화에 따라 인간의 행위는 사회의 명시적 · 암시적 관례와 관습, 또는 부과된 기준과 규정에 따라 위치되고 규제될 수 있다.

이 연구의 방법과 결과는 건축과 도시 연구의 최근 성과, 특히 건축 유형과 도시 유형을 단지 양식적 · 기능적 · 형태적 차원에서 분석하는 연구에 의문을 제기한다. 그런 식의 해석은 역사가 길다. 그 역사는 부분적으로, 건물 형태를 의도된 용도에 분명히 연결시킨 카트르메르 드 캥시 (Quatremère de Quincy 1832) 의 연구에서 유래한다. 20세기에는, 건물유형학과 도시형태학 사이의 상호관련성에 대한 연구방법을 만들고 적용하기 위해 그런 식의 해석을 다른 척도에 적용해왔다. 예를 들어 로시(Rossi 1966) 는 건물과 도시구역 척도 사이의 간극을 잇는 데 유형의 개념을 사용할 수 있다고 주장했다. 이런 시각에서 건축 유형학은 주로 형태적 · 기능적 · 역사적 차원에서 도시환경을 이해하는 도구로서 의미를 갖는다. 그러나 이런 연구에는 심각한 문제가 있다. 도시주택유형이 고대 이래로 역사적으로 변화하지 않았다는 주장을 할 수도 있기 때문이다. 로시는 한정된

수의 이탈리아 도시에 있는 주택유형들의 형태적 해석에만 근거해 주장을 폄으로써 맥락의 관련성을 무시했다. 결과적으로 그는 지리적 위치와 척도, 문화적 의미의 적절성, 그리고 시간적 측면의 복합성을 간과하고 있다. 유형에 대한 이런 제한적인 견해와 이 글에서 논한 주택유형 연구는 크게 다르다. 이 글에서는 맥락에 영향을 받는 문화적 · 사회적 · 개인적 요인의 설명에서 분명히 나타나는 해석의 층위(*layer*)를 볼 수 있다. 만일 이들 차원을 간과한다면 사람 · 환경 · 물체 · 사건에 속한 암묵적이거나 명시적인 규칙 · 관례 · 의미를 설명할 수 없다. 이것들은 공유지식과 관례의 본질로서 건조환경의 설계자 · 시공자 · 소유자 · 사용자의 역할, 책임, 그리고 의무에 반영되어 있다.

건축 유형에 대한 해석들을 통해서 볼 때, 현대의 건축 · 도시 연구에 유형에 대한 핵심적 정의가 없다는 것을 알 수 있다(Collins 1965; Pevsner 1976; Rossi 1966 참조). 현대 논쟁의 주류를 이루는 것은 분류도구로서의 유형, 또는 다양한 지리적 척도 사이의 다리로서의 유형이다. 그러나 이런 해석들 중에서 합의에 기반을 두고 정의하고 해석한 연구는 거의 없다.

위에서 언급한 건축 유형의 해석들에서, 건조환경이 사회적으로 구축된 것임에도 건축설계와 도시설계를 일반적으로 생명이 없는 물질문화로 생각한다는 점은 주목할 만하다. 결과적으로, 건물에 대한 위상 분석은 건축 유형의 의미와 용도를 해석하는 체계적인 수단이지만, 그것은 불완전하다. 원칙적으로 이런 방법은 한 시점 또는 긴 기간에 대한 정보를 제공할 수 없다. 건물과 동네가 단지 물질적으로 만들어지는 것은 아니다. 왜냐하면 그것들은 시간에 따라 변화하는 행태적 · 법적 · 상징적 차원을 동시에 갖기 때문이다. 의미는 물질적 대상물에 존재하지 않는다. 건물을 비롯한 모든 인공물에 의미를 부여하는 것은 사람이다. 의미는 일련의 규칙이나 관례에 따라 해석되는데, 그런 규칙과 관례는 맥락에 좌우되고 시간에 따라 변할 수 있다. 그러므로 의미를 파악하려면 규칙과 관례를 밝히고 이해하는 것이 필수적이다. 이 글에서는 유형을, 건물의 물질적 특징뿐만 아니라 건조환경의 사회적 차원을 포함한 미묘하고 암시적인 요소들을 설명하는 분석의 도구로 제시하고 설명했다. 이런 통합적인 접근방법은 공유지식, 그리고 사회적 규칙과 관례의 총체에 초점을 맞춘다. 그것들은 암시적인 인지 구조와 명시적인 물질적·제도적 구조를 규정하고 또한 이들에 의해 규정된다. 따라서 이 글에서 제시한 접근방법은 유형에 대한 상이한 건축적·인류학적 해석일 뿐 아니라 인간의 환경에 대한 혁신적 해석이다. 결국 건조환경은 사고의 대상이자 **삶의 장소다.**

역자 주

1) 씨족 또는 씨족이 집합한 포족(胞族) 등을 단위로 했을 때 일부의 씨족을 일컫는 인류학 용어다. 만약 두 개의 씨족만으로 이루어질 경우 반족은 한 쪽 씨족이다. 또 두 개 이상의 씨족이 반족을 구성하는 경우도 있다. 반족의 존재 의의는 본래 양분(兩分)에 의한 상호보조에 있다(프란시스 버커 등, 이정진 역, 《식인문화의 풍속사》, 이룸, 2005, 222쪽).
2) 건축·인테리어의 스타일과 디자인을 구체적인 사례를 들어 설명하는 내용의 책이나 잡지.
3) 관통형 평면은 건물의 깊이 전체를 차지하므로 두 면을 개방할 수 있다.
4) 위생공간인 화장실과 취사공간인 주방을 말함.
5) 주로 전원지역에 있는 1층 반 규모의 소형 단독주택.

제16장

인공경관의 이해: 유형형태학

안느 베르네 무동 Anne Vernez Moudon

유형의 개념은 북미의 계획과 설계 분야에서 널리 통용되고 있다. 북미에서 가로·건물·오픈스페이스·동네(*neighborhood*) 등은 대개 계층적으로 구성되어 있다.* 그러나 이 분야에서 유형의 성격·목적·적용에 관한 이론은 모호하고 애매한 상태다. 도시형태(*urban form*), 그리고 도시의 건물과 오픈스페이스를 규정하는 유형의 정의와 용도는 특히 취약하다. 그 대부분은 기능적·미적 기준에 의존하고 있다(Moudon 1987). 북미 건축계의 유형 사용에 대한 쓴소리 비판에서, 반디니(Bandini)는 유형학적 작업을 "쉽게 전용(轉用)되는 도상"의 집합, 말하자면 영감을 준다고 건축가들이 임의로 선정한 건물 이미지들의 잡탕이라고 불렀다(Bandini 1984, 81). 유형에 대한 이런 피상적인 접근은, 유럽에서 수 세기 동안 논의되고 발전된 도시형태와 건물유형에 대한 수많은 복잡한 정의와 대조된다(Goode 1992, Tice 1993). 개념이 한 대륙에서 다른 대륙으로 옮겨지고,

---

* 유형의 개념을 폭넓게 적용한 사례들을 인용하기 위해서는 다음 문헌들을 보라. Downing 1969; Pevsner 1976; Myers and Baird 1978; Rowe and Koetter 1978; Groth 1981, 1988; Upton 1981; Hull 1982, 1983; Boyer 1985; Schön 1988.

한 언어와 문화에서 다른 것으로 번역되고, 한 분야에서 다른 분야로 이동하면서, 심각한 해석상의 간극이 생겼다. 이 장에서 논의하려는 상황은 이런 간극에서 초래되었다. 이 글은 유럽의 건축가와 지리학자들이 지난 40년 동안 진행해 온 연구 분야인 유형형태학에 초점을 맞춘다.

유형형태학적 연구는 도시의 물리적·공간적 구조를 밝히는 것을 목적으로 한다. 그것은 건물과 오픈스페이스에 대한 상세한 유형(유형학)적 분류에 바탕을 두고 도시형태(형태학)를 기술하므로 유형학적이며 형태학적이다. 전형적인 공간과 구조물의 연구에서 유래한 분야인 유형형태학은 도시형태를 연구하는 것이다.

유형형태학은 특별한 방법으로 도시형태에 접근한다. 첫째, 그것은 작은 방이나 정원에서 대규모 도시지역에 이르기까지 모든 척도의 인공경관을 고려한다. 둘째, 그것은 도시형태를 생산자·거주자와 변증법적 관계를 갖는 동적이고 계속 변화하는 실체로 규정한다. 따라서 그것은 '도시 전체 형태'(*city form*)[1]를 시간의 흐름 속에서 생산되는 것으로 규정한다. 유형형태학은 계획가, 설계자, 건설자, 그리고 일반인과 전문가가 도시 전체 형태를 만드는 과정에서 행한 모든 활동을 기록한 것이기 때문에(Muratori 1959, Muratori et al. 1963), 이탈리아 도시학자인 사베리오 무라토리(Saverio Muratori)가 말한 "도시형태의 실천적 역사"(*operational history of urban form*)를 설명해준다. 유형형태학은 공간과 건물의 유형에 대해 운용적 정의(*working definition*)를 내리며, 건물 설계의 성격, 도시와 사회에 대한 건물 설계의 관계를 연구하기 위한 풍부한 토대가 된다.

유형을 정의하는 유형형태학적 접근방법은 다음의 세 가지 측면에서 다른 접근방법과 다르다. 첫째, 유형형태학에서 유형은 인공구조물의 입체적 특성을 주변의 오픈스페이스와 결합하여 **인공경관유형**(*built landscape type*)*을 정의한다. 예를 들어, 이런 접근방법은 부지를 배제한 기념비적

---

* 나는 **인공경관**(*built landscape*)을 도시형태, 도시 전체 형태(*city form*), 건조환경(*built environment*) 등을 포함하는 포괄적인 용어로 사용한다. 인공경관은 (건조환경이라는 용어와 달리) 건물 공간과 오픈스페이스를 결합하는 용어

인 뒤랑(Durand)의 유형학과 반대된다. 건물 공간을 오픈스페이스와 연결하는 요소는 도시 조직의 기초 세포인 필지다. 둘째로, 대지와 그 분할을 유형의 구성요소에 포함시킴으로써 대지가 건물 척도와 도시 척도 사이를 연결하는 고리가 된다. 셋째, 인공경관유형은 그것의 개념화 · 생산 · 사용 · 변이에 관련되는 시간에 의해 규정되기 때문에 형태학적이 아니라 형태발생적(*morphogenetic*) 단위다.

이 장에서는 유형형태학에 대한 세 학파의 연구를 검토하기로 한다.* 나는 《변화를 위한 건축》(*Built for Change*, Moudon 1986)부터 이 세 학파를 규명하고 연구해왔다. 각각 이탈리아 · 프랑스 · 영국을 중심으로 한 세 학파는 인공경관을 공부하는 학생들과 건축가 · 계획가 · 사회학자 · 지리학자, 그리고 다른 참가자들 사이에 활발한 논쟁을 유발했다. 그러나 북미에서 이런 분야들은 대부분 유럽과 영국에서 진행되는 유형형태학에 관한 논의를 무시하거나 오해했다.

유형형태학의 학파들이 인공경관에 대한 지식에 기여한 바는 서로 다르다. 그들은 다양한 분야와 문화적 논제를 다루며 서로 다른 탐구방법을 사용한다. 이 학파들이 서로 접촉한 것은 최근에 와서다(Choay and Merlin 1986, Whitehand and Larkham 1992). 그러나 이들 학파는 모두 인공경관에 대한 흥미로운 학문적 접근방법을 선도했으며 이미 확립된 설계 연구를 보완하고 있다. 그들은 도시의 생산과 건설에 대한 연구 방법의 틀을 만듦으로써 설계와 계획이론의 발전에 이바지하고 있다.

이며, ('도시형태'는 좀더 추상적인 데 반해) 구체적인 물질 공간을 의미한다는 점에서 매력적이다. 이탈리아와 프랑스의 건축가들은 소문자 'a'를 쓴 'architecture'로 같은 현상을 지칭한다.

* 이 장은 〈도시건설〉(*City Building*)이라는 가제로 진행 중인 원고를 개정한 것이다. 이 연구는 국립예술기금(National Endowment for the Arts)의 개인연구비 지원을 받아 1987년에 착수되었다(Moudon 1987).

이탈리아의 무라토리Muratori와 카니지아Caniggia

이탈리아에서 유형형태학적 연구는 1940년대에 사베리오 무라토리(Saverio Muratori, 1910~1973)를 필두로 시작되었다. 무라토리는 근대건축이 기존의 주거지와 도시를 파괴한 결과에 깊이 좌절한 건축가였다. 무라토리와 그의 주요한 추종자인 지안프란코 카니지아(Gianfranco Caniggia, 1933~1987)는 이탈리아의 전통도시에서 도시가 건설된 과정을 분석해 설계 이론의 기반으로 삼았다. 그들은 건물과 그 주변의 오픈스페이스가 원래 상태에서 시간의 흐름에 따라 다양한 모습으로 확대되는 현상을 분류해 분석의 근거로 삼았다. 무라토리와 카니지아의 연구는 이탈리아에서 설계이론과 실무에 큰 영향을 미쳤다. 그리고 간접적으로는 북미에서 건축설계에 건물유형을 사용하는 것에도 영향을 주었다.

무라토리

사베리오 무라토리는 건축의 뿌리가 근대주의자들의 환상적인 계획에 있는 것이 아니라, 고대에서 1930년대까지 번창한 도시건설의 연속적인 전통에 있다고 보았다. 1950년대에 베네치아대학, 1964년 이후에는 로마대학에서 가르치면서, 무라토리는 기존 도시에 대한 형태학적 연구를 건축 설계스튜디오의 첫 번째 필수 과정으로 삼았다. 철학자이자 연구자, 실천가였던 그는 이탈리아 건축에서 유형형태학적 경향의 초기 선구자로 인정받고 있다. 그리고 그는 알도 로시(Aldo Rossi)와 카를로 아이모니노(Carlo Aymonino)같이 잘 알려진 건축가들의 정신적 아버지로 불린다. 무라토리의 수업계획서는 곧바로 이탈리아 건축가들에게 기본 지침이 되었다. 그들은 오늘까지도 유형형태학적 도시 분석을 설계를 위한 필수 준비단계로 생각한다(Muratori 〔1959〕 1985). 그는 두 권의 방대한 "실천적 역사"(*operational history*)를 출판하기도 했다. 한 권은 베네치아, 다른 한 권은 로마에 대한 것이다(Muratori 1959, Muratori et al. 1963).

무라토리에게 도시구조는 도시 분석의 기초인 건물유형학을 통해 역사적으로만 이해될 수 있는 것이었다. 그는 도시형태와 도시구조가 기존의 건물과 그 주변 공간(정원 · 가로 등)에 표명된 많은 아이디어 · 선택 · 활동의 총합이라고 규정했다. 이들 건물과 공간은 이탈리아어로 **에딜리치아**(*edilizia*)라고 불리는데, 이는 인공경관이라고 번역될 수 있다. 인공경관은 **유형**에 의해 분류될 수 있는데 유형에는 인공경관이 가진 성격의 본질이 요약되어 있다. 이러한 다양한 유형들이 **티폴로지아 에딜리치아**(*tipologia edilizia*), 곧 건물과 그 주변 오픈스페이스의 유형학이 되는데, 이것으로 건물조직의 본질이 규정된다.

무라토리가 초기에 유형학적 과정을 도시건설을 이해하는 도구로 강조함으로써, 최근 건물유형학에 관한 개념과 논쟁이 다른 곳보다 이탈리아에서 더 활발히 전개되었다(Gerosa 1986). 그러나 불행하게도 무라토리의 유산을 따르는 많은 흥미로운 논쟁이 이탈리아 밖의 관객들에게는 잊혀졌다. 특히 초창기 무라토리의 조수였고 무라토리 전통의 주요한 계승자인 지안프란코 카니지아의 수준 높은 연구는 이탈리아 밖으로 거의 알려지지 않았다. 심지어 이탈리아에서도 그것은 다음 절에서 논의되는 이유들로 인해 주목받지 못했다.*

카니지아

지안프란코 카니지아는 1963년에 코모(Como) 시의 실천적 역사인 《도시 읽기: 코모》(*Lettura di una città: Como*)를 무라토리의 서문을 실어 처음 출판했다. 그 책을 위한 연구는 무라토리의 도시역사연구센터(Centro Studi di Storia Urbanistica)에서 수행했다(Caniggia 〔1963〕 1984b). 카니

* 레오나르도 베네볼로(Leonardo Benevolo)와 만프레도 타푸리(Manfredo Tafuri)와 같은 영향력 있는 이탈리아 역사가들도 무라토리 연구에 대해서는 말치레만 하고, 1980년대 중반까지는 카니지아의 연구를 무시했다(Tafuri 1989).

지아는 계속해서 이탈리아 · 시실리 · 북아프리카 · 북유럽의 도시들에 대해 수많은 경험적 연구를 수행했다. 그는 종종 다른 계획가 및 건축가와 공동으로 연구했으며 보존 사업을 위한 선행 작업으로 연구를 진행하기도 했다.* 그러나 카니지아의 연구는 건축가의 연구이며 역사가의 연구는 아니다. 그는 저서에서 도시 발달의 역사적 과정을 기록하고자 한 것이 아니라 도시형성의 기본적 원리를 도출해내고자 했다(Caniggia 1984a, 〔1976〕 1985; Caniggia and Maffei 1979). 그의 책들은 도시조직의 발생과 변형을 규정하는 요소와 규칙을 밝히는 교육을 목적으로 했다.

카니지아는 인간의 환경이 상호 관련된 "건조물"(*built object*)들로 이루어진다고 설명한다. 그는 건조물을 건물(*edificio*), 건물군(*tessuto*, 곧 건물조직), 도시(*città*), 지역(*territorio*) 등 네 개의 척도로 분류한다.** 각각의 대상물은 요소 · 구조 · 체계 · 유기체로 구성된 복합적인 실체로 기술된다. 따라서 건조환경은 그 자체가 유기체인 구성요소들로 만들어진 하나의 유기체다. 카니지아는 환경의 모듈(대상물이 서로 맞추어지는 방식)과 그것의 정량적 차원〔어떤 척도의 대상물-유기체(*object-organism*)가 다른 척도의 대상물로 맞추어지는 방식〕을 환경의 구조를 이루는 두 개의 중요한 원리로 강조한다. 대상물은 서로 관련되며, 다른 척도의 대상물들과 관련지어 이해되어야 한다. 계획과 설계 활동의 영향을 받는 모든 건조물은 단일 건물 척도에서 건물들이 놓이는 영역, 곧 지역 척도에 이르기까지 연구되어야 한다.

---

* 벤초네(Venzone) (Sartogo n. d.) · 나폴리(Ciccone 1984) · 피렌체(Maffei 1981; Malfroy and Caniggia 1986) · 베네치아(Maretto 1986)에 대한 연구는 출간되어 있다. 적극적인 실천가이기도 했던 카니지아는 프란체스카 사르토고(Francesca Sartogo)와 함께 로마에 사무소를 가지고 있었다(Caniggia 1984c).

** 카니지아는 이탈리아의 여러 지역에 있는 전 에트루리아(pre-Etruscan) 주거지의 발달을 연구하기도 했다. 이들 주거지의 패턴을 설명하는 그의 이론에서 도시형태와 지역형태 사이의 연결고리가 확립되었는데, 그것은 이 글의 범위를 벗어난다.

물리적 도시는 대상물이 아니라 과정이라고 단언한 카니지아는 여기에 소개한 유형형태학자의 그룹에서 두드러진 인물이다. 도시는 많은 작은 요소들이 병치되어 조금씩 건설된다. 시간과 공간을 통한 유형의 변이를 분석함으로써 도시의 형성과 변형을 이해할 수 있다. 건축가인 그는 환경의 작은 요소에서 큰 요소로 도시형태를 분석해 나갔다(Caniggia and Maffei 1979, 57~74, 122~65).

무라토리가 그랬듯이, 카니지아는 **형태학**(*morphology*)이라는 단어를 사용하지 않는다. 왜냐하면, 인간 환경에 대한 그의 이론적 구성개념에서

그림 16-1 카니지아의 대상물-유기체. 출처: M. Maretto, 1986, La casa veneziana nella storia della città, dalle origini all'ottocento, Marsilio Editori, 82~3쪽.

a. 베네치아의 부분평면도에서 가로 · 운하 · 광장 · 필지 · 교회의 조직(tessuto)을 볼 수 있다.
b. 확대 평면도에서 건물 공간과 오픈스페이스 사이의 상호작용을 볼 수 있다. 건물 자체(edificio)로 확대해 보면 방, 동선 공간, 그리고 중정의 조직을 볼 수 있다.

a

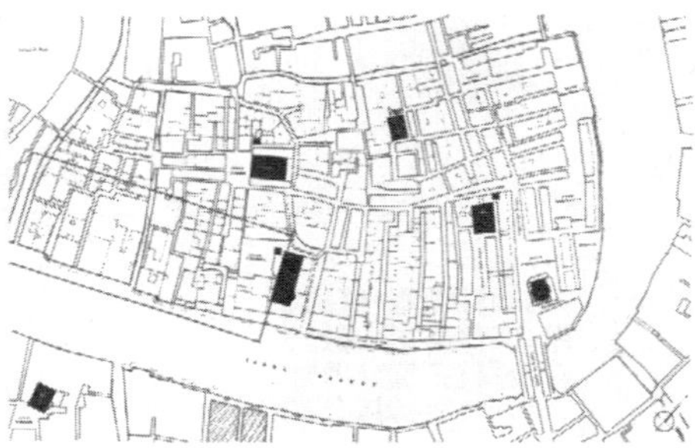

b

도시형태 자체는 연구의 대상이 **아니기** 때문이다. 대신에 그는 **과정적 유형학**(*tipologia processuale*)의 정립이 도시와 그 건축의 형성과 설계를 이해하는 기반이라고 믿었기 때문에 자신을 "**티폴로고**"(*typologo*)라고 불렀다. 그는 **유형**을 "대상물의 경험"이라는 형태를 갖는, 대상물의 **개념적** 실재(*conceptual existence*)로 규정한다(여기서 '경험'은 앵글로색슨 문화에서 더 일반적으로 사용되는, 실존적 성격의 개별적 경험이 **아니라** 문화적 경험을 의미한다). 그것은 물리적 실재나 현상학적 존재와는 별개다.

그림 16-2 인공경관에서의 모듈[출처: 무동(A. V. Moudon) 1986, 《변화를 위한 건축: 샌프란시스코의 근린건축》(Built for Change: Neighborhood Architecture in San Francisco), MIT Press, 124쪽]. 이 다이어그램에서 샌프란시스코의 전형적인 19세기 말 아파트건물이 도시조직에 맞추어진 방식을 볼 수 있다. 아래에서 위로 읽어보면, 실들이 모여 아파트가 되고 그것이 모여 아파트건물이 된다. 대지분할 패턴으로 블록 내에서 건물의 위치가 정해진다. 가로의 배열에 따라 블록이 도시에 맞추어진다. 가로망은 경관에 맞추어진다.

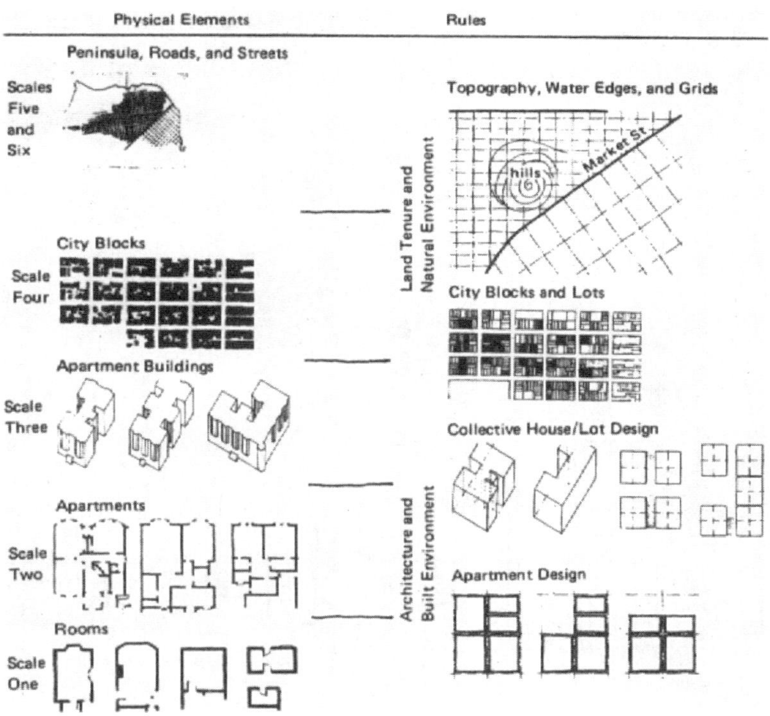

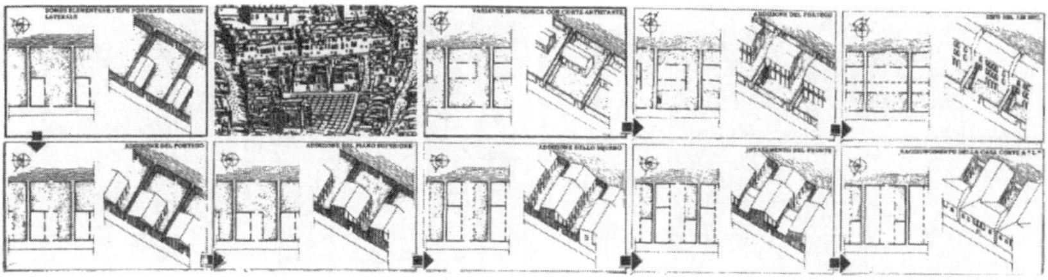

그림 16-3 카니지아의 유형학적 과정(출처: M. Maretto, 1986, La casa veneziana nella storia della città, dalle origini all'ottocento, Marsilio Editori, 29~30쪽). 이 다이어그램은 기초적인 도무스(domus)와 그 부속 공간이 중세의 중정주택으로 발전적으로 변형하는 과정을 보여준다. 위 왼쪽에서 시작하여 가로질러 읽어보면, 기본적인 도무스 유형에는 옆 마당이 있고 가로와 직각을 이룬다. 필지의 향에 따른 다른 유형은 앞마당이 있고 가로와 나란하다. 포치의 부가, 새로운 층수의 건물, 가로를 따라 옆 마당에 증축해 L형의 중정이 만들어진 것 등이 13세기에 일어난 변이다.

과정적 유형학은 건물과 그 부속 공간(*edilizia*), 도시 조직, 도시, 그리고 영역 등 인간 환경의 모든 척도에서 정의될 수 있다. 카니지아는 **에딜리치아**(*edilizia*)의 척도에 초점을 맞추었다.* 여기서 기초유형(*basic type*)은 건물의 입체적 성격, 가로에 대한 위치, 그리고 향의 관점에서 규정된다. 그리고 기초유형에 대해 시간에 따른 변이나 적응의 가능성을 검토한다. 그러므로 유형은 형태적 관점에서, 위·아래의 척도와 관련하여, 그리고 시간에 따른 진화의 관점에서 정의된다. 이탈리아에서 대부분의 건물유형은 에트루리아나 로마 도시에 뿌리를 두고 있다. 그리고 중세기를 통해 변이가 일어난다. 카니지아는 기본적인 로마 **도무스**(*domus*)[2]를 기초유형으로 규정했다. 그것은 이후 중정주택[3]으로, 또 로우하우스(*row house*)로, 마지막으로는 선형 주택으로 진화했다.

카니지아는 도시가 만들어진 과정에 초점을 맞추어, 건설된 세계(*built world*)를 극히 동적인 모습으로 묘사했다. 건설된 세계는 인간의 작용과 "환경의 반작용" 사이에 형성된 변증법적인 혹은 적극적인 관계의 결과다. 그에 의하면 이런 인간의 작용은 "자발적 의식"(*coscienza spotanea*)이나 "비

---

* 건물을 이루는 요소들의 유형, 그리고 도로와 주거지의 공간구성에 관한 카니지아의 연구는 이 논의에 포함되지 않았다.

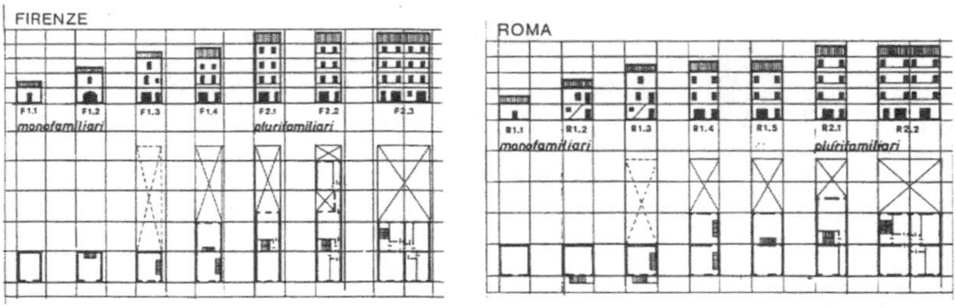

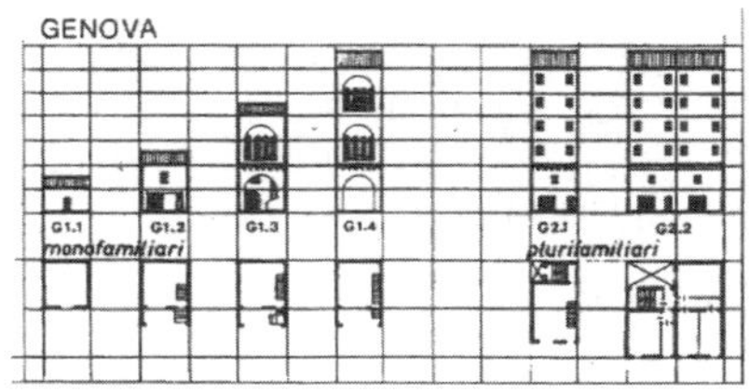

그림 16-4 인간의 작용과 환경의 반작용. 피렌체 · 로마 · 제노바에서 일어난 주택유형의 통시적 변이를 개략적으로 재구성했다. 출처: G. Caniggia and G. L. Maffei 1979, Composizione architettonica e tipologia edilizia, 1. Lettura dell'edilizia di base, Marsilio Editori, 101쪽.

판적 의식"(*coscienza critica*)에 의해 지시된다. 전자는 건설에 필요한 것을 즉각적으로 이해하는 것을 말하며, 후자는 문화적 자산에 관계없이 일어나는 건설 활동의 방향을 잡아주는 자의식적 사고과정을 말한다. 자발적 의식으로 **기초적 구조물**(예: 토속 주택, 일반 주택)이 생성되는 한편, 비판적 의식으로부터 **특별한 구조물**(예: 기념물)이 만들어진다(Caniggia and Maffei 1979, 39~57).

무라토리 학파를 둘러싼 논쟁

무라토리 학파는, 이탈리아 국경 너머로 그다지 알려지지 않은 것과 대조적으로, 국제적으로 알려진 모든 세대의 건축가들에게 막대한 영향을 미쳤다. 로시(Rossi) · 아이모니노(Aymonino) · 스콜라리(Scolari) · 그레코티(Gregotti) 등을 지식과 영감의 원천인 역사도시로 이끈 사람은 무라토리였다. 근대주의 도시에 대한 무라토리의 비난은 건축가 아이모니노(Aymonino et al. 1966, Aymonino 1976)와 로시(Rossi 1981, 〔1966〕

1982)가 행한 초기 연구의 주제였다. 그들은 근대주의 도시와 전통 도시가 적어도 개별 건물이 도시 전체에 관련되는 방식, 그리고 개별 건물이 설계되는 방식 등 두 영역에서 서로 다르다는 것을 확증했다(그러나 흥미롭게도 이탈리아의 유형형태학자 중에서 근대주의 도시를 체계적으로 분석한 사람은 없다).

프로그램의 요구에만 직접 반응하도록 설계된 건물에 반대하고, 재료, 포괄적인 기능, 공간적 요구에 바탕을 둔 공간의 형식적 구성을 옹호하는 무라토리의 주장을 로시가 이어갔다. 로시의 주된 관심사는 그가 말한 건축의 자율성이 가진 힘을 나타내는 것이었다. 기능주의*에 반대한 무라토리의 사례를 발전시켜, 그는 건조형태 자체가 사람들과 그 사회의 구현이며 따라서 그것을 사회과학의 영역 밖에서 이해하고 결국 형성할 수 있다고 주장했다.**

아이모니노는 근대주의가 도입한 건물과 도시 사이의 "도치"(*reversed*) 관계를 밝혔다. 도시라는 존재가 건물유형학과 도시형태학 사이의 변증법적 관계에 바탕을 두고 있음을 설명하면서, 그는 중세도시의 밀집한 건물유형을 도시형태의 "하인", 곧 집합적 조직을 만드는 공간 조각이라고 지적했다. 그러나 근대 도시가 발전함에 따라 대체로 도시형태와 무관한 새로운 건물유형(예로, 극장이나 도서관)이 나타났다. 그는 근대도시에서 집합적 도시형태에 기여하지 않고 개별적 환경을 만드는 몰(*mall*)·사무소단지(*office park*) 등의 건물유형이 나타나 유형학과 형태학의 관계가 도치되었다고 주장했다(Aymonino 1976).

* 전후(戰後), 건축설계에 대한 접근방법의 주류였던 기능주의는 건축이 다학제적 맥락에서 매우 잘 이해되고 실천된다고 천명했다. 건물의 심리적·사회적·경제적 구성요소는 해당 전문가가 다루어야 하는 외부요인으로 본 것이다.

** 로시는 도시의 기원과 진화, 또는 그것의 실천적 역사에 대한 체계적 연구에는 관심이 없었다. 《도시의 건축》(*The Architecture of the City*)에는 유형학이나 형태학의 이론적 혹은 방법론적 측면이 대체로 결여되어 있다(Lawrence 1985). 로시는 무라토리의 전통에서 벗어나고자 했다. 그래서 그 책에는 '선생님'이 언급되어 있지 않다.

아이모니노와 로시의 작품은 무라토리와 카니지아의 사고에 분명히 공감했다. 그러나 이 유명한 학생들은 근대주의의 위기에 대한 해석에 있어 선생님과 결별했다. 아이모니노와 그의 동료들은 건물과 도시 사이의 도치된 관계를 수용했다. 그것을 도시를 형성하는 사회경제적 요인의 돌이킬 수 없는 변화로 본 것이다. 반면 무라토리와 카니지아는 그것을 탈선, 곧 도시가 생산되는 방식에 일어난 일시적 위기로 보았다. 이런 해석의 차이로 인해, 도시분석을 통해 설계이론을 개발하는 방식에 대해서 양립할 수 없는 차이가 생겼다. 아이모니노와 그의 동료들에 의하면, 현대 도시에서 건물과 도시의 관계가 깨졌다면, 전통도시의 분석은 새로운 건물의 설계에 더 이상 정보를 제공하지 못한다. 그러나 무라토리와 카니지아에 따르면, 현대 도시에서 건물과 도시 사이의 전통적 관계는 복원되어야 하며, 새로운 건물의 설계는 전통도시의 분석에 근거해야 한다. 이러한 불일치로 인해 건물유형학의 성격, 그리고 그것의 건축 설계와 이론에 대한 가치에 관해 강렬한 논쟁이 야기되었다. 기존의 건물유형과 새로운 건물유형 사이에 연속성이 있을 수 있는가, 또 있어야 하는가 하는 것이 기초적인 질문이었다.

건물유형학과 설계이론

역사가인 줄리오 카를로 아르간(Guilo Carlo Argan 1965)은 다음과 같은 설계과정의 두 "단계"에 집중함으로써 이 논쟁을 구성했다. (1) **유형학적 단계**(*typological moment*)로, 과거에 사용된〔그리고 **귀납적**(*a posteriori*)이라 불리는 유형을 초래한〕 설계와 건설의 규칙을 확인하고 이해하는 단계다. (2) 고안의 단계로, 예술가가 비판적으로 접근해 역사적·문화적 질문에 응답하는 단계다〔이른바 **선험적**(*a priori*) 유형을 낳는다〕. 무라토리와 카니지아는 선험적 건물유형을 건축가가 임의적으로 고안해 낸 것이라고 경멸했다. 그들은 건축가의 창조적 작품은 일반적인 건축 전통으로 조절되어야 한다고 믿었다. 그러나 아이모니노와 로시 등은 설계자들이 역사

도시를 마음대로 자유롭게 해석해서 새로운 창작을 해야 한다고 생각했다. 아이모니노는 다음과 같이, 건축가가 과거의 관행으로부터 자유로워야 한다고 주장했다.

> 도시분석으로 건축적 개입을 위한 구조가 마련되지는 않는다. 사실, 그 둘 사이에 직접적인 인과관계가 있다고 가정하는 것은 잘못이다. 그렇게 하면, 무라토리와 그 학파의 프로젝트에서 분명히 볼 수 있듯이, 건축은 학술적으로 보존 처리된다(Aymonino 1976, 176).*

이와 대조적으로 무라토리, 그리고 후에 카니지아는 그들이 말하는 선재(先在) 하는 구조로 건축설계의 개입을 조절해야 한다고 규정했다. 선재하는 구조에는 건축 전통과 생활방식을 비롯한 기존의 건조환경이 포함된다. 특히 카니지아는, 건축가는 **인간** 환경을 구축하는 **기술자**(*tecnico della structurazione del spazio antropico*)라고 말했다. 기술자로서 건축가는 그의 작품을 도시에서 일어나는 성장과 변형 과정에 맞추어야 하며, 건물과 그 조직 사이의 변증법을 보아야 한다. 그는 건축가와 계획가는 인간 환경을 형성하고 변형하는 과정을 비판적으로 조사함으로써 근대건축의 위기를 극복해야 한다고 믿었다. 이런 비판적 조사는 피상적인 양식과 경험에 바탕을 둘 수 없으며, 도시형태를 형성하는 역사적 과정에 대한 지식에 근거해야 한다.

이런 입장의 차이에 따라 설계이론에 대해 극단적으로 다른 두 개의 접

---

* 아르간 자신의 입장은 애매하다. 그는 건물유형학이 단순한 분류가 아니라 미적 목적을 규정하는 것이라고 말한다. 건물의 분류에는 건물의 형상, 주요한 건물 요소, 건물의 장식적 요소 등 세 개의 차원이 있다. 설계자는 유형학을 연구하면서, 새로운 프로젝트가 "과거에 자연스럽게 연결되도록 하는" 정보원으로 역사를 고려한다고 그는 주장한다. 그러나 이 과정에서, 설계자는 과거를 완료된 과정으로 받아들임으로써 과거가 모델로서 부가하는 제약으로부터 해방된다고 본다. 선례를 이해할 필요는 있지만 생각 없이 복사해서는 안 된다는 것이다(Argan 1965).

근방법이 나타났다. 하나는 도시건설의 역사와 그것의 분석에 전적으로 의존하는 것이다. 다른 하나는 건축가가 정하는 것으로, 그런 역사에서 차용할 수도, 하지 않을 수도 있다.

이제까지 이탈리아를 비롯해 유럽의 설계 분야에서 무라토리와 카니지아가 주창하고 실천한 엄격한 학설이 아이모니노와 그 동료들의 자유로운 입장보다 인기가 적었다. 상업적으로 성공한 로시와 그레고티의 설계가 이런 경향을 부축인 것은 의심의 여지가 없다. 오늘날 설계자들은 주로 부지의 논리와 전통을 파악하기 위한 설계 이전 작업으로 무라토리식의 도시분석을 수행한다. 그러나 보존 프로젝트에서만 도시분석이 설계안에 대해 실제적인 영향력을 갖는다.

이탈리아의 연구에 대한 북미의 해석

이탈리아의 담론이 갖는 복잡함과 미묘함은 북미에 전해지지 않았다. 이탈리아의 연구에 대한 북미의 초기 고찰에서 논쟁의 핵심은 다루어지지 않았다. 역사가 앤터니 비들러(Anthony Vidler)와 건축가 라파엘 모네오(Rafael Moneo)는 건물유형학을 건축분야에 사용하는 데 초점을 맞추었다.* 그들은 건물유형과 도시형태 사이의 관계에 유의하지 않았다. 그들은 분석과 설계 사이의 긴장감이나 아르간이 설명한 설계과정의 두 단계를 논하지는 않았다(Vidler 1976, Moneo 1978). 비들러는 알도 로시의 저작에서 일단락된 유형학의 정의에 세 단계가 있었음을 지적했다.** 그는 기

* 비록 비들러와 모네오의 글이 매우 영향력이 컸지만, 이탈리아의 유형학적 연구가 언급된 것은 건축분야의 다른 글들에서다. 1982년의 〈건축교육 저널〉(*Journal of Architectural Education*), 1985년의 〈카사벨라〉(*Casabella*) 모든 호; Colquhoun 1969; Ungers 1979; Anderson 1982; Castex and Panerai 1982; Porphyrios 1984; Brown 1986; Broadbent 1990을 보라.

** 비들러는 유형학의 시작이 계몽시기까지 거슬러 올라간다고 본다. 로지에 신부(Abbé Laugier)의 연구는 당시의 건축유형학을 예시하는데, 그는 건물의 여러 요소들을 자연요소와 관련되는 기하학적 형태로(예를 들어 기둥을 나무

능적 구성의 개념(프랑스학파가 근대주의자의 추상적 평면유형이라고 부른 것)이 아니라 전통적인 도시조직 안에서 발견되는 실제 구조〔프랑스학파가 합목적(*consecrated*) 유형이라고 부른 것〕에 바탕을 두고 건물유형을 설계한 것이 로시의 주요한 기여라고 생각했다.

근대주의의 몰락에 집중하고 신합리주의자의 건축설계 방안에 관심을 가진 비들러는 특히 기능에 바탕을 둔 근대주의자의 건물유형을 특정한 형태를 갖는 전통 건물의 유형으로 대체하는 것에 대해 호기심을 가졌다. 모네오는 자신이 기능적으로 무관심한 건물유형이라고 부른 것에 관심을 덜 기울였다. 그리고 그는 이탈리아의 연구가 도시형태의 속성을 강조하고 유형학적 연구를 도시분석의 분야로 '축소시켰다'고 불평했다(Moneo 1978, 35~36). 이렇게 연구를 건축의 척도로 한정함으로써, 이 연구자들은 폭넓은 유형형태학적 연구를 앵글로색슨 세계에 도입하고 건물과 도시 사이의 관련성을 탐구할 수 있는 기회를 놓쳤다.

로시의 《도시의 건축》(*The Architecture of the City*, 이탈리아어로 출판된 지 16년 만이고 비들러가 이 저서를 논의한 지 6년 만인 1982년에 영어로 출간됨)에 대한 악평도 유형형태학적 논쟁을 지나치게 단순화하는 데 기여했다. 그것의 도발적인 시각에도 불구하고 로시의 책은 건축을 통해 도시를 이해하려는 개인적인 진술로 여겨졌다. 《도시의 건축》은 주로 영어 사용 국가의 건축가들에게 영향을 미쳤고 건물과 도시의 관계에 관한 호기심만

로) 분류했다. 이런 유형은 모방의 대상이 되는 원형(*archetype*) 혹은 이상형이었다. 후에 뒤랑(Durand)은 유형의 개념을 확장해 특별한 공공 프로그램, 그것의 다양한 평면구성, 그리고 정면구성을 기술했는데, 설계자는 그것들 중에서 선택할 수 있다. 두 번째 유형학은 대량 생산에 적합한 건물유형을 옹호한 근대주의자들이 발전시켰다. 그들의 유형은 전형(*prototype*), 곧 어떤 유형의 최초 표현이었다. 비들러와 모네오(모네오는 유형학이라는 용어를 사용하지 않았지만)가 정립한 세 번째 유형학은 1960년대에, 당시로는 거의 알려지지 않았던 신합리주의자 그룹인 텐덴자(Tendenza)에 의해 개발되었다. 알도 로시는 텐덴자를 지지했다. 텐덴자는 도시의 토속적 전통에 근거해 건물유형을 규정했다.

불러일으켰다. 그것은 도시설계를 위한 체계적인 도시분석의 가치를 확신있게 설명하지 못했다. 1980년대까지 건축계에서, 그 책에 처음 기술된 이론적인 기반보다 로시의 프로젝트와 드로잉이 유명해졌다(Moudon 1987).

볼로냐(Bologna) 시 복원사업의 계획 및 실행전략은 지역사회의 개발에 관심을 가진 몇몇 북미 건축가와 계획가의 주목을 받았다(Cervellati et al. 1977, Comune di Bologna 1979). 이 프로젝트는 카니지아와 협력한 이탈리아 건축가들이 맡았다. 따라서 유형형태학적 접근의 이론적 원칙 안에서, 특정한 사례연구의 범위를 넘어서 수행되었다. 그러나 그 도시의 독특함과 특별한 사회적·역사적 유산으로 인해 이 사업의 영향력은 제한적이었다.

유산

무라토리 학파가 기여한 가장 중요한 점은 도시건설의 전통적인 과정에 근거한 설계이론을 세우려는 시도에 있다. 그들은 도시 전체 형태를 역사적 정주 과정, 곧 재료와 건축기술로 공간을 통제하는, 영역의 정복이라고 이해한다. 그들의 연구는 인공경관의 형성과 변형의 기저에 있는 기초적인 유기체(요소와 과정)를 밝혔다. 그들은 사회정치적 요인이 도시를 설계·생산하며, 건축가와 계획가가 활동하는 골격으로 작용한다는 점을 인정한다. 이런 접근방법은 인간의 작용과 환경의 반작용 사이의 역동적 관계에 바탕을 두고 있다. 그런데 흥미롭게도 이것은 영어 사용 국가에서 개인-환경 관계의 연구에 사용된 개념과 일치한다.

무라토리와 카니지아의 주요한 저작은 건축과 학생들이 설계과정을 시작하기 전에 도시건설 과정을 읽고 분석하는 교과서가 되었다. 카니지아의 글은 종합적이고 추상적이다. 그것은 인공경관의 가장 작은 요소인 **에딜리치아**(*edilizia*)의 기초유형이 시간에 따라 변화된 것을 기록하는 도구로서, 유형학적 과정을 집중적으로 다룬다. 그러므로 유형학적 과정은 분석과 설계 사이의 연결고리가 된다. 건물과 영역의 유형들이 수 세기에 걸친 도시화에 침투한 것을 밝힘으로써 그것들의 보편성을 입증하고, 그런 유형들이 현대의 설계에서 지속되어야 한다고 본다.

무라토리가 점점 유형형태학의 아버지로 인식되는 반면, 카니지아라는 연구자는 물론 그의 연구는 이탈리아 밖으로 거의 알려지지 않았다. 이탈리아 자체에서도 도시의 전통적 건물을 시대착오적인 것으로 취급한 건축가들은 그의 연구를 대수롭지 않게 여겼다. 그러나 카니지아의 가르침을 바탕으로 연구하는 몇몇 젊은 도시역사가가 등장했다. 지안 루이지 마페이(Gian Luigi Maffei)와 파올로 마레토(Paolo Maretto)는 피렌체·베네치아·제노바의 건설에 관한 도전적인 역사를 책으로 출판했다. 그것은 카니지아의 연구에 새로운 학문적 차원을 더한 것이다(Maffei 1990a, 1990b; Maretto 1986). 이런 예시적인 책들은 유형형태학이 도시 역사에 적용할 만한 가치 있는 방법임을 보여준다.

영국의 콘젠과 도시형태학연구 그룹

콘젠(M. R. G. Conzen)의 연구는 영어로 출간되어서 독자들이 쉽게 접할 수 있다. 그러나 지리학계나 설계·계획계에서 그것의 중요성이 아직 충분히 평가되지 않았기 때문에 이 장에서 그것을 다룰 필요가 있다고 본다.* 콘젠은 이탈리아와 프랑스에서 수행된 연구의 근저에 있는 계획·설계의 규범적(*prescriptive*) 차원을 배제하기 때문에 유형형태학의 맥락에

* 다행히 콘젠 학파의 아이디어는 최근 영국에서 재조명되고 있다. 그러나 프랑스·이탈리아·미국에 그의 연구는 대체로 알려져 있지 않다. 캘리포니아대학 버클리 캠퍼스의 지리학자 제임스 밴스(James Vance)는 콘젠의 방법론을 지지하는 몇몇 연구자 중 한 사람이다. 그리고 밴스와 같은 대학에 있는 역사학자 스피로 코스토프(Spiro Kostof)도 그의 저술에서 콘젠을 언급한 바 있다(Kostof 1991, 1992).

서 매우 중요한 기여를 했다. 그는 도시형태가 만들어지는 방식을 기술·분석·설명하는 연구에 완전히 집중했다.* 지리학자이기 때문에 미래도시와 그것의 설계에 직접 관심을 두지 않음으로써, 콘젠은 실제 도시와 그것을 건설하는 과정을 연구하고 그것을 분석하는 방법을 개발하는 데 자유롭고 온전하게 집중할 수 있었다. 결과적으로 그의 접근방법은 세 학파 중에서 가장 철저하고, 상세하고, 체계적인 유형형태학적 방법이 되었다.

그림 16-5 콘젠의 도시평면 기본요소
출처: J. W. R. Whitehand, ed. 1981, "The Urban Landscape: Historical Development and Management, Papers by M.R.G. Conzen", Institute of British Geographers, special publication 13: 26.

* 원칙적으로 지리학자에게는 경관의 요소를 연구해 설계자와 계획가가 사용할 수 있는 지식을 생성할 책임이 있다. 그러나 그 분야는 일반적으로 이런 중요성을 무시했다. 몇몇 사회과학자와 설계자만이 그렇게 생긴 간극을 메우려고 노력하고 있다. 왜 지리학자가 이런 간극을 내버려 두는지, 왜 설계자가 그 분야로 좀더 적극적으로 들어오지 않는지는 별도의 논문으로 다룰 가치가 있다. 화이트핸드는 이런 주제를 다루었다(Whitehand 1981, 1987).

콘젠 학파의 철학과 방법

콘젠은 베를린대학의 지리학연구소에서 처음 문화지리학을 연구했다. 그곳은 19세기 말에 도시형태학을 연구의 주제로 삼았다(Whitehand 1981). 후에 그는 영국에서 도시계획가로서 수련을 했다. 그는 뉴캐슬대학의 지리학과에 자리를 잡을 때까지 실무를 했다.

콘젠에게 도시경관이란 사회와 문화의 흔적이다. 그것에는 특정 시기의 특징이 두드러지는 반면 다른 시대의 것들은 시간이 흐름에 따라 지워진다. 그의 경험과 연구는 주로 도시평면을 읽는 데 집중되었다. 그는 완성된 방법을 **도시평면**(주로 도시의 물리적 배치를 이차원의 지도로 표현함), **건물조직**(건물과 주변의 오픈스페이스로 구성됨), 그리고 **대지와 건물이용**의 패턴(상세한 토지이용) 등 세 갈래로 기술했다(Conzen 1968, 113~16). 이 분석의 세 가지 구성요소는 모두 발생론적·기능적으로 상호 관련된다. 도시형태를 설명하는 데는 도시평면, 도시 건물유형의 분포 평면, 그리고 도시 토지이용의 분포 평면 등의 자료가 필요하다. 콘젠의 연구 자체는 거의 도시평면에만 집중되었다. 도시를 단지 이차원으로만 표현함에도 불구하고 도시평면은 사실상 도시형태의 모든 본질적 특징을 나타낸다.

콘젠은 **도시-평면 분석**(*town-plan analysis*)이라고 부른 접근방법에서 도시평면의 세 가지 기본 요소를 밝혔다. 그것은 가로·필지·건물인데, 모두 정확한 퍼즐처럼 상대에 맞추어진다. 카니지아와 그 후의 베르사유 학파도 도시평면과 그 요소들을 사용해 연구를 진행했다. 콘젠이 평면과 그것의 기본요소들을 분석도구로서 명확히 규정한 것은 유형형태학적 분석의 중요한 출발점이 되었다.

콘젠에 따르면 도시평면은 시간에 따른 진화의 측면에서 분석해야 한다. 분석의 기본단위는 개별 필지다. 그것은 토지분할 패턴의 기초 요소인데, 도시형태를 구성하는 격자로 작용한다. 나아가 콘젠은 도시평면의 **복합**(*compositeness*) 개념을 도입해 도시의 여러 부분에서 발견되는 형태·용도·구성의 변화를 설명했다. 복합적인 도시평면은 **평면단위**라고 불리

그림 16-6 콘젠의 평면단위와 도시평면의 복합

a

b

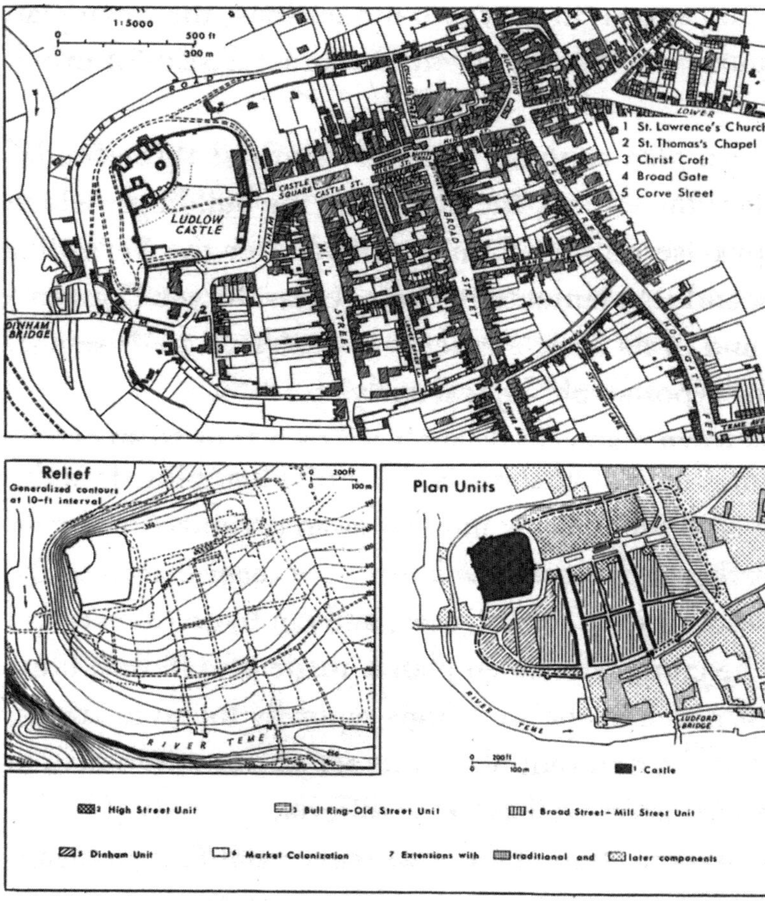

a. 러들로(Ludlow) 도시평면 1926, 가로, 필지, 건물 배치를 보여준다.

b. 지형과 평면단위; 지형조건 그리고 7개 평면단위의 점진적 증가에 대응해 도시평면이 나타나는 방식을 보여준다. 오늘날 우리가 아는 밀집한 중세 도시는 오랜 시간에 걸쳐 조성된 구역(평면단위)의 총합이다. 러들로의 사례에서 본래의 성 구역이 도시로 통합되는 방식을 볼 수 있다. 성벽이 둘린 중심지를 기점으로 평면단위가 다음과 같이 연속적으로 부가되었다. 하이 스트리트(High Street) 단위(단위번호 2)가 성(단위번호 1)의 축을 따라 배치된다. 불 링 올드 스트리트(Bull Ring Old Street, 단위번호 3)가 주 접근로를 따라서 주축에 직각으로 개발된다. 다음으로 단위번호 4와 5, 곧 브로드 스트리트(Broad Street)와 딘엄(Dinham) 단위가 나타난다. 하이 스트리트에 직각으로 배치된 브로드 스트리트 단위는 규칙적인 가로들로 이루어지는데, 계획되어 부가된 것이 분명하다. 반면, 딘엄 단위는 성벽 도시에 남겨진 공간에 맞추어졌다. 딘엄 단위는 불규칙적인 지형으로 인해 조성이 어렵고 비용이 많이 들어서 마지막에 조성되었다.

출처: H. J. Dyos, ed. 1968, The Study of Urban History, St. Martin's Press, 123, 125쪽.

는 다양한 요소로 구성된다. 평면단위는 가로·필지·건물의 크기와 형상이 전형적으로 변화되는 양상에서 잘 드러난다. 따라서 건설시기는 물론 사회경제적 기반의 차이에 따라 다양한 평면단위가 나타난다. 평면단위는 도시경관의 **적층화**(*stratification*)에 기여한다. 여기서 적층화란 말 그대로 층이 쌓이는 것, 곧 형성되고 퇴적되어 층이 만들어지는 것이다.

평면단위를 가로패턴·건물·필지구성의 유형들이 독특하게 조합된 것이라고 정의한 것도 중요한 기여였다. 콘젠 학파가 사용한 용어인 평면단위 자체는 카니지아가 말한 도시조직의 유형과 동일하다(그러나 카니지아는 도시조직의 구성요소를 분명히 말하지 않았다). 이렇게 콘젠과 카니지아

그림 16-7 콘젠의 토지보유권 주기(burgage cycle): 안윅. 1774년에서 1956년 사이에 토지보유권이 변형된 세부 내용을 살펴보면, 1921년까지는 구조물로 점차 채워졌음을 볼 수 있다. 그 후 낡고 위험한 구조물을 제거하기 위해 철거가 광범위하게 일어났다. 출처: M.R.G. Conzen 1960, "Alnwick, Northumberland: A Study in Town-Plan Analysis", Institute of British Geographers Transaction, publication no.27, 68쪽.

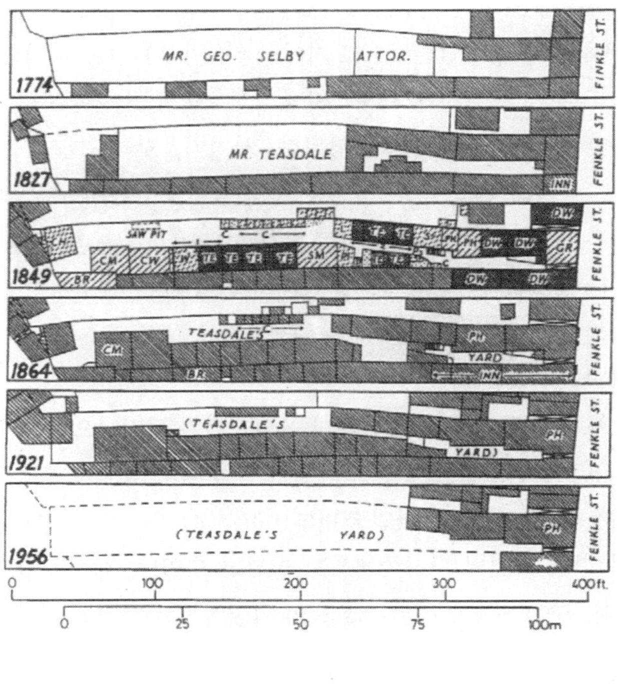

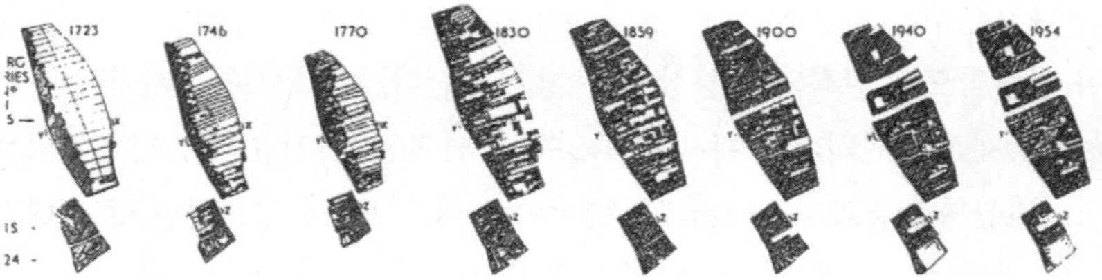

그림 16-8 콘젠의 토지보유권 주기: 뉴캐슬. 일련의 토지보유권에 대한 연구에서 도시조직에 토지보유권의 변형이 축적된 결과를 볼 수 있다. 뉴캐슬에서는 (아마 그 상태가 사용할만해서) 구조물을 철거하지 않았지만, 혼잡을 완화하기 위해 1900년대부터 조성된 조직에 새로운 가로를 삽입했다. 출처: J.W.R. Whitehand, ed. 1981, "The Urban Landscape: Historical Development and Management, Papers by M.R.G. Conzen", Institute of British Geographers, special publication no.13, 45쪽.

의 연구는 상보적이다. 곧, 카니지아는 건물유형의 정의에 대해, 콘젠은 도시조직의 유형에 대해 접근방법을 제시했다.

콘젠 자신은 주로 중세도시에 연구를 집중했다. 그의 연구는 노섬벌랜드(Northumberland)[4] 안윅(Alnwick)시의 분석에서 절정에 이르렀다(Conzen 1960). 도시의 기원, 그리고 20세기까지의 성장과 변형을 분석한 이 연구에 콘젠이 방법론적으로 기여한 바가 나타난다. 지역의 토양 구조, 고대 도로망, 구도시의 위치, 지형, 그리고 주변 농경지의 구조, 이 모든 것들로 그 도시의 배치가 설명된다. 시가지, 교외, 그리고 오늘날의 조직에서도 여전히 쉽게 볼 수 있는 본래의 필지구조가 재구성되었다. 분석의 중심은 좁고 깊은 기본 필지, 곧 **토지보유권**(*burgage*)의 형성이다. 안윅의 한 가로를 따라 토지보유권을 상세히 분석한 이 연구에는 많은 변형들이 예시되었는데, 그것들은 다른 중세도시에 대한 후속 연구에서도 명백히 나타난다.

콘젠은 도시 중심부에 있는 본래의 옥외장터가 점진적으로 개발되는 **시장 식민화**(*market colonization*), 그리고 도시 성벽의 양쪽에 부정형의 건물과 토지이용으로 조성된 영역인 **주변부**(*fringe belt*)의 개념을 도입했다. 이런 개념은 다른 시기의 도시들에서도 발견될 수 있는 현상을 집약적으로 설명해준다. 주변부는 현대의 도심같이 집중적으로 개발된 지역의 주변에서 공통적으로 나타난다. 그리고 시장 식민화는 오늘날 많은 상업 몰에서 볼 수 있다. 이들 현상은 특별한 도시조직 유형을 낳기 때문에, 평면단위의 척도에서 나타난다.

도시형태학연구 그룹

콘젠의 연구를 따라서 1980년대에 몇몇 지리학자들이 버밍엄대학에 도시형태학연구 그룹(Urban Morphology Research Group)을 결성했다. 이 그룹의 사명은 도시형태학에 대한 연구를 수행하고 그것을 지리학계의 전통적인 관심사와 통합하는 것이다. 그들은 널리 배포되지 않은 콘젠의 저술과 그래픽 연구에 대한 접근성을 높이는 연구도 진행했다.

도시형태학연구 그룹의 연구자들은 각자 전공이 다르다. 슬레이터(T. R. Slater)는 중세도시의 도시평면의 분석을 강조한다는 점에서 콘젠에 가장 가깝다(Slater 1987). 화이트핸드(J. W. R. Whitehand)는 건설산업과 개발산업이 도시형태에 미치는 영향에 관심이 있다(Whitehand 1987, 1992). 주변부와 건설주기(*building cycle*) 개념에 대한 그의 많은 글은 주로 건물유형의 변형을 밝히는 내용이다. 곧, 기존 유형의 변이나 완전히 새로운 유형의 출현을 밝히는 글들이다.* 그와 라캄(P. J. Larkham)은 이제 교외지역의 연구로 방향을 돌려, 좀더 최근의 도시형태를 대상으로 콘젠 학파의 방법을 검증하고 있다. 라캄은 그 방법을 보존 프로젝트에 적용했다. 그를 비롯한 이 그룹의 연구자들은 콘젠 학파가 분석에서 사용한 용어들을 집대성함으로써 형태학적 연구에 기여했다(Jones and Larkham 1991).

* 화이트핸드는 도시의 개발, 경제, 결과적인 도시 전체 형태 등 전통적인 차원들 사이를 연결했는데, 이는 도시건설과정을 설명하는 데 중요하다. 여기서 기술(*description*)의 힘이 경제적 논의로 보완·강화될 수 있음을 알 수 있다. 화이트핸드는 부동산과 지역사회 개발 실무를 도시계획과 설계이론에 관련시키는 어려운 연구를 선구적으로 시작했다.

국제적 · 학제적 확대

콘젠 학파 접근방법의 적용 범위를 확대하고 도시형태학 연구의 중요성을 확인하기 위해서, 버밍엄 그룹은 연구하는 도시의 수를 늘려 연구를 좀 더 최근의 도시로 확장하고 비교문화적 연구를 추구하고 있다(Whitehand 1988). 이런 확대 프로그램이 계속되면 현존하는 다양한 건물 · 공간 · 도시조직의 유형에 관한 자료가 수집될 것이다. 그리고 이것은 도시건설과정에 관한 국제적이고 장기적인 최초의 데이터베이스가 될 것이다. 이로써 연구의 토대가 풍부해지고, 형태학적 연구와 계획 · 보존 실무 사이의 연결이 더 강화될 것이다(Slater 1984).

슬레이터(Slater 1990)는 《서양 도시의 건조형태》(*The Built Form of West-*

그림 16-9 미국 교외 주거지 형태의 요소들: 주택 · 필지 · 가로. 이 그림들은 인공경관을 두 가지의 분해도(resolution) 수준에서 보여준다. 단일 선과 형상으로 주택 · 필지 · 가로의 윤곽을 나타냄으로써 유형의 묘사에서 상세(specificity)의 수준을 낮게 표현했다. 출처: A. V. Moudon, 1992b, "The Evolution of Twentieth-Century Residential Form: An American Case Study", In Urban Landscapes: An International Perspective, eds. J. W. R. Whitehand and P. J. Larkham, Routledge, 173~176쪽.

a. 주택과 필지
b. 가로패턴

b

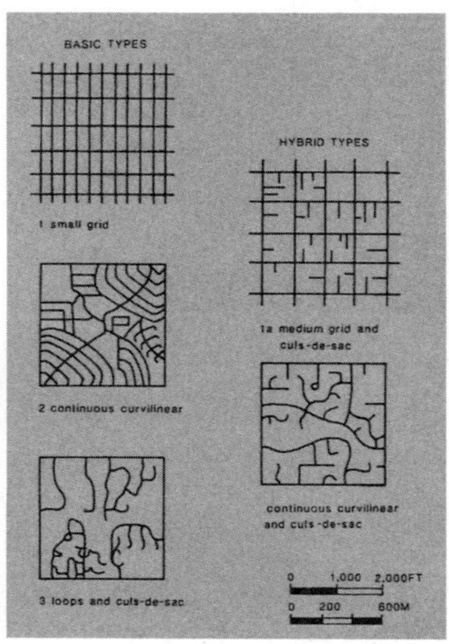

a

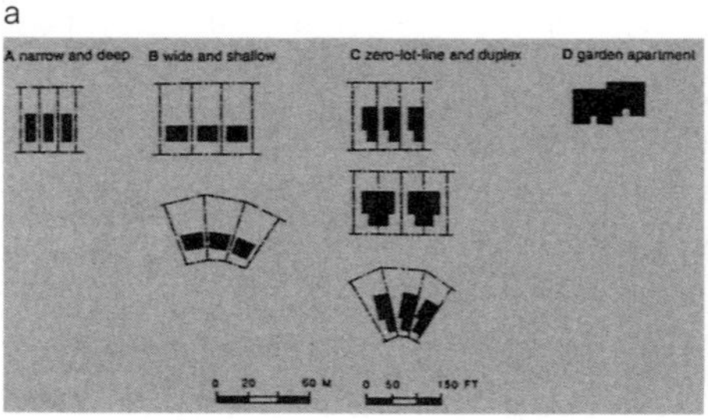

ern Cities) 라는 책을 편집했는데, 이 책에는 산업도시의 분석이 포함되어 있으며 이탈리아와 미국에서 진행된 몇 가지 연구가 언급되어 있다.* 콘젠은 그의 아버지가 개발한 개념을 일부 사용해 19세기의 미국 도시들에 대해 비교연구한 내용을 보고한다. 이 도시들이 갖는 형태학의 성격을 논의하면서, 콘젠은 도시평면을 이해하는 데 토지대장과 건물조직이 중요함을 반복해 말한다. 그는 미국에서 도시형태학에 관한 상세한 경험적 연구가 거의 이루어지지 않았음을 지적한다. 현존하는 건물유형에 대한 몇몇 연구도 도시 **토지이용**의 공간적 구조에 대한 비형태학적(*a-morphological*) 연구의 인기에 전체적으로 가려져 있다고 한다〔니펜(Kniffen)의 연구(Upton and Vlach 1986) 등은 뚜렷한 예외다〕(Conzen 1980을 참조할 것).

화이트핸드와 라캄(Whitehand and Larkham 1992)은 최근 두 번째의 국제적 저서인 《도시경관: 국제적 관점》(*Urban Landscapes: An International Perspective*) 을 편집했다. 홀스워스(D. Holdsworth)는 이 책에서 맨해튼 도심에서 일어난 사무소건물의 개발을 컴퓨터 시뮬레이션기법을 이용해 재구성했다. 나는 그 책의 한 장에서 교외 평면단위는 물론 기초적인 주택유형과 가로유형을 확인하여 미국 교외주거지 형태의 유형학을 제시했다.

마지막으로, 이 그룹이 지도한 한 박사학위논문이 건물과 도시조직의 척도에서 콘젠의 방법을 카니지아의 연구와 비교했다(Kropf 1993). 이 논문은 카니지아의 일부 원고를 영어권 독자들이 접근할 수 있도록 한 중요한 역할 이외에도, 유형의 정의에 대해 방법론상의 진전을 이루었다. 크로프는 **분해도**(*resolution*)의 수준(인공경관에서 분명히 인식되는 상이한 척도)과 **상세**(*specificity*)의 수준(유형이 규정되는 상이한 상세의 정도) 사이를 구분했다. 예를 들면, 가로・건물・오픈스페이스 같은 요소와 평면단위・도시조직은 서로 다른 척도 또는 분해도의 수준에 있다. 가로의 유형

* 1987년 슬레이터는 소식지의 편집을 시작했는데, 이제 그것은 아일랜드・독일・스페인・스위스・폴란드・오스트리아・미국 등지에 있는 대단히 많은 사람들에게 배포되고 있다.

은 서로 다른 상세의 수준에서 정립될 수 있다. 예를 들어, 가로의 폭과 블록의 크기는 가로유형들 사이를 구분하는 특징이 될 수 있다. 그런 특징에 차선의 수, 나뭇가지형 길의 수, 배수로 등이 추가되어 유형을 규정하는 데 사용될 수도 있다. 크로프는 인공경관에 있는 유형을 정의하는 도구로

그림 16-10 미국 교외 주거지 형태의 요소들: 평면단위. 출처: A. V. Moudon 1992b, "The Evolution of Twentieth-Century Residential Form: An American Case Study", In Urban Landscapes: An International Perspective, eds. J. W. R. Whitehand and P. J. Larkham, Routledge, 182, 185쪽.

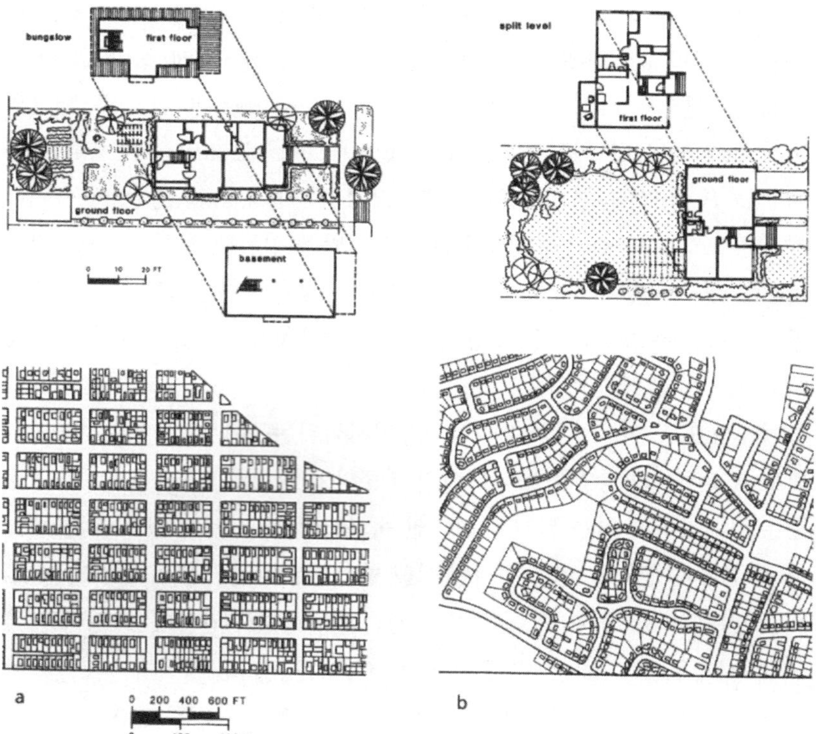

a. 1930~60년대 교외 주거단지의 전형적인 평면단위와 주택평면. 이것은 〈그림 16-9〉의 가로유형 1(작은 격자)과 주택유형 A(좁고 깊음)를 결합한 것이다.

b. 1930~60년대의 단지에서 교외 주거단지의 전형적인 평면단위와 주택평면. 이것은 〈그림 16-9〉의 가로유형 2(연속적인 곡선)와 주택유형 B(넓고 얕음)를 결합한 것이다. 유형을 정의하는 데 있어서 〈그림 16-9〉에서보다 상세의 수준이 높은 도면을 사용했다. 이중선이 가로의 폭을 나타내며, 건물과 그 주변 오픈스페이스의 물질적 성격이 나타나 있다.

서 **윤곽선**(*outline*)의 개념을 도입했다. 방·가로·마당·필지 등 대부분의 다른 요소들과 마찬가지로 건물유형은 일반적으로 그 윤곽선에 의해 확인된다. 윤곽선을 그리는 것은 인공경관에 있는 공간 요소의 다양한 유형들을 표현하는 표준적인 수단이다.

유산

콘젠의 접근방법은 도시의 기본구조뿐만 아니라 그것의 시간적 차원과 진화를 강조하기 때문에 형태학적이라기보다는 형태발생학적이다. 그가 사용한 방법은 유형형태학보다 형태발생과 형태발생학적 접근방법이라는 지리학 용어로 더 정확히 표현된다(Vance 1977, 1990).

콘젠의 방법론이 기여한 바는 도시평면 분석, 그 요소와 평면단위의 정의를 강조한 데 있다. 그의 방법론은 프랑스와 이탈리아 유형형태학자들의 연구를 인정하고 명료화했다. 인공경관을 기술하는 방식을 체계적으로 규정하기 시작한 그들의 방법과 연구결과는 비슷하다. 연구대상 도시의 범위를 확대하고 비교연구에 박차를 가하는 최근의 노력으로 인공경관을 형태발생학적으로 분석하는 분야가 강화되기 시작했다. 그런 분석은 도시계획과 설계에 실제적으로 적용될 수 있다. 그러나 이제까지 콘젠의 연구에 대한 도시 설계가 및 계획가들의 평가는 다양하다. 그들은 그의 연구가 지나치게 철저한 점을 안타까워하며, 그것이 역사적 도시경관의 관리를 넘어서 설계에 직접적으로 유용한지에 대해 의문을 제기한다(Samuels 1988, 1990; Bandini 1988, 1992).

버밍엄 그룹은 역사적 경관을 넘어서 형태발생학적 접근방법의 적용성을 추구한다. 그들은 이 접근방법으로 "도시경관 관리"라고 일컫는 것에 대한 일반적인 논제들을 다루었는데, 여기서 도시경관 관리는 도시계획과 유사하나 다른 활동이다. 역사적 발전에 따라 기존 도시를 관리하는 것이 중요한데, 도시계획에서 도시경관 관리는 건물을 개조하여 재사용하는 것에 해당한다. 콘젠 학파의 접근방법은 시설관리계획을 위한 분석적 기반을 제공하기 시작했는데, 시설관리계획은 도시계획에서 비중이 커지는 세부분야다.

프랑스의 베르사유 학파

건축의 베르사유 학파는 1968년 학생과 노동자의 소요 후에 일어난 광범위한 공공기관 개혁으로부터 출현했다.* 이 학파는 선행 학자인 무라토리의 철학을 따랐다. 그래서 근대주의가 회복할 수 없는 과거와의 단절을 만들었고 과거의 전통에서 건축의 뿌리를 재발견해야 한다고 믿었다. 그러나 프랑스의 연구는 특별한 지적 풍토에서 이루어졌다. 이탈리아와 영국에서는 건축가와 지리학자가 논쟁에 참여한 반면, 프랑스에서는 사회학자·역사가·지리학자·계획가가 모두 건축가와 같이 연구해 도시에 대한 이해를 진전시켰다. 결과적으로 유형형태학에 대한 접근방법은 설계와 지리학의 논제들에 방향이 맞추어졌을 뿐만 아니라 문학과 사회과학의 시각도 통합할 수 있었다. 이런 의미에서 베르사유 학파는 이탈리아와 영국의 학파 사이에 위치한다. 그것은 설계와 도시건설과정의 논제들을 모두 다룬다.

학파의 형성에 기여한 지적 풍토

베르사유 학파의 연구는 프랑스에서 유형학적 연구를 건축설계에 적용

---

* 1968년 이후의 개혁에 따라 건축가와 도시계획가의 교육이 변화되었다. 그리고 방대한 설계·역사 연구를 지원하는 하부구조가 개발되었다. 과거의 에콜 데 보자르(Ecole des Beaux-Arts)는 파리의 주변부에 산재한 8개의 교육기관(unités pédagogiques, UP)으로 대체되었다. 자율적인 건축학교인 그 기관들은 스튜디오 등 건축과목뿐 아니라 개인-환경 연구, 도시설계, 그리고 도시연구를 가르쳤다. 베르사유 건축 학파는 UP 3, 곧 제3교육기관으로 알려져 있다.

한 긴 역사의 일부다. 카트르메르 드 캥시(Quatremère de Quincy), 로지에 신부(Abbé Laugier), 그리고 뒤랑(Durand)은 처음으로 건축 유형으로 실험을 했다. 도시지리학 분야에서 프랑스의 주도권과 라브당(Lavedan) · 포에트(Poëte)[5)]의 유산은 설계 분야에 중요한 흔적을 남겼다.* 분류를 잘하기 위해 필요한 데카르트식 사고가 그 문화에 여전히 깊이 배어 있다. 그러나 1970년대 초까지 프랑스에서 건물유형과 도시형태의 관련성은 정립되지 않았다.

1960년대의 프랑스 지식인들은 전쟁 피해국인 프랑스의 재건을 책임졌던 기관과 분야에 대해 극도로 비판적이었다. 근대 설계이론의 면면에 바탕을 둔 대량 주거건설 정책은, 유럽의 다른 어느 곳보다도 프랑스의 도시경관을 황폐화했다. 제 2차 세계대전이 끝나고 20년 후 수천 호의 HLM(저렴 임대주택, habitations à loyer modéré)이 파리 등의 도시 주변부에 있는 이른바 위성도시에 세워졌다. 사회학자이자 철학자인 앙리 르페브르(Henri Lefebvre)는 효율성과 의사과학성(*pseudoscience*)을 갖추어 집중적으로 주거를 생산하는 것은 프랑스의 사회적 실천을 파괴하는 것이라고 매우 강력하게 비난했다(Lefebvre 1968, 1970).** 르페브르는 전유(專有), 곧 도시를 포함한 물질공간을 지배하는 것이 사회적 생활의 궁극적 목적이라고 처음으로 주장했다. 그는 현대의 건설과 주택생산의 방법이 전유를 바라는 사람들의 자연스런 본능을 억압하며, 사람과 환경 사이의 관계를 약화시킨다고 주장했다.***

---

* 지리학자 롱카이욜로(Roncayolo)와 룰로(Rouleau)의 연구로 도시의 역사적 건축에 대한 집중이 심화되었다(Rouleau 1983, 1985).

** 르페브르는 파리대학의 도시학연구소에서 가르쳤다. 그곳에서 그는 인류학의 기본을 갖춘 일종의 도시사회학으로 수많은 설계자와 계획가에게 영향을 주었다. 도시학연구소에서 또 한 사람의 영향력 있는 인물은 철학자인 프랑수와즈 쇼애(Françoise Choay)다. 그의 독창적인 저서는 도시 자체가 아니라 도시설계 이론의 뿌리에 초점을 맞추었다.

*** 르페브르는 도시사회학연구소의 주임교수였다. 그 연구소는 영향력 있는 연구를 수행하여 1966년에 《단일가구 단독주택》(*L'habitat pavillonnaire*) (Raymond

르페브르는 많은 학생들, 특히 전통도시에서 이론적 영감을 찾는 건축가와 도시계획가에게 영향을 주었다. 그들 중에는 초기 베르사유 건축학파의 핵심인 장 카스텍스(Jean Castex, 건축가), 필립 파느레(Philippe Panerai, 건축가-도시계획가), 그리고 장샤를르 드폴(Jean-Charles Depaule, 사회학자)이 있다.* 르페브르의 가르침은 사회과학과의 학제 간 연구와 친선을 촉진했고, 사회적으로 민감하고 책임 있는 건축을 추구하도록 장려했다.

1968년 개혁기에 도시역사 연구는 도시형태학에 영향을 주었다. 역사가 앙드레 샤스텔(André Chastel)과 프랑수와즈 부동(Françoise Boudon)이 이끄는 샤스텔의 팀은 오랜 기간에 걸쳐 일상적인 건물이 지어지고 다시 지어지는 방식에 처음으로 초점을 맞추었다(Boudon et al. 1977). 파리는 물론 지방에서의 후속 연구는 이 전통을 이어가고 있다(예로 *Typologie opérationnelle de l'habitat ancien* 1979; Fortier 1986 참조).

LADRHAUS: 이중의 목적

베르사유 팀은 20년간 연구를 지속해서, 여러 도시에 대한 연구는 물론 네 권의 책과 도시설계와 실무에 대한 비판적 논문을 발표했다. 원래의 연구자 그룹이 확대되어 LADRHAUS(Laboratoire de recherche: Historie

---

et al. 1979)을 출간했다. 계획가와 건축가는 그것을 조롱했으나 그 당시 프랑스 남녀의 82퍼센트가 희망한 **단독주택**(*pavillonnaire*)은 사람들의 선택과 도시계획 전문가의 가치 사이의 충돌을 상징한다.

* UP 8의 창립 멤버인 앙리 레이몽드(Henri Raymond)는 《단일가구 단독주택》(*L'habitat pavillonnaire*)의 연구자·저자 중 한 사람이다. 역시 창립 멤버인 베르나르 위에(Bernard Huet)는 밀라노공대에서 1년을 보내서 이탈리아의 유형형태학 연구를 알고 있었다. 그는 1974년에 〈아쉬텍튀르 도주르뒤〉(*Architecture d'Aujourd'hui*)의 편집자가 되었다. 그때 그의 학생 크리스티앙 드비에(Christian Devillers)가 《주거유형학과 도시형태학》을 출판했다. 몇 년 후 위에 자신은 역사에 바탕을 둔 건축을 지지하는 작은 선언문을 출판했다(Huet 1978).

architecturale et urbaine-Sociétés, 연구실: 건축과 도시 역사-협회)가 결성되었다.* 연구 주제와 방법론의 관점에서 프랑스의 연구는 무라토리 학파와 콘젠 학파보다 폭넓었다. 이 그룹이 저술한 네 권의 책 중 한 권은 최근의 도시건설 역사에서 근대건축의 뿌리와 결과를 비판적으로 분석한 것이다(Castex et al. 1977). 이 비판은, 19세기 이전의 전통적 가로-블록 건축으로부터 근대운동의 똑바른 직선적 건축까지, 도시형태의 발전을 추적하기 위해 주의 깊게 선정한 프로젝트들의 비교연구에 바탕을 두고 있다.** 다른 두 권의 책은 베르사유 시(Castex et al. 1980), 바스티드(Bastides) 신도시(Divorne et al. 1985) 등 개별적인 사례연구에 초점을 맞추었다. 이들 연구에는 유형형태학적 분석이 명시적으로 적용되었다. 나머지 한 권의 책은 유형형태학에 관련된 철학적·방법론적 논제에 대한 개론서다(Panerai et al. 1980).

이런 연구들은 역사적이고 기술적(*descriptive*)인 것으로, 콘젠의 연구와 맥을 같이 한다. 사례연구는 전형적인 건물과 그것이 놓인 도시조직의 발전에 관한 명시적인 기록은 물론 건물과 도시의 사회사에 대한 분석에 의존한다. 이 연구는, 미래의 설계활동을 적절한 방향으로 유도하기 위한 규범적 설계이론을 좀더 직접적으로 추구함으로써 자신들의 기술적 연구를 드러내놓지 않았던 무라토리와 카니지아의 연구와 다르다. 그러므로 이런 프랑스의 연구와 비교할 때, 베네치아·로마·코모에 대한 초기 연구들은 도시건설과정을 설계자들이 재구성한 것으로 볼 수 있다. 그들은

* LADRHAUS는 스페인과 라틴 아메리카에서 비슷한 관심을 가진 그룹들과 긴밀히 연결된다. 이 팀은 베르사유, 다양한 파리의 주거지, 파리의 주변부 등 연구자들에게 익숙한 환경에서 많은 사례 프로젝트를 찾았다. 학생들과의 현장 답사가 특별한 조사로 이어졌으며, 팀이 밀접한 지적 유대를 가지고 있는 이탈리아에서도 몇 개의 작은 사례프로젝트를 수행했다. 지난 10년 동안 파느레와 드폴은 이집트의 카이로 등 북아프리카 도시들의 연구에 몰두했다.

** 사례연구에는 오스만(Haussmann)의 파리, 런던의 전원도시, 암스테르담의 확장, 에른스트 메이(Ernst May)의 프랑크푸르트, 그리고 르코르뷔지에의 빛나는 도시(*Cité Radieuse*)가 포함되어 있다.

역사를 참조할 때 개인적인 드로잉을 사용하고 연대기는 생략했으며, 설명하는 글은 역사적 근거가 모호하고 추상적이고 이론적인 설계론으로 장식했다. 실로, 무라토리와 카니지아는 대부분의 저서에서 사례연구를 통해 미래도시의 설계에 자연스러운 지침으로서 매우 유용하다고 생각한 기본적인 원리와 규칙을 밝혔다.*

좋은 도시설계의 구성요소를 밝히려는 요구는 프랑스의 연구도 촉진시켰다. 무라토리와 카니지아같이, 카스텍스와 파느레는 건축과 도시설계를 가르치고 정기적으로 실무활동을 한다. 따라서 그들의 연구는 특히 근대주의와 도시 위기에 직면한 도시설계의 논제들을 다룬다. 이러한 성향은 **건축의 모델**을 규명하는 데서 명백하게 나타난다. 건축의 모델은 도시공간의 구성을 지배하는 기본적 개념이라고 정의되는데, 이는 첫 번째 책인 《도시형태: 블록에서 슬래브까지》(*Formes urbaines*: *De l'îlot à la barre*, Castex et al. 1977)에서 등장하기 시작했고 바스티드와 베르사유에 대한 사례연구에서 지속되었다.

기술적 연구와 설계모델의 규명이라는 이중의 목적은 프랑스의 모든 연구에 스며들어서 유형형태학 분야를 더욱 복잡하게 만들었다. 프랑스의 연구로 물리적 실체로서의 도시, 곧 '건축'**으로서의 도시를 연구하는 하나의 응용분야가 발전했다. 그리고 프랑스의 연구는 그런 응용분야에서 얻은 교훈들을 도시설계의 실무에 도입할 것을 요구했다. 그 교훈들로 도시와 도시생활에 대한 다양한 설계 접근방법 및 이론의 효율성과 영향을 평가해야 한다는 것이다.

유형형태학을 새롭고 독립된 분야로 다루려는 시도는 매우 근대적인 입

---

* 마레토와 마페이의 최근 연구는 이탈리아 유형형태학 연구를 콘젠 학파와 베르사유 학파의 수준으로 끌어올림으로써 그 성격을 바꾸어 놓고 있다(Maffei 1990a, 1990b; Maretto 1986).

** 물질적 공간을 기술하기 위해 이렇게 '건축'이라는 용어를 사용하는 것은 이제 유럽의 여러 곳에서 일반화되었다. 건조환경이나 인공경관 같은 다른 용어들은 물질적 공간보다 사회적 공간을 강조하거나 공간의 미학에 비중을 두는 것으로 생각되기 때문에 기피될 때가 많다.

장이라고 할 수 있는데, 이는 무라토리와 카니지아의 성찰적이고 개인적인 저술과는 대조된다. 그것은 콘젠의 연구와도 다르다. 유형형태학을 사회과학으로 본 콘젠은 그것을 기존의 지형학과 문화·도시 지리학 분야에 직접 연결시켰다. 베르사유 학파는 새로운 분야를 다른 확립된 분야들에 견주어 정당화해야 했다. 그리고 설계·계획 분야를 만족시키기 위해 새 분야가 설계 실무와 관련됨을 증명해야 했다. 그래서 한편으로 《도시분석의 요소들》(*Eléments d'analyse urbaine*, Panerai et al. 1980)에서는 도시분석에서 도출한 지식이 도시를 사회물리적 현상으로 기술하고 논의하는 능력을 향상시킨다고 주장했다. 또한 도시의 설계를 인문학과 사회과학이라는 넓은 학제 간의 지적인 틀 안에 위치시켰다. 다른 한편, 사례연구를 통해 도시가 건설된 방식의 맥락 속에서 조심스럽게 설계이론을 비판했다.

도시와 도시설계의 이해를 위한 학문분야의 부각

베르사유 팀은 자신들의 연구가 프랑스에서 '건축'을 철학·사회학·심리학·경제학처럼 '도시 위기'를 분석하는 하나의 분야로 자리매김하려는 첫 시도였음을 알고 있다. 비록 그들의 탐구가 건축의 자율성에 대한 로시의 주장과 유사하지만, 그들의 입장은 논쟁적이기보다 설명적이다. 따라서 그것은, 일찍이 물질적 공간과 그곳에 거주하는 사람들을 알아야 할 필요성을 주장한 르페브르와 긴밀히 연결된다. 다학제적 배경을 가진 베르사유 팀의 구성원들은 도시가 건축적 방식을 포함해서 여러 방식으로 읽힐 수 있음을 인식했다. 물론 건축적 방식은 아직 도시를 이해하는 적당한 통로로서 인정받고 있지 못하다.* 이런 문제들에 당면해, 《도시분석의 요

* 그들은 자신들의 연구가 전통적인 학문분야, 그리고 연구의 일반적 범주에 해당하지 않기 때문에 의문시되리라는 것을 알고 있다. "이론가에게는 너무 역사적이고, 방법론자의 눈에는 그다지 수학적이지 않고, 역사가의 취향에는 너무 경험주의적이"라는 비판이 있을 수 있다는 것이다(Castex et al. 1977, 7). 그들은 다음과 같이 덧붙인다. "이렇게 우리의 연구는 분명 모호한 성격을 갖는

소들》(*Eléments d'analyse urbaine*, Panerai et al. 1989)은 사회과학의 방법론은 물론 역사문헌의 논제들을 직접 다룬 주요한 연구다.

이 연구에서 건축 공간과 사회적 공간 사이의 관련성은 도시형태와 사회적 작용 사이의 변증법으로 설명되었다(카니지아도 이것을 논했으나 상세하게 다루지는 않았다). 건축 공간을 사회적 공간에서 개념적으로 분리된 것으로 규정하면서, 연구자들은 물리적 공간이 구상되고, 운용되고, 특성을 갖추고, 명명되고, 결국은 일상생활에서 사람들에 의해 '실천되는'(*practiced*) (악기와 아주 유사한) 방식을 설명한다. 그들은 물리적 공간이 형태학적 분석으로 발견되는 자체의 논리와 조직을 갖는 반면, 사회적 작용을 통해 실현되고 의미를 띤다고 주장한다. 공간의 소비라는 새롭게 밝혀진 현상에 대한 논의도 있었는데, 이 새로운 현상은 그 이후 수많은 연구 프로젝트를 발생시켰다(Croizé, Frey, and Pinon 1991).

시간을 두고 발전하고 변화하는 물질적 공간에 대한 연구는 정적일 수도 있는 대상에 사회적 차원을 도입한다. 사회적 힘은 건축 공간에 기록된 변화들에 구현되어 있다. 예를 들어, 어떤 시기의 전형적인 주택은 시간이 흐르면서 사회적 변화에 대응하기 위해 반드시 변형된다. 변형된 주택유형은 다시, 작동 중인 사회적 힘을 반영한다. 따라서 역사적 차원으로 유형형태학적 연구를 진행할 때, 인공경관은 물질적 공간과 그것을 생산하는 사회적 힘이 통합된 것으로 정의된다.

《도시분석의 요소들》은 지리학의 전통인 거시적 접근방법을 비판한다. 왜냐하면 그것이 도시를 피상적으로 교외·중심도시·주변부로 나누고 지배적이고 주된 토지이용에만 집중하며, 인공경관을 실제로 생산하고 경험하는 작은 척도는 무시하기 때문이다.

《도시분석의 요소들》의 한 장에서는 지테(Sitte)와 린치(Lynch)의 접근방법들이 갖는 초기의 긍정적인 영향을 인정했다. (지각과 직접적 경험

다. 형태학적 연구는 역사적으로 접근한 사례들에 바탕을 두고 있다. 건축적 연구는 도시 조직의 척도에서 수행되었다. 공간적 연구는 사회학적 관심사에 바탕을 두고 있다"(Castex et al. 1977, 9).

에 바탕을 두기 때문에) **픽처레스크 분석**(*picturesque analysis*)이라 불린 이들 접근방법으로 도시형태의 이해를 보완할 수 있다고 보았다. 1978년의 글에서 형태의 객관적(물질적)·주관적(지각적, 경험적) 구조의 병존을 편중 없이 논한 콘젠은 예외지만, 어떤 유형형태학자도 이 두 분석 접근방법 사이의 관계를 명시적으로 논하지 않았다.*

유형학적 분석의 방법

《도시분석의 요소들》에서 유형학적 분석의 방법론적 구성요소들은, 최근 이탈리아의 방법론을 포함한 방법론의 역사적 발전 안에서 마련되었다. 콘젠과 카니지아가 자신들의 방법론만을 장려한 반면, 이 책은 독자에게 유형을 정립하는 다양한 방법을 제시한다. 유형은 "분석을 통해 구축되는 추상적인 대상물"로 정의되는데, 그것은 **실제** 대상물군 분석을 통해 본질적이라고 생각되는 특성들을 재생산한다. 다음으로, 건물 분류체계는 다음과 같은 두 가지 목적에 사용될 수 있다. 하나는 **대표적인**(*exemplary*) 표본을 찾는 것이고, 다른 하나는 유사한 표본들의 **집단**(*group* 또는 *family*)을 규정하는 것이다. 유사한 표본들의 집단을 확인함으로써 모두(예를 들어, 캘리포니아 방갈로)에 공통적인 요소를 찾을 수 있다. 반면, 대표적 사례는 집단 안에서 특출한 표본〔예를 들어, 건축가 그린 앤 그린(Greene and Greene)이 설계한 주택〕을 나타낸다.

비들러에 의해 시작된 역사적 논쟁을 마치면서, 베르사유 학파는 자연과학이 식물계와 동물계에 대해 체계적인 관찰을 시작한 계몽운동부터 근대적 분류기법이 시작되었음을 지적한다.** 그리고 제 1차 산업혁명으로 백

---

* 역으로, 도시구조를 **지각되는 대로** 주관적으로 연구하는 것을 지지하는 사람들은 보통 '객관적인' 도시형태의 유용성을 단순한 '기하학적' 문제라며 무시하거나 배제하기까지 한다. 기하학적인 것으로는 도시형태가 '객관적으로', 곧 '사실적인' 차원에서 논의될 수 있다는 잘못된 인상을 준다는 것이다(Lynch 1981; Goodey 1985; Moudon 1992a).

과사전편집자가 등장했는데 그들 중 카트르메르 드 캥시는 처음으로, 복제하는 **모델**로서의 유형과 따르는 **규칙**으로서의 유형 사이를 구분했다. 그리고 귀납적 유형과 선험적 유형 사이의 차이를 강조했다. 건물과 건물의 부위에 대한 초기의 분류들이 주로 형태적·양식적 기준에 따른 기술적인 (*descriptive*) 분류였던 반면, 18세기 말에 와서 프랑스 에콜 데 폴리테크니크의 교수였던 뒤랑(J. N. L. Durand)은 현존하는 건물과 공간의 특성을

그림 16-11 표본의 집단 그리고 대표적 사례로서의 유형. 바스티드가 중심광장과 도시블록으로 이루어진 타운의 집단으로 표현되었다. 규칙적이거나 불규칙적인 블록으로 이루어진 작은 타운들, 그리고 골목길이 있거나 없는 블록으로 이루어진 중규모의 타운들로 표현되었다. 동시에 대표적인 표본으로 각각의 평면이 제시되었다.
출처: Ph. Panerai in F. Divorne, et al. 1985, Les Bastides d'Aquitaine, du Bas-Languedoc et du Béarn, essai sur la regularité, Editions des Archives d'Architecture Moderne, 41쪽.

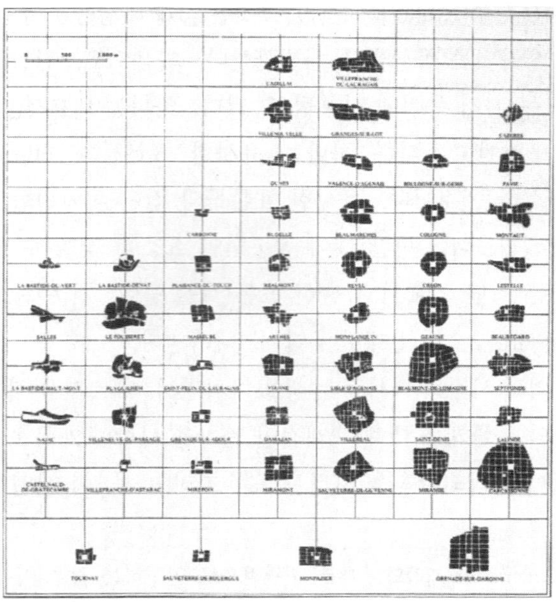

** 린네(Carl von Linnee Linnaeus)의 연구는 이 시기를 설명해주는 대표적인 연구다. 분류기법을 건축에 적용한 것은 자연과학을 차용한 로지에 신부의 연구에서 볼 수 있다.

기술함과 동시에 **분석**하거나 비판하는 건물유형학을 제안했다.* 크게 발전한 점은, 뒤랑의 유형학이 **생성적인 것이 될 수 있다는 데 있다.** 이제 유형학으로 기술된 건물유형들을 재해석할 수 있고, 다른 부지와 맥락에 그 개념들을 적용할 수 있게 되었다.** 역사상 처음으로 건물은 그것의 부지와 맥락에서 분리된 것으로 생각되었다. 이로써 뒤랑은 탁월한 근대 사상가로 판명된다〔비들러의 《제 3의 유형학》(*The Third Typology*) 에서는 이 점이 뚜렷이 부각되지 않았다(Vidler 1977)〕.

베르사유 학파는 오늘날 다음과 같은 두 가지 범주의 건물유형이 사용되고 있음을 밝혔다. 하나는 로마 빌라와 대성당같이, 여러 시대에서 반복적으로 발견될 수 있는 **합목적**(*consecrated*) **유형**이다. 그것은 비들러의 제 1·3유형(원형과 전통적 도시유형)에 해당한다. 이 유형은 기본적인 기능 프로그램과 특정한 공간배열의 복합체다. 다음으로 **전형적 평면**이 있는데, 이는 비들러의 제 2유형(전형)에 해당한다. 근대주의의 상표인 전형적 평면은 복제의 대상이 되는 표준 또는 기준으로, 전통이 아니라 미래의 생산에 관련된다. 합목적 유형에는 토속적인 환경〔**아시텍티르 바날레**(*architecture banale*)로 불림〕뿐만 아니라 고급양식 건축〔**아시텍티르 사반테**(*architecture savante*)로 불림〕도 포함된다. 따라서 합목적 유형은 기념비적일 수 있다. 그러나 언제나 도시의 조직에 관련된다는 점에서 그것은 전형적 평면과 다르다. 나아가서 그것은 특정한 형태를 가지며 대개 기능에는 무관하다(Moneo 1978에 따름).***

---

* 뒤랑이 1801년에 쓴 《고대와 근대 모든 양식의 건물 비교집》(*Recueil et parallèle des édifices de tout genre, anciens et modernes*)은 건물들의 목록으로, 그 당시의 "건축문화의 기초"를 보여준다(Panerai et al. 1980, 76).

** 뒤랑의 두 번째 책, 《에콜 폴리테크니크 건축강좌 요목》(*Précis des leçons d'architecture données à l'Ecole polytechnique*, 1802)에서.

*** 사베리오 무라토리는 전형적인 주택평면을 폐기하고 합목적 유형을 추구한 선구자로 알려져 있다. 나아가, 유형학에 대한 무라토리의 새로운 접근방법은 일반적인 건물을 그 부지에 고정시키고 필지를 집합시켜 건물조직을 기초적으로 구성하는데, 이는 건물유형과 도시형태 사이의 변증법을 정립한 최초

뒤랑의 연구가 보여주듯이, 오랜 기간 동안 건축과 건설의 실무에 큰 변화가 일어났는데, 점차 합목적 유형에서 전형적 평면 또는 표준으로 이동이 일어났다. 유형학적 척도도 확대되는데, 이는 19세기 이래 특히 두드러졌다. 이런 현상은 영국에서 연립형 건물이 대량 생산되고 프랑스에서 프랑스혁명에 이어 대규모 공공건물이 출현한 데서 분명히 볼 수 있다.

유형들을 정의하는 과정도 간단하게나마 다루어졌는데, 그것은 네 단계로 이루어진다. 첫 단계는 분석을 하는 척도의 선택이다. 건축설계에 가장 적합한 수준(*level*)은 건물이나 필지다. 또 다른 수준은 예를 들어 도시 블록이나 블록의 집단 같은, 건물들과 그 필지들의 집단이다〔이것은 카니지아의 **조직**(*tessuto*)과 유사하며, 콘젠의 **평면단위**의 개념에 의해 발전되었다〕. 유형학적 연구에서 수준이나 척도를 선택하면 반드시 연구의 범위가 한정된다.

두 번째 단계는 건물유형의 분류다. 체적·기능·건축양식 등 유형학적 판단기준의 선택이 여기에 포함된다. 일반적으로 유사한 것들의 비교와 분석에 바탕을 둔 시행착오를 거쳐 분류과정이 만들어진다. 세 번째 단계는 분류과정을 발전시키는 데 이용할 도구를 개발하는 것이다. 유사하고 상대적인 분류과정을 뒷받침하는 개념으로 대표적 사례, 규칙, 그리고 변형이라는 개념이 도입되었다. 그리고 마지막 단계는 하나의 유형을 다른 것에 관련시켜 **유형학**을 생성하는 것이다.

비판적 역사: 설계이론의 이면

정선한 사례연구를 고찰하면 설계이론에 대한 새로운 접근방법을 볼 수 있다. 이탈리아 연구자들이 유형형태학적 분석과 설계이론 사이의 관계에 대해 논쟁한 반면, 프랑스 연구자들은 설계이론의 역사를 비판했다. 무라토리의 전통을 따르든 아니든, 이탈리아의 건축가들은 전통 도시를 근대

의 접근방법으로 인정받고 있다.

도시와 대비시키는 변증법적 시각을 공유했다. 그들은 현대 도시가 어떠할 수 있고 어떠해야 하는지, 건축가와 도시설계가가 무엇을 해야 하는지 하는 질문에 대한 대답을 과거와 현재 사이의 연속성 혹은 불연속성에서 찾았다. 이탈리아 연구자들이 건축가의 사명과 역할에 대해 고민했듯이 프랑스 연구자들도 고민을 겪었는데, 이탈리아 연구자들과 달리 그들은 전통 도시의 다양한 종류를 밝히려 했다. 예를 들어 그들은 계획도시인 바스티드와 신도시인 베르사유가 기념비적 특성과 전통적 특성을 모두 가지고 있음을 밝혔다. 결과적으로 그들은 근대주의를 전통 도시에 반대되는 것으로만 생각하지는 않는다. 근대주의는 일시적 위기상태가 아니라, 상대적으로 긴 기간을 통해 점차 도시건설과정에 침투한 일련의 새로운 설계원리라고 보았다. 베르사유 학파는 현재는 과거로부터 완전히 단절된 것이 아니며, 과거는 미래에 여러 가지 다른 모델들을 제공해준다고 생각했다. 이런 의미에서 프랑스의 연구는 인공경관의 연속성 혹은 불연속성이라는 논제를 과거와 미래에 결부시키지 않는다. 과거에 두 가지 상태가 모두 존재했으므로 미래에도 두 가지 모두 가능할 것으로 생각한다.

이제 아르간의 주장을 통해, 이탈리아와 프랑스 연구자들이 어떻게 다른 기여를 했는지 간단히 살펴보기로 한다. 이탈리아 연구자들은 귀납적 유형과 선험적 유형을 구분했다. 전자는 도시를 만드는 전통적인 방식을 나타내고 후자는 주로 미래를 형성하는 엘리트 설계자의 구상을 나타낸다. 프랑스 연구자들은 애초에는 선험적 유형이었으나 오늘날 귀납적 유형이 된 유형들이 존재한다고 주장한다. 예를 들어 고층 주거건물이 그런 유형인데, 그들의 주장에는 엘리트 이론이 명시적으로 반영되어 있다. 따라서 이들 유형은 과거에 나타난 불연속성을 표상한다. 그것들은 도시의 분석에 포함되어야 할 뿐 아니라 그것들의 유효성이 평가되어야 한다. 이런 다원론적 시각은 역사 연구를 복잡하게 만든다. 다원론적 시각하에서는 도시건설을 설계이론의 역사와 함께 연구할 필요가 있기 때문이다. 또한 무라토리가 주장했듯, 실천적일 뿐 아니라 **비판적인** 설계이론의 역사가 요구된다.

그림 16-12 도시설계의 비판적 역사: 단명한 베르사유 주택. 새로운 교외 도시에 귀족들을 위한 새로운 주거유형이 도입되었다. 단독주택이 주요 대로(boulevard)를 따라 배치되었다. 출처: Castex, et al. 1980, Lecture d'une ville: Versailles, Editions du Moniteur, 54, 57, 62, 63쪽.

a

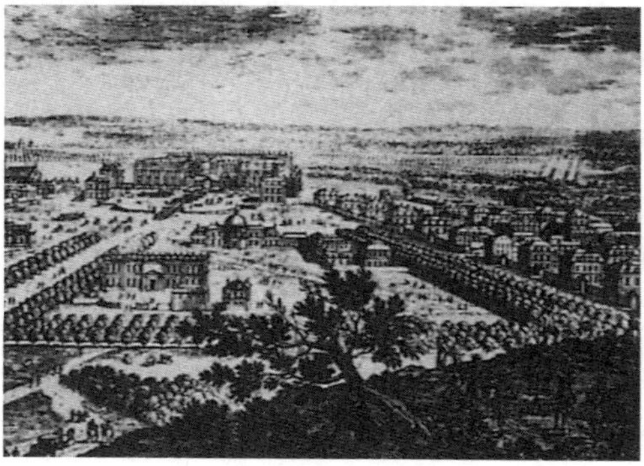

b

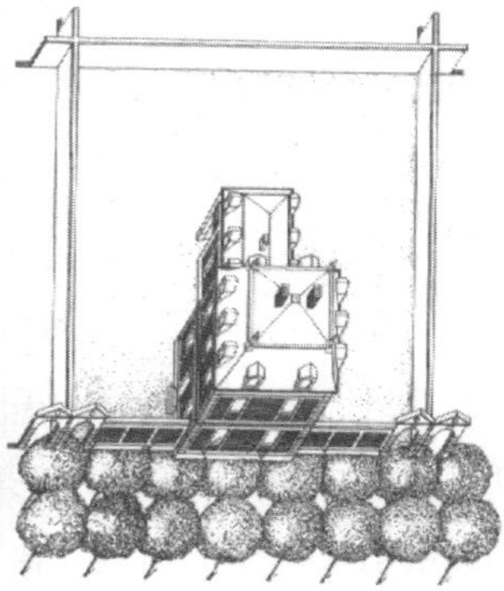

c

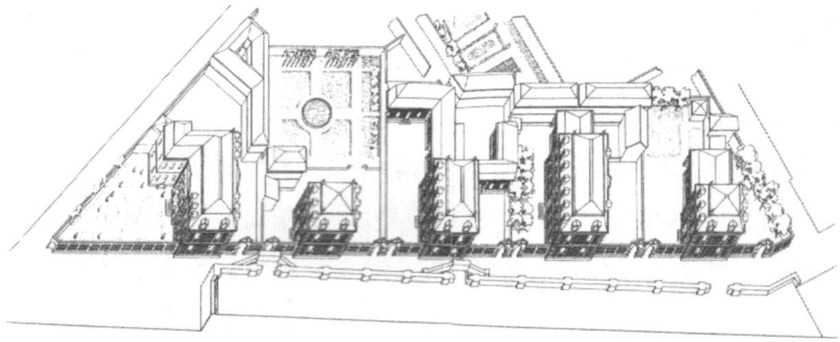

a. 17세기 말, 성, 그리고 대로를 따라 배열된 주택들의 모습[이스라엘 실베스트르(Israël Sylvestre)의 계획, 1674년경].

b. 벽으로 둘린 오픈스페이스에 위치한 전형적인 베르사유 주택, 대로에 면하고 대로에만 입구가 나있다. (LADRHAUS 도면)

c. 실제 주택설계를 재구성한 것에서 이 유형이 서비스 영역을 눈에 띄지 않게 처리할 수 없음을 볼 수 있다. 당시의 전통적인 주거는 공식적 공간(입구마당 · 정원 등)을 서비스 공간(필지의 뒤에 별도의 서비스 입구를 가진 뒷마당 · 정원 · 마구간 등)과 분리했다. 베르사유 주택에서는 이러한 서비스 영역을 보이지 않게 가리기가 어려웠을 뿐만 아니라, 서비스 접근이 정식 입구를 통해서만 이루어졌다. 카스텍스 등은 공식적 공간과 서비스 공간 사이의 충돌로 인해 이 유형이 폐기되고 결국 사라지게 되었다고 생각한다(LADRHAUS 도면).

이탈리아에서 설계이론의 역사가 많이 연구된 반면, 프랑스에서는 프랑수아즈 쇼애(Françoise Choay 1965, 1980)의 연구에 힘입어 특히 도시설계이론의 역사에 집중한다. 그러나 쇼애의 관심이 의식적으로 도출된, 도시에 관한 아이디어와 개념의 역사인 반면, 베르사유 학파는 설계이론을 적용해온 역사에 초점을 맞춘다. 따라서 설계이론의 비판적 역사에는 다음과 같은 두 차원이 있다. **아이디어로서 설계이론**〔예를 들어, 우리는 여기서 근대주의 설계의 이상과 원리로서 아테네 헌장이나 빛나는 도시(*Cité Radieuse*)를 참조할 수 있다〕의 역사 그리고 **실천된 것으로서 설계이론**〔예를 들어, 위니테 다비타시옹(*Unité d'habitation*), 또는 근대주의 원리에 따라 지어진 신도시〕의 역사가 그것이다.*

베르사유 학파는 문화적으로 정의되는 이론과 엘리트가 추구한 이론(예를 들어, 바스티드의 설계와 베르사유의 인기 있는 주거지 이면에 있는 이론, 그리고 기념비적 베르사유 궁전에서 사용된 이론)을 연구했다. 서로 기원이 다른 이 두 가지의 이론에서 서로 다른 건축이 나타났다. 하나는 전술한 일상적인 아시텍티르 바날레(*architecture banale*) 곧 일상생활의 건축이고, 다른 하나는 학문적인 아시텍티르 사반테(*architecture savante*) 곧 고급양식 건축이다. 그들은 엘리트 건축이 모두 도시에 대한 관계를 단절하고 기념비적으로 되는 것을 개탄했다. 이것은 그들이 근대운동의 출현에 대한 연구에서는 물론 베르사유 시의 연구에서 인정한 현상이다(Castex et al. 1977).

도시의 설계에 사용된 좋은 모델은 질서를 조성하고 제공하려는 요구,

---

* 역사가 코르보즈의 용어를 사용해 베르사유 학파의 시각을 좀더 설명할 수 있다(Corboz 1992). 그는 **지리학자의 도시**(콘젠 학파와 베르사유 학파의 관심)와 **아이디어의 도시**(쇼애의 주된 관심)를 구분했다. 지리학자의 도시는 건설되고 사용되는 도시다. 그것의 설계는 다음과 같은 두 개의, 때로 상충하는 과정들에 좌우되는 경우가 많다. 하나는 문화에 결부된 전통이며 다른 하나는 엘리트(건축가 · 은행가 등)에 의해 의식적으로 발전된 이론이다. 베르사유 학파는 두 가지 유형의 설계과정을 모두 연구하고 그것들을 설계이론 역사의 두 부분으로 생각했다.

그리고 주민들의 직접적인 요구와 활동에 대응하는 환경을 창출하려는 요구 사이에서 앞뒤로 진동한다는 사실을 구체적인 사례들에서 볼 수 있다. 이로써 도시의 전 지구적 구성(도시설계 이론에 잠재된 관심사이자 일반적인 방향)이라는 가치에 의문이 제기된다. 대신에 도시 전체 형태가 많은 사람들의 활동이 누적되어 형성된다는 새로운 정의가 제시된다.* 단순한 도시 블록이 여러 개의 필지로 세분될 때, 이렇게 누적적이고 참여적인 도시 설계과정을 허용하는 형태 모델이 될 수 있다. 슈퍼블록은 분명하고 찾기 쉬운 공공의 입구와 일단의 독립적인 필지들로 구성된 자율적 블록들로 세분될 때, 가로의 위계가 잘 작동한다.

유 산

베르사유 학파는 설계이론을 평가하는 데 도움이 되는, 인공경관을 연구하는 별도의 학문분야를 선호한다. 이러한 새로운 입장에 따라 이 학파는 콘젠 학파나 무라토리 학파가 하지 못한 다학제적 방법과 철학을 논의한다. 이런 응용 분야의 개발에 따라 설계 평가에 대한 체계적인 접근의 길이 열린다. 또한 전통적·엘리트적 도시건설과정을 동시에 조사함으로써 설계이론을 실제의 성과에 견주어 비판적으로 검토할 수 있다. 이런 연구에서, 도시를 설계할 때 전통과 혁신을 혼합하고 기념비성을 통제할 필요가 있음을 알 수 있다.

베르사유 학파의 연구는 프랑스어 사용 국가들의 설계 실무와 연구에 굳게 뿌리를 내렸다. 유형학적·형태학적 조사는 인공경관과 그것의 설계에 관한 담론에 충분히 통합되었다. 그러나 베르사유의 연구가 도시의 위기를 다루는 학문분야들로 확대되었고 다학제적 출발점을 가졌음에도 불구하고, 그것은 도시계획 분야(제 2차 세계대전 후의 프랑스에서는 건축에

---

* 이것은 로시의 견해와 일치한다. 로시는 '도시를 설계한다'는, 좁은 의미에서의 도시설계의 가치를 부정한다. 왜냐하면 도시는 설계되기보다는 진화한다고 보기 때문이다(Rossi 1982, 116).

서 분리된 분야임)에서 느리게 발전했다. 1985년 파리대학의 도시학연구소가 도시형태학을 계획에 적용하는 주요한 연구 프로젝트에 착수했을 때, 심지어 외국의 건축가들도 그 프로젝트에 초청되었지만 베르사유 학파의 교수는 아무도 참여하지 못했다(Choay and Merlin 1986). 그러나 그 후 지금까지 파느레와 카스텍스는 그 연구소에서 도시의 역사와 형태학을 가르치고 있다. 그리고 그 연구소의 형태학 연구 최종판에서는 콘젠 학파가 더욱 많이 참조되었다(Merlin et al. 1988).

결론

유형형태학의 세 학파는 도시의 역사적 맥락에서 인공경관을 생각하는 데 필요한, 지적으로 의욕적인 골격을 제시했다. 이탈리아의 학파는 도시건설이라는 오랜 전통 안에서 계획과 설계에 이론적 기반을 제공했다. 영국의 학파는 인공경관이 생산되는 방식을 연구하는 학문적 접근방법을 제공했다. 그리고 프랑스의 학파는 인공경관의 연구를 설계이론의 비판적 평가와 결합하는 새로운 학문분야를 부각시켰다. 이들 학파는 모두 공간・시간・주거지・문화 사이의 관련성을 고려하는 어마어마한 연구・계획・설계의 체계를 제시했다. 여기서, 유형은 인공경관을 이해하고 그것에 개입하기 위한 본질적인 개념적 틀을 제공한다.

세 학파는 모두 인공경관을 시간・형태・척도(*scale*) 등 세 가지 차원에서 이해해야 한다고 주장한다. 인공경관은 공간을 구성・사용・변형하는 사회문화적 힘의 영향을 받으며 지속적으로 진화하고 변화하는 상태에 있다. 그래서 모든 유형학적 연구는 시간의 차원에 연결되어야 한다. 건축공간과 오픈스페이스는 함께 형태를 이룬다. 그것들은 영속적이다. 그것들은 사회적 실천의 변화, 그리고 그에 따라 오락가락하는 용도와 기능으로 인공경관을 정의하는 데 지배적인 영향을 준다. 형태를 이루는 요소들은 시간에 따른 사회문화적 요인에 고도로 민감하기 때문에 그것은 형태학적이라기보다 형태발생학적이다. 그리고 생활하는 방으로부터 도시 전체에 이르는, 또 그 사이의 블록과 지구(*district*) 등 서로 다른 몇 가지의 척도가 인공경관의 구조에 포함된다.

시간・형태・척도 등 세 차원은 흔히 별개로 존재하는 분야들을 미묘하게 관계 지어 준다. 분석과 설계 사이의 연결은 도시분석이 주로 경제적・사회적 차원을 다룰 때 약해지나, 인공경관의 형태적 차원에 집중하면 용이해진다. 마찬가지로, 형태는 시간의 차원을 통해 사회문화적・역사적 요인에 연결된다. 공간과 시간의 결합은 건축과 역사, 그리고 포터와 타이거만(Porter and Tigerman 1992)이 주창했듯이, 건축과 사회과학의 결합이다. 그리고 인공경관의 척도 차원에서는 건축적・도시계획적 접근방법의 통합이 필요하다.

세 학파의 유형형태학에 대한 논쟁은 설계이론에서 유형의 용도를 보여준다. 이들 학파는 기술적・분석적・설명적・비판적・생성적 유형들 사이를 구분한다. 그래서 그들은 기존의 역사도시에 대한 기술・분석・비평을 미래도시의 구상과 개념적으로 분리할 수 있다. 그들은 미래의 설계를 걱정하지 않고 인공경관을 알고, 설명하고, 그것의 생산을 이론화할 수 있다. 그것이 전통에 기반을 두고 문화적으로 규정된 것이든 의식적으로 구상된 것이든, 세 학파는 새로운 유형의 출현을 밝히고 그것을 이론에 관련시키는 도구를 제시한다. 그리고 그들은 과거 설계이론이 기존의 인공경관에 미친 실제 영향을 평가할 수 있다.

세 학파가 도출한 지적인 틀은 인공경관에 대한 연구와 교육에 적합하다(Moudon 1995). 나아가 이 자료는 버밍엄 그룹이 정의한 도시경관 관리의 기반이 된다. 인공경관의 관리는 현재 진행 중인 과정으로, 그것에는 서로 다른 주체들이 수행하는 계획・설계・시공의 연속적인 과업이 포함된다. 유형형태학적 접근방법으로 조성되는 인공경관에 관한 데이터베이스는 인공경관을 관리하고, 향상시키고, 변경하는 임무를 가진 다양한 공공기관에서 사용할 수 있다. 이미 존재하는 풍부한 도시 하부구조와 어메니티(*amenity*)[6]를 활용하기 위해서 도시 계획과 설계, 공공사업, 교통,

공원녹지, 주거, 그리고 지역사회 개발에 책임이 있는 공공 규제기관과 자산증진기관은 함께 일할 필요가 있다. 그들은 데이터베이스를 공유함으로써 미래에 있을 개입에 대한 정보와 지침을 얻을 수 있을 것이다.

좋은 지역사회의 설계 방안은 도시를 만드는 넓은 맥락 안에 있다고 직관적으로 믿는 대니얼 솔로몬(Daniel Solomon 1992), 앤드리스 듀어니(Andres Duany)와 엘리자베스 플레이터자이버크(Elizabeth Plater-Zyberk), 피터 캘도프(Peter Calthorpe) (Katz 1994), 스탠퍼드 엑스터트(Stanford Eckstut), 존 크리켄(John Kriken) 등과 같은 실무가들에게 이 지적인 틀의 유용성을 입증해 보여야 한다. 지역사회와 개인의 요구 사이에 균형을 이루려는 건축적 전략으로서, 그들의 도시평면, 가로와 대지분할 배치, 그리고 건축법규는 모두 유형형태학의 이론적 우산 아래에 있다. 유형형태학의 세 학파는 그런 실무가들에게 형태와 형태 형성의 과정에 대한 풍부한 데이터베이스를 제공한다. 그리고 더 중요한 점은, 형태발생학적 연구가 이런 설계 작업이 도시건설의 역사에 근거해 이루어지도록 한다는 것이다. 유형은 더 이상 임의로 차용한 도상이 아니다. 그것은 도시건설의 현실에서 검증된 개념들을 구축한다. 그것은 장소와 시간에 근거하며, 새로운 사회적·경제적·기술적 환경에 대응하고 적응한다.

역자 주

1) 도시를 이루는 일부 구역의 형태를 말하는 도시형태(*urban form*)와 구분하기 위하여 'city form'은 '도시 전체 형태'로 번역했다.
2) 로마시대 도시 상류층의 주택으로, 중앙의 중정(*atrium*)을 둘러싸는 중정형 주택이다.
3) 주거부분으로 부분적으로 또는 완전히 에워싸인 하나 이상의 중정을 가진 단일 가족의 주거단위를 중정형 주택 혹은 중정주택이라고 한다. 현대적 의미로는, 부지 전체를 마당과 실내를 포함하여 남김없이 주거공간으로 기획하고, 옥외에도 남는 공간이 없는 주거로서, 에워싸인 부지 안에 자연과 인간, 실내와 실외의 긴밀한 관계를 만들어내는 것을 중정주택이라고 할 수 있다. 중정형 주택에서는 인간과 자연이 일체화된 즐거운 공간이 제공되며, 중정과 실의 관계가 주제가 된다.

   중정형 주택의 유구를 살펴보면, 중국의 경우 서주(西周)시대(BC 1066~771)의 주거지에서 중정형 주택인 사합원(四合院)의 흔적이 보인다.

   서양의 경우, 아라비아반도에서 북아프리카에 이르는 회교도 세력 범위에 회교 전래 이전부터 존재한 도시주택의 형태에서 중정형 주택의 개념을 볼 수 있다. 이는 두꺼운 벽으로 둘러싸인 부지 내에 중정을 중심으로 실들이 배치된 형식이다. 그러나 중정의 주위가 반드시 실로 둘러싸여야 하는 것은 아니다. 또한, 중정을 둘러싸는 실들은 대개 중정을 향할 뿐 프라이버시를 위해 중정 쪽으로 창을 내지 않거나 작게 낸다. 작은 창이 설치되는 경우 철제 격자와 꽃으로 장식되기도 한다.
4) 잉글랜드 북동부의 주.
5) 각각 프랑스의 유명한 소설가와 시인의 이름으로, 프랑스의 문학적 전통을 의미한다.
6) 자연요소를 비롯해서 인간을 쾌적하게 해주는 요소.

제6부

유형과 사회적 실천

TYPE AND SOCIAL PRACTICE

제 17 장

표본화 그리고 사회의 건설: '사라진 후원자'

데이비드 반더버그 David Vanderburgh

이제 건물은 건강을 회복하고자 하는 사람들, 또는 목욕이나 학습이나 독서나 구매를 원하는 사람들이 때때로 사용하는 껍데기(*shell*)다. 그런 건물은 한 사람에 속할 수 없다. 그것은 모든 사람에 속하며 따라서 누구에게도 속하지 않는다. 극장에서의 시학(*poetry*), 학교에서의 과학, 공중목욕탕에서의 위생학, 그 어느 것도 사라진 후원자(*absent patron*)를 대신하지 못한다….

폴 프랭클(Paul Frankl), 《건축 역사의 원리》(*Principles of Architectural History*)

제 2제정(*Second Empire*) 시대[1]의 살롱에서 보듯, 서양의 19세기는 외견상 아이디어와 발명품 그리고 공예품으로 넘쳐났다. 당시 새롭게 대두된 것들 가운데 새로운 건물유형이 있었다. 그것은 "생각해낼 수 있는 온갖 목적을 위한 건물들로서, 대부분은 역사상 전례 없는 요건에 따라 생겨난 것들이다…"〔헨리 반 브런트(Henry van Brunt), (Pevsner 1976, 9)〕. 당시를 묘사한 이미지와 글을 보면 새로운 건물들은 활기찬 활동으로 붐빈다. 유리 외피의 세계박람회장에 방문자들이 우글거리고, 아케이드와 백화점의 전시대에는 상품이 가득하다. 그렇다면 폴 프랭클이 "사라진 후원자"(*absent patron*)가 남긴 허공 속에서 "아무에게도" 속하지 않는 "때때로 사용되는 껍데기"라며 그렇게도 비어있음(*emptiness*)의 이미지에 집착한 것이 이상하다. 이 세기의 새로운 건물유형은 비어있는가, 충만한가? 충만하다면 무엇으로?

그림 17-1 런던의 수정궁(The Crystal Palace). 이 그림에서 보이듯이 이 건물은 비어 있는가, 아니면 그것의 '내용물'이 암시하듯 충만한가? 자료: 조셉 팩스턴 경(Sir Joseph Paxton), 1850~1851. 브뤼셀 왕립도서관.

대중의 시대

프랑스에서 이런 넘쳐남과 비어있음의 흥미로운 모습들이 나타났다. 1789년의 프랑스혁명은 다른 무엇보다도 대중(*the Many*)의 시대를 열었다. 부르주아지는 더 많아졌고 더 목소리가 커졌다. 정부는 관료정치의 공작을 통해 **인민**(*le peuple*)에게 형태와 번호를 부여하는 명부 작성, 분류, 감시의 기능을 갖게 되었다. 생산은 점차 장인의 상점을 떠나 공장에서 이루어졌으며, 이에 따라 수천 명이 대량소비하는 장관이 초래되었다. 이주자의 무리가 도시를 침범하고 그들은 전에 없이 더 멀리, 더 빨리 그리고 더 자주 움직였다. 이런 대중의 출현은 세속적이든 영적이든 유일자(*the One*)를 대체했다. 전제주의(*absolutism*)는 루이 16세와 함께 참수되었다. 혁명 입법자들은 **앙시앵레짐**(*ancien régime*)[2]의 지리적 구분을 해체해 국가의 지도를 다시 그렸다. 귀족들은 성을 버리고 망명했고, 성직자들은 교

회와 수도원에서 쫓겨났다. 이로써 유일자의 추방으로 남겨진 공간이 아주 구체적으로 드러났다.3)

따라서 19세기가 시작될 때 프랑스에는 많은 새로운 요구가 대두되었고 다수의 빈 건물이 있었다. 프랑스혁명 이후 오랫동안 관리 · 건축가 · 기업가는 기능과 건물을 맺어주고, 정말이지 "생각해낼 수 있는 온갖 목적"으로 이들 껍데기 속을 채우려고 노력했다. 그들은 수녀원을 구빈원(救貧院)과 경찰서로, 수도원을 공장과 감옥으로, 성을 사무실 · 작업장 · 법원 또는 상상할 수 있는 다른 것으로 바꾸었다.4) 이는 단지 경제의 문제만은 아니었다. 새로 짓는 것이 더 저렴할 때도 그들은 어쨌든 개조하고 리모델

그림 17-2 빈민들을 위한 새로운 기관: 사람들은 마레 구역의 파리 몽드피에테(Intérieur du Mont-de-Piété de Paris, au Marais)5)에 있는 국영 전당포에서 돈을 빌리기 위해 저당 잡힐 물건을 가져왔다. 국영 전당포[Mont-de-Piété]는 앙시앵레짐(ancien régime) 말기에 처음 허용되었고, 프랑스혁명 후에 확산되었다. 국영 전당포는 국가 사회사업에서 이윤을 내기 위해 빈민들에게 높은 이율로 돈을 빌려주었다. 이런 야심찬 조치로 빈민들은 즉시 새로운 지위를 부여 받았으나 일정한 폐해도 예견되었다. 자료: Andrew, Best, & Leloir, 1842, 〈마가쟁 피토레스크〉(Magasin Pittoresque)6)에 나오는 지라르데(K. Girardet)의 드로잉. 브뤼셀 왕립도서관.

링했다(Petit 1991, 128~129). 새로운 체제의 건설자들은 축출된 자들의 공간을 다시 차지하고, 유물로 가득했던 그곳을 단순한 상자로 드러낼 필요가 있었던 것으로 보인다.

그러나 그들은 새로운 건물을 짓기 시작했을 때도 표상(*representation*)보다 포용(*containment*)을 강조했다. 정부 건물의 건축가들은 단순한 건물을 만들기로 맹세했다. 파리의 기차역·시장·전시관 같은 건물들은 무엇보다도 수용 능력에 있어서 장대했다. 따라서 '비어있는가'(*empty*) 아니면 '충만한가'(*full*)라는 질문에 대한 잠정적인 대답은 다음과 같다. 프랭클이 암시했듯이, 새로운 건물유형에는 군주·귀족·교회의 상징적 내용이 없었다(*empty*). 반면에 그것은 새로운 의도, 새로운 기술, 그리고 새로운 피수용자로 충만했다(*full*).

사회와 사회적 건축

대중이 구체적으로 대두된 새로운 국가에서, 피수용자는 특별한 건축적 문제였다. 처음으로 정부는 새로운 어떤 기준의 아래나 위 또는 밖에 있는 **모든** 사람들을 격리시키는 과업에 착수했다. 범죄자·정신병자·빈민들은 새로운 건물유형을 필요로 하는 새로운 사회적 유형으로 인식되었다. 자신들 역시 새로운 사회적 유형이었던 사회과학자들은 대중을 구성하는 유형들 사이에 고정된 경계선을 긋는 데 기여했다. 그리고 동시에 그들은 추방된 유일자를 대체할 '사회'라는 것을 재고안했다. 비록 프랑스에는 여전히 왕과 성직자가 있었지만, 그때부터 국가는 사회의 이름으로 감옥·수용소·병원, 이어서 학교·공공주택·신도시를 세웠다(Rabinow 1989).

그것은 대단히 모순적인 기획이었다. 초기의 비평가들도 인지했듯이, 건물유형을 가지고 사회를 건축적으로 분리한 결과 분리된 사회, 곧 하나의 불가분의 사회가 아니라 여러 개의 분할된 사회가 나타났다. 이러한 분리를 지지하는 개혁가들은 크게 낙관론자와 비관론자로 구분할 수 있다.*

낙관론자들은 사회적 향상이라는 편리한 허구를 내세웠다. 그들은 감옥 · 구빈원 등의 피수용자들 가운데 일부를 선별해 사회로 복귀시킬 수 있다고 주장했다. 이런 해법은 구원이라는 기독교의 개념과 인간 본성에 관한 루소(Rousseau)의 견해에 뿌리를 두고 있다. 소설이라는 새로운 문학 형태도 이런 해법을 지지했다.[7] 소설에서 개인은 종종 자신의 사회적 · 도덕적 배경을 넘어 발전하는 것으로 묘사되었기 때문이다(Bender 1988). 비관론자들은 다양한 생물학적 · 군사적 은유에 의존해, 이런 병들거나 호전적인 또는 완고한 사람들은 선량한 사람을 위해 도려내야 한다는 견해를 표명했다. 이런 후자의 주장은 19세기를 처음부터 끝까지 흔들었던 시민 소요와 전염병의 계속되는 풍파를 경험하면서 점점 많은 지지를 받았다.

낙관론자들과 비관론자들은 때로 극심하게 대립했다. 그러나 그들은 사회적 · 건축적 격리, 곧 이 글에서 말하는 **표본화**(*typification*)가 필요하다는 데 대해서는 대체로 일치했다. 다양한 문화적 성향으로 뒷받침된 표본화는 근대 국가의 건설을 위한 장기 전략으로 채용되었다. 정부는 행정과 억압의 효율적인 수단으로 표본화를 선호했다. 사회적 주변인을 위한 여러 유형의 공공건물은 프랑스혁명 이래 프랑스의 행정에 필수 불가결한 요소였다. 19세기의 무수한 사회개혁가들은, 사회주의자들은 때로 예외였지만, 표본화로 개혁의 적절한 틀이 형성되며 그 틀은 사회의 관심을 곧바로 나타내고 수용한다고 믿었다. 그리고 점점 강력해지는 부르주아지는 이전의 두 집단[8]과 겹쳐지는데, 그들은 단지 자신을 보호하기 위해서 표본화를 요구했다. 장소가 없는 사람들은 당연히 부르주아지에게도 위협이

* 여기서 낙관주의와 비관주의의 구분은, 로크(Locke)와 홉스(Hobbes)의 사회관을 구분하는 것 같은 사회철학의 기술적 논쟁(*technical debate*)에 비교될 수 있지만, 매우 넓은 의미에서의 구분이다. 단지 개혁 진영이 가졌던 태도와 선례의 범위를 제시하기 위해서 이런 구분을 하는 것이다. 실제적으로, 이 두 경향은 구분하기 힘들 때가 있었다. 그리고 개혁가 각자는 두 종류의 의견을 모두 표명할 수 있었다. 개혁운동이 추진력을 얻음에 따라 사실 이런 식의 구분은 치료 · 예산 · 건축 등 정밀한 문제에 관한 논쟁에서는 사라졌다. 많은 학자들(Goffman 1961; Rothman 1971; Foucault 〔1975〕 1979; Ignatieff 1978; Nye 1984)은 나름의 결과론적 설명방식으로 당시의 개혁가들을 다루었다.

되었던 것이다. 방랑자들이 생명과 재산에 어떤 실제적인 위협을 가하지 않았음에도 부르주아지가 방랑생활에 대해 계속 히스테리를 보인 것은 부르주아지가 느낀 위협을 보여주는 적절한 사례다(Petit 1990).

동시에 사회가 표본화에 열광함에 따라 그것의 지지자들 사이에 깊은 이념적 분열이 생겼다. 표본화의 대상이 되는 사람들을 봉쇄한 다음에 무엇을 해야 하는가에 대한 합의가 거의 없었기 때문에, 사회적 기술(*social technology*)이 제안되어도 그것이 충분히 전개되는 일은 거의 없었다. 감옥의 설계에서는 모델 사업으로 실험을 하기도 했지만, '사회적' 건물유형들은 계속해서 최소의 기능을 가진 용기(*container*)로 되돌아가고 말았다.

이런 고찰을 바탕으로 새로운 건물유형이 비어있는가 아니면 충만한가 하는 질문에 좀더 발전된 대답을 할 수 있다. 첫째로 프랭클(Frankl)의 관찰에 덧붙여, 유일자인 후원자가 사라진 반면에 다수의 사람들이 사회에 집단적이고 상징적으로 투자해 그 자리를 대신하려 한 사실을 지적할 수 있다. 그러나 대중의 시대에 사회는 불가피하게 다양했으며, 그러한 투자는 쉽지 않았다. 더욱이 이 '사회'에 표본화의 대상들도 포함해야 하는지 여부는 성가신 문제였다. 그들은 교화되어야 하는가 아니면 단순히 배제되어야 하는가? 대립하는 개념들 모두에 주어진 것은 사용될 방도가 정해지지 않은 "비어있는" 용기였다.

그러나 표본화의 사업에서 주요한 모순은 용기가 비어있음으로써 또는 비어짐으로써 불확실한 결정들로 점점 채워진다는 점이었다. 그곳은 적합할 수도 그렇지 않을 수도 있는 피수용자들, 그리고 모순들로 채워졌다. 근대성에 대한 중심적 논쟁이 일어나는 물리적·개념적 장소였던 돌과 철로 만든 상자는 이런 의미에서 모순을 '수용했다'. 그러나 그것이 19세기의 공상적인 사회개혁을 뒷받침하는 일은 점점 더 어려워졌다. 이론과 사회적 실천 사이의 긴장감은 물론, 경쟁하는 이론들 사이의 긴장감으로 인해 건축과 사회개량을 결합하려는 시도가 소멸되었다(Evans 1982).

이러한 약점들을 생각할 때, 표본화가 19세기의 다른 고안물들처럼 잊히고 말았다는 것은 놀라운 일이 아니다. 그 실패가 널리 인식되었지만 표본화는 사회적 · 건축적 기술로서 놀라운 지속성을 가졌다. 이유가 어떻든 — 그 이유의 일부는 아래에서 논하기로 한다 — 도시화 · 산업화와 함께 표본화는 프랑스와 서양의 전역에서 사회적 공간을 구성하는 데 현저한 역할을 한다.

그림 17-3 19세기 프랑스 감옥 설계의 순환. 1820년에서 1880년 사이 60년 동안, 프랑스 정부는 감옥 프로그램을 네 번 바꾸었다. (a)에서 보는 것과 같이 피수용자를 집단으로 감금하는 단순하고 저렴한 '군집' 체계, 그리고 (b)에서 보는 것과 같이, 비싼 독방으로 구성되는 '독방' 체계 사이를 반복했다.

a. 리옹의 감옥: 지층 바닥평면도.
자료: 발타르(L.-P. Baltard), 1820년대. 파리 국립도서관.

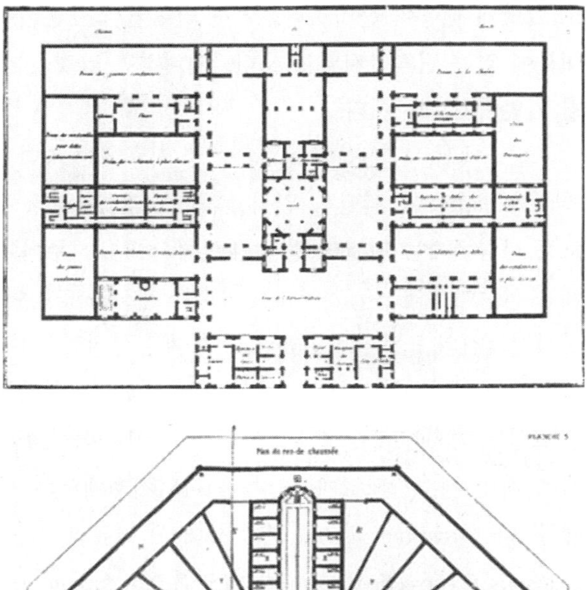

b. 프로뱅스의 독방 감옥: 지층 바닥평면도 표본
자료: G.-A. Blouet, 1841. 프랑스 법무부.

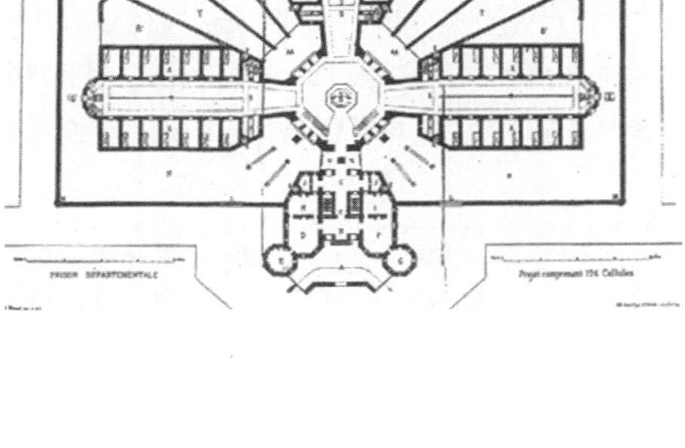

표본화와 부르주아지 계급

그 단어의 일반적 용법이 그러하듯이, 표본화하는 것은 성질·상태·장르를 규정하는 표본을 만드는 것이다. 그러나 표본화를 인위적인 활동으로 볼 수도 있다. 곧, 어떤 대상을 유형으로 만드는 것은 대상 자체의 속성이라기보다 관찰자, 곧 표본화하는 사람이라고 볼 수도 있다. 어떤 사물이나 사람에서 전형적인 요소를 찾는 것은 그 대상을 표면상의 성질로 환원시키는 것이다. 이런 환원에 표본화하는 측의 통제 욕구가 반영되는 일은 매우 빈번히 일어난다. 19세기에 새로운 '사회적 문제'를 표본화한 사람들도 그렇게 했음이 분명하다. 이런 의미에서 표본화는 문화, 그리고 문화 내부에 있는 권력관계의 기초다. 왜냐하면 그것은 사물을 명명하는 주요한 기반이기 때문이다.

프랑스에서, 1789년의 프랑스혁명 직후에는 특히 명명(*naming*)과 재명명(*re-naming*)이 활발히 일어났다. 프랑스혁명의 평등정신에 발맞추어 모든 사람에게는 옛날의 경칭 대신에 '시민'〔시투아이앵(*citoyen*), 여성에게는 시토아이앤느(*citoyenne*)〕이라는 새로운 명칭이 동일하게 주어졌다. 앙시앵레짐의 프로뱅스(*province*)가 재편성되었을 때, 표면상으로 지리적 중립성을 나타내는 '데파르트망'(*département*)[9]이라는 명칭이 부여되었다(〈그림 17-4〉 참조). 그리고 날과 달에 세속적이고 교훈적인 이름을 붙여서 달력이 재고안되었다. 감옥은 사법체계에서의 새로운 역할에 맞추어 메종 다레(*maisons d'arrêt*, 말 그대로 '억류의 집'), 메종 드 코렉시옹(*maisons de correction*),[10] 메종 드 쥐스티스(*maisons de justice*)[11]로 나뉘었다. 그러나 정치지리학 이외의 분야에서 이러한 변화의 수명은 짧았다. 귀족의 칭호와 특권은 곧바로 회복되었고, 나폴레옹 치하에서 달력은 원상으로 복귀되었다. 다양한 **메종**(*maisons*)은 오랫동안 대책 없이 뒤섞였다.*

---

* 더욱이 문화적 태도와 정치적 행태의 관점에서, 앙시앵레짐의 영토 구획도 20세기까지 큰 의미를 지녔다(Le Bras and Todd 1981; Vanderburgh 1993).

그림 17-4 프랑스 지도: 1789년의 프랑스혁명이 가져온 지속적인 변화의 예. 사진: 필자.

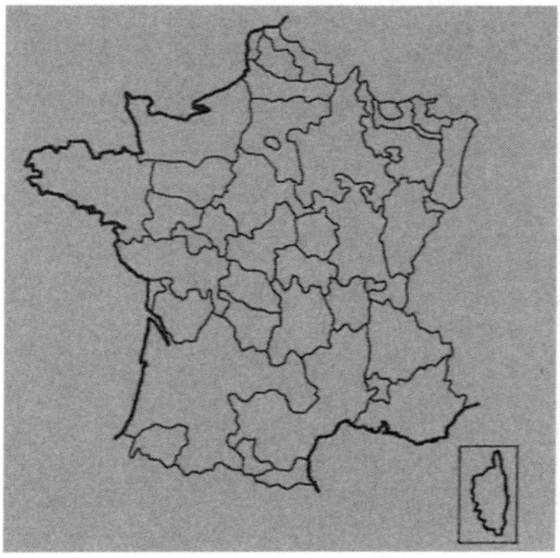

a. 프랑스혁명 전의 프랑스 프로뱅스

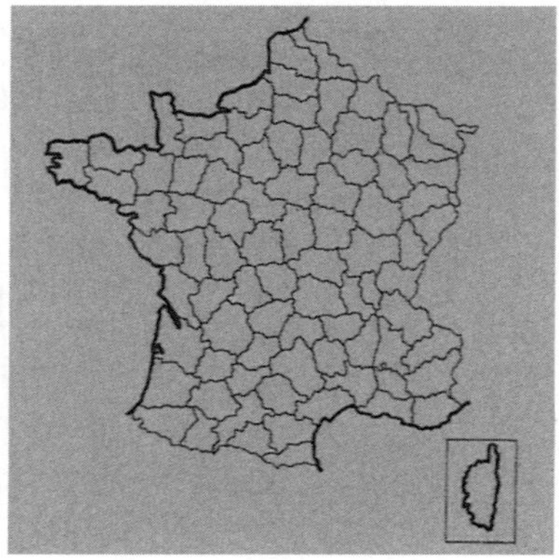

b. 프랑스혁명 후의 프랑스 '데파르트망'

그러나 프랑스혁명의 재명명으로 사회적 실천에서 영속적인 변화가 초래되기도 했다. 프랑스혁명 전의 엘리트들은 전처럼 안전하지 않았으며, 하류층들 또한 전처럼 억압받지 않았다. 모든 계급구조는 유동적이었다. 이런 역동성을 가장 극적으로 보여주는 것은 새로운 **중류**계급의 출현이다. 그들은 정치적으로 적극적이고, 사회적으로 탁월하고, 성장하는 계급이었다. 이 새로운 요소, 곧 중류계급은 극히 다양했다. 그것의 구성원은 정치적으로 극좌에서 극우까지, 그리고 경제의 차원에서는 최상층에서 거의 밑바닥층까지 걸쳐있었다. 그러나 자기 정의(*self-definition*)를 위한 노력에 따라 하나의 특징이 나타났다. 중류계급은 이해관계에 있어 전체적으로 혼란스러운 상태였지만 그들은 결단코 또 적절하게 자신들의 이익을 방어했다.

이런 투지는 프랑스혁명의 직접적 원인이었다. 프랑스 삼부회(*Estates General*)[12]라는 구제도의 1789년 회기에서 프랑스 정부의 정당성 위기를 야기한 것은 대체로 부르주아지인 이른바 제 3신분(*Third Estate*)이었다. 그들은 성직자와 귀족이라는 상위 두 계급이 가진 우월성에 도전했다. 이로써 그들의 정치적·사회적 정체성에 대한 의문이 명시적으로 드러났다.

한 유명한 팸플릿에는 다음과 같은 질문이 있었다. "제 3신분이란 무엇인가? 모든 것이다. 그것은 지금까지 무엇이었는가? 아무 것도 아니었다. 그것은 무엇을 원하고 있는가? 무엇인가가 되기를 원한다"(Augé 1933, 1359).*

구제도의 이러한 어색한 의붓자식이 "무엇인가가 되려는" 욕구는 모든 다른 것들도 무엇인가가 되도록 만들었다. 전통적 권위에 대한 제 3신분의 총체적인 도전으로, 기본적 인권을 추인했으나 프랑스 혁명력(*Revolutionary Calendar*)의 불합리를 초래한 가치들에 의문을 제기하는 길이 열렸다.

중류계급의 뚜렷한 특징은 여전히 불안함, 곧 공간적 · 시간적 측면의 불안이었다. 형태가 뚜렷하지 않은 이 집단은 상 · 하라는 전통적 지위를 결여했기 때문에, 새로운 국가의 정치에서 자신을 위한 사회적 공간을 창출해야 했다. 그러나 이 중류계급은 물리적 공간에 대해서도 걱정했다. 하류계급의 질병과 무질서를 두려워한 그들은 그런 타인들과 분리되기를 원했다. 예를 들어, 알랭 코르뱅(Alain Corbin 1986)은 공적 · 사적 생활에서 냄새와 악취가 문제된 것은 중류계급의 탄생부터라고 지적했다. 새롭게 후각적으로 민감해진 부르주아지는 하층민으로부터 물러서서 향수와 방향오일(*fragrant oil*)의 연막을 침으로써 후각적 · 공간적 거리를 확보했다.

중류계급의 불안 속에 있는 시간적 요소는 한편으로 그들이 귀족정치의 역사, 곧 앙시앵레짐의 전쟁과 권력 계승에서 유리된 데서 비롯되었다. 다른 한편으로 그것은, 언제라도 혁명이 일어날 수 있다는 정확한 직관에서 유래했다. 중류계급은 사업과 전문직 같은 개인생활에서조차 재산상의 어려움을 겪었다. 자본주의가 유발하는 위험을 아직 잘 알지 못했고, 19세기 말까지 개인 · 상업 자산의 구분도 없었다(Smith 1981, 42~3). 전문직 종사자들에게는 책임 보험이 없었다. 예를 들어, 한 번의 실패나 좌절로

* 인용한 팸플릿의 저자인 라베 시에예스(L'Abbé Sieyés)는, 기존의 전통적인 경계를 무시하고 완벽한 정방형 격자를 사용해서 프랑스를 재분할하는 계획을 지지한 것으로 잘 알려진 사람이었다.

직업과 재산을 날린 건축가나 기술자도 있었다(Van Zanten 1989).

따라서 위험을 줄이고 이득을 증대시키려 한 부르주아지는 계몽적 실용주의의 역설적인 교의에 공감할 준비가 되어있었다. 프랑스 혁명가들에게 잘 알려졌던 제러미 벤담(Jeremy Bentham)은 인간은 본질적으로 최소의 고통으로 최대의 쾌락을 추구한다고 말했다. 그리고 국가의 목적은 자원을 최소로 소비해서 가장 많은 사람들에게 최대의 이익을 제공하는 것이어야 한다고 했다. 벤담은 강박관념에 사로잡힌 체계화론자(*systematizer*)였으며, 그가 태어난 영국의 비효율적인 행정을 끈질기게 비판한 사람이었다. 1780년대에 그는 잘 알려진 팬옵티콘(*Panopticon*)이라는 표본화를 다루기 시작했다. 그것은 조금만 바꾸어도 학교·공장·감옥·작업장 등 효율적인 감시를 중시하는 어떤 다른 건물로도 사용될 수 있는 만능의 건물유형이었다(Bentham 1976).

프랑스혁명 초기, 1793~4년의 테러[13] 이전에 프랑스 사람들은 팬옵티콘에 대해 열광했다. 이는 아마 그것이 개방되고 투명한 사회를 향한 루소의 꿈과 공명했기 때문일 것이다(Bentham 〔1791〕 1977, 16). 그러나 프랑스에서 팬옵티콘의 가장 중요하고 지속적인 영향은 물리적인 것과 사회적인 것의 결합에 있었다. 가장 이상주의적인 혁명가들도 군주정치로 압박받던 백성들을 자유 시민으로 행동하도록 재교육해야 하는 거대한 과업에 직면했음을 깨달았다. 그들은 "건축의 단순한 아이디어"가 교육에서부터 처벌까지 수많은 안건을 해결하는 하나의 원동력이 될 수 있다는 벤담의 개념을 환영했다. 팬옵티콘 자체는 후에야 도입되었지만, 벤담의 엄격한 비용과 효용의 계산은 프랑스혁명 이래로 프랑스 공공건축의 뿌리가 되었다.

건축과 기능유형

건축 이론가들 사이에서 건물유형은 항상 토론의 중심 논제였다. 고전 오더의 적절한 사용에 관한 논쟁이 하나의 부류라면, 로지에(Laugier)의 원시 오두막 개념은 또 하나의 부류였다. 그러나 이러한 노력은 기능유형보다는 기원, 곧 원형(*urtyp*)을 찾는 데서 맴돌았다. 특정한 역사 문헌에 바탕을 두고, 건물 기능에 고정된 위계가 있다고 가정하는 경향이 있었다. 이론가들은 전통적인 기능을 아우르는 견고한 기반을 발견하는 데 관심을 기울였으며, 새로운 기능을 수용하는 것에는 관심이 적었다.*

일반적으로 근대적인 기능유형, 곧 표본화의 건축적 요소를 확립한 것으로 여겨지는 사람은 프랑스혁명 후 프랑스의 엘리트 기술학교인 에콜 폴리테크니크(Ecole polytechnique)의 교수였던 뒤랑(J. N. L. Durand)이다. 엔지니어들(당시에는 종종 건축업무를 수주했다)에게 건축을 효과적으로 가르치기 위해서, 뒤랑은 단순한 구성 방법을 개발했다. 그것은 평면형태를 제한된 범위 안에서 변화시켜, 이론적으로는 어떤 용도도 수용할 수 있도록 하는 것이었다(Durand 1809). 뒤랑의 교육은 강의실 너머로 널리 퍼져나가 파리의 에콜 데 보자르(Ecole des Beaux-Arts)에서 건축설계 교육의 기본적인 요소가 되었다(Szambien 1982; Pérez-Gómez 1983).

그의 방법은 새로운 프랑스 행정지리의 근저에 있는 것과 동일한, 평등한 격자에 바탕을 두고 있다. 이 방법으로 뒤랑은 기초적인 건축요소의 반복과 재조합으로 설계의 모델을 발전시켰다. 그의 단순한 전형(*prototype*)은 19세기 내내 건축생산에서 반복되었다. 형태를 비신성화한 뒤랑의 전형은, 앙시앵레짐의 신비적인 권위를 부정한 프랑스혁명의 비신성화한 추진력에 비견될 만한 것이었다.

---

* 그럼에도 불구하고 몇몇 학자가 제시했듯이(예를 들어 Vidler 1987), 이론가들의 그런 논의에서 유형에 대한 좀더 급진적인 전망이 생겼다.

그림 17-5 부르주아지의 공간과 시간. '4층 주택'(maison à trois étages). 이 19세기 프랑스 아파트 건물의 단면 이미지에서 중류계급의 공간적 · 시간적 풍요를 볼 수 있다. 중류계급의 사람은 누구나 생애 내에 여기서 묘사된 세 중류생활의 어느(모든) 모습으로 살 것이라고 기대했다. 자료: J. Quarterly, 지라르데, 〈마가쟁 피토레스크〉, 1847의 드로잉. 브뤼셀 왕립도서관.

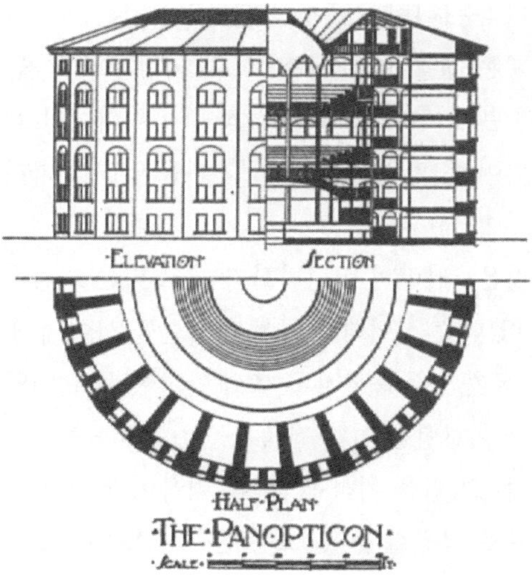

그림 17-6 팬옵티콘. 입면, 단면, 절반 평면. 제러미 벤담(Jeremy Bentham), 1790년대. 자료: 'A. Hopkins, 1930, Prisons and Prison Building'에 있는 뉴콤(R. Newcomb)의 드로잉, 브뤼셀 왕립도서관.

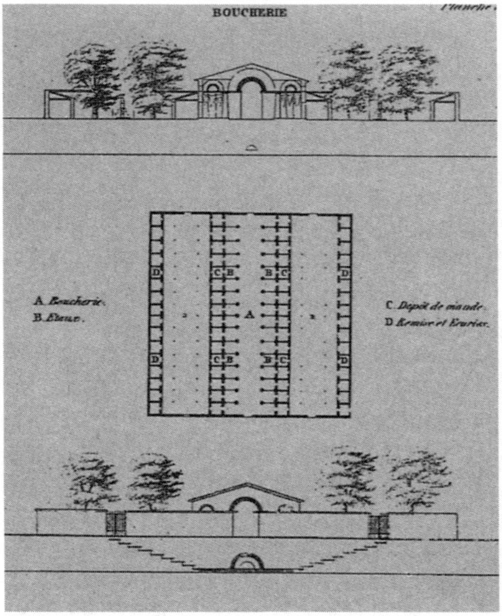

그림 17-7 뒤랑의 전형(prototype).
'도살장'(Boucherie)의 단면 · 평면 · 입면.
《요목》(Précis)에 있는 다른 유형과
동일한 시각적 지위를 가진 소박한 건물
자료: Précis, 1840~41. 브뤼셀 왕립도서관.

그런 전형에는 **배열**(*disposition*), 곧 건축적 요소들의 조합과 집합이 "건축가가 관여해야 할 유일한 것"이라는 뒤랑의 주장을 뒷받침하려는 의도가 있었다(Durand 1809, 1:23). 좋은 **배열**에서 건축의 모든 바람직한 특질, 심지어 아름다움 자체도 나온다는 것이다. 그는 생성적인 아이디어의 표현이라며 평면을 강조했다. 단면이 이 평면을 따르고 그 다음 입면이 따라야 한다는 것이다(Durand 1809, 1: 89~90).

지금의 논의에서 더 중요한 것은, 뒤랑의 비신비화가 서로 다른 기능유형들 사이의 관계에까지 확대되었다는 점이다. 더 이상 기능들 사이에 위계는 존재하지 않았다. 새로운 국가가 충족시켜 줄 요구만이 있을 뿐이었다. 그가 가르친 엔지니어들, 그가 영향을 미친 건축가들은 관청 · 감옥 · 마구간을 설계하는 데 동일한 접근방법을 취하곤 했다. 더욱이 뒤랑은 그의 작업을 매우 실용주의적인 말로 정당화했다. 그는 건축의 목적이 불편함과 소비를 최소화해 효용을 최대화하는 것이라고 주장했다(Durand 1809, 1: 15).

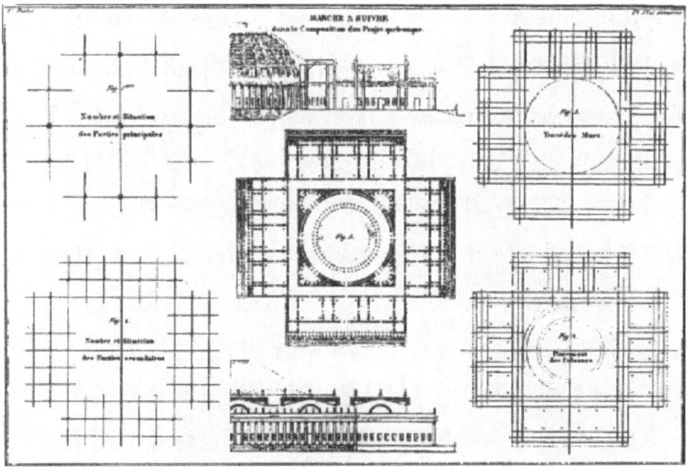

그림 17-8 뒤랑의 구성방법. "어떤 프로젝트의 구성을 위해 따라야 하는 과정"(Marche à suivre dans la Composition d'un Projet quelconque). 자료: Précis, 1840~41. 브뤼셀 왕립도서관.

뒤랑의 방법은 중류계급의 공간적 불안에 잘 대응했다. 그들의 요구대로 건물들 사이와 건물의 내부가 분리되었고, 개별적이고 경제적인 건축의 공간에 건강한 빛과 공기가 유입되었다. 이런 논리의 본질은 분류에 있었다. 공간은 단일 기능을 가졌으며 따라서 사람들은 항상 거기에 무엇이 있는지 알 수 있었다. 뒤랑의 프로그램에서는 질병이 발생하는 공간이나 위험한 사회적 혼합을 위한 공간이 구상되지 않았고, 공간과 행위 사이의 연관성은 단순화되었다.

그러나 그 방법은 **시간적** 불안을 다루는 데는 별 도움이 되지 않았다. 공간적 분류를 실천함으로써 깨끗한 것과 더러운 것, 시끄러운 것과 조용한 것 등의 사이가 적당히 구분되었지만, 그것들이 후에 오용되는 것은 막을 수 없었다. 역사에 대한 그의 접근방법을 보아도, 뒤랑은 흔쾌히 과거의 건물에서 형태적 교훈을 끌어낸 반면, 시간의 경과와 그에 따른 문제점들은 전적으로 부정했다. 그는 고전 오더의 지속적인 사용과 같은 역사의 힘을 어느 역사학자가 말한 "습관의 힘"으로 축소시켰다(Rykwert 1982, 16).

과거와 근래의 건물과 프로젝트를 같은 척도로 다시 작도하고 기능유형으로 분류한 책인 《고대와 근대 모든 양식의 건물 비교집》(*Recueil et parallèle des édifices de tout genre, anciens et modernes*, 1801)에서 뒤랑의 전략은, 경쟁하는 발명품의 유통을 방지하려고 그것을 사는 제조업자의 전략과 어느 정도 유사하다. 뒤랑은 건물 자체가 역사적인 문화적 쟁점의 장소라고 통찰하기보다는 평면형태의 영원한 이차원적 격자에 건물을 견고하게 고정시키는 것을 선호했다.

아이러니하게도 뒤랑이 가장 큰 영향력을 미쳤던 시기에 프랑스에서는, 대부분의 공공건축 업무에서 건물 공간의 성격에 관한 논쟁이 일어났다. 1801~1830년에는 건축활동이 대부분 귀족과 교회의 신성한 장소(*lieux sacrés*)(실제적으로나 비유적으로)를 변형하는 것에 집중되었다. 나폴레옹

그림 17-9 뒤랑과 동시대의 건축가들에게 주어진 전형적인 업무. 프랑스의 나르본느(Narbonne) 오드(Aude)에 있는 교회건물을 개조한 감옥의 지층 바닥평면도, 1799. 자료: 파리 국립기록원.

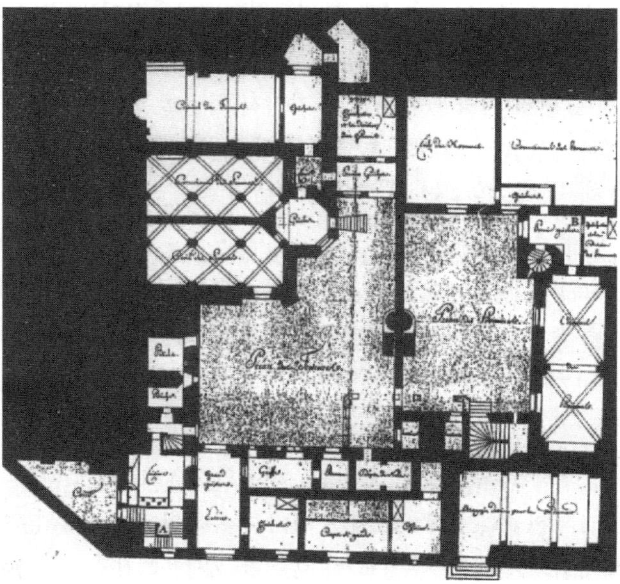

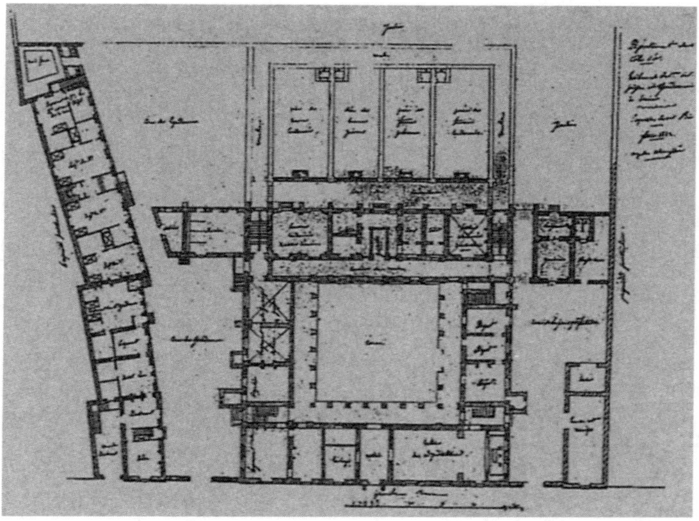

그림 17-10 기능 혼합. 프랑스의 스뮈르(Semur, Côte-d'Or)에 있는 수녀원이나 성을 다양한 공공용도로 개조한 프로젝트의 지층 바닥평면도. 자료: Flamand, 1832. 파리 국립기록원.

의 패배 이후에는 이러한 건물을 본래의 상태로 복원하는 일에 집중되었다.[14] 뒤랑의 교육과정과 보자르(Beaux-Arts)를 졸업한 사람들은 자신들이 배운 것이, 필연적으로 시간에 관련되고 상징성을 갖는 과거의 기념비들과 충돌한다는 사실을 알게 되었다.

그런 건물들은 형태와 개념에 있어 뒤랑의 전형과 상반되었다. 그것들은 대개 수세기 전부터 존재한, 불규칙하고 증축되어 온 구조물이었다. 여전히 많은 건물에는 마음껏 장식한 흔적이 있었다. 그리고 벽은 두껍고 공간은 작아서 빛과 공기가 유입되기 어려웠다. 그리고 뒤랑의 전형이 보편적인 적용성을 목적으로 한 반면에 앙시앵레짐의 유물은 특정한 부지와 시기에 관련되는 건축이었다.

그런 수도원 · 수녀원 · 성은 규모가 커서 한 건물에 하나의 기능만을 수용하도록 제한하기는 어려웠다. 지방 행정기관은 종종 지역의 건축가들에게 하나의 지붕 아래 최대한 많은 용도를 조합한 시설을 만들도록 강요했다. 때로는 그 건물이 본래 가졌던 프로그램만큼이나 많은 기능을 혼합하도록 강요했다. 예를 들어, 규모에 관계없이 성에는 본래 생활구역 · 마구간 · 사무실 · 채플 · 창고 · 행정기관이 있고 지하감옥이나 탑에는 방 한두 칸이 있었다. 특히 그다지 부유하지 않거나 사람이 많이 살지 않는 지역에 있는 그런 건물을 재사용하는 프로젝트에서는, 혁명 후에 새롭게 나타난 행정적 요구를 가능하면 많이 수용하고자 했다. 행정관청 · 상업회관 · 법원 · 감옥 · 경찰서 · 시청 · 학교 등을 모두 같은 볼륨 안에 수용할 수도 있었다.

내무부를 자문하는 자문위원회인 혁명정부 건축위원회(Conseil des Bâtiments Civils)가 그런 프로젝트들의 설계를 맨 먼저 검토하는 경우가

그림 17-11 지역 프로젝트의 '합리화': 프랑스 아르시쉬르오브(Arcis-sur-Aube, Aude)에 있는 법원/감옥/경찰서 프로젝트에 대한 혁명정부 건축위원회(Conseil des Bâtiments Civils)의 개입. 자료: 입면도, 파리 국립기록원.
a. 1819년의 지역 건축가 설계안, b. 1820년의 혁명정부 건축위원회(Conseil des Bâtiments Civils) 수정안

a

b

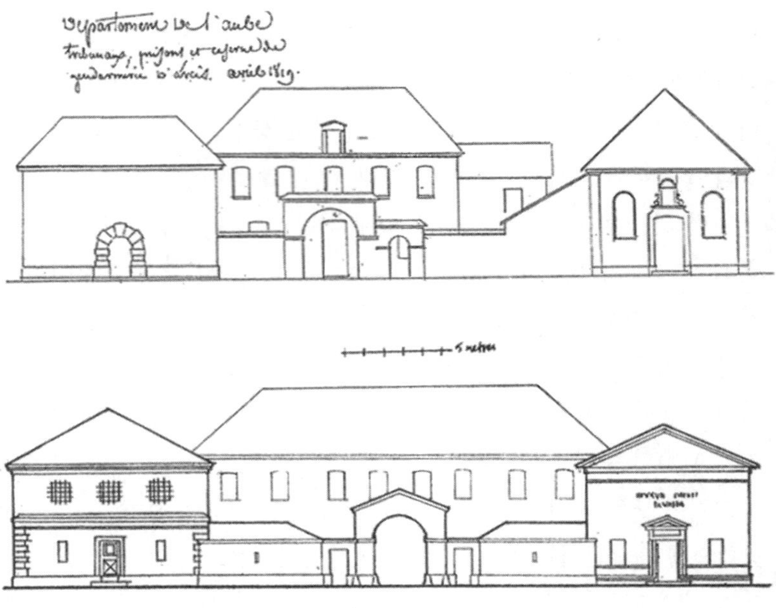

많았다. 보자르(Beaus-Arts)의 졸업생이면서 대개는 로마대상(Prix de Rome)의 수상자인 위원회의 위원들은 그것들을 보고 놀랐다. 19세기 초부터 위원회의 철학은 뒤랑의 그것에 가까웠다. 그러나 배경과 관심이 달랐던 지역의 건축가들이 파리와 보조를 맞추는 일은 드물었다. 만일 그들이 그랬다고 해도, 지역 건축가들은 지역 의회 나름의 실용주의를 만족시켜야 했다. 그것은 "최대의 효과"보다 절약을 더 강조하는 실용주의였다(Vanderburgh 1993).

위원회는 첫째로 경제와 기능적 타당성을 따졌고, 둘째로 형태적 규칙성과 대칭을 따져 재사용 프로젝트를 비판했다. 위원회의 표현을 보면 위원회가 그 이상의 많은 것을 기대하지 않았음을 알 수 있다. 위원회의 지도 아래, 특히 1810년대와 1820년대에 기존 건물에 커다란 수술이 가해졌다. 기존 건물들이 뒤랑의 모델들과 아주 유사한 것으로 개조되었다(〈그림 17-11〉). 위원회는 1830년 이전에 지어진 몇몇 신축 프로젝트에도 개입했고, 그 결과 그런 프로젝트는 '합리주의' 성향을 반영하게 되었다. 그러나 여기서 뒤랑의 여유 있는 미니멀리즘은 과감하게 간략화되었다. 작은 도시의 부지에서 뒤랑이 선호한 널찍한 중정과 좁은 건물을 실현하기는 거의 불가능했다. 재산권 형태, 육중한 벽, 그리고 제한된 부지로 인해 건축의 역사는 우아하지만 연약한 초기의 기능주의로 후퇴할 수밖에 없었다.

역사, 직업, 그리고 기계

1830년대에 프랑스에서 뒤늦게 건축 붐이 일었을 때, 건축계에 역사의 문제가 다른 형태로 다시 대두되었다. 특히 고딕양식의 부흥이 보자르 체계의 안팎에서 문제로 대두되었다. 1830년대 말까지 프랑스 중세건물의 '복원'은 이슈가 되기에 족했다. 그래서 낭만주의 작가이자 논객인 프로스페르 메리메(Prosper Mérimée)가 혁명정부 건축위원회의 복원과 보존 전문가로 지명되었다. 그러나 역사의 매력과 공포는 장식의 문제보다 훨씬 컸다. 유젠 비올레르뒥(Eugène Viollet-le-Duc) 같은 개혁주의 건축가들이 선언했듯이, 형태의 양식은 건물의 생산을 포함한 전체 생활방식의 한 측면일 뿐이었다. 비올레르뒥은, 중세 장인들의 작업에 힘이 있는 것은 그들의 생활여건에서 비롯된 것이며, 당시 진행되던 작업이 취약한 것은 악화되는 삶의 질과 관련이 있음을 애써 강조했다.

환경결정론, 곧 사회적 공간과 물리적 공간 사이의 인과관계에 대한 믿음은 당시의 질서였다. 마치 비올레르뒥이 사회적 문제가 나쁜 건물의 원인이라고 믿었듯이, 부적절한 건물이 사회적 문제의 원인이라고 믿는 사람들이 있었다. 그러나 역사의 추력을 일련의 관례로 만들어 그것을 회피하려 했던 뒤랑이나 그의 동조자들과는 달리, 새로운 개혁가 세대는 역사의 힘을 인정했고 그것을 이용하고자 했다.

1830년의 7월혁명에서 가장 확고한 환경결정론자들이 정치권력을 잡았다. 그들은 1820년대에 위생과 세속적 인도주의의 원칙에 따라 공공건축의 개혁운동을 했는데, 그중에는 미국 감옥과 민주주의를 연구한 유명한 알렉시스 드 토크빌(Alexis de Tocqueville) 같은 인물이 있었다. 비록 혁명으로 그들이 권력을 갖게 되었지만, 7월왕정의 명사의원들(*notables*)은 한 번 더 혁명이 일어날 가능성을 무시할 수 없었다. 실제로 1848년에 또 한 번의 혁명[15]이 일어났다. 역사는 여전히 혼란스러웠지만, 그것은 어떤 규칙성을 나타냈다(나폴레옹의 조카가 50년 후에 자기 삼촌처럼 쿠데타를 일으킨 것을 맑스가 냉소적으로 지적했듯이).*

---

* 역사가 처음에는 비극으로, 다음에는 희극으로 반복된다는 맑스의 유명한 주장의 출처는, 나폴레옹 3세가 권력자로 부상한 것을 날카롭게 분석한 《루이 보나파르트의 열여덟 번째 무월(霧月)†》(*The Eighteenth Brumaire of Louis Bonaparte*, 1852)이다.

† 역자 주: Brumaire는 프랑스력으로 안개가 자주 끼는 무월(霧月)을 의미하는 달로서, 현행의 태양력으로는 10월 23일에서 11월 21일까지의 기간에 해당한다. 보통 열여덟 번째 무월(Coup d'État du 18 brumaire)은 1799년 11월 9일, 나폴레옹 보나파르트가 쿠데타를 일으켜 1795년부터 시작되었던 프랑스혁명 정부의 5인으로 구성된 집정내각(*Directoire*) 체제에 종말을 고하고 1799년에서 1804년까지 지속된 집정정치시대(*Consulat*)를 연 것을 말한다.

칼 맑스가 쓴 《루이 보나파르트의 열여덟 번째 무월》(*Le 18 Brumaire de Louis*

넓게 말하면, 반복되는 시간의 문제를 극복하는 데 두 개의 개념을 사용할 수 있었다. 직업(*career*)과 기계가 그것이다. 직업의 개념으로, 위를 향한 개인의 사회적 진보를 논하는 것이 가능해졌다. 기계는 그 목적을 위한 정직하고 냉정한 수단이 되었다. 이 두 요소를 통해, 표본화는 뒤랑의 반역사적 틀에서 벗어났고 표준화로 대량생산된 구원(*mass-produced redemption*)을 실현할 수 있게 되었다. 대량생산된 구원이란 상류계급에게는 안전을 약속하고 하류계급에게는 변화를 약속하는, 난해한 이중의 전망을 말한다.

이미 끝나가는 나폴레옹의 확장정책 아래서, 어떤 부르주아지들은 "무엇인가가 되려는" 그들의 집단적 욕구를 버리고 개인적 발전을 추구하기 시작했다. 나폴레옹 자신이 그랬듯이, 상대적으로 출신이 비천한 사람들은 군대와 관료제도에서 직업을 찾음으로써 신속히 스스로를 차별화할 수 있었다. 1830년 이후, 대부분의 전문직은 조직을 형성해 구성원들의 미래를 보장하는 안전한 발판을 마련했다. 개혁가들조차도 공평한 박애와 자선(*bienfaisance*)이라는 귀족적 모델을 버리고 사회복지제도의 발전을 통해 전문화되기 시작했다(Perrot 1991).

동시에, 사회의 상류계급이 사회적 하급자들의 '직업'을 문제 삼는 상황이 생겼다. 그때까지는 어떤 면에서 의학적 격리의 모델을 따르는 다양한 형태의 분류를 바탕으로 개혁의 원칙이 만들어졌다. 뒤랑이 암시했듯, 이질적인 요소들은 격리하는 것으로 충분하며, 그러면 자연히 '치유'가 된다고 보았다. 그렇게 격리된 사람들은 치유되지 않을지라도 적어도 사회는 충분히 치유된다는 것이다. 그러나 1832년 콜레라의 유행으로 전염병에 대한 의학적 지식에 혼돈이 생겼다. 이와 동시에, 계급 사이에 새로운 긴장이 생겼다. 모든 계급의 구성원들은 전염병에 노출되었다. 그래서 부르주아지와 귀족들은 하류계급의 불결한 습관이 병을 발생시킨다고 생각해

Bonaparte)은 나폴레옹 보나파르트가 1799년에 쿠데타를 통해 초대 집정관 자리에 오르고 이어 조카인 루이 나폴레옹 보나파르트가 다시 쿠데타를 일으킨 행위를 어떻게 이해할 것인지 질문한다.

그들에 대해 새롭게 공포심을 갖게 되었다. 반면에 일반적으로 빈자들은 부자와 의사들 때문에 감염되었다고 믿었다(Evans 1988, 121~7).

분류로는 당시 사회의 표면에 나타난 병폐를 막을 수 없었다. 빈자들의 나쁜 건강습관은 더 이상 단순히 불쾌한 것만이 아니라 위협적인 것이었다. 그리고 소설과 인기 있는 인쇄물에 묘사된 조직화된 범죄자들의 패거리와 도당은 심지어 그들만의 언어를 가지고 있었다. 범죄자들도 전문화되고 있었다.

프랑스에 잠복해 남아있던 벤담의 사상은, 빈자·범죄자·무식자를 비롯한 주변적 시민들을 필요하다면 강제로라도 재교육시켜 새로운 종류의 도덕적 직업을 갖도록 해야 한다는 것이었다(Foucault 〔1975〕 1979). 부르주아지 자신의 기원신화(*origin myth*), 곧 재능과 노력을 통해 낮은 계급에서 상승한, 가난하나 정직한 상인 또는 장인의 신화가 이런 견해를 지지했다. 그런 기원신화를 가진 사람들은 쉽게 다른 사람에게도 마찬가지의 가능성이 있다고 상상했으며, 실패하거나 잘못된 길을 택한 사람들의 가치를 의심했다.

그러나 재교육이 필요한 사람들의 수가 실로 압도적이었다. 예를 들어, 1820년대에 통계 연구가 시작되어, 개혁가와 행정가들은 그 국민의 절대다수가 문맹이며, 국민의 절반을 훨씬 넘는 사람들이 프랑스어를 제 2언어로 사용한다는 사실을 깨달았다. 수천 종의 직업을 재설정하기 위해서는, 자수성가의 이야기에 나오는 아버지 같은 한담이나 개인적 직관에 의존할 수는 없었다. 무엇인가 효율적이고 강력한, 기계 같은 것이 필요했다. 새로운 증기기관차처럼, 기계는 일단 움직이면 예상할 수 있는 속도로 계속 작동하고, 미숙련공 몇몇이 정기적으로 손질만 하면 된다. 그러면, 다시 직업을 갖게 된 시민들은 아마 기계의 엄격한 규칙성에 감명을 받아 앞으로 나아가되 더 이상 이탈하지 않을 것이다.

기계의 오래된 영혼

르코르뷔지에가 유명한 구절[16]을 만들어내기 1세기 전, 프랑스 건축가들은 온전한 한 벌의 "교육을 위한 기계"를 설계해달라는 요청을 받았다. 당시는 물론 그 이후에도 이 은유의 건축적 중요성은 과소평가될 수 없다. 18세기의 자동장치(*automaton*)에서 20세기의 전쟁기계에 이르기까지, 사람들은 기계의 자율적인 운동성에 매료되었고 결국 근대성이 대두되었다. 그러나 표본화의 건축에 있어서, 기계는 이미 수단이자 목적이었다. 이는 기계의 미학적 수준 때문이라기보다 기계가 반복적인 업무를 수행하는 힘을 가지고 있고 효율성을 상징했기 때문이다.

예를 들어, 이런 태도는 영어로 랭카스터 시스템(*Lancasterian System*) 혹은 모니터 시스템(*Monitorial System*)이라고 알려진, '상호 교육'(*enseignement mutuel*) 체계를 따르는 학교에서 나타나기 시작했다. 학생들을 전임 교사의 조교로 활용하는 이 체계는 영국에서 교육자인 앤드류 벨(Andrew Bell)과 조셉 랭카스터(Joseph Lancaster)에 의해 처음 추진되었다. 프랑스혁명이 달성하지 못한 보편적 교육이라는 과업을 수행할 방법을 찾던 프랑스인들은 이를 신속히 채택했다. 사범대학 네트워크가 이미 제자리를 잡고 있었지만, 사범대학이 일반화된 초등교육의 교원 수급을 목적으로 한 것은 아니었다. 대규모로 교육을 하는 유일한 길은 학생들 자신을 교육자로 활용하는 것이라는 생각을 프랑스인들은 쉽게 받아들였다.

유일한 권력자인 교사의 활동은 학생 모니터들의 이차 활동을 통해 전달되어 결국 학생들에 의한 교육이 행해진다는 점에서, 랭카스터 학교의 운용은 분명히 기계적이었다. 이 체계는 교육을 모니터가 쉽게 전달할 수 있는 암기활동으로 전락시켰다고 비판받았다. 그러나 그것을 추진한 사람들은 암기가 초등교육의 본질이라고 믿었으며, 따라서 그것을 미덕으로 보았다. 1818년 파리에서 상연된 한 희극은 '상호 교육'의 이중적 의미는 물론, 그 방법과 가련한 주체들을 비웃었다.

쥘리앙(Julien) : 모든 사람은 같은 시간에 같은 일을 해야 해… 그러니까 네가 알 듯이 내가 모니터야.

뤼카스(Lucas) : 야, **모니터**〔옛 프랑스 정부 신문인 〈르 모니퇴르〉(*Le Moniteur*)를 빗대어서〕는 시장(市長)이 갖고 있는 그 큰 신문 아냐?

쥘리앙(Julien) : 아냐, 입 닥치고 다른 애들처럼 내가 하는 대로 해. 우선, 시작이 좋아야 하니까 내 앞에 있는 여자애한테 뽀뽀를 하겠어… 〔**그는 투아농**(Toinon)**에게 뽀뽀를 하고, 다른 남자애들은 여자애한테 뽀뽀를 한다.** …〕

(Brazier, Dumersan, and Delestre-Poirson 1818, 20)

랭카스터 학교의 건축은 효율성이라는 임무에 발맞추어 수업만큼이나 절제되었다. 모니터 시스템의 요구사항은, 교실이 프로그램이 요구하는 긴 의자들과 암송 공간을 갖출 만큼 넓어야 하고, 이 공간이 감시로 인해 방해받지 않아야 한다는 것뿐이었다. 랭카스터(Lancaster 1816)는 이 방법을 보급하기 위한 프랑스어 책자에서 좋고 나쁜 공간배열을 보여주는 판

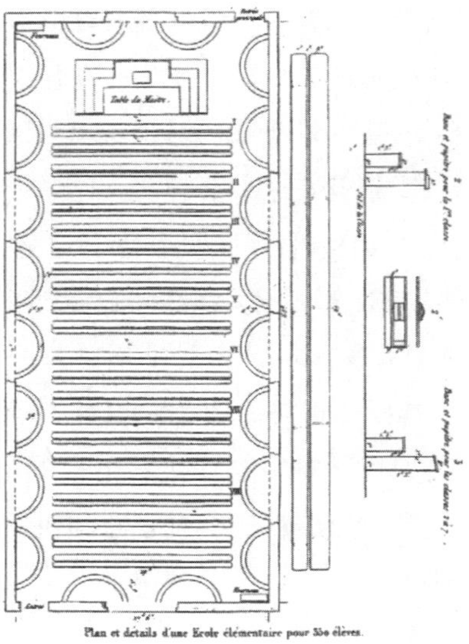

그림 17-12 랭카스터 학교의 평면도. 자료: Méthode Lancastérienne, 1816. 브뤼셀 왕립도서관.

화는 물론 표본 평면도를 제시했다. 평면은 단순하지만 그것에는 기계가 강력하게 암시되어 있다.* 학생과 모니터는 교실의 내부 구성을 따라 예정대로 움직여서 선생님의 감시 아래에 있는, 교대가 가능한 동일한 단위의 대오를 형성하고 또 다시 형성하게 된다.

랭카스터 체계의 인기가 절정에 달한 1830년대, 프랑스에서 부활된 팬옵티콘은 감옥 설계에 대한 논쟁에서 피뢰침의 역할을 했다. 건물 설계로서 팬옵티콘은 세부적으로는 여러 가지로 미해결 상태였다(Evans 1982).

17-13 랭카스터 학교에서 암송하는 학생들. 자료: Méthode Lancastérienne, 1816. 브뤼셀 왕립도서관.
a. 모니터(monitor)와 학생들의 올바른 행동, b. 무질서한, 그릇된 행동

a

b

* 부과된 규율의 관점과 공간배분의 관점에서 볼 때, 군대 · 공장 조직의 패러다임(Foucault 〔1975〕 1979 참조)도 숨어있다. 19세기 초에는 기계화 · 군국화 · 산업화가 모두 진행되고 있었다.

그림 17-14 지역의 팬옵티콘: 프랑스 오툉(Autun, Saône-et-Loire)에 있는 감옥의 조감사진.
자료: A. Berthier, 1847~1856. 필자 사진.

그러나 프랑스 건축가들은, 부르고뉴(Bourgogne) 지역에 지어진 작은 원형 감옥에서부터 아마 당시에 지을 수 없었을 거대하고 육중한 프로젝트에 이르기까지, 팬옵티콘의 수많은 버전을 만들어냈다. 탁월한 건축가인 발타르(L. -P. Baltard 1829)가 그 개념(그리고 영국의 '기계 정신' 전반)을 점잖게 비판한 것을 고려할 때, 팬옵티콘이 그렇게 갑자기 프랑스에서 수용된 이유를 이해하기는 어렵다.

그러나 간혹 예외가 있지만, 건축가들 자신이 부르주아지의 구성원이었음을 기억할 필요가 있다. 그래서 건축가들은 동료들과 마찬가지로 개인적 · 전문적 · 계급적 정체성에 대해 질문하고 씨름했다(Jacques 1986). 감옥건축에 대중이 열광적인 관심을 기울이고 사회적 갈등이 커짐에 따라, 건축가는 물론 다른 사람들도 기발한 주장을 내놓았다. 한 개혁가는 감옥 건축가를 "판결의 첫 집행자"라고 불렀다(Petit 1991, 243). 건축가들로서는 요구사항을 충족하는 것이 불가능했지만 그것을 피할 수도 없었다. 기술자 · 시공자와의 경쟁에 직면한 건축가들은 자신들이 성공할 가능

그림 17-15 팬옵티콘형의 프로젝트(Projet de Pénitencier): 감방에서 중앙의 감시탑을 향해 본 모습. 자료: Harou-Romain the younger, 1840. 파리 국립도서관.

성을 의심했지만, 그들에게 주어진 그러한 매력적인 기회를 외면할 수 없었다.

건물만으로도 사실상 인간의 성격을 교정할 것 같은 팬옵티콘이 인기를 끌었다. 그만큼 야심찬 프로그램과 그만큼 공감을 불러일으키는 형태를 갖춘 모델은 없었다.* 프랑스 건축가들은 팬옵티콘에서 영감을 받은 감옥 프로젝트에 긴 설명문을 덧붙였다. 그 설명문은 매우 다양한 출처에서 발췌해 조합한 것으로, 그들은 모든 정치적 근거를 제시하고자 했던 것 같다 (Charpentier 1838; Harou-Romain 1840).

---

* 이 시기 프랑스인의 상상력을 사로잡은 또 하나의 모델은 잘 알려진 필라델피아의 이스턴 스테이트 교도소(Eastern State Penitentiary)였다. 그것은 존 해빌랜드(John Haviland)가 설계하고 1820년대에서 1830년대 사이에 지어졌다. 1830년대, 야심찬 프랑스정부는 필라델피아 시스템을 팬옵티콘의 요소들과 조합해서 지역의 감옥을 개혁하는 시스템을 마련했다(Petit 1990; Vanderburgh 1993).

전반적으로 보아, 팬옵티콘의 기능은 공간을 수동적이고 단순하게 분배하는 것이었다. 이렇게 그것은 기계라기보다 감시의 틀이었다. 그러나 벤담이 생각한 팬옵티콘에서는 통풍, 청각적 감시, 그리고 안전을 위한 기계적 디테일이 몇 가지 제시되었다. 프랑스 건축가들은 새로운 기법을 사용해 벤담의 안을 개선하려고 시도했다. 그래서 그들은 미닫이문, 접이 침대, 접이 커튼, 그리고 기계 통풍을 도입했다. 이런 면에서 아루로맹(Harou-Romain)의 프로젝트는 특히 주목할 만하다.

분절된 단순한 용기인 랭카스터 학교와 달리, 감옥은 그 자체가 움직이기 시작했다. 그리고 이런 기계장치는 대부분 인간의 힘으로 작동되었는

그림 17-16 기계-감옥(Projet de Pénitencier): 감방 상세. 문과 침대는 제거할 수 있다. 거의 모든 가구를 옮겨놓고 다양한 활동을 할 수 있다. 아루로맹(Harou-Romain)은 평면도에서 'f'로 표시된 파이프를 통해 취침 시간 동안 초기 형태의 '백색 소음'(white noise)[17]을 공급하기까지 했다. 자료: Harou-Romain the younger, 1840. 파리 국립도서관.

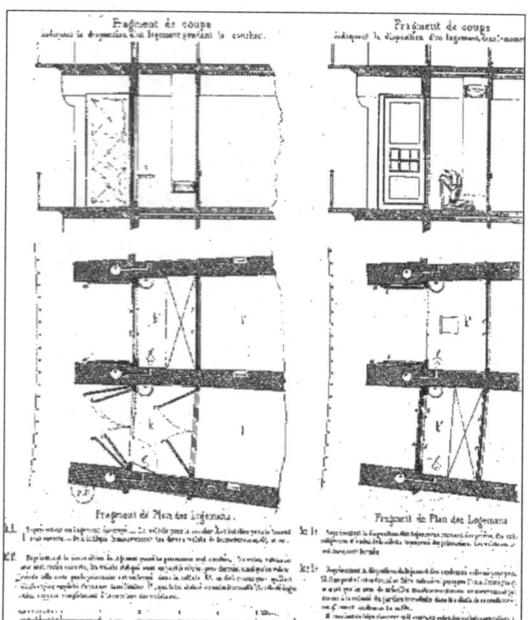

데, 보통 그것은 레버와 도르래, 그리고 기어 시스템을 통해 멀리서 조작되었다. 이것은 단두대(*guillotine*) 같이 인간의 일을 한 단계 줄인다는 인상을 주었다. 기계장치의 주요한 목적이 교도관의 일을 용이하게 하는 것이었지만, 그것은 또한 교도관과 처벌 사이에 일정한 거리를 만들어냈다. 특히 이것이 교도관의 열악한 교육과 훈육을 개탄하던 행정가들의 마음에 들었다. 그들은 기계-감옥이 부정확한 행정을 어느 정도 대신할 것이라고 상상하며 행복해 했다.

그러나 감옥은 사람이 직접적인 물질적 책임에서 벗어나는 첫 발걸음일 뿐이었다. 병원·철도역·호텔, 그리고 심지어 주택이 기계장치로 채워지기 시작했다(Banham 1984 참조). 수집가와 역사가들이 당시에 고안되고 버려진 수많은 기계장치의 목록을 만들 수 있을 정도였다. 우리는 그런물품들을 향수에 젖은 미소로 바라보곤 하지만, 그것들은 필사적으로 에너지를 얻으려는 노력의 산물이다. 이들 발명가들은 기본적으로 새로운 기능에 부절절한 건축이 역할을 하도록 만들려고 집단적으로 노력한 듯하다.

분명히 비어있는 용기를 표면상 합리적인 기능을 갖는 기계로 채움으로써, 지배계급인 중류계급은 죽어 있던 몸을 응급 소생시키려고 시도했다. 중류계급은 이 주제에 관한 공개적인 논쟁에 진심으로 참여함으로써 목격하게 된, 주변적이고 '불운한' 사람들에 대해 어떤 책임감을 느꼈다. 그러나 올바른 생각을 가진 부르주아지라면 증기력과 같은 기계장치로 이 과업을 수행할 수밖에 없었을 것이다.

건축가들은 주목을 받아 의기양양해졌지만 뒤로 물러선다면 무대에서 떨어질 수밖에 없었다. 이미 그들 자신이 구세주, 곧 사회를 통일하고 역사의 각본을 해명하는 매개자로 표본화되었다. 건축가들은 **신, 곧 사라진 후원자로부터 온 기계**(*machina ex deum*)를 기대했지만, 그 대신 매우 악명높은 **기계의 신**(*deum ex machina*)을 만들어내고 말았다. 그들의 기계-건물은 단조로운 규칙성으로 인해 실패했고 19세기 말에 이르러 그들은 널리 불신당했다. 플로베르(Flaubert)가 건축가를 "항상 계단을 잊는 바보"라고 규정한 것이 건축가가 들었던 가장 악의 없는 비판일 정도였다

(Jacques 1986, 42).

결론

또 다른 논문의 주제이기는 하지만, 건축가들은 은신처 · 임시주거 · 감옥에 대해 새로운 표본화를 요구하는 현재 상황에 어떻게 대처해야 하는지 물어야 한다. 그들은 더 이상 눈부신 스포트라이트를 받지 않는다. 그러나 그들은 배우들이 말하는 틈새 '비즈니스'('*business' en attendant*)를 하며 어두운 무대 위에서 아직도 기다리고 있다. 지난 40년 동안 건축계의 안팎에서, 사회개혁에 관해 애매한 입장에 있는 건축가들의 역할이 무엇인가 하는 질문이 반복되었다. 이제 사회가 객석에서 바라보고 있다는 느낌을 용케 피할 수 있는 건축가는 거의 없다.

건축가들은 아직도 비어있는가 아니면 충만한가라는 문제에 사로잡혀 있다. 그리고 이는 무엇보다도 그들의 드로잉에 나타난다. 찰스 무어(Charles Moore) 드로잉의 계산된 활기에서든 알도 로시(Aldo Rossi) 드로잉의 계산된 비어있음에서든, 용기는 '제안될 수 있으나 당장 확인되지 않는' 내용(*content*)으로 그 정체가 위장되곤 한다. 이런 제안된 내용은 대중에게 추방당한 유일자(*the One*)의 후예로서 충만하거나 총체적인 것일 수도 있다. 아니면, 반고전적(*anticlassical*) 성향의 최근 작품에서처럼, 유일자가 결코 존재하지 않았음을 강력히 주장하는 새로운 내용일 수도 있다.

무어의 작품이 갖는 호소력이 현대 문화 — 거기서 집단적인 공적 생활은 하나의 긴 축제행사다 — 에 대한 허구적인 이해에 바탕을 두고 있다 해도, 그것은 많은 사람이 공유하고 싶어 하는 유쾌한 것이다. 만프레도 타푸리(Manfredo Tafuri)가 자신의 어두운 선언문을 엮은 《건축과 유토피아》(*Architecture and Utopia*, 1976)에 로시의 드로잉을 사용한 데서 알 수 있듯이, 로시의 아름답지만 기분 나쁜 프로젝트는 어쨌든 현재의 상황을 진실하게 보여준다. 그렇다 해도 그것은 여전히 많은 사람들이 마주하고 싶지 않은 진실이다. 리처드 잉거솔(Richard Ingersoll)은 최근의 논문에서 로시의 프로젝트를 언급하며 이런 "산 자를 위한 무덤은 … 근대성에 의존하면서도 그것에 진절머리가 난 세계를 표상하는 고통스런 쾌감이다"라고 말했다(1991, 13).

다소 우울한 의미에서, 무덤은 충만하며 **또한** 비어있다. 그러나 그것은 또한 거의 독보적으로 상징적이다(도시 위생에 기여하는 부차적인 역할은 별 문제로 하고). 그렇게 상징적인 건물유형은 드물다. 한편 다른 건물들은 대부분 충족시켜야 할 프로그램이 좀더 복잡해, 기능이라는 어려운 개념을 해결하고 있지 못하다. 그런데 위에서 논했듯이, 기능에 따라 건물을 구분하는 아이디어로 다른 문제, 곧 다른 의미의 기능에 부분적으로 대응할 수 있다.

19세기 중류계급은 잃어버린 전통적 질서를 대체하고 새로운 질서 안에서 자신의 장소를 확보하기 위해 '사회'를 고안해냈다. 자신의 의식이 변화함에 따라 발생한 시간적 · 공간적 불안에 직면한 그들은 새로운 건축의 공간적 · 시간적 질서를 성공적으로 도입해 사라진 후원자를 대신하게 했다. 사회적 · 공간적 격리나 표본화의 과정을 통해 형성된 질서에서 가장 문제가 되는 것은 예나 지금이나 그것이 이른바 사회적 목적을 지향할 때다.

건축적 공간이 새로운 질서를 나타내고 강화하기를 기대하며 뒤랑과 그의 많은 후예들은 보편화된 분류의 논리를 도입했지만, 역사의 문제를 해결하지는 못했다. 시간은 더 이상 순환적이지 않고 선적이었으며, 그 선에 있는 무수한 점은 각각 혁명의 출발점이 될 수 있었기 때문에 시간은 위협이 되었다.* 동시에, 중류계급의 구성원들은 개인의 인생행로가 상승하는 것만큼 추락하기도 쉽다는 것을 잘 인식하고 있었다.

---

* 물론, 어떤 사람들에게는 이것이 바로 선적 역사가 주는 전망이었다. 새로운 천년왕국 신봉자들은 어떤 예정된 날을 기다릴 필요가 없음을 알았다. 천년왕국은 항상 지금이거나 임박해 있었다. 천년왕국은 곧 이은 근대 건물/선언의 무대를 통해 목격될 수 있었다.

아마 기계는 그것이 새로워서가 아니라 순환적이고 안심시키는 특성을 갖기 때문에 받아들여졌을 것이다. 건물을 기계로 다시 생각함으로써, 선적인 시간의 힘은 예측 가능한 생산적 리듬이 될 수 있었다. 예측 불가능한 역사 취향의 인간과 대조적으로, 기계는 하도록 되어 있는 것만 했다. 피수용자의 삶의 흐름을 사회적 엔진의 톱니바퀴로 나누어줌으로써, 새로운 기계는 프랑스혁명을 시시각각의 혁명으로 변형시켰다.

그러나 이런 유추가 너무도 잘 들어맞았다. 용기는 보일러로 바뀌었고, 기어는 빨리 만들어지는 만큼이나 빨리 닳았다. 기진맥진한 사회공학자가 서투르게 손질한 표본화의 유물은, 근래에 공공주거라는 기계가 그랬듯이, 기계가 닳아 없어질 수 있음을 상기시켜준다. 그래서 현대의 감옥은 정기적으로 위기를 겪고 있으며, 용기에 담아두는 것은 폭발의 전주곡일 뿐임을 입증하고 있다.

따라서 이 글의 처음에 제시한 질문은 잘못된 문제를 야기할 위험이 있다. 표본화의 건축이 비어있기도(*empty*) 하고 충만하기도(*full*) 하다면, 아마 그것은 어느 쪽도 아닐 수 있다. 만일 사회가 여전히 어떤 부족함과 풍족함으로 교란된다면, 해법을 찾기 위해서는 표본화의 너머, 그리고 건축의 너머를 보는 것이 현명할 것이다. 집 없는 사람들을 위한 '집'이라는 모순어법적인 새로운 산물에서처럼, 새로운 건물유형을 설계하는 것은 그러한 유형이 가져올 효과보다 많은 노력을 요할 것이다. 건축적 문제를 사회적 문제와 혼합하면 제 3의 문제만 야기하는 경우가 많은 것 같다.

역자 주

1) 1852년 12월 2일 나폴레옹 1세의 조카 루이 나폴레옹(나폴레옹 3세)이 제위에 오른 후부터 프로이센-프랑스 전쟁에서 그가 포로가 된 직후(1870년 9월 4일)까지 계속된 프랑스의 정치체제.
2) 프랑스어로 '옛 제도'를 의미하는 말로, 프랑스혁명 전의 '구제도'를 뜻한다.
3) 프랑스혁명은 1789년 5월 삼신분회 소집으로 시작해 1799년 11월 나폴레옹 보나파르트의 쿠데타로 끝난다. 이 10년의 기간 동안 프랑스는 전제군주정-입헌 군주정-온건 공화정으로의 부침을 겪다가 최종적으로는 나폴레옹 보나파르트의 제정으로 이어진다. 단순히 정치체제로만 본다면 나폴레옹은 공화정을 무너뜨림으로써 혁명의 성취를 부정한 셈이지만, 나폴레옹의 제정이 루이 16세의 왕정과 동일하지는 않았다.

프랑스혁명의 직접적인 도화선은 재정 적자였다. 영국처럼 은행이라는 근대적인 금융제도를 가지고 있지 못했던 프랑스는 만성적인 재정 적자에 시달렸다. 게다가 미국 독립전쟁 참전비용 20억 리브르는 3년치 국가예산에 해당하는 금액으로 정부의 재정 부담을 가중시켰다. 재정 문제를 해결하기 위해서는 면세 특권을 누리고 있는 특권신분(귀족과 성직자)에게 과세하는 방법밖에 없었다. 귀족들은 과세를 하기 위해서 삼신분회의 소집을 요구했고, 그래서 절대왕정 시대에는 열리지 않았던 삼신분회가 열린 것이다. 역설적이게도 프랑스혁명은 이렇게 귀족들의 요구로 시작됐다.

베르사유에서 열린 삼신분회에 출석한 제 3신분의 대표들은 기민하게 움직여 주도권을 잡았다. 그들은 6월 17일에 스스로 국민의회를 자처했고, 7월 9일 제헌 국민의회가 출범했다. 심각성을 깨달은 국왕이 파리에 군대를 모으자, 7월 14일 파리의 민중이 전제정의 상징인 바스티유를 함락시켜 베르사유에 있는 의회를 구했다. 10월에는 파리의 민중들이 베르사유에 내려가 국왕과 함께 파리로 올라왔다. 농민들도 혁명에 가담했다. 국민의회 의원들은 8월 4일 밤에 봉건제의 폐지를 선언함으로써 농민들을 달랬다.

8월 26일 '인간과 시민의 권리에 대한 선언'(인권선언)이 발표됐다. 인간은 자유롭고 평등하게 태어났고, '소유권'은 자유·안전·압제에 대한 저항권과 더불어 '자연적이고 소멸할 수 없는 권리'이며 '불가침의 신성한 권리'라고 선언되었다. 인권선언은 프랑스혁명의 성격을 분명히 천명한 것이다. 그것은 '자유'의 혁명이자 '평등'의 혁명이었지만 권리의 평등, 기회의 평등이었지 '향유'의 평등은 아니었다. 프랑스혁명은 '소유권'을 보장한 부르주아혁명이었다.

바스티유를 함락시킨 파리 민중은 '형제애'를 외치며 완전한 평등을 요구했다. 농민들은 봉건제의 유산을 폐지하는 데에 만족하지 않았다. 점점 부르주아 혁명에 대한 내부의 적들이 늘어나기 시작했다. 재정 문제를 해결하기 위해 교회 재산을 몰수함으로써 교회가 혁명에 반발할 수 있는 소지를 만들었다. 국왕의 프랑스 탈출 미수 사건은 국왕을 어떻게 할 것인가를 놓고 혁명가들 사이에 분열을 일으켰다. 공화주의자들이 시위를 벌이자 국민 방위대가 총격을 가했다. 혁명을 멈추려는 혁명가들과 혁명을 전진시키려는 혁명가들 사이의 투쟁으로 혁명이라는 열화가 과속하기 시작했다.

1792년 4월 프랑스는 혁명에 개입한 오스트리아와 프로이센에 선전포고를 해서 혁명전쟁이 시작되었고 다시 파리의 민중이 개입했다. 8월 10일 민중은 왕궁을 장악하고 군주정을 종식시켰다. 그들은 감옥을 공격해 1천1백 명이 넘는 수인(囚人)들을 학살했다. 1792년 9월 제1공화정이 수립되었고, 이듬해 1월 21일 국왕을 처형했다. 혁명가들 사이의 투쟁이 격렬해졌고, 파리 민중의 압력이 거세졌다.

전쟁과 내전으로 혁명은 정상 궤도를 이탈했다. 새로운 헌법은 '권리의 평등'에서 향유의 평등으로 나아갔고, 재산권의 신성함을 부인하면서 1789년의 '인권선언'을 침해했다. 부르주아혁명에서 사회주의적인 혁명으로의 무리한 전환을 시도한 것이다. 1794년 6월의 법령은 재판 절차를 간소화시켜 증거 없이 사형이 가능하도록 만들었다. 대공포정치로 30만 명에서 50만 명이 수감되었으며, 3만 5천~4만 명이 처형당했다. 1794년 7월 27일, 이른바 '테르미도르 반동' 이후 프랑스혁명은 '혁명성'을 상실하고 현상 유지를 지향한다. 그러나 민중과 단절된 온건 부르주아지들이 좌우의 위협으로부터 의존할 수 있는 것은 군대밖에 없었다. 쿠데타와 전쟁이 지루하게 지속되다가 1799년 나폴레옹 보나파르트가 쿠데타를 통해 권력을 잡고 황제가 되어 혁명을 종식시켰다(김응종, 《서양사 개념어사전》, 살림, 2008, 356~361쪽).

4) 파리의 국립기록원(Archives Nationales)에는 "F21 - Beaux-Arts"라는 제목으로 이런 사업에 관련된 방대한 양의 드로잉이 있다. 조르주 테이소는 그것들을 주제로 개괄적인 연구를 수행했으며(Georges Teyssot n.d., 1988), 내 학위논문도 상당 부분 그것들을 기초로 했다(Vanderburgh 1993).

5) Mont-de-Piété는 직역하면 '신앙의 산'이라는 뜻으로서, 최저 빈곤층을 위해 소소한 물건들을 담보로 잡고 돈을 빌려주는 기관이다. 이 기관은 1462년 이탈리아 성 프란체스카파의 수도사인 바르나베 드 테르니(Barnabé de Terni)가 당시의 고리대금과 지나친 이자율에 대항하기 위한 방안을 모색한 데서 비롯되었다. Mont-de-Piété는 이탈리아어인 monte di Pietà(긍휼의 대출)의 잘못된 번역에서 나왔다.

6) 〈마가쟁 피토레스크〉는 1833년에서 1938년까지 발간된 프랑스 잡지다. 일종의 대중적 백과사전처럼 중요한 근대적 발견들을 소홀히 하지 않으면서 과거

를 회상하는 데 집중했다. 도덕·역사·고고학·예술·자연과학·산업·여행 등 다방면의 내용을 다뤘다.

7) 일반적으로 17세기 프랑스 라파이예트(La Fayette, 1634~1693)의 《클레브 공작부인》(*La Princesse de Clèves*)과 영국 리처드슨(Samuel Richardson, 1689~1761)의 《파멜라》(*Pamela*)를 근대소설의 효시로 꼽는다. 이렇게 17~18세기 유럽에서 시작된 근대적인 소설문학은 사실주의가 일기 시작한 19세기 중엽부터 약 30년간 전성기를 맞는다. 이는 프랑스혁명 이후 사회개혁 운동이 진행된 시기에 해당한다.
8) 귀족과 성직자.
9) 행정구역으로 우리의 도에 해당.
10) 교정의 집이라는 뜻.
11) 정의의 집이라는 뜻.
12) 승려, 귀족, 제3신분으로 이루어진 프랑스혁명까지의 의회.
13) 프랑스혁명 과정에 있었던 자코뱅파의 공포지배(1793년 6월~1794년 7월)를 뜻한다. 국민공회의 지도자가 된 로베스피에르는 혁명재판소 등을 설치해 루이 16세를 포함한 정적과 반대파를 철저하고 잔인하게 처형했다.
14) 프랑스혁명 후 프랑스의 궁전, 교회, 수도원 등 정치적·종교적 건물에 대한 파괴와 약탈이 극심했다. 피해의 일례로, 심지어 프랑스 종교건축의 대표격인 노트르담 대성당마저 '이성의 전당'으로 개명되고 유대왕들을 상징하는 정면의 조각물들도 프랑스 왕들로 오인되어 파손되었다. 그때 빅토르 위고의 소설 《파리의 노트르담》의 선풍적 인기는 프랑스인들의 종교심을 자극했고 이후 복구의 물결이 일어나 비올레르뒥에 의한 대복원공사가 1864년까지 진행되었다.
15) 1848년 2월 프랑스 파리에서 일어난 2월혁명을 말한다.
16) 르코르뷔지에는 주택이 신속하고 정확하게 작업을 하는 데 효과적인 도움을 주는 기계이자, 안락함이라는 신체의 요구를 만족시키기 위한 근면하고 세심하게 배려된 기계라는 의미에서 "주택은 살기 위한 기계다"(*La maison est une machine à habiter*)라고 했다.
17) 주변의 소음을 덮어주는 소음으로 소란한 곳에서 수면을 취하는 데 도움이 된다.

제18장

내 유형이 아닐 뿐이다 : 젠더, 관례, 그리고 불확실한 용도

앨리스 프리드먼 Alice T. Friedman

최근 건축분야에서 유형의 개념에 관해 많은 글이 발표되었다. 이미 1970년대에 진행된 꽤 전문화된 비판적 · 역사적 연구를 시작으로,* 미국과 유럽에서 유형학이 널리 교육되고 실천됨에 따라, 건축설계에서 유형학이 갖는 의미와 타당성을 평가하는 것으로 논쟁이 확대되었다. 유형의 이론에 관해 상당한 양의 논문이 발표되었을 뿐 아니라(Rockcastle 1991) 최근에는 카트르메르 드 캥시(Quatremère de Quincy)의 저작에 대한 새로운 연구가 출판되어(Lavin 1992), 이런 논의와 연구에 많은 관심이 모아지고 있음을 입증했다.

유형을 상징, 언어적 범주, 그리고 문화적 · 사회적 관례로 보는 개념은 비판적이고 학문적인 관심을 끌었다. 그러나 건축 유형의 형성과 경험의 문제에서 젠더(*gender*)[1]의 역할이 거의 언급되지 않았다는 사실은 건축문화를 연구하는 사람들에게 놀라운 일이 아니다. 이는 서로 친밀하고 위계적인 집단의 구성원들이 '외부자'의 관심에 저항한 결과로 볼 수 있다. 그

* 1975년 뉴욕의 현대미술관에서 열린 '에콜 데 보자르의 건축'에 관한 전시는 유형에 대한 탐구에 촉매 역할을 했다.

러나 더 문제가 되는 것은, 논쟁에 사용되는 주요 용어가 편협하고 추상적이라는 점도 이에 영향을 주었다는 사실이다. 기능이나 경험보다 형태에, 정치적 영향보다 영웅적 창조성에 더 큰 관심이 있는 대부분의 연구자들은 이런 밀폐된 세계의 밖에 있는 사람들을 위해 건축의 의미와 경험을 연구하기보다 전문분야나 학계 안에서 유형을 이해하는 데 주력했다.

이런 배경에서 이 글의 목적은 두 가지다. 하나는 젠더를 유형이론에 관한 담론의 용어로 도입하는 것이다. 그리고 또 하나는 논의의 범위를 확대해 평면과 프로그램을 모두 포함함으로써, 논쟁의 초점을 형태와 언어적 상징주의에서 건축의 사회적 관계로 전환시키는 것이다. 이 글의 첫 두 부분에서는 건축교육과 설계이론을 역사적으로 개괄하는 데 초점을 맞추고자 한다. 한편, 마지막 절에서는 건축주가 여성인 두 개의 중요한 건축 프로젝트를 집중적으로 다루고자 한다. 이들 사례의 역사에서 유형의 형태, 사회적 실천의 관례, 문화적 가치, 그리고 특히 젠더가 건축설계의 여러 측면들을 규정하는 방식을 볼 수 있다.

□□□

경험의 두 영역인 개인적·문화적 경험은 건축형태의 해석에 영향을 미친다. 특정한 문화 안에서 공유되는 기억, 그리고 반복되는 친숙한 이미지와 감정으로 관례적 기준(사회적·공간적·시각적 기준)의 얼개가 형성된다. 그리고 우리는 그것에 견주어 개별적인 아이디어를 평가하고 의미를 부여한다(Ladd 1977; Rossi 1982). 문화적 보호색으로 감춰져 있는 표상의 전략들은 위와 같은 과정, 그리고 우리가 권력을 가진 사람들과 직관적으로 공유하는 것을 기본적이고 자연스럽다고 보는 관념에 의존한다. 그러나 개인이 갖고 있는 특정한 이미지에 대한 의미는 문화, 이념, 그리고 개인적 경험으로 **중첩된** 기억의 격자에 그 이미지를 배치해 얻어진 것이다. 젠더·계층·인종·민족의 속성들이 이미지를 굴절시키고 재정의함으로써 하나의 사건이나 이미지도 넓은 스펙트럼의 의미를 갖는다. 이미지에 대한 이상적이거나 권위 있는 해석, 그리고 개인적 경험에 따른 가변적이고 특정하며 국지화된 의미가 동시에 존재함으로써 모순이 생성되고 보편성이 약화된다. 정확히 이것이 유형에 대한 논의의 출발점이다. 서양 건축의 역사에서 이러한 모순으로 생긴 개념적 간극을 좁히는 것이 전문가·교육자·비평가의 일이었다. 이는, 전문적 권위(인정된 형태가 보편적으로 존재한다는 사실)의 힘을 통해 개인적인 해석을 약화시키고 지배문화의 보편성과 자연스러움을 지지함으로써 개인을 공동체로, 그리고 모호함을 확실성으로 대체하는 일이었다.

비록 사회적 관례(그중에서도 젠더 관계)와 예술적·유형학적 관례가 임의적이고, 특정하고, 가치를 담보한 것이라 해도, 그것들은 흔히 자연스럽고 중립적이며 보편적인 양상을 띤다. 그런 관례들은 공인되어 내부화되고 직관적으로 경험되기 때문에 그것들을 생산하는 이념적 구조는 자연스럽게 '느껴진다'. 그러한 해석과정을 거쳐서 건축형태의 언어는 의미를 갖게 된다. 그뿐 아니라 모든 제도와 마찬가지로 건축분야도 권력 있는 사람들에게 봉사하기 때문에, 건축은 과거에도 그랬고 앞으로도 계속 효과적인 이념적 도구가 될 것이다. 그럼에도 불구하고, 유형이 없이 완전히 새로운 형태를 설계할 수 있다고(또는 설계해야 한다고) 말하는 것은 논지에서 벗어난다. 역사적 선례와 문화적 관례처럼 우리의 형태와 공간에 대한 경험도 유형으로 구성되기 때문에, 어떠한 극단적인 설계도 유형을 초월하거나 거부하는 이상주의적인(그리고 개인주의적인) 노력이 아니라 유형에 대한 이해와 인식에서 나온다.

관례와 모방은 전문 교육의 버팀목이다. 설계에 대한 학술적 접근방법에 따르면(Drexler 1977; Egbert 1980), 학생들은 건축역사를 연구해 공인된 모델을 찾아 이용하곤 한다. 그리고 시각적 이미지를 암기하고, 보편적으로 인정된 선례에서 도출한 규칙을 수용함으로써 설계의 원리를 학습한다. 1839년 에콜 데 보자르(Ecole des Beaux-Arts)의 이론교수였던 발타르(L.-P. Baltard)가 설명했듯이, 이런 학습은 고대와 르네상스의 자료에서 도출한 유형의 총체를 "빈번히 참조"함으로써, 곧 판테온, 콜로세움, 팔라

초 파르네제(Palazzo Farnese)와 같은 걸작을 연구함으로써 이루어진다. 에콜에 있는 발타르와 그의 동료들은 이런 "일반적으로 인정되는" 모델을 모방하는 것이 수준 높은 설계에 이르는 유일한 길이라고 생각했다. 발타르는 다음과 같이 썼다. "건축에서 혁신이란 가능하지 않다. … 천재적인 작품은 일반적으로 인정되는 건축요소를 선택하고 충실히 적용함으로써 이루어진다"(Baltard 1839, 10~11). 현대의 사회적・정치적 격동에도 불구하고 이런 입장의 지속력은 대단히 컸다. 이 입장에는 그토록 강력하고 확실한 합의와 안정성의 이미지가 있기 때문이다. 사례의 선택에 대해서는 논란이 있을 수 있다. 실제로, 건축을 요구하는 사회제도 자체가 완전히 바뀔 수도 있다. 그러나 고전주의는 타당한 체계로 계속 인식되어 왔다.

밝혀진 자연의 법칙들, 그리고 이런 법칙들의 보편성에 대한 신뢰가 학술적인 이론이 궁극적인 근거로 삼는 기초다. 비트루비우스는 인간(곧 유럽의 남성)의 형태와 기하학적 형태가 완벽하게 결합되는 것을 묘사함으로써 플라톤식의 이상을 건축에 적용했다. 이같이 르네상스 이래 플라톤식의 이상은 보편성・일체성・질서 등의 개념에 관한 학술적인 고전주의 담론을 구성했다. 한편 자연으로부터 고전주의의 형태와 규칙이 갖는 정당성이 입증되었다. 예를 들어 로지에 신부(Abbé Laugier)는 그의 《건축에 관한 에세이》(*Essai sur l'architecture*, 1753)에서, 사람들이 은신처를 만들려는 최초의 시도에서 합리적이고 단순한 해결안, 곧 네 개의 나무기둥 그리고 나뭇가지로 된 경사지붕으로 구성된 원시오두막이 생산된 방식을 설명했다. 그리고 이런 단순한 형태로부터 모든 건축설계의 유형이 나왔다고 주장했다.

> 그러한 것이 단순한 자연의 과정이다. 자연의 과정을 모방함으로써, 예술이 탄생했다. 인간이 이제까지 생각해낸 건축의 모든 휘황함은 내가 방금 설명한 전원의 작은 오두막을 모델로 한 것이다. 이런 최초의 모델이 갖고 있는 단순성에 다가감으로써 본질적인 실수를 피하고 진정한 완벽함을 성취할 수 있다(Laugier 〔1753〕 1977, 12).

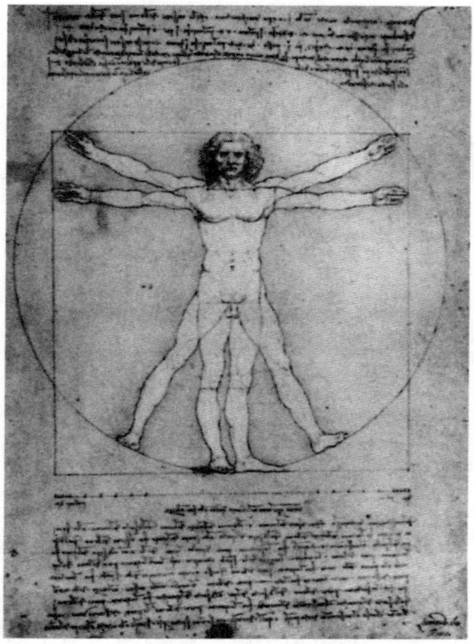

그림 18-1 〈비트루비우스적 인간〉(Vitruvian Man). 레오나르도 다빈치의 드로잉. 베네치아, 아카데미아 미술관(Galleria dell' Accademia). 사진: 하버드대학 도서관.

로지에의 견해에 따르면, 미는 우아한 단순성과 수단의 경제성에 있으며, 그런 단순성·경제성으로 구조의 문제들이 해결된다(Rykwert 1972, 44). 원과 정사각형에 내접한 인간의 이상화된 이미지에 바탕을 둔 비트루비우스의 대칭과 비례의 개념도 그랬듯이, 로지에의 견해는 널리 받아들여졌다. 왜냐하면, 그것에는 명백한 합리성과 직관적으로 접근할 수 있는 자연주의가 있기 때문이다.

하나의 유형형태(*type form*)로서 원시오두막에 대한 로지에의 논의는 그 근저에서 기능을 강조하고 있으나 그것이 기능과 직결되는 평면의 문제로 확대되지 않았다는 사실은 중요하다. 그와 반대로, 로지에는 건축설계에서 대칭과 기하학이라는 이상주의자의 원리에 충실하는 데 머물렀다. 그리고 평면의 유형형태는 규칙적이고 기하학적 모양을 가진 창고에서 발견될 수 있다고 주장했다. 그는 "형태는 평면에 의해 결정된다"고 선언했다(이상하게도 바우하우스에서 영감을 받은 근대주의자의 이야기처럼 들린다). 그는 "형태를 유쾌하게 보이도록 만드는 유일한 길은 일상적이고 진부한 평면을 피하는 것"이라고 주장했다. 따라서 그는 독자들에게 "원에서 가장 긴 타원에 이르는, 또 삼각형에서 다각형에 이르는 규칙적이고 기하학적인 형상을 활용하라"고 충고했다(Laugier 〔1753〕 1977, 65). 대칭은 절대적인 요건이었고, 기능이나 조건과 관련되는 어느 것보다도 설계에 훨씬 강력한 요인이었다. 로지에는 '편의성'이라는 문제를 상당히 상세하게 다루면서, 다음과 같이 주거블록(*corps de logis*)의 현관에 대해 논했다.

> 많은 사람들이 더 이상 그것 〔현관〕 이 … 중앙에 있는 것을 원하지 않는다. 통과하는 장소에 불과한 현관에 주택에서 가장 좋은 공간을 내주는 것이기 때문이다. 그러므로 그들은 현관을 모서리나 날개 부분으로 옮기기로 결정한다. 나는 언제나 이런 생각에서 충격을 받는다. 그것으로 인해 큰 불편이 초래된다. 중정에 들어온 낯선 사람은 주택의 현관을 찾지 않을 수 없다. 현관이 모서리에 위치하면, 대칭을 위해서 반대 모서리에 똑같은 것을 가짜로 만들어놓을 필요가 생긴다(Laugier 〔1753〕 1977, 85).

기능적 편의성을 위해 대칭의 규칙을 깨트리고 있음에 의심의 여지가 없다. 이 예에서, 로지에가 유형에 대한 논의에 기여한 것이 처음에 드러난 것보다 복잡함을 볼 수 있다. 자연과 역사의 실용적 교훈을 표상하는 원시오두막이 구조의 모델이 된 반면, 설계의 유형형태, 곧 평면과 그에 따른 건물의 매스는 고전주의 전통의 이상화된 자연에서 얻은 제한된 수의 기하학적 형상들에서 가져와야 했다.

프랑스혁명과 19세기의 정치적·문화적 격동으로 인해 그러한 개념들은 거의 전파되지 않았다. 자기 합리화의 이론을 모두 거부하라고 주장한 낭만주의자들조차도, 본래의 원칙들에서 건축의 고안을 생각했다. 그리고 그 이후의 근대주의자들처럼 그들은, 인간으로서 또 교육받은 중류계급의 구성원으로서, 주로 자신의 경험과 직관에 의존해서 형태의 의미를 밝혔다. 자신의 **아틀리에**에서 19세기의 으뜸가는 건축가들〔아들인 레온 보두와이에(Leon Vaudoyer)와 앙리 라브루스트(Henri Labrouste) 등〕을 양

그림 18-2 원시오두막.
출처: 로지에(Marc-Antonie Laugier), 《건축에 관한 에세이》(Essai sur l'architecture), 파리. 사진: 하버드대학 도서관.

성한 건축가이자 교사인 보두와이에(A.-L.-T. Vaudoyer)에 의하면 자연, 그리고 인간 정서에 대한 자연의 영향을 연구함으로써 건축의 성격을 표현할 수 있다. 불레(Boullée)에 이어, 보두와이에는 이런 추상적인 건축 언어를 창조하는 것이 진정한 건축 예술이라고 했다. 기능, 지역의 관습, 그리고 재료의 실용적 요건을 기록하고 대응하는 '건축 과학'은 훨씬 더 평범한 것으로 여겨졌다. 따라서 보두와이에는 《건축에 관한 논문》(*Dissertation sur l'architecture*, 1832)에서 유형의 복제가 아니라 효과를 모방함으로써 자연에서 영감을 얻은 감정을 표현하는 기술이 창작이라고 설명했다. 이런 과정은 모방이 아니라 추상화의 과정이었다. 그것은 건축의 관례를 단순히 조작하는 문제가 아니라, 자연 자체를 표현하는 보편적 언어를 배우는 문제였다(Friedman 1985).

발타르(Baltard)와 카트르메르 드 캥시(Quatremère de Quincy) 같은 당대의 보자르 이론가들이 주창한 유형학적 모방이라는 보수적 개념을 거부하면서(Vidler 1977), 보두와이에는 독자들에게 패턴북[2]을 조사하는 것을 그만두고 "인간의 마음으로 파고들어가 다양한 장소와 환경이 인간의 정신에 미치는 영향을 관찰하라"고 가르쳤다(Friedman 1985, 116 ~19). 보두와이에는 건축가가 창작을 의뢰받았을 때 주제에 몰두하여 부지를 연구하고 양식을 선택해야 하며, 그 자신의 상상 속에서 발견을 위한 가상의 여행을 떠나야 한다고 말했다.

> 그러면 그의 정신은 불이 붙는다. 그리고 그는 고양되고 생생한 환영의 영역으로 들어간다. 그는 뜨거워진 상상력으로 일종의 착란상태, 아니 황홀경에 빠진다. 그는 새로운 미지의 장소를 통과하고 장대한 궁전, 마법에 걸린 정원, 멋지고 신비로운 동굴을 지난다. 그리고 그는 폴리피루스(Poliphilus) 2세처럼, 꿈인 양 다양한 감정을 연속해서 경험한다. 이제 풍부하고 인상적인 건축을 보고 그는 신의 사원에 와있음을 깨닫는다. 더 나아가니 장엄한 건물이 나타나는데, 그것은 아주 단순하고 엄격하며, 통로는 개방적이고 편안하다. 여기서 그는 재판관의 자리를 발견한다(Vaudoyer 1832, 19).

보두와이에에게 건축의 유형은 자연 자체의 분위기를 직접 관찰함으로써, 그리고 넓은 범위의 건축적 전통을 경험함으로써만 배울 수 있는 것이었다. 건축가가 새로운 광경을 마주할 때, 보두와이에는 자신의 감정으로 다양한 형태 언어의 효과를 해석한다. 그의 스승들이 그랬듯이, 그는 자신의 직관으로 자연적이고 보편적인 것에 접근할 수 있다고 보았다. 그래서 그는 자신이 공부했던 고전양식을 거부하는 데까지 나가지는 않았다. 그는 "경험, 취향 그리고 분석적 연구"를 통해 그리스 · 로마 · 이집트 건축이 "고딕 · 중국 · 페르시아 · 무어(Moorish) · 아랍 등"의 건축보다 더 나은 것을 알 수 있다고 주장했다(Vaudoyer 1832, 63). 주로 자신의 철저히 조절되고 잘 교육된 상상력에 의존해 그런 판단을 함으로써, 그는 자신의 학문적 뿌리를 찬양했을 뿐 아니라 〔물론, 수년 동안 에콜 데 보자르의 기록보관책임자(*secretaire-archivist*)였던〕 그의 충성심도 드러냈다. 그는 고전주의의 편에서 다시 한 번 이성과 자연을 적절하게 거론함으로써 건축의 보수주의에도 기여했다.

□ □ □

완전히 다른 건축어휘를 만들어 내는 것을 정당화하려는 근대운동의 이론가들이 이성과 자연을 다시 끌어냈다. 그러나 그 어휘는 이전의 것보다 문화적 특수성이 덜 하지도, 더 보편적이지도 않았다.

더 나아가, 근대주의자들도 참여한 중요한 사회적·경제적 논제가 개발됨으로써, 매우 넓은 의미에서 프로그램의 요건이 건축설계에서 중요해졌다. 여기서도 건축가들은 역사나 관례보다 논리(사회적·정치적 변형의 논리)의 지침을 참조하라는 교육을 받았다. 건축설계는 재료, 기술, 지역의 환경, 그리고 무엇보다도 프로그램의 요건에 대응해 **새롭게** 창작되는 것이었다(Banham 1960; Herdig 1983). 우리 시대에 통용되고 있는 이런 접근방법은 유형의 제한과 학계의 보수주의로부터 자유롭다는 인상을 준다. 그러나 근대건축가들은 형태 유형학의 집요함, 그리고 그것의 권위를 받아들인 관객이 변화에 대해 보이는 저항감(이것이 보수적인 탈근대주의, 그리고 정치적 우파들의 후원이 성공할 수 있었던 주요한 요인이다)을 과소평가했듯이, 이른바 공간유형학이 지시하는 공간 배열 그리고 권력관계의 위력을 오판했다. 여기서 공간유형학이란 젠더·계급 관계에 의해 구성되는 생활공간의 평면과 패턴이다. 계획의 관례는 3차원으로 이루어지는 형태의 관례보다 임의성이 훨씬 덜하며, 가치체계 및 권력과 관련되기 때문에 크게 변경하기 어렵다는 것이 입증되었다.

건축이 사회적 변화를 초래하는 데 중요한 역할을 한다는 믿음은 강했다. 근대운동의 낙관주의를 반영해 건축역사가인 제임스 애커만(James Ackerman)은 《브리태니커 백과사전》의 1966년 판에서 "건축"이라는 제목으로 다음과 같이 기술했다.

> 건축의 유형은 건축에 의해서가 아니라 사회, 곧 다양한 사회제도의 요구에 따라 확립된다. 사회는 목표를 설정하고, 건축가에게 그것을 성취하는 수단을 찾으라는 과업을 부여한다(Ackerman 1966, 311).

이런 접근방법은 매우 단순하지만, 진정한 사회적 · 건축적 변화를 방해한다. 과거의 관례보다 실용성을 따르는 것이 논리적이고 심지어 진보적으로 보일지라도, '프로그램' 자체가 기본적으로 관례화된 성격을 갖는다는 사실이 무시되거나 은폐된다. 프로그램의 성격에는 계급 · 젠더 · 인종에 따른 불평등한 권력관계가 표현되고 수용되어 있기 때문에 프로그램은 관례적일 수밖에 없다. 건축 유형학의 지침을 거부하는 것은 건축문화(교육 · 경제 · 사회관계)와 지배적 문화 전반을 형성하는 기본적인 구성모델에서 벗어나는 것과 전적으로 별개의 문제다. 따라서 근대주의자들이 건물의 외형과 구조에 중요한 변화를 가져온〔그리고 사회주의자 비엔나(socialist Vienna)의 주거 프로젝트 같은 실험에서, 건축계획을 사용해 삶의 패턴을 변경시키려는 진정한 시도를 했던〕 반면, 그들과 후원자들은 친근한 것, 곧 건물과 사람이 모두 직관적으로 파악되는 것에 계속 이끌렸다.

앙리 르페브르(Henri Lefebvre)는 《공간의 생산》에서 기억의 집요함, 표상의 투명함, 그리고 공간적 관계들의 최면효과 때문에 공간적 관계에 대한 **비판적** 접근방법이 마주치는 어려움을 다음과 같이 기술한다.

> 사회적 공간이 이런 식으로 우리의 시야 밖에 위치할 때 그것의 실제 성격은 사라지고 절대적인 것으로 변형되는 오류나 환영이 발생한다. 이러한 맹목적적인 추상화를 보며, '사용자'들도 자연스럽게 자신, 자신의 존재와 '생생한 경험' 그리고 자신의 몸을 추상화한다. 따라서 맹목적적인 추상적 공간으로 인해 두 가지의 실제적인 추상화가 야기된다. 추상적 공간 안에서 자신을 인식할 수 없는 '사용자'의 추상화, 그리고 추상적 공간을 향해 비판적 입장을 생각할 수 없는 사고의 추상화가 그것이다(Lefebvre 〔1974〕 1991, 92).

건축주에게 봉사하는 건축의 역할에 보수주의적 경향이 있음은 사실이다. 성공적인 건축가도, 부유하고 권력 있는 건축주(말하자면 지배적 신념과 행태를 따름으로써 사회에서 보답 받은 개인들)도 현재 상황을 근본적으로 바꾸려 하지는 않는다. 마찬가지로 개발자-시공자와 '전형적인' 소비자도 그런 표준적인 가치를 따르고 증진시킨다. 실로, 가장 추상적인 형태에도 **그들의** 가치들이 기호화되어 있다. 애커만은 《브리태니커 백과사전》에서 다음과 같이 기술했다.

> 건축은 개인이나 집단의 특정한 요구사항을 충족하기 위해 만들어진다. 경제 법칙으로 인해, 다른 예술가들과 달리 건축가는 요구가 없거나 잠재적인 요구만 있는 작품을 생산하지 못한다. 그래서 건축의 유형은 사회적 형성물들에 의존하며, 지역사회에서 후원자의 역할에 따라 분류될 수 있다(Ackerman 1966, 311~12).

이러한 "사회적 형성물", 그리고 그것을 수용하는 유형에 관련된 기억으로 건축가와 건축주의 전문적·심리적 세계가 전형적으로 구성된다. 따라서 그들의 가치가 자주 합치되는 것은 놀라운 일이 아니다. 실로, 이러한 교차하는 가치들로부터 그들은 **힘을 얻고** 그들 모두는 건축이라는 무대에서 배우의 역할을 할 수 있다. 그러나 이런 가치들은 명시적이지 않을 때가 많다. 반대로, 직관이나 자연주의라는 개념에 의해 가치가 흐릿해지기도 한다. 간단히 말해, 나나 우리를 위해 가치가 작동되면 그것은 올바른 가치라고 말할 것이다. 이런 조건은 분명히 연속성을 조장하고 변화를 방해한다. 또한 그것은 의사결정 과정에서 여성과 유색인종을 배제하는 이유가 된다.

일부 비평가들은 '사회'나 '건축가'가 과거로부터 실제로 자유로울 수 있는 가능성에 대해 아주 비관적인데, 이런 식의 비관론이 주류는 아니다. 앨런 콜쿠훈(Alan Colquhoun 1967)이 그의 논문 〈유형학과 설계방법〉(*Typology and Design Method*)에서 지적했듯이, 학자와 합리주의자는 모두 기억과 직관에 의존하므로 그들은 근본적 보수주의에 단단히 묶여있으며 그로 인해 건축은 문화적 제도를 영속시킨다. 기껏해야 그들은 건축 고유의 범주들이 갖는 효과를 이해하고 그것들을 새로운 형태와 의미를 생산하는 데 이용한다. 그러나 그들과 달리 대부분의 이론가들은 건축분야에 있는 각자가 진정으로 고유한 형태를 창조할 수 있는 능력이 있다고 확신한다.

최근 〈오포지션〉(*Oppositions*)과 《어셈블리지》(*Assemblage*)에 실린 유형에 대한 논의는, 1910년대 아돌프 로스(Adolf Loos)[3]가 설명했던 것과 같은 '수정된 체계'를 주장하는 데 주안점을 두었다. 곧, 유형학을 구속하는 경직된 모델이 아니라 지침으로 보았으며, 또한 라파엘 모네오(Rafael Moneo)가 유형에 관한 글에서 로스의 주장을 번안했듯이, 유형을 "얼어붙은 메커니즘"이 아니라 "변화가 일어나는 형틀"로 보았다. 무엇보다도 이런 시각으로, 본질적으로 추상적인 근대주의의 형태를 읽어낼 수 있는 가능성이 열린다(Moneo 1978, 27).

그러나 문화적 **편의성**(실용성의 1980년대식 표현?)을 갖는 관례가 직관적으로 옳다고 보는 접근방법을 옹호하는 데 로스가 동원된 것에서 이런 계열의 탐구가 갖는 보수성이 명백해졌다. "〔건축가의〕 일차적인 문제는, 건물의 거주자가 자기 세대의 문화적 삶을 성공적으로 살 수 있도록, 건축의 3차원적 성격을 분명히 표현하는 데 있다"(Anderson 1986, 15). 여기서 다시, 건축가는 건조형태에서 일어나는 자기 세대의 "문화적 삶"을 해석함으로써 단지 건축주에 봉사하는 사람처럼 보인다. 그러나 그는 분명히 특정한 가치체계(물론 이는 로스 자신의 글에서도 명백히 나타난다), 그리고 배타적 위계성을 갖는 권력관계를 조장한다. 전문가인 그 또한 권력관계 안에서 통제력을 갖는다. 전문가 사회 밖에 있는 사람들이 권력, 비판적 언어, 그리고 형태 만들기에 접근할 수 있도록 하는 사회적 **변화**를 기대할 수는 없다. 앙리 르페브르처럼 자기의 '프로젝트'를 사회적 변화의 관점에서 설명하거나 자신의 목표를 "사회적 실천이 현행과 다른 개념들에 의해 지배되는, 그런 다른 사회와 다른 생산양식"을 만드는 것이라고 설명하는 이론가는 드물며(Lefebvre 〔1974〕 1991, 419), 그런 건축가와 건축

그림 18-3 〈홀리혹 주택〉(Hollyhock House) **서쪽 입면.** 프랭크 로이드 라이트, 로스엔젤리스 1919~21. 사진: 로스엔젤리스 공공도서관 Security Pacific Photo Collection.

주는 더욱 드물다.

□□□

프로그램이나 설계가 사회적 기준에서 벗어난 것으로 보이는 프로젝트를 찾아서 조사하면, 관례는 사회적 · 건축적 형태를 억제하며 불확실성은 그것을 해방시키는 것이 분명해진다. 특히 주거건축에서(다른 유형의 건물에서도 물론), 관례에서 벗어난 프로그램은 형태 언어를 크게 혁신시킨다. 캘리포니아 주 할리우드에 앨린 반스달(Aline Barnsdall)을 위해 지은 프랭크 로이드 라이트의 〈홀리혹 주택〉(*Hollyhock House*, 1919~21)이나 일리노이 주 플라노(Plano)에 있는 미스 반 데어 로에의 〈판스워스 주택〉(*Farnsworth House*, 1946~51)이 그런 예다. 둘 다 결혼하지 않은 전문직 여성 가장(家長)이 의뢰한 것이다. 최초의 설계안들은 유형학적 불확실성에서 나올 만한 것들이었다. 이들 사례에서, 익숙지 않은 젠더 관계로 인해 권력관계가 인간적 또 전문적 측면에서 혼돈을 겪음으로써, 건축가와 건축주가 모두 비싼 대인관계의 대가를 치렀다(Smith 1978, 1992; Friedman 1992). 반스달과 판스워스는 모두 성공한 건축가를 고용할 정도로 경제적 · 사회적으로 권력이 있는 여성이었다. 그리고 그들은 자신의 프로젝트를 발전시키는 데 중요한 역할을 견지했다. 그러나 그들이 의뢰한 건축가들은 성공적인 설계사무소의 대표로서 가지고 있는 명성과 권력 때문에 당시 대부분의 남성들보다 훨씬 더 남성 · 여성 모두에 대해 주도적인 역할을 하는 데 익숙해 있었다. 이런 상황에서 젠더는 유형형태에 대한 접근과 대인관계의 협상에서 중요한 요인이 되었다.

이렇게 관계가 복잡하고, 사회적 관계와 문화적 생산에 있어서 젠더 이념에 대해 무수한 견해가 있기 때문에, 용어와 범주를 정확히 규정할 필요가 있다. 젠더와 관련된 사회적 관계가 건축설계와 설계 유형학을 제한하며, 젠더가 건축가-건축주 관계에 영향을 미친다고 지적하는 것이, 설계

그림 18-4 〈홀리혹 주택〉과 올리브 힐(Olive Hill). 사진: 로스엔젤리스 공공도서관 Security Pacific Photo Collection.

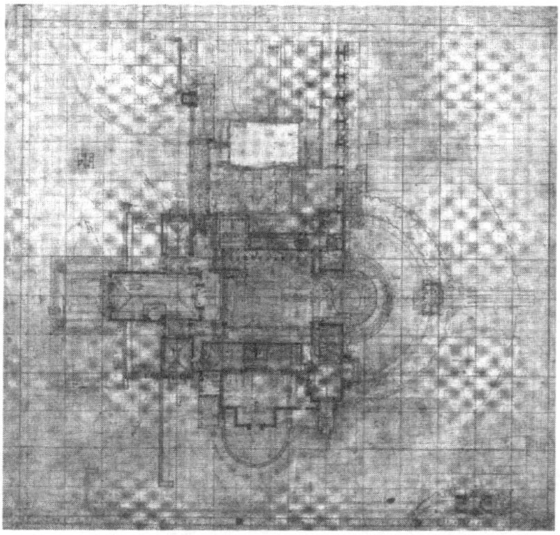

그림 18-5 〈홀리혹 주택〉. 1층 평면의 작업 도면, 1919.
자료: 프랑크 로이드 라이트 재단.

과정에 여성이 참여하지 않거나 설계 결정에 여성이 영향을 미치지 않는다는 뜻은 **아니다.** 그와 반대로 젠더 문제를 특정한 역사적 환경에서 분석하면, 남성 · 여성의 관계가 이해 · 중재 · 구성되는 방식을 이해하는 데 도움이 된다. 어떤 사회에 있는 남성 · 여성은 젠더에 대한 개념, 곧 특정한 문화가 남성 · 여성에게 할당한 일련의 속성들을 동일하게 공유할 수 있다. 실제로 거의 항상 동일하게 공유한다. 이런 성(*sex*)에 근거한 속성을 바탕으로 전개되는 젠더 이념, 가치체계, 사회구조, 그리고 권력관계는 문화 안에 파급된다. 실로, 젠더의 개념은 문화를 정의 · 구성 · 구분하는 데 도움이 된다. 조안 스코트(Joan Scott)의 책 《젠더: 역사 분석의 유용한 범주》(*Gender: A Useful Category of Historical Analysis*)에 의하면, 젠더는 다음과 같이 정의된다.

> 양성의 차이에 바탕을 둔 사회적 관계의 구성요소, 그리고 … 권력관계를 의미화하는 일차적 방법이다(1988, 42).

그녀는 젠더를 일련의 사회적·예술적 생산물을 분석하는 도구로 제안한다. 젠더로 "문화적으로 이용 가능한 상징", 이른바 성(*sex*)의 차이에 바탕을 둔 "규범적인 개념", 사회 제도와 조직, 그리고 주체적 정체성 등을 분석할 수 있다는 것이다(Scott 1988, 43~44).

젠더는 건축주나 건축가가 여성인 설계 프로젝트의 결과를 결정하는 요인임이 분명하지만, 여성이 두드러진 역할을 하지 않는 경우에도 마찬가지로 중요한 요인이다. 문화의 산물인 건축 유형학은 젠더의 측면에서 구축된다. 없는 것(제도적 참여, 권력의 지위 등의 결여)은 있는 것만큼 중요한 요인이다. 다른 유형형태도 섹슈얼리티·젠더 관계에 영향을 받지만, 가족과 생식에 직접 연관되는 주거건축의 유형학은 이 두 요인 모두가 중요성을 갖는 유일하고 가장 분명한 사례다. 르페브르는 "가정 공간의 각별한 중요성을 생식력(*genitality*)"이라는 용어로 다음과 같이 강조한다.

> 고대사회의 기념비성을 대체하는 것이 주거다. 그것은, 생산과 재생산을 감독하는 국가의 통제력 아래에서 우리의 관심을 기념비적 건축의 메마르고 허구적인 우주적 '자연성'(공기·물·태양·'녹지공간')에서 **생식력**(*genitality*), 곧 가족, 가족단위 그리고 생물학적 재생산으로 옮겨 놓는다 … 생식력을 통해 자연성과 연결되는 가족 공간에 사회적(공간적) 실천은 물론 의미가 담보되어 있다(Lefebvre 〔1974〕 1991, 232).

통념, 개인적 기억, 그리고 이념으로 충만된 사회적·공간적·이념적 결합체인 집의 **개념**이 젠더 역할이 전도되거나 교란됨으로써 불안정해질 때 혁명적인 결과가 초래될 수 있다.

여성 건축주와 일한다는 익숙지 않은 경험 그리고 여성 가장의 가족이라는 조건이 암시하는 익숙지 않은 프로그램에 직면해 라이트와 미스 모두 처음에는 그 프로젝트를 실험과 혁신의 기회로 보았던 것 같다. 그때 라이트의 경력은 전환점에 있었다. 그리고 그의 《자서전》(*Autobiography*)에 명시되었듯이, 그에게 남부 캘리포니아는 새로운 형태의 "유기적 건축"을 실험할 수 있는 새로운 경관이자 장소였다. 미스 역시 당시 1930년대와 1940년대의 중서부라는 익숙지 않은 장소와 문화로 막 이주한 상태였다. 그곳은 과거 그가 살던 유럽과는 아주 다른 세계였다. 더 중요한 것은, 관례적인 건축가-건축주 관계 — 건축주의 아내나 어머니 또는 연인이 두 남자(건축가와 남편)의 대화에 개입하는 것이 전형적인 모습이다 — 에 따른 제약 없이, 두 건축가는 새로운 방식으로 자유롭게 주택의 문제에 접근할 수 있었다. 예를 들어, 라이트는 그의 《자서전》에서 반스달 프로젝트를 작곡자가 규칙에 제약받지 않고 상상력을 자유롭게 따를 수 있는 작곡에 비유해 "로만차"(Romanza)[4] 라고 묘사했다.

더욱이 두 남자 모두, 설계과정에 심리적으로 또 어느 정도는 실제로 자신을 투사해 건축주에게 없는 남편의 역할을 했던 것 같다. 이중적인 의미에서 그 주택들은 **그들의** 것이었다. 그들은 주택의 창조자이자 어떤 측면에서는 소유자였다. 남자가 살지 않을 그 주택들은 설계자의 예술적·상상적 요구에 따를 수 있는 순수한 건축적 실천으로 여겨질 수 있었다. 물론 이런 현상의 극단적 사례는 아돌프 로스(Adolf Loos)가 설계한 〈조세핀 베이커 주택〉(*Josephine Baker House*)[5] 이다. 지어지지는 않았지만 우리는 이 프로젝트에서 건축가가 가졌을 매혹적이고 기쁜 환상을 엿볼 수 있다. 로스는 방해받지 않고 자유롭게 베이커를 볼 수 있었을 것이다. 그는 **자신이** 설계한 주택의 거주자인 그녀를 마음의 눈으로 볼 뿐만 아니라, 다른 남성 방문자들과 함께 그녀가 자고, 먹고, 실내 수영장에서 수영하는 것을 총구멍 같은 틈으로 보는 상상을 했을 것이다(Colomina 1992). 여기서 전문지식과 젠더를 바탕으로 한 권력관계는 인종 차이로 인해 더 복잡해졌다. 심리적 투영 현상의 견지에서 볼 때, 로스의 건물에 흑백의 띠를 과감히 넣은 것은 놀라운 일이 아니다. 그것은 대담한 '원초주의'(*primitivism*)적인 장식 이미지였을 뿐 아니라, 백인 유럽 건축가와 주택의 점유자가 될 흑인 미국여성의 결합을 뜻하는 문장(*emblem*)이기도 했다.

제휴관계를 암시하는 단어를 사용하고 건물을 자식이라고 언급함으로써, 라이트와 미스 모두 결혼의 이미지를 사용해 이들 프로젝트를 설명했다. 한편 반스달과 판스워스는 모두 후원자와 문화적 혁신자의 역할을 기꺼이 맡았다. 그들은 미국에서 새로운 형태의 건축을 탄생시키는 데 참여한다고 생각했다. 건축가가 가장의 태도를 가졌다면, 판스워스는 어머니의 보조적 역할에 충실했던 것 같다. 판스워스는 자기 집의 모델을 전시하는 현대미술관(Museum of Modern Art)의 전시에 갔던 일을 자신의 회고록에서 다음과 같이 묘사했다. "시카고로 돌아오는 기차에서 나는 우리의 프로젝트가 새롭고 중요한 요소들로 이루어진 미국 건축의 전형이 될 것이라는 생각에 행복했다"(Farnsworth II, Chapter 11). 판스워스와 미스가 개인적으로 가까운 관계가 되고 그녀가 사무실 '가족'의 일원이 됨으로써 그녀는 이 새로운 전형을 탄생시키는 데 특별한 역할을 하게 되었다. 그녀는 성공한 시카고 의사라는 지위를 바탕으로 전통적인 남성 후원자의 역할을 해냈다. 그러나 여성으로서 어머니와 뮤즈(*muse*)[6]의 역할도 맡지 않을 수 없었다.

두 경우 모두, 건축주의 성격보다 프로그램이 관례와 크게 달랐다. 반달의 집은 할리우드 중심의 방대한 땅 — 도시 블록 전체 — 인 올리브 힐에 있는 넓은 연예인 동네의 중심에 지어졌다(Smith 1992). 주택 자체의 프로그램은 건축주, 그녀의 딸, 그리고 손님 등을 위한 주생활 요구를 수용하고, 가족과 방문객이 모두 사용할 수 있는 상당한 넓이의 옥외 테라스와 정원(야외극장을 포함)을 조성하는 것이었다. 따라서 라이트는 그간 주택 건축가로서의 경험을 통해 확립한 방식을 뛰어넘어 생각을 확대해야 했다. 그는 〈임페리얼 호텔〉(*Imperial Hotel*), 〈미드웨이 가든스〉(*Midway Gardens*) 등 자신이 초기에 설계한 주택 이외의 여러 프로젝트들을 참조해야 했다.

판스워스의 프로그램은 단순히 전원에 있는 일인용 주말주택이었다. 그녀는 건축가에게 그 밖의 것을 거의 제시하지 않은 것으로 보인다(Schultze 1986). 이는, 극히 혁신적인 수많은 유리 주택〔예를 들어, 1935년의 허브 주택(*Hubbe House*)〕을 비롯해 지어지지 않은 프로젝트가 많던 미스에게 드문 기회였다. 그의 유리 주택은 지어졌더라도 실제로 거주하기는 어려워 보인다. 이와 달리 실현된 그의 작품들〔예를 들어, 1928~30년의 〈투겐다트 주택〉(*Tugendhat House*)〕은 비교적 순화된 것들이다. 어느 면으로 보면, 판스워스의 요구는 너무 단순하고 막연해서 그녀의 주택은 프로그램이 없는 주택이나 마찬가지였다. 그것은 미스가 실험하고 있던 개방적 평면과 "보편적 공간"(*universal space*)[7]을 실현할 수 있는 완벽한 기회였다.

두 프로젝트의 결과로 건축의 역사에서 매우 중요한 건물들이 나타났다. 그것들은 해당 건축가들의 경력에서뿐 아니라 20세기 건축의 행로에서 주요한 전환점이 되었다. 그러나 두 경우에서 모두, 건축가와 건축주가 개인적인 관계를 유지하지 못했고 프로젝트에 대한 건축주의 신뢰도 유지할 수 없었다는 점도 중요하다. 마침내 사회적·건축적 형태에 대한 해석의 변화를 둘러싸고 건축가와 건축주의 논쟁이 가열되었고 서로 신랄한 비난을 쏟아냈다. 그래서 두 경우 모두 결국 법정 소송으로 갔다. 문제는 대인관계에 관한 것이면서 전문분야에 관한 것이었다. 두 경우 모두에서 그 두 가지 측면은 대책 없이 꼬였다. 반스달은 라이트가 그녀의 프로젝트에 너무 관심을 기울이지 않았고 그녀의 아이디어를 너무 존중하지 않았다고 느꼈다. 그리고 그것은 자신이 여성이라는 사실 때문이라고 그를 비난했다. 열렬한 페미니스트였던 반스달은 아내의 역할을 거부했다. 대신 그녀는 그의 행태와 설계가 부족해보일 때 날카로운 비판으로 건축가와 맞섰다. 라이트는 이에 분노하고, 상처받고, 비난했지만, 결국은 그의 명성에 맞게 그것을 존중했다. 그 후 두 사람은 평생 친구로 남았다.

반스달의 주택은 그녀에게도 불만족스러운 것이 되었다. 애초에 관례에서 벗어난 프로그램에 따라 구상되긴 했으나, 그녀가 위협적이라고 생각할 만큼 너무 형태적이고 기념비적이었다. 처음부터 그 주택을 넓은 연예인 동네의 중심에 있는 반공적인(*semipublic*) 주거로 사용할 생각이긴 했지만, 그녀는 주택에 프라이버시와 따스함이 없음을 발견하고는 실망했다. 그녀는 "그곳에서 편안함(*at home*)을 느끼지 못했다". 그녀와 건축가 모두 미술공예운동(*Arts and Crafts Movement*)[8]의 분위기에서 자랐으나, 그 주택은 미술공예운동의 가정생활(*domesticity*)에 대한 개념을 전혀 따

그림 18-6 〈판스워스 주택〉. 루드비히 미스 반 데어 로에(Ludwig Mies van der Rohe), 일리노이 주 플라노(Plano), 1946~1951.
사진: 뉴욕 현대미술관의 미스 반 데어 로에 아카이브 자료.

르지 않아 이런 상황이 생겼을 것이다. 유형에 대항하는 것은, 범주와 관례의 확실성을 떠나 광활하고 불안스런 황무지와 같은 형태와 대인관계로 가는 것을 의미한다. 〈홀리혹 주택〉이 혁신적인 건축을 새로운 양식으로 표현하는 데 성공한 것은 분명하지만, '유형에 대항하는' 설계의 문제를 충분히 해결하지는 못했다.

개방된 공간과 유리벽으로 이루어진 〈판스워스 주택〉에서 프로그램은 훨씬 더 극단적이었다. 건축가와 건축주 사이의 친밀한 개인적 관계를 바탕으로 판스워스는 제자의 역할을 했고 건축가의 실험을 신뢰했으나, 1950년 말 어느 시점에 그런 관계가 깨졌다. 판스워스가 그녀의 새 집으로 이주했을 무렵의 일이다. 비용 초과와 구조 문제로 두 사람 사이의 의사소통이 단절되었다. 관례에 맞서고 새로운 건축 수준을 세상에 선보이겠다는 공동의 사명으로 묶인 제휴관계가 갑자기 비정한 골칫거리로 전락했다. 전문가적 능력과 외국인이라는 배경으로 건축주를 후리는 부드러운 술수가[9] 가 그를 신뢰한 "독신 여성"에게 그런 골칫거리를 일으켰다. 판스워스는 다음과 같이 썼다. "그가 원한 것은 결코 친구나 동료가 아니라 봉

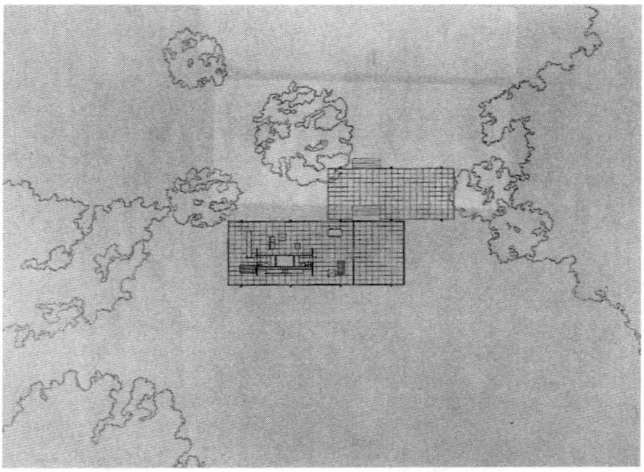

그림 18-7 판스워스 주택 평면. 사진: 뉴욕 현대미술관의 미스 반 데어 로에 아카이브 자료.

이나 희생이었던 것 같다"(Farnsworth II, Chapter 12). 프로젝트가 완료되면 건축가는 으레 떠날 채비를 하듯이 그들의 개인적 관계도 끝났다.

판스워스가 고통과 자포자기 속에서 그의 주택에 대한 불평을 과장했을 수도 있지만, 그것은 실질적인 불평이었다. 결국 그녀는 미스의 건축이 갖고 있는 프라이버시와 가정생활의 문제를 집중적으로 거론했다. 건축가이자 이론가인 미스의 건축에서 여성이자 비전문가인 그녀의 경험은 완전히 제거되었다. 회고록에서 그녀는 내부의 배열에 관해 실망과 당혹감을 묘사하고 있다. 이 주택에 '손님 욕실'('사적 욕실'과 등을 맞대고 있음) 은 있으나 침실은 없다. "엄습하는 불안과 우울함이 우리를 함께 있도록 하지 않는 한, 우리는 일종의 3차원 스케치에서 동거해야 한다. 나는 나의 '취침 공간'에서 그리고 그는 그의 취침 공간에서"(Farnsworth III, Chapter 13). 여기서, 관례적 주택의 유형학과 단절할 용기, 곧 그녀가 정의한 새로운 프로그램의 현실 속에서 살 용기가 없었던 사람은 결국 판스워스였음을 알 수 있다. 그러나 나는, 건축주가 그 프로젝트는 망쳤다고 생각하게 만든 것은 이런 프로그램에 충분히 대응하지 못한 미스 때문이라고 생각한다. 남자이자 건축가-예술가로서 권력을 행사할 기회를 포착한 미스는 일거에 건축주와 프로그램을 심리적·형태적으로 제거하고 영웅적 건축의 환상

세계, 곧 내용과 건축주가 없는, 로지에로부터 영감을 받은 순수한 형태의 원시 오두막으로 돌아갔다. 건축가-건축주 관계, 그리고 건축주의 주택에 대한 관계가 와해된 것이 다음과 같은 건축주의 몸과 관련된 문제에서 표출된 것은 놀랄 일이 아니다. 그녀의 섹슈얼리티(또는 그것의 결여), 프라이버시에 대한 요구(또는 그것의 결여), 개인공간의 비중(또는 보편적 공간과의 정합성 결여), 그리고 그녀의 개인사(個人史)(또는 영원한 예술적 생산물에 참여할 능력의 결여).

건축 언어는 급진적이었지만, 미스는 유형학적으로 극히 보수적이었다. 그는 건축형태를 이용해서 정적이고, 불변적이고, 사람이 살지 않는 이상적인 건축의 심상(心像)에 접근했다. 반면 판스워스는 반대 방향을 지향했다. 그녀는 자신의 여성성 — '적절한' 젠더 역할과 부합하는 — 이 찬미될 수 있는 장소성과 가정다움의 이미지를 찾았다. 플라노에 있는 자신의 주택에서 그녀는 미스의 가구를 자신의 가족이 사용한 고가구로 바꾸고 한 쌍의 돌사자를 현관 문 옆의 테라스에 두기까지 했다.

이 지점에서, 미스의 본질적 질서라는 개념(Neumeyer 1991), 곧 로지에의 원형적 오두막, 그리고 비례와 기하학의 고전체계 같은 것들은 판스워스에게 완전히 헛된 것이었다. 미스가 유리와 철로 된 완벽한 형태를 근사하게 응시하는 동안, 그의 건축주는 지나가는 사람과 이웃에게 볼거리가 된 것에 대해서 불평하고 있었다. 〈아름다운 주택〉(*House Beautiful*)에 발표한 글에서, 판스워스는 자신과 건축가의 경험 사이에 커다란 간극이 있음을 다음과 같이 신랄하게 밝혔다.

> 내가 '깊은 고요'를 느끼는가? 그녀는 반복해 물었다. 네 벽이 유리로 된 이 집에서 나는 항상 경계하며 어슬렁거리는 동물처럼 느껴지는 것이 사실이다. 나는 언제나 불안하다. 저녁때까지도. 나는 밤낮으로 망을 보는 파수꾼 같다. 나는 좀처럼 팔다리를 뻗고 긴장을 풀 수가 없다(Barry 1953, 266).

건축의 전통과 유형에 맞섬으로써 얻은 자유는 이제 외부인이 된 판스

그림 18-8 건축 중인 〈판스워스 주택〉. 사진: 뉴욕 현대미술관의 미스 반 데어 로에 아카이브 자료.

워스에게 매우 비싸고 투명한 주택만 남기고 얇은 공기 속으로 증발해 버렸다. 그녀는 그것을 더 이상 건축이 아니라 명목뿐인 집으로 본다.[10)]

이들 사례는 관례에 맞서려고 시도할 때 어쩔 수 없이 생기는 매우 실제적인 문제를 보여준다. 그것은 단지 형태나 프로그램에 관한 문제가 아니라 건축가-건축주 관계 그리고 전문가의 권위 문제이다. 젠더 관계가 어느 한쪽에서든 불안정해지면, 더 이상 적용되지 않을 것 같던 옛날의 사고와 상호작용 방식이 부각된다. 익숙지 않을 때 충돌 · 긴장 · 의심이 생겨난다. 그렇지만 비싼 값을 치르고 독창성을 얻는 경우가 많다.

만일 전통과 관례 때문에 형태의 혁신이 억제된다면, 아마 우리는 사회적 · 건축적 실천의 가장자리에서, 곧 전문영역 안에서가 아니라 그것의 외부 멀리에서 가장 창의적인 대안을 찾아야 할 것이다. 작업장 · 아파트 · 주택 같은 관례화된 건물유형에서 유용한 공간을 찾지 못한 남녀들이 그런 관례적 공간에 개입한 결과에서 우리는 어떤 교훈을 얻을 수 있는가?

예를 들어, 전형적인 구매자를 겨냥해 '부부침실', '서재', 그리고 자동차 세 대의 차고를 갖춘 신형 '개발업자' 주택은 이혼한 어머니와 자녀, 동성부부(자녀가 있든 없든), 또는 임대료를 벌기 위해 하숙을 치는 노인에게 거의 의미를 갖지 못한다. 실로, 그런 주택은 두 명(이상)의 성인이 모두 집 밖에서 근무하거나 재택근무를 하는 가구의 문제를 거의 해결하지 못한다. 이들 건물을 좀더 거주할 만한 것으로 만들기 위해 어떤 종류의 변화가 일어나고 있는가?

만일 우리가 관례와 독창성 사이의 상호관계를 철저하게 조사한다면, 다양한 경험과 생활방식을 수용하기 위해 실제적인 변화가 일어나고 있는 장소를 발견하게 된다. 코하우징(*cohousing*),[11] 한 부모 가정과 노인을 위한 집합주거, 원룸 호텔 등 성공적인 새로운 생활공간이 많이 제안되고 시도되듯이, 유형의 개념은 얼마든지 의미 있게 변경할 수 있다. 거주자가 행한 자발적인 건축설계에서 이러한 것들의 성공과 실패를 살펴보면, 주택과 가정의 유형에 대한 아이디어를 넓히려는 건축가와 계획가들에게 필요한 중요한 정보를 분명히 얻을 수 있다(Franck and Ahrentzen 1991; Weisman 1992).

관례 · 기억 · 체험이 일상적으로 대립하는 건축의 최전선에서 새로운 유형이 생성되고 새로운 관계가 형성되고 있다. 우리는 이곳, 바로 이 불확실하고 예기치 않은 영역에서 사회적 · 건축적 변형의 도구를 찾아야 한다. 이는 과거나 문화적 관례로부터 자유롭기 위해서가 아니라 그것들을 더 잘 이해하고 우리를 위해 사용하기 위해서다.

역자 주

1) 1995년 중국 베이징에서 열린 제 4차 세계여성대회 이후 학계에서는 생물학적인 성인 sex와 사회문화적 환경에 의해 후천적으로 만들어지는 성, 곧 남성/여성다움을 의미하는 gender를 구분하고 있다. 이 글에서 gender와 sex는 각각 젠더와 성(*sex*)으로, 그리고 sexuality는 섹슈얼리티로 번역했다. 그리고 gender relation, gender role, gender ideology 등은 '젠더 관계', '젠더 역할', '젠더 이념' 등으로 번역했다.
2) 건축·인테리어의 스타일과 디자인을 구체적인 사례를 들어 설명하는 내용의 책이나 잡지.
3) 아돌프 로스(Adolf Loos, 1870~1933)는 오스트리아의 건축가로, 미국에서 시카고학파의 기능주의 건축양식을 배운 후 귀국해 비엔나를 무대로 근대 합리주의에 입각한 건축물을 설계했다. 그는 아름다운 것은 목적에 충실한 것이라는 생각을 가지고 있었다. 〈슈타이너 저택〉(1910), 〈차라 저택〉(1926) 등을 설계했으며, 특히 저서 《장식과 죄악》(1908)에서 당시 비엔나의 심미적 경향을 맹렬하게 비난하고, 스스로 〈슈타이너 저택〉 등에서 순수 형태의 우위를 실증하고자 했다.
4) 로시니(Rossini)·도니제띠(Donizetti)·베르디(Verdi)가 아리아보다 더 친근하고 덜 정교한 작품을 칭하는 데 이 용어를 사용했다.
5) 조세핀 베이커(Josephine Baker, 1906~1975)는 미국 태생의 연예인이자 배우다. 1937년 프랑스 국적을 취득했다. 베이커는 주요한 영화에 출연한 첫 흑인 여성이다.
6) 그리스신화에서 학예·시가·음악·무용을 관장하는 여신.
7) 미스 반 데어 로에의 대표적인 공간개념인 보편적 공간(*universal space*)은 특정한 용도와 무관한 중성적인 공간을 말한다. 곧, 그것은 구획되지 않고 방해되지 않는 이상화된 공간이다. 여기서, 건축공간은 언제나 변하고 확장될 수 있다는 미스의 생각을 볼 수 있는데, 이는 문화가 고정된 위치를 갖지 않는 미국문화와 일맥상통한다.
8) 19세기 말 영국에서 윌리엄 모리스를 중심으로 일어났던 공예 개량운동. 산업혁명과 그에 따른 대량생산에 반발하여 중세 장인의 정신과 특성을 되찾는 데 헌신한 운동이다.
9) 곧, 미스 반 데어 로에를 말함.
10) 판스워스는 1951년, 미스가 설계한 주택이 완공되자마자 그와 법정 공방을 벌였다. 그녀는 완공 후 20년이 지난 1971년 피터 팔럼보(Peter Palumbo)에게 그 주택을 매각했다.

11) 1960년대에 덴마크에서 시작된 공동의 주거형태로, 시설을 공유하며 생활도 공유하는 주택을 말한다.

제 19장

유형은 우리다

캐런 A. 프랭크 Karen A. Franck

건축가를 비롯한 많은 사람들의 도움으로, 사회는 단지 장소만이 아니라 장소의 유형을 만들어낸다. 건축주는 단순히 불특정한 건물이나 장소를 요구하지는 않는다. 그들은 '학교', '공원', 또는 '기념관' 같은 특정한 종류의 장소를 요구한다. 그러한 장소는 대개 명명되어 있다. 설계와 시공 과정을 통해 초등학교, 중정형 평면, 벽돌구조, 그리고 지역지구제 조례와 건축법의 범주들 등 많은 유형들에서 연이어 선택이 이루어진다. 물리적으로 형성된 유형들은 그 시기와 그 사회의 주도적인 가치, 사회관계, 그리고 활동 패턴을 뒷받침하고 촉진한다. 유형의 발전 · 반복 · 변경을 통해서 "물리적 · 공간적 형태가 사회적 · 문화적 존재를 나타낼 뿐 아니라 그것을 구성한다"(King 1992, 130).

유형은 우리가 유사성이 있는 장소들을 모아서 만든 **장소의 범주**다. 그리고 유형은 우리가 범주의 구성요소로 간주하는 **특정한 장소**다. 삶의 모든 영역에서 우리의 사고, 의사소통, 그리고 행동은 유형으로 구성된다. 반복되고 인식할 수 있는 장소의 종류들 없이는 행동과 의미를 조절하거나 예측하는 것이 불가능할 것이다. 장소에 들어가고 그것을 점유할 때, 점유자들은 무의식적으로 자신이 어떤 유형의 장소에 있는지 인식하고, 그 사회에서 그 유형과 연관된 관례적인 사용 및 관계의 패턴에 따라 행동한다.

우리가 교회에서 하는 행동은 학교나 도서관에서 하는 것과 다르다. 이런 의미에서 우리는 유형을 통해서 장소를 점유하고 경험한다. 평면구성 같은 유형의 특정한 속성들은 우리의 행위와 관계를 좌우한다. 속성이 다르면 다른 의미들을 전할 것이다.

일상생활 · 설계 · 연구 · 법규에 있어서 유형은 우리가 장소에 대한 인식을 정신적으로 체계화하기 위해 사용하는 개념적 범주다. 그리고 그것은 우리가 세계에서 물리적으로 창조하고, 관찰하고, 경험하는 물질적 장소다. 유형을 생각하는 이러한 두 가지 방식이 항상 겹치지는 않는다. 물질세계에 존재하지 않는 장소의 범주들을 분류하는 방식이 있으며, 존재하지만 명명되지 않은, 곧 범주로 표상되지 않은 장소유형들도 있다.

거미집처럼, 유형은 창조되고 **또한** 거주의 장소가 된다. 설계되고 명명된 우리의 서식지처럼, 유형은 생산물로서 우리의 외부에 있으면서 동시에 우리의 외연(*extension*)이다. 개별적 장소든 장소유형이든, 그 거미집은 인간의 의도와 행동의 산물이자 그 의도와 행동에 필요한 요소다. 거미집은 우리 자신의 소산이다. 한 사회가 만들어낸 유형은 그 사회의 지배적인 목적과 가치를 조장한다. 그래서 활동과 관계의 목적 · 가치 · 패턴이 변화함에 따라 유형도 변화한다. 마찬가지로 우리가 지배적인 가치와 패턴을 변경하고자 한다면, 유형을 변화시킬 필요가 있다.

유형이 일상생활에서 이렇게 큰 부분을 차지하기 때문에 우리는 그것을 당연하게 생각하며, 상호 관련된 그것의 많은 속성들, 그것이 가진 힘, 또는 그것이 쓰이는 의심스런 목적과 가치를 인식하지 못한다. 이 장에서는 유형을 가시화하고 그것이 가진 문제점을 살펴보고자 한다. 첫 절은 유형을 형태 · 용도 · 의미의 속성들로 구성된 가변적인 망(*web*)으로 묘사한다. 둘째 절에서는 설계의 목적이라는 견지에서 현행의 유형들을 비판한다. 그리고 새롭거나 변경된 목적을 보여주는 유형의 변화를 제시한다. 마지막 절에서는 현행의 유형들에 이의를 제기하고 그것의 계획 · 설계 · 연구에서 새로운 방향을 담보하는, 새롭게 대두되는 문화적 전환을 살펴본다.

유형은 다양한 방식으로 정의된다. 이 장에서는 물질적 장소, 그리고 용도와 의미를 형태에 연결시키는, 물질적 장소의 개념들에 초점을 맞춘다. 첫 절 이후부터 나는 이런 관점을 유형에 대한 다른 관점들과 구분하고 유형에 대한 접근방법에서 용도의 중요성을 강조하기 위해 **용도유형**이라는 용어를 사용하고자 한다.

가변적인 망으로서의 유형

우리는 다양한 방식으로 또 여러 가지 목적으로 세계를 이해한다. 물질세계를 비롯한 여러 세계들의 방대한 속성들에서, 우리는 어떠한 속성들을 선정해 연결·결합하고, 형성·변형하며, 의미를 부여한다. 장소들 사이의 유사성과 차이를 인식하고 구성하는 것, 곧 유형화는 그런 활동의 한 방식이다. 하나의 유형을 형성하기 위해 어떤 속성들을 인식하고, 착상하고, 구성할 것인가 하는 문제는 엄청나게 가변적이다. 이것이 유형화의 한 장점이다. 한 장소가 다른 장소들과 공유하는 어쩌면 **무수한** 성질 중에서 **소수**만이 그 장소유형을 규정하고 그것을 다른 유형과 구분해준다. 유형의 명칭, 이미지, 그리고 다른 표상은 그러한 속성들을 돋보이게 하고 다른 것들을 무시한다.

'노트르담'(Notre Dame)이라 불리는 장소에는 다수의 특성이 있다. '교회'라 불리는 유형에는 그런 특성들 중의 일부가 있으며, 교회와 특성이 동일한 장소들은 노트르담과 함께 교회라는 범주로 분류된다. '대성당'(*cathedral*)이라 불리는 유형은 다른 특성들을 가지며 교회와 일부 중복되지만 다른 범주를 형성한다. '고딕양식 대성당'이라고 불리는 유형에는 또 다른 특성들이 있다. 이 예에서 나타나듯이, 유형은 다양한 수준의 특수성으로 정의된다. 고딕양식 대성당은 대성당보다 특수하다. 대성당은 교회보다 특수하다. 이 세 가지 유형들은 각각 가변적인 다층의 망에서 교직된 형태·용도·의미의 속성들을 암시한다. 우리가 거주하는 세계는 매우 촘

촘한 조직이며, 이 조직에서 우리는 특정한 특성들로 구성된 망을 만들고 인식한다.

유형을 **망**으로 보는 개념으로 장소유형의 몇 가지 중요한 특징이 강조된다. 그것은 형태・용도・의미 사이의 상호연결이 중요하며, 이러한 연결은 가변적이고 연결의 강도 또한 상이함을 말해준다. '망'은 유형이 독립적 사물이 아니라 인간의 창조물이며 외연임을 암시한다. 일정한 종류의 유형들이 없다면 우리는 생존할 수 없을 것이다. 동시에, 우리가 만드는 특정한 유형들은 우리가 영위하는 생활에 대해 깊은 함축적 의미를 갖는다.

형태・용도・의미의 연결

논의의 편의를 위해 여기서는 장소유형이 갖는 속성들을 세 가지 종류로만 구분한다. 각각의 종류는 매우 다양한 특징으로 이루어진다. 형태 속성에는 설계된 장소의 모든 물질적・공간적・구조적・기하학적 특성들이 포함된다. 그것은 고정된 것일 수도 있고 이동할 수 있는 것일 수도 있다. 형태 속성은 옥내나 옥외에 장소를 만들어 공급하기 위해 경관에 장기적이거나 일시적으로 가하는 모든 물리적 개입을 의미한다.

용도 속성은, 대부분의 환경에서 일반적으로 일어나는 행동들(들어가기・떠나기・이동하기)과 특정한 종류의 장소에 관련되는 특정한 행동들을 포함한 용도의 **모든** 측면들로 이루어진다. 후자, 곧 특정한 종류의 장소에 관련되는 특정한 행동을 종종 '기능'이라 부르는데, 그 유형에서 일어나는 특정한 과업이 여기에 속한다.* 그 유형에 특정한 기능을 수행하기 위해 일반적인 행위들이 특정한 방식으로 일어난다. 우리는 미술관에서 전시작품을 보기 위해 특정한 움직임과 몸짓으로, 특정한 방식으로 이동

* 미국에서 이루어지는 건축 담론에서 '기능'과 '기능적'이라는 말은 종종 부정적인 의미로 사용된다. 따라서 신체의 움직임과 활동 같은 인간의 점유와 특정한 업무(곧, 기능)를 언급할 때 좀더 중립적이고 포괄적인 '용도'라는 단어를 사용했다.

한다. 미술작품을 보는 것은 미술관(그리고 갤러리, 개인 소장품 전시, 경매용 전시 등)에 특정된 활동이지만, 이동한다는 것은 일반적인 활동이다. 또한 용도 속성에는 사용자들의 종류, 그들의 특별한 역할이나 과업, 그들의 상호 관계, 그리고 유형의 용도 이면에 있는 암시적이거나 명시적 규칙들이 포함된다.

의미 속성은 실제적인·상징적인 메시지로 이루어지는데, 그러한 메시지는 형태와 용도의 측면들로 전달되기도 하고 유형과 좀더 느슨하게 연관되어 있기도 하다. 의미 속성에는 장소를 설계한 잠재적·명시적 목적, 그리고 장소의 구성과 점유 이면에 있는 철학이나 이념이 포함된다. 형태와 용도는 대개 직접 관찰할 수 있으나, 의미는 대부분 추론하거나 해석해야 한다. 용도나 형태 속성들과 마찬가지로, 의미도 포괄적이거나 심지어 보편적인 경우가 있다. 그에 반해 특정한 유형, 시기나 문화에 특수한 의미도 있다. 인체의 통행을 허용하는 벽의 개구부는 어느 문화에서도 입구나 출구로 이해될 것이다. 형태 속성으로 전달되는 '출입구'의 의미는 보편적이다. 이와 대조적으로, 교회의 문에는 일반적인 입구나 출구 이상의 의미와 이용방법에 대한 단서가 덧붙여져 있다. 교회를 만든 문화에 사는 사람들은 그러한 단서를 이해할 수 있다.

형태·용도·의미의 속성들은 서로 느슨하게 짜이기도 한다. 속성들 사이의 연결이 다양한 것은 유형과 유형화의 이점이다. 이 다양성은 기존 유형의 새로운 표본들을 만들어내고, 유형을 변경하고, 새로운 유형을 만들어내고, 유형들을 점유하는 데 매우 유용하다. 이러한 느슨함은 우리가 장소를 점유하고 관찰하고 생각할 때, 속성들의 망이 우리의 행동과 해석을 결정하는 것이 아니라, 조장하거나 제한한다는 것을 의미한다. 유형은 어떤 용도와 의미를 고정하는 것이 아니라 유도한다. 망은 필연적으로 항상 느슨하며 거기에는 구멍들이 나 있다. 따라서 예견되지 않은 용도와 의미가 개발될 수 있다. 이미 계획된 용도와 의미는 단지 어떤 가능성을 보여줄 뿐이며, 다른 것들이 개발되어 장소나 유형에 연관될 수 있다.

연결의 느슨함으로 인해 형태 속성을 변경하지 않고 새로운 의미와 용도를 기존의 유형과 연관시킬 수 있다. 마찬가지로, 의미와 용도를 심각하게 변화시키지 않으면서 어떤 형태 속성을 변화시킬 수 있다. 이와 달리, 형태 속성의 변화가 심각한 영향을 미쳐 새로운 유형이 구성되기도 한다. 우리는 주어진 장소의 형태 속성이 무엇인지에 대해 쉽게 동의하며 그것을 지적해낸다. 그러나 유형의 의미나 적절한 용도에 관해서는 상당한 이견이 있을 수 있다. 장소가 만들어지거나 변경되기 전·후의 의미와 용도에 대해서는 이론의 여지가 많을 수 있다. 새로운 장소나 변경된 장소가 실제로 어떤 유형인가 또는 그것이 그러한 위치에 적절한 유형인가에 관해 다양한 해석이 가능하며 그것을 둘러싸고 논쟁이 일어나곤 한다. 그런 마찰이 일어날 수 있고 또 실제로 일어나는 것은 바로 의미·형태·용도의 많은 속성들 사이에 일대일 대응이 이루어지지 않기 때문이다.

형태·용도·의미 사이의 연결이 매우 강해서 그 해석에 차이가 있기 어려운 경우도 있다. 특히 포괄적인 형태 유형에서 그러하다. 예를 들어, '출입구'와 '탑'(*tower*)이라 불리는 유형의 경우, 형태의 특정한 기능이 결정되어 있지 않았을 때에도 특정한 종류의 거주와 동선이 암시된다. 이것들은 불가피하게 그런 유형들의 형태 속성에 연결되어 있다. 출입구는 그것을 통과해서 움직이거나 그것을 통해서 보는 것을 암시한다. 탑은 위 아래로 움직이거나, 올려다보거나, 내려다보거나, 경관을 바라보는 것, 또는 경관으로부터 그 구조물을 쳐다보는 것을 암시한다. 이러한 것들은 일반적이고 보편적인 행동이다. 실로 그것들은 인공경관의 설계와 경험에서 형태가 매우 유력한 장치임을 보여준다.

탑이 교회나 감옥의 부분일 때처럼, 형태적으로 더 크고 기능적으로 더 특정한 유형에 포함되어 있는 탑의 형태·용도·의미의 속성은 좀더 제한적이고 특정해진다. 탑이 모스크 옆의 미나레트(*minaret*)[1] 일 때, 중세 성당의 첨탑(*spire*)일 때, 또는 해안의 등대일 때 형태·의미·용도의 속성은 훨씬 더 특수해진다. 물질세계에서 종종 크고 포괄적인 장소유형들이 유형의 맥락을 형성하는데, 이런 맥락은 유형의 의미와 용도를 정의하는데 도움이 된다. 이렇게 유형은 상호간, 그리고 맥락에 연결된 속성들로 구성된다. 이것이 유형의 연결성이다.

유형의 명명 · 표상 · 변화

여러 탑들의 예에서 유형의 명칭이나 시각 이미지, 또는 그 밖의 표상이 특정한 형태와 용도 속성들을 강조하고 다른 것들을 경시하거나 배제함을 알 수 있었다. 명칭이나 이미지가 특정할수록 암시되는 속성도 특정하고 제한적이다. '주거'라는 유형은 매우 일반적이고 포괄적인 일단의 형태 · 용도 · 의미 속성을 암시한다. 반면에 '가구형 주거'(*perimeter block housing*)[2]는 특히 형태와 관련해 좀더 특정한 것을 암시한다. '고층 공공주거'는 훨씬 더 특정한 속성을 암시하는데, 미국에서는 그것과 관련된 형태와 위치 특성, 용도와 거주자의 부류, 그리고 의미가 대개 부정적이다.[3] 따라서 명칭, 이미지, 그리고 실체 속의 유형이 전달하는 형태 · 용도 · 의미의 정보는 대단히 풍부하다.

유형의 명칭이나 이미지, 또는 분류가 일차적으로 형태나 용도 속성을 지칭하는 경우가 있다. '가구형'(*perimeter block*)은 형태 속성을 암시하는 반면, '주거'는 수용되는 행위의 종류를 암시한다. 이들 유형의 다른 속성들은 명칭으로 직접 전달되지는 않지만 암시된다. '가구형'은 공통적인 형태 속성을 가진 장소의 계층이다. 비록 이 유형에 특정한 용도(주거와 같은)가 명명되지 않아도, 동선의 패턴을 포함한 어떤 일반적인 용도의 종류가 형태에 의해 암시된다. 비슷하게, '주거'는 가정생활을 강조하는 명칭이다. 그리고 그것은 특정한 문화와 시기의 주생활이 일어나는 방식과 그러한 활동에 연관된 일반적인 형태 속성을 암시한다.

어떤 속성들에 주목하고 다른 것들은 무시하는 유형의 능력은 설계과정, 설계 대안의 연구, 그리고 기존 장소의 분류에서 극히 중요하다. 학교(Stuebing 1992), 아파트(Holl 1980), 중정주택(Polyzoides et al. 1992) 등 한 유형의 표본들 사이에서 형태나 용도의 차이를 나타내기 위해 흔히 체계적이고 명시적인 유형학적 방법이 사용된다. 형태나 용도 속성 중 하나를 강조해 유형을 명명하거나 표상하면, 형태와 용도 사이가 단절된 것으로 보일 수 있다. 그러나 일반적으로는 그렇지 않으며, 그렇게 될 수도 없다. 형태 · 용도 · 의미에 관한 어떠한 암시적 정보도 전하지 않도록 장소를 명명하거나 시각적으로 표상하기는 매우 어렵다.*

형태 속성을 강조하는 장소의 명칭이나 이미지, 또는 분류를 **형태유형**이라고 부를 수 있으며, 두드러진 용도 속성들은 **용도유형**이라고 부를 수 있다. 따라서 가구형, 콘크리트 블록 건물, 탑, 문, 운동장, 중정 등은 일차적으로 형태 속성으로 표현되므로 형태유형이다. 교회, 미술관, 공원, 침실 등은 유형을 나타내는 데 형태보다 용도, 특히 기능이나 과업의 측면들이 사용되었으므로 용도유형이다. 고층주거와 바실리카 교회 평면[4]과 같은 유형들은 형태와 용도를 동등하게 암시하는 것으로 보인다. 그러나 편의상 그것들도 용도유형으로 부르기로 한다.

일상생활, 건축가의 설계, 부동산 명부, 건축법과 지역지구제 조례, 토지이용계획 등 많은 영역에서 용도에 따라 장소를 명명하고 표상한다. 장소유형의 명칭은 장소를 만들고, 규제하고, 변경하고, 보존하고, 점유하는 데 있어 극히 중요하다. 모든 경우에서 장소유형의 명칭을 아는 것은 넓은 범위의 행동들에 영향을 미치며 그것들을 결정하는 데 도움이 된다.

용도유형은 고안되고, 변경되고, 폐기되고, 때로는 재발견된다. 병원(Forty 1980) · 공원(Cranz 1982) · 레스토랑(Thorne 1980) · 공동묘지

* 환경디자인 연구자들이 용도 속성을 강조하는 경향이 있는 데 비해 건축가들은 형태 속성을 강조하는 경우가 많다. 환경디자인 연구자들이 생각하는 용도 속성에는 매우 일반적인 것이긴 하지만 형태 속성이 일부 내포되어 있다. 마찬가지로 건축가들도 매우 일반적인 용도 속성을 생각하는 경향이 있다. 두 분야의 전문가들이 서로 상대방에 대해 좌절하는 것은 바로 이렇게 한쪽이 강조하는 속성(디자인 연구자의 편에서 보면 용도 속성, 건축가의 측면에서 보면 형태 속성)에 대해 상대측의 전문성이 결여되어 있기 때문이다. 유형의 형태 · 의미 · 용도 속성과 그것들의 상호 연계성을 전문적이고 철저하게 기술하고 탐구한다면 두 분야의 디자인과 연구에 큰 도움이 될 것이다. 두 분야 모두 형태 · 의미 · 용도와 관련된다는 사실을 인식하고, 상대방에 대해 그리고 형태나 용도에 대해 덜 대립적인 접근방식을 택하는 것도 도움이 될 것이다.

(Sloan 1991) ・아파트(Cromley 1990) 와 같은 용도유형에 연관된 형태・용도・의미 속성들은 유형의 명칭이 그대로 유지될지라도 계속 나타나고 변화된다. 미국의 원룸 주거처럼(Franck 1989a) 한때 사회적으로 용인될 수 없는 것으로 생각되었던 용도유형들을 재발견하고 좀더 현대적인 상황과 요건에 맞도록 만들 수도 있다. 한 부모 가족을 위한 임시 주거처럼, 자체의 명칭을 갖는 '새로운' 유형을 채택할 수도 있다. 그리고 새로운 유형이 무엇이고 무엇일 수 있는지를 가르치기 위해, 건축가나 정책입안자 또는 대중들에게 형태・용도・의미 속성들을 설명할 수 있다. 그러나 새로운 유형이 기존의 용도유형과 구분되는 외관상의 형태 속성을 갖지 않을 수도 있다. 그럴 경우 그것은 새로운 유형처럼 **보이지** 않게 된다. 때로는 그렇게 새로운 유형처럼 보이지 않는 것이 도움이 되기도 한다.

속성들의 망이나 유형을 명명하는 방식들이 고정된 것은 아니다. 명칭에 연관된 의미와 용도는 물론 명칭이 불일치와 마찰의 배경이 되는 경우가 많다. 유사하게, 지역지구제에서처럼 모든 부류의 공간들을 유형으로 분류하면 논쟁과 법적인 문제가 야기된다. 우리가 다루는 용도유형이 무엇인가, 아니면 무엇이 되어야 하는가는 그것의 형태나 용도 속성들이 그렇듯 고정적이지 않다. 논의와 마찰, 그리고 변화의 여지가 많은 것이다.

망 드러내기

용도유형이 우리의 행위・관계・믿음의 패턴을 뒷받침하고 강화하므로 **유형은 우리다.** 그것은 우리라는 개인・가족・사회가 누구인지를 반영할 뿐 아니라 우리가 우리답게 되는 것을 돕는다. 그러나 오늘날 우리가 점유하는 유형들은 대개 우리 자신이 만든 것이 아니다. 그것들은 우리가 점유하거나 사용하려고 자유롭게 선택한 것들이 아니며, 다른 선택이 가능했다면 선택하지 않았을지도 모르는 것들이다. 그것들은 우리와 목적과 관심이 다른 지배집단에 의해 구축되고 확산된 것들이다. 어쨌든 대안이 거의 없거나 우리가 대안에 접근하지 못하기 때문에, 어떤 용도유형이 우리에게 부과될 수 있다. 그것은 우리가 원하거나 필요로 하는 유형이 아닐 수 있다. 그것은 우리가 **우리**라고 또는 우리일 수 있다고 믿는 행위 · 관계 · 가치를 뒷받침하는 유형이 아니다.

우리가 현행의 용도유형으로 뒷받침되는 사회적 행동과 믿음의 주된 패턴을 변화시키길 바란다면, 유형을 변화시켜야 한다. 검증 없이 고도로 관례적이고 표준화된 방식으로 반복되는 용도유형들이 많다. 그리고 비판적인 성찰 없이 채택되는, 새로운 용도유형도 많다. 형태 · 용도 · 의미 사이의 연결은 인식되지 않거나 깨뜨릴 수 없는 것으로 간주된다. 그리고 용도유형이 쓰이는 목적과 그 결과는 은폐되거나 당연한 것으로 여겨진다. 건축가나 관련 분야의 전문가로서, 우리는 망을 만드는 것을 돕고 그것이 지속되도록 지원한다. 그러나 우리에게는 기존의 형태와 의미 속성들 사이의 연결을 밝히고 비판하며, 그것들이 가진 중요성을 고려하고, 새로운 연결을 제안할 능력과 책무가 있다.

우리 모두가 장소와 유형의 망들을 점유하고 있고 어떤 의미에서는 그것들의 부분이기 때문에, 기존의 용도 · 형태 · 의미의 망을 드러내고 새로운 것을 제안하는 것은 까다로운 일이다. 이에 따라 우리가 속성들의 전체 또는 많은 부분을 인식하거나 대안을 제안하는 것이 어렵다. 자신의 일부를 볼 수 없기 때문이다. 이런 문제에 대한 접근방법이 몇 가지 있는데, 여기서는 두 가지를 살펴본다. 그 하나는 이 사회에서 용도유형으로 이루어진 인공경관의 전체적인 구성이 시간에 따라 어떻게 변화되었는지를 고찰하는 것, 그리고 다른 하나는 현재 용도유형들이 쓰이는 목적과 방식을 탐구하는 것이다.

분할과 표준화

어떠한 용도유형을 갖는 이유 중의 하나는 특별한 행위를 특별한 장소 혹은 장소의 종류에 배치함으로써 일상생활을 구성하기 위해서다. 우리는 용도유형을 가지고 공간에 의미와 행위를 배정하고, 그것들을 물질세계에 매핑(*map*)[5] 할 수 있다. 이것은 **분리**와 **연결**에 의해 이루어진다. 어떤 용도들은 거리, 물리적 장애물, 또는 둘 다에 의해서 물리적으로 서로 분리된다. 어떤 용도들은 연결되어 동일한 공간이나 서로 근접한 곳에서 일어난다. 모든 용도유형이 다른 용도유형들로부터 확연하게 분리되거나, 분화된 건물이나 실의 형태로 만들어지는 것은 아니다. 어떤 문화에서는 경관에 매핑되는 공간의 의미와 용도의 범주들이 많이 중첩되며 물리적인 구분은 작고 일시적이다. 용도들 사이가 확연하게 분리되어 분화된 형태에 수용되며 용도의 범주들이 훨씬 더 독립적인 문화도 있다. 용도유형에서 포함되는 것과 배제되는 것이 무엇인가, 얼마만큼 중첩되는가, 그것들이 얼마나 분화되었는가, 그리고 그것들이 어떻게 물리적으로 표명되는가 하는 문제는 매우 다양하고 가변적이다.

지금 우리는 구분되고 분리되며, 고도로 제한된 단일 용도의 장소유형들로 경관을 구성하는 것을 당연하게 여기고 있지만, 유럽에서 이것은 르네상스기에 시작되었다. 잭슨(J. B. Jackson) 은 르네상스기 경관(경관 2)의 성격과 그 이전 시기의 것(경관 1) 을 다음과 같이 비교한다.

> 모든 종류의 용도와 공간을 혼합한 경관 1과 달리, 경관 2는 동질적이고 단일한 목적에 쓰이는 공간을 강조한다. 경관 2는 도시와 시골, 숲과 밭, 공과 사, 부와 빈, 일과 놀이 사이를 구분한다. 이런 경관에서는 혼합된 영역들의 중세적인 집합보다 국가들 사이의 선적인 변경(*frontier*)이 선호된다(Jackson 1984, 152).

18~19세기에 내부공간들은 의도적으로 단일 용도에 맞게 설계되었고 점차 단일 용도에 쓰이게 되었다. 단지 잠을 자고 옷을 입기 위한 방, 식사만을 위한 방, 직물 생산만을 위한 건물, 산책을 위해 보존된 대지(공원) 등이 그런 예다. 그 이후 이러한 용도들 사이의 구분과 분리, 그리고 각각의 용도와 사용자를 수용하기 위해 분화된 물리적 유형을 구축하는 일은

지속적으로 증가했다. 그리하여 현대의 일상생활에서 분할과 구획이 만들어지게 되었다(Tuan 1982).

오늘날 서로 다른 행위에 사용되는 장소들은 대개 서로 아주 멀리 떨어져 있다. 산업화 이전의 뉴잉글랜드(New England) 농장을 상상해보자. 일주일, 일 년, 그리고 평생 동안 단독주택·부속채·농지에서 대부분의 가족활동이 이루어졌다. 출생·성장·일·놀이·늙음·죽음이 다 그곳에서 일어났다. 다른 생활 행위들도 대부분 읍 안에서 일어났다. 그리고 근래에 관례화된 교외의 주택과 동네를 상상해보자. 그것들은 용도와 사용자의 분리와 분할이 극단적으로 나타난 사례다. 뉴잉글랜드 농장에서 일어났던 대부분의 행위들이 지금은 서로 분리된 많은 용도유형들에서 일어난다. 모든 것들이 집과 동네에서 떨어져 나왔고, 모든 것들이 특정한 목적을 위해 설계되었다.

우리는 모든 일련의 개념적 이분법들 — 공/사, 늙음/젊음, 인공/자연, 죽음/살아있음, 일/레저, 가족/비가족(*not-family*), 부/빈 — 에 바탕을 두고 경관을 만들어왔다. 우리는 이러한 범주들에 속하는 것들을 가능한 한 분리된 상태로 유지하려고 노력해왔다. 어찌 보면 이는 그것들 사이에 어떠한 감염을 방지하기 위한 것이었다. 단일 용도와 단일 사용자를 만들기 위한 이런 노력과 분화된 용도유형의 확산으로 인해, 기든스(Giddens 1991)가 근대성의 한 특징으로 설명한, '경험의 격리'가 촉진되었다. 가난하고·아프고·늙고·연약한 사람들과 마주치거나 교류하지 않을 수 있는, 상대적으로 유복하고 건강한 사람들이 생겨났다. 그들은 다른 사람들의 문제와 마주치지 않기 때문에, 그것에 대해 어떠한 책임감도 느끼지 않는다. 실로, 그들은 그런 문제를 완전히 먼 나라 이야기로 생각할 수 있다. 기든스는 "경험의 격리란, 우리가 도덕성이나 유한성 같은 폭넓은 문제들을 생각하게 하는 사건과 상황에 직접 접촉하기 힘들어지는 것을 의미한다"라고 한다. 근대시기에 용도유형에 의해 조장된 경험의 격리는 일상생활에 도덕적 황폐화를 가져왔다.

또한 용도유형으로 특정한 사용 **방식**과 점유자들 사이의 관계 패턴을 수

그림 19-1 포토몽타주. 마사 로즐러(Matha Rosler), 1967.

용하는 많은 형태 속성들을 통합함으로써 일상생활이 조직된다. 이러한 속성들은 그러한 유형의 모든 표본들에 공통적이고 그 유형을 정의해준다. 단독주택과 군대 막사는 모두 거주의 장소다. 둘 다 수면과 개인위생을 위한 공간들을 갖는다. 그러나 이러한 공간들의 속성들, 좀더 일반적으로 말해 이러한 유형들의 속성들에서 서로 매우 다른 사용방식과 관계 패턴이 형성된다. 점유자의 유형과 공간적 실천이 상당히 다르기 때문에 이런 차이가 생긴다. 한 유형의 모든 표본들에서 형태와 용도 속성들이 **모두** 동일하거나 거의 동일할 때 그 유형은 표준화된다. 근대시기에 표본들의 표준화가 대대적으로 일어났다.

18세기 이래 서유럽과 미국에서는 특정한 용도는 그에 맞는 특정한 형태 속성을 요구한다는 가정에 따라 용도유형이 발전하고 정교화되었다. 그러한 새로운 형태 속성이 무엇이어야 하는지에 대해서는 여전히 많은 관심이 모아지고 있다. 무엇이 병원·감옥·주택·공원을 위한 최선의 형태인가? 일정한 역사적 시기에 최선의 해결안을 향해 노력함에 따라 하나의 해결안이 만들어졌고 그것이 표준적 방식으로 반복되었다. 그래서 많은 용도유형이 단일 용도에 사용될 뿐 아니라 그런 유형의 모든 표본들이 종종 동일한 형태 속성을 지니고 동일한 사용 및 관계를 뒷받침한다. 단일 용도유형 안에서 다목적과 다용도를 가질 가능성에 대해서는 거의 관심을 기울이지 않는다. 그리고 그 유형의 표본들 사이에서 형태와 용도 속성이 다양할 수 있는 가능성에 대해서도 거의 관심을 기울이지 않는다.*

이런 분리와 분할의 흐름 속에서, 단독주택과 동네에서 가정 외적인 활동과 비가족 가구가 일소되었을 뿐 아니라, 동네 안에 있는 많은 주택들은 동일한 속성을 갖게 되었다. 다른 지역이나 국가에 있는 주택들도 동일한 속성을 가질 수 있다. 이러한 표준화는 세계의 어디서나 똑같아 보이는 레스토랑 체인점, 공항, 호텔, 상점 등에서 더욱 극단적으로 일어난다. 표준화는 문화, 지리, 기후, 또는 점유자의 요구와 욕구의 차이를 인정하지 않는다. 용도유형의 표준화로 인해 건축적 · 문화적 · 경험적 다양성이 제거되어 단일하고 보편적인 사용 방식, 관계의 패턴, 그리고 일련의 의미와 목적이 강화된다. 단일하고 보편적인 현실로의 흐름에서는 지배적인 문화와 젠더 집단의 요구와 욕구 그리고 공헌만이 인정되며, 다른 집단들은 무시되거나 억압된다.

용도유형의 목적

용도유형이 지배적인 사회 질서를 창출하고 재창출하는 데 행사하는 힘은 주로 용도유형이 일정한 목적과 이해관계를 조장하는 데서 비롯된다. 특정한 목적에 초점을 맞춤으로써 용도유형은 그런 역할을 한다. 이렇게 볼 때 현행의 용도유형들이 갖는 문제가 훨씬 더 명료해지며, 새롭거나 변경된 용도유형이 갖는 가치가 설명된다. 어떤 목적들은 하나의 용도유형

* 용도유형이 표준화된 장소를 만들고 인공경관을 분할하고 구획하는 데 사용되곤 하지만, 용도유형 또는 유형의 일반적인 개념이 본질적으로 분할이나 표준화를 요하는 것은 아니다.

그림 19-2 《집으로 가져온 전쟁: 아름다운 집》(Bring the War Home: Home Beautiful)에서 인용한 포토몽타주. 마사 로즐러(Matha Rosler), 1971.

만을 연구해도 매우 명백해진다. 곧, 감옥의 목적은 죄인을 격리시키고 통제하는 것이다. 또 다른 어떤 목적은 용도유형의 이미지와 이념에 들어있어서, 숨겨져 있지는 않을지라도 암묵적인 경우도 있다. 우리가 용도유형들의 전모를 조사하고 완전히 별개인 유형들을 만들어낸 공통의 목적들을 밝히면, 이런 숨겨진 목적들을 쉽게 확인할 수 있다.

여기서는 용도유형의 무수한 목적들 중에서 여섯 가지를 논한다. (1) 격리와 통제, (2) 은거 혹은 도피, (3) 보호와 존중, (4) 자본의 창출과 통제, (5) 공공 서비스, (6) 권능과 권력 부여가 그것이다. 어떠한 용도유형은 두 개 이상의 목적에 쓰인다. 동일한 유형의 표본들에서도 개개의 목적이 다를 수 있다. 근대 경관에서는 용도유형의 분할과 표준화가 진행되었는데, 상대적으로 우세한 목적 등, 그리고 그러한 목적들을 위해 용도유형을 설계하고 규제하는 방식들이 그런 현상을 가속화했다.

격리와 통제. 어떤 용도유형은 격리를 목적으로 한다. 격리는 특정한 유형이 가진 속성을 통해 어떤 부류의 활동과 사람을 통제하는 것을 말한다. 대개 이렇게 격리하는 표면상의 이유는 사회적 문제를 해결하거나 개선하기 위해서다. 유형을 사회 개혁의 수단으로 사용하는 것이다. 이러한 유형의 점유자들은, 건강하다고 인식되는 사람들로부터 고립되어 일종의 격리 상태에 놓인다. 점유자들에 대한 책임은 그러한 유형을 관리하는 직원들에게 부과된다. 근대시기에 학교·감옥·병원·수용소(정신병원 등) 등 특수한 건물유형의 출현을 알리는 많은 용도유형들이 개발되었다. 그것들이 이상한 사람들을 통제하고 교정하는 도구로 인식되었기 때문이다. 사회적 문제를 다루기 위해 용도유형을 고안하거나 채택하는 경향은 현재도 모자(母子) 가정을 위한 임시 주거나 집 없는 정신질환자를 위한 원룸 주거 등에서 변함없이 계속되고 있다.

모든 용도유형들 가운데 격리와 통제를 목적으로 하는 용도유형은 경험을 근대적으로 격리하고 일상생활에서 도덕적 딜레마를 제거하는 데 크게 기여했다. 사회는 말 그대로 또 은유적으로, 감염과 책임을 피할 수 있었다. '문제'와 그에 대한 책임은 이런 유형에 있지 않아도 될 만큼 운이 좋은 사람들의 일상생활과 경험에서 제거되었다. '여기'에 있는 사람들, 곧 격리되지 않은 사람들은 '저기'에 있는 사람들을 보거나 생각할 필요가 없게 되었다. '저기'에는 감옥, 수용소, 요양원, 공공 주거단지, 집 없는 사람들을 위한 주거, 병원, 호스피스, 장례식장 등이 있다. 산업화 전에는 뉴잉글랜드 농장이 출생, 질병, 죽음, 그리고 장례 준비의 장소였다. 그리고 어떤 집에는 국가가 배정한 고아와 곤궁자가 살았다. 오늘날, 예를 들어 우리가 문병자나 환자로서 병원이라는 '저기'에 있을 때조차도, 유형의 형태 속성이나 공간적 실천으로 인해 우리는 여전히 출산·질병·죽음의 경험으로부터 격리된다.

통제를 강조함에 따라 등장한 이러한 용도유형들로 인해 (직원이 아닌) 점유자들은 그런 공공 수용시설의 밖에 있었더라면 가졌을 권리와 책임을 박탈당하고, 굴종적이지는 않을지라도 수동적인 위치에 놓인다. 그들 자

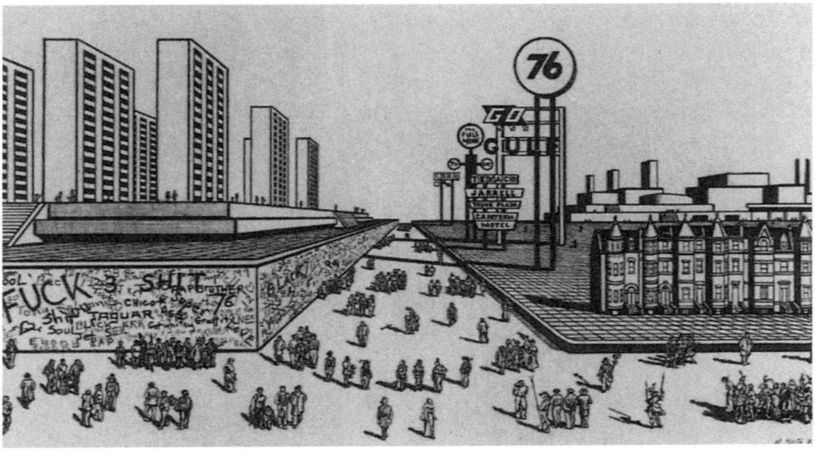

그림 19-3 〈혼합 도시〉(Mixed City). 낸시 울프, 1976. 사진: 폴 케네디(Paul Kennedy).

신의 주체성은 부정되고 그들은 행동의 객체가 된다. 최근 미국에서는 정신병 환자, 병원 환자, 수감자, 공공주거 거주자들의 권리에 대한 논의가 폭넓게 이루어지고 있으며 그들의 권리가 일부 회복되었다. 공공 수용시설이 완전히 사라진 경우도 있었다. 예를 들어, 1970년대와 80년대에 비용 문제와 치료 철학의 변화에 따라 미국 전역에서 대규모 주립 정신병원들이 문을 닫았다. 그리고 공공 주거와 정신질환자를 위한 그룹 홈 등에서처럼, 거주자들이 자신의 환경과 삶에 책임을 갖도록 하는 형태와 용도 속성들을 만드는 데 관심이 모아졌다. 그러나 심지어 변경되었을 때에도, 용도유형 그 자체가 일차적으로 통제와 격리를 위한 것이라는 저변의 가정, 그리고 일정한 유형의 사람들이 다른 유형들로부터 분리된다는 점에 대해서는 심각한 의문이 제기되지 않는다. 그래서 분리와 분할은 계속된다.

공공 수용시설이 격리와 통제를 위한 용도유형의 가장 좋은 예지만, 그런 목적은 다른 유형들이나 지역지구제 등 다른 규모의 환경에서도 작용한다. 미국에서는 지역지구제 법령으로 인해 일반적으로 직장과 상업의 장소들이 가정생활의 장소들로부터 분리된다. 그리고 서로 다른 종류의 가구(*household*)들은 서로 분리된다. 그러한 지역지구제의 목적은 주거지에서 수용할 수 없는 것으로 간주되는 종류의 사람이나 행위로 인한 일종의 감염을 방지하려는 것이다(Perin 1977). 지역지구제는 어떤 용도와 사용자(빈자, 노인, 상업, 임금노동)를 격리하며, 다른 용도와 사용자(핵가족, 상대적으로 젊고, 능력이 있으며 부유한 사람들, 가정생활)를 위한 은거지(*retreat*)6)를 조성하는 두 가지의 목적을 동시에 갖는다.

현재 많은 용도유형의 설계에서는 모든 행동방식이 미리 결정되고 강화되며 선택이나 변화의 기회가 거의 주어지지 않는다. 여기서 우리는 통제의 일반적인 목적을 감지할 수 있다. 전통적인 감옥이나 병원에서처럼, 점유자들은 일단 수용되면 수동적이고 굴종적인 역할을 하게 되며, 주의 깊게 감시되고, 어떤 절차와 규칙을 따르도록 강요된다. 이는 공공주거 못지않게 우아한 고층사무소 건물과 쇼핑몰 등 고급스럽고 배타적인 부문에서도 일어난다. 근대시기에 용도유형의 분할과 표준화가 증가함에 따라 행위와 행위자를 더욱더 통제하는 것이 가속화되었다.

은거 혹은 도피. 용도유형의 두 번째 목적은 일상생활로부터 벗어나도록 하는 것, 곧 현실세계와는 다른 장소를 제공하는 것이다. 그곳은 과업중심의 일상 속에서 방문하거나 점유하는 곳이 아니다. 그곳은 레저나 오락을 위한 장소일 경우도 있다. 공원 · 레스토랑 · 카페 · 극장 · 나이트클럽 · 헬스클럽 · 휴양지 · 호텔 · 놀이공원 · 테마파크 · 박물관 · 해변 · 온천 · 골프장 · 쇼핑몰 등이 그런 장소다. 교회나 도서관 같은 유형들도 은거의 목적에 쓰일 수 있다. 수녀원과 수도원이 그런 유형임은 확실하다.

오랫동안 도시공원은 은거의 장소, 곧 도시의 거칠고 냉혹한 분위기에서 도피하는 곳으로 인식되어왔다. 그런 은거지에서 일이나 생산의 징표, 그리고 전원적 · 활동적 레저와 무관한 것의 징표는 보이지 않는다(Cranz 1982). 오늘날 무성한 나무, 분수, 음악, 그리고 레저 분위기를 갖춘 쇼핑몰은 도피와 은거를 목적으로 설계된다. 공간을 완전히 에워싸고, 구걸 · 선전 · 전도 같은 방해되는 행위를 금지함으로써, 그리고 높은 수준의 안

그림 19-4 월드 파이낸셜 센터 (World Financial Center)의 겨울 정원(Winter Garden), 뉴욕 시. 사진: 필자

전과 청결을 유지함으로써, 몰(*mall*)을 외부의 세계보다 '더 나은' 세계로 만들려고 한다(Crawford 1992). 도시환경의 재개발에서 건축적으로 균일한 레저지구를 만들려는 욕구로 인해 도시의 동네들이 온통 "테마 파크의 변종"이 되기도 한다(Sorkin 1992).

생활의 장소로 쓰이는 공원이 그렇듯이, 미국 교외의 단독주택지는 도시, 곧 모든 상업과 임금노동으로부터, 그리고 은거의 이미지를 갖고 있지 않은 모든 사람들로부터 벗어난 도피처로 묘사되고 설계된다. 주택과 주거지는 일, 경제적 이익, 인간적 고충이나 실패로 손상되거나 감염되지 않는 전원적인 은거지로 상정된다. 비록 거기에서 힘든 일이 일어날지라도, 전원적 은거는 주거 영역을 완전히 레저의 장소로 보이도록 하는 이미지를 갖고 있다. 서로 다른 종류의 활동이나 사람들을 혼합하면 혼란이 일어나는 것으로 인식된다. 모든 가족구성원들이 건강하고 강건할 때, 그들이 행복하고 서로 사이가 좋을 때, 그리고 다른 곳에서 번 수입으로 모든 주거비를 낼 수 있을 때만을 생각해 주택과 주거지를 구상하고, 설계하고, 짓고, 규제한다.

거주자는 상업 서비스를 비롯한 여러 서비스를 필요로 한다. 그러나 이러한 것들 역시 다른 곳에 위치되어야 한다. 전원적 은거의 장소에서는 장기간의 질병, 장기간의 수입 손실, 수입을 얻을 가능성 등을 생각할 수 없으며, 개인이나 가족의 여러 가지 요구를 위한 지원 서비스를 제공할 수 없다. 사람들은 내색하지 않고 이런 문제들을 해결하거나 이런 요구들을 스스로 충족시켜야 한다. 지역지구제로 인해, 이러한 배제가 심화되고 주택 · 마당 · 가로는 은거의 이미지에 부합되는 형태와 용도 패턴으로 만들어진다.

최근 단독주택과 단독주거지라는 이상에 대해 변경이 일어나고 있다. 주거나 동네에 주거 외적인 활동 · 서비스 · 임금노동이 수용됨으로써 은거와 도피에 대한 선입견이 바뀌고 있다. 한 부모, 집 없는 정신질환자, 그 밖에 특별한 요구를 가진 집단들을 위해서 서비스가 확충된 주거가 개발되고 있다(Sprague 1991; Franck 근간). 개인 주택과 아파트를 변경해 임금노동을 수용하고, 그러한 용도를 염두에 두고 단지 전체를 설계하기도 한다(Ahrentzen 1991). 동네의 수준에서 볼 때, 액세서리 아파트(*accessary apartment*)[7]의 편입, 그리고 단독주택의 주거지에서 데이케어(*day care*)[8]를 비롯한 여러 서비스가 가능하도록 허용하는 지역지구제를 요구하는 압력이 커지고 있다. 상업과 주거 용도를 혼합하는 것은 도시의 지구들을 좀 더 안전하고 활기 있게 만드는 방법이라고 생각된다(뉴욕 도시계획위원회 1993). 뒤아니와 플레이터지벅(Duany & Plater-Zyberk, 1991, 1992), 솔로몬(Solomon, 1992), 그리고 칼소프(Calthorpe, 1993)는 모두 주택 · 나무 · 잔디밭 · 공원이 만들어내는 은거의 분위기를 조성하면서도 상업과 서비스용도 및 대중교통을 배제하지 않는 교외 단지의 계획을 미국 도시의 대안으로 주창한다.

은거의 장소를 제공하는 것은 중요하다. 다만, 은거가 도피 및 이격과 너무 밀접한 것으로 해석되어 그것이 다른 목적들을 압도할 때, 또는 한 집단을 위해 조성한 은거지가 다른 장소와 집단의 통제와 퇴화를 의미할 때 문제가 생긴다. 다른 종류의 장소들로부터 고립되거나 이격되어야 은거를 경험할 수 있는 것은 아니다. 현재 용도유형은 주로 효율성과 실용성, 그리고 통제의 문제에 치중해 설계되고 있지만, 은거의 개념이 암시하는 이완과 시각적 · 감각적 쾌감도 잘 고려해 설계할 수 있을 것이다. 현대의 공항과 철도역은 가장 좋은 사례다. 워싱턴에 있는 펜실베이니아(Pennsylvania) 역의 리노베이션에서와 같이 공공 공간에서 쾌감을 중요한 요소로 간주할 때, 그것은 불행하게도 소비지상주의로 해석되기도 한다. 미술가 로버트 어윈(Robert Irwin)이 마이애미공항의 재설계안에서 시도했듯이 정원이나 갤러리 또는 온실을 그런 용도유형의 일부로 생각할 수 있다. 은거를 다른 곳으로 가는 도중에, 또는 심지어 '일하면서' 경험하도록 함으로써 일과 레저, 그리고 여행과 도착 사이의 날카로운 구분을 변화시킬 수 있다.

보호와 존중. 용도유형이 쓰이는 세 번째 목적은 용도와 유형에 관련되거나 표상된 사용자들을 보호하고 존중하는 것이다. 교회, 유대교회, 이슬람교회, 공동묘지, 기념관, 기념비, 전장, 박물관, 역사적 랜드마크와 역사지구, 황무지 지역, 국립공원, 시청, 주와 국가의 의사당 건물, 법원, 그리고 어쩌면 도서관과 대학교가 그런 용도유형의 예다.

숭배하는 행위 혹은 사건이나 사람을 기념하는 행위를 위해 특정하게 설계된 장소로 인해, 우리는 그러한 행위 · 사건 · 사람들과 그 의미에 공적인 중요성을 계속 부여할 수 있다. 잭슨(J. B. Jackson)에 따르면, 중세의 경관이 르네상스의 경관과 크게 다른 점은 오래 지속되는 그러한 표시가 없었다는 데 있다. 르네상스 경관, 곧 경관 2에서는,

> 공간의 기능 … 은 우리를 가시화하고, 우리가 뿌리를 내리고 사회의 구성원이 되도록 하는 것이다. 경관 1에서 땅은 노동 공동체의 일원이었다. 그것은 일시적인 관계의 상징이었다. 그러나 경관 2에서 땅은 재산과 영속성과 권력을 의미한다(Jackson 1984, 152).

어떤 의미에서, 형태 속성을 가진 **어떠한** 용도유형**도** 그 안에서 일어나는 행위와 그 의미를 보호한다고 할 수 있다. 미국에서 건물 혹은 다른 설계의 형태로 경관에 눈에 띄는 표시를 하지 않으면, 행위와 그것이 일어나는 장소는 심한 위협을 받는다. 의식(儀式) 행위의 표시가 없는 신성한 장소를 보호하려고 미국 원주민이 제기한 소송에 대한 법원 판례에서 이런 사실을 알 수 있다(Baum 1992). 지배문화는 어떠한 활동과 의미가 물리적 설계에 구현되어 있을 것으로 기대한다. 따라서 개발이나 다른 용도로부터 땅을 보호하려는 의도로 도시공원과 국립공원 같은 용도유형을 만든다. 수용될 활동의 종류와 공원이 갖게 될 의미는 설계를 통해 나타난다. 미국의 지배적인 문화에서는 그러한 설계 개입 없이 경관에 내포된 행위와 의미를 인식하거나 보호할 수 없다.

아이러니하게도, 용도유형에서 사용자와 행위를 명확히 확인할 수 있기 때문에 그들이 **덜** 보호되는 경우도 있다. 레즈비언 바는 레즈비언들이 다른 사람들로부터 방해를 덜 받으리라는 기대 속에서 만나고 즐기는 장소지만, 바에 사인이나 다른 표시가 없을 때조차도 손님들은 그 장소나 주변에 대한 공격에 노출되어 위협을 받는다(Wolfe 1992). 낙태 병원, 특정 인종이나 종교 집단에 연관된 교회, 공동묘지나 기념관에서도 마찬가지다. 전면적인 개발에서 벗어나 있는 도시공원과 국립공원도 개발의 압력을 영원히 받게 된다.

보호와 존중을 위한 가장 분명한 용도유형은 박물관·기념비·기념관일 것이다. 무엇이, 누가, 그리고 어떻게 존중되는가는 어려운 문제다. 의도된 의미가 적절한지에 대해 치열하고 신랄한 논쟁이 일었던 워싱턴의 〈베트남전 참전 기념비〉[9]에서 그런 어려움을 볼 수 있다. 당초 비평가들은, 두 개의 검은 화강석 벽을 세우고 그 바탕에는 넓은 각도의 V를 새기고 모든 전사자나 실종자의 이름을 연대에 따라 새긴 마야 린(Maya Lin)의 디자인을 관례적인 전쟁기념비처럼 자부심과 영예를 표현하는 장소가 아니라 부끄러움과 슬픔의 장소로 보았다. 이런 비판에 대응하기 위해 벽에서 좀 떨어진 곳에 세 미군과 미국 국기의 조각을 추가했다. 그러한 서로 다른 의미를 가진 물체들이 배열됨으로써 이 기념비에는 하나의 주도적인 관점이 아니라 몇 가지의 관점들이 표현되었다.

미국에 세워진 기념비와 기념관이 다른 용도유형 못지않게 분할·격리·표준화·특권화한다고 인식하는 사람들이 증가하고 있다. 전통적인 영웅 등 때로는 다른 사람들의 희생과 손해 위에서 영예로운 역할을 수행해온 지배 집단(대개 백인 중산층 남자)의 공헌만을 인정함에 따라 그런 문제가 발생하는 것이다. 따라서 지배 계층·문화의 구성원이 아니어서 오랫동안 인식에서 배제되거나 폄하되어온 사람들의 공헌과 경험을 인정하고 존중하는 일에 대한 관심이 증가하고 있다. 비영리 조직인 파워 오브 플레이스(Power of Place)는 여성, 소수인종, 그리고 노동자들의 역사를 나타내는 장소들을 확인하고 공표하기 시작했다(Hayden 1990). 로스앤젤레스에 있는 그들 프로젝트 중 하나인 〈여자 석공(*Biddy Mason*): 시간과 장소〉는 쉴라 드 브레트빌(Sheila de Bretteville)이 디자인했는데, 그것은 산파로 일하고, 가족을 부양하고, 수많은 지역사회 조직을 시작한 한 흑인 여성의 역사를 보여준다. 마찬가지로, 국립공원관리청(National Park Service)은 노스다코타(North Dakota)에 있는 〈운디드 니〉(*Wounded Knee*)와 몬타나의 〈리틀 빅 혼〉(*Little Big Horn*)에서 일어난 사건들[10]에 대해 편향되지 않은 견해를 가지려고 노력하고 있다. 한때는 〈커스터[11]의 전장〉(*Custer's Battlefield*)이라고 불렸던 〈리틀 빅 혼〉은 〈국립 리틀 빅 혼 전장〉으로 재명명되었고 그곳에서 전사한 미국 원주민 전사들을 추모하는 기념비가 세워질 예정이다.

기념관이나 기념비가 아니지만, 교외지역에 있는 단독주택은 존중과 보호를 목적으로 설계된다. 그것은 부모와 어린 자녀들로 이루어진 한 종류의 가구만을 보호하고 신성함에 가까운 의미를 부여한다. 실로, 부모와 자녀들이 한적하게 생활하는 가정의 가치를 논한 19세기의 많은 저술에는 집의 신성함 그리고 신성한 은거 장소로서 집의 목적이 수없이 언급되어 있다. 만일 집이 핵가족을 보호하고 존중하려면, 집과 그 점유자들은 다른 가구들, 비가족 구성원들, 그리고 가정 외적 행위들로부터 분리되어야 한다. 이제 미국의 단독주택과 주거지에서 가족들 사이의 분리 또는 단일가족이 아닌 가구들의 분리는, 특히 최근 코하우징(*cohousing*)[12] 공동체가 나타나면서 의문시되고 있다.

자본의 창출과 통제. 격리와 개혁을 위해 많은 용도유형들이 고안되었던 시기에 자본의 창출과 통제에 쓰인 유형들도 도입되었다. 산업화로 실내시장, 공장, 제분소, 광산, 창고, 철도역, 은행, 사무소건물, 증권거래소 등이 개발되었다. 소비지상주의가 대두하면서 백화점, 그리고 뒤따라 쇼핑센터와 몰이 생겨났다. 부동산 개발의 압력에 따라 뉴욕 시에서 토지는 격자체계로 분할되었다. 후기자본주의시대에 대형 사무소건물군, 산업단지(*industrial park*), '주변도시'(*edge city*),[13] 그리고 기업화된 대규모 농장이 나타났다.

후기자본주의에서 자본의 창출은 훨씬 더 일반적이고 강력한 목적이 되었으며 그 목적에 쓰이는 용도유형들이 계속 증가했다. 그 하나의 목적이 그런 용도유형들의 형태 속성과 사용방식을 결정하는 현상이 점점 더 심해졌다. 자본의 창출과 통제로 특히 상품과 재료의 생산·유통·마케팅에 부합되는 용도유형들이 많이 만들어졌다. 공간과 장소가 점점 더 소비자본주의의 강력한 도구가 되면서, 이런 목적은 다른 용도유형들의 설계와 사용에 침투해 그것들을 규정했다. 또한, 이런 새로운 목적을 매우 큰 규모로 충족시키기 위해 기존의 용도유형들이 변경되었다. 따라서 큰 회사들이 대규모 교외택지, 산업단지, 그리고 기업화된 농장을 개발·설계·소유·관리하게 되었다. 그 회사들의 결정은 전적으로 수익 창출의 필요성에 따라 유도되고 제한된다. 이로써 그런 용도유형들의 다른 목적들은 무시되며, 수익에 직접 관련되지 않는 형태와 용도 속성들은 거부된다.

자본 창출의 필요성만 중시됨에 따라 대지와 건물은 그 자체의 가치나 중요성을 거의 갖지 못하는 도구로 전락했다. 따라서 그것들을 조작하고 마음대로 처분하는 것이 가능해졌다. 장소를 구입·건축·파괴·개조·변경·판매하려는 욕구와 기회는 그것을 보전하거나(*conserve*), 보존하

그림 19-5 〈베트남 참전 기념비〉. 워싱턴 D. C. 사진: 토니 홈즈.

고(*preserve*), [14] 소중히 하려는 기회나 욕구를 압도한다. 경관은 더욱 분할되고 더욱 일시적이 된다(Jackson 1984, 155).

자본을 창출하는 한 가지 방식은 레크리에이션과 레저를 위한 많은 용도유형들을 소비의 장소로 만드는 것이었다. 사람들은 디즈니월드, 클럽메드(Club Med), [15] 보스톤의 퀸시 마켓(Quincy Market), 또는 뉴욕의 사우스 스트리트 항구(South Street Seaport)에서 소비 품목은 물론 정해진 행위와 경험을 구매한다. 은퇴자촌과 교외 택지도 이와 비슷하게 대두되었다. 그곳들도 상품과 미리 디자인된 생활방식 그리고 그러한 생활방식을 뒷받침하는 다수의 소비 품목을 구입하는 은거와 레저의 장소이다. 이 모든 경우에서 장소 자체는 일종의 생산품이며, 모든 장소와 지역에서 장소들은 고도로 표준화된다. 레스토랑과 호텔의 체인은 이를 잘 보여주며 사무소 건물, 산업단지, 교외 택지, 쇼핑몰 등에서도 분명히 나타난다.

점점 더 표준화된 소비주의 장소들이 만들어짐에 따라서, 소비자가 아니라 고객을 지향하는 모퉁이 바(*bar*)나 동네 커피숍과 같은 다른 종류의 레저 장소들은 사라진다(Oldenburg 1989). 이에 따라, 점점 더 많은 레크

그림 19-6 톰의 레스토랑. 브룩클린. 사진: 토니 홈즈

리에이션과 레저 장소들이 입장료를 받는다. 디즈니월드는 입장을 하는 데만도 많은 돈이 든다. 코니아일랜드(Coney Island)에서 놀이공원의 입장은 무료였고 탈 것에만 돈을 냈다는 사실과 비교된다. 과거에는 공원·가로·광장을 포함해서, 레저를 즐기는 많은 장소들이 진정한 공적 영역에 있었다. 반면 오늘날에는 교외지역에서 레저를 위한 최고의 장소인 쇼핑몰들이 사적으로 소유·관리되며, 용도와 사용자를 제한한다.

이제 경제적 이익이 인공경관을 형성하는 방식들(Frieden & Sagalyn 1989; Davis 1991; Garreau 1991; Zukin 1991), 그리고 기업의 이익이 1980년대의 건축을 이끌어간 상황(Barna 1992; Goode 1992)에 좀더 많은 관심이 모아지고 있다. 그러나 자본의 창출과 축적이라는 목적이 많은 용도유형의 형태와 용도 속성에 가하는 힘은 아직 충분히 이해되고 있지 않으며, 그것에 도전하거나 그것을 제한하는 일은 더욱 부족하다. 지방행정 당국은 여전히 대지를 구입하고 개발이나 재개발하는 개발자에 대해 조건과 제한을 거의 부과하지 않고 그들의 이익을 너무 옹호한다. 환경은 기업이 소유한 하나의 커다란 경관으로 급속히 변모되고 있다. 경비원이 있는 택지, 기업화된 농장, '주변도시'(*edge city*), 슈퍼 몰, 고속도로, 그리고 유독성 폐기물처리장, 황폐한 근린, 그것들 사이에 분산된 황폐한 간선가로로 구성된 요새 같은 도시구역들로 그런 경관이 구성된다. 그러나 개발이 대규모로 일어나야 하는 것은 아니며, 지금 기업들이 만드는 장소의 표준화·위생화·개인화가 필요한 것도 아니다. 또한 형태·용도·의미에 관한 모든 결정을 개발자에게 남겨두거나 수익의 목적에만 봉사하도록 해야 하는 것은 아니다. 다른 목적과 관심, 다른 속성들도 중요하게 다루어져야 한다.

공공 서비스. 공적으로 소유되든 사적으로 소유되든 많은 용도유형들의 목적은 대중에게 서비스를 제공하는 것이다. 모든 소매상점과 상업서비스(세탁소·미용실·자동세탁소), 가로, 보도, 고속도로, 주차장, 기차·버스·지하철의 역, 공항, 은행, 학교, 병원, 의원, 도서관, 데이케어(*day-care*) 센터, 그리고 우체국이 여기에 해당된다. 우리 환경의 많은 부분은 대중이 일반적으로 접근할 수 있는 용도유형들로 이루어진다. 그런 용도유형들은 일상생활에 필요한 서비스와 상품을 제공한다.

매우 공적인 (여기서 공적이란, 가로·광장·공원과 같이 공적으로 소유되고 모든 사람들이 무료로 접근할 수 있음을 의미한다) 용도유형은 오랫동안 민주주의에 결정적으로 중요한 공적 의사소통과 토론의 장소였다. 공적 공간들은 선전, 전도, 구걸, 그리고 다른 형태로 의사소통이 일어나는 장소였다. 그것들에서 시위·반란·혁명을 비롯해 지배적인 질서에 대항하는 여러 가지 행동들이 일어났다. 이런 식으로 공적인 공간일수록 통제를 적게 받아왔다. 물론 1989년 5월 천안문광장 시위에서처럼, 그러한 공간에서 사회의 지배적인 이해관계가 도전받을 때 가혹한 통제가 가해질 수도 있다. 그러나 좀더 성공적인 혁명에서처럼, 공적 공간에서 지배적인 이해관계가 전복되는 경우가 많다.

오늘날 미국에서, 대립적이고 이질적인 많은 회합들이 일어나던 공적 공간의 개방성은 축소되고 있다. 사람들이 일상적으로 만나던 많은 공적 공간들이 이제 사적으로 소유된다. 도시와 교외의 몰, 대형 사무소건물군, 그리고 사적으로 소유되는 광장이나 레크리에이션센터에서 조화와 동질성, 또 안전을 위해 용도와 사용자를 제한하기 시작했다. 가로와 도시를 예측할 수 없는 세계로부터 통제하고 은거의 장소로 유지하는 것은 훌륭한 일이다. 산업화와 자본 창출이 대두됨에 따라 힘을 얻게 된 시장은, 가로와 광장같이 공적 서비스를 제공하고 대중의 모든 구성원들에게 개방되는 용도유형들을 더욱더 많이 만들어냈다. 그러나 공항·철도역·버스터미널 같은 장소들이 가로와 마찬가지로 공적인지에 대해서는 여전히 논란이 있다. 미국 대법원은 공항과 버스터미널이 '공공 광장'(*public forum*) 인지, 따라서 정치적·종교적 전도행위를 포함한 여러 형태의 논쟁이 그곳에서 일어날 수 있는지 하는 문제와 씨름해왔다.

한때 모두가 접근할 수 있었던 공공 소유의 장소들 중 일부는 이제 접근을 제한하고 있다. 브리지포트(Bridgeport)·코네티컷(Connecticut)·시카고·로스엔젤레스에서 주거지 가로는 범죄의 위험성을 줄이기 위해 거주자들만 이용할 수 있게 되어 있다. 그리고 많은 장소에서 개발자들은 택지에 문을 설치하고 보안장치를 한다(Guterson 1992). 공공 공원에는 집 없는 사람들이 밤새 벤치를 점유하거나 공원에서 사는 것을 방지하기 위한 규칙이 있다. 그리고 빈민주거지(*squatter*)를 제거하고 이용을 둘러싼 마찰을 줄이거나 억제하기 위해 공공 공원을 다시 설계하기도 한다. 법적 규제나 설계 개입을 통해 집 없는 사람들을 도시의 일정한 부분에 한정하려고 시도하는 도시들도 있다.

공적 공간이 점점 더 사유화됨과 동시에, 지난 30여 년간 특히 도시에서, 가로와 공원에서 일어나는 공적 이벤트가 다양해지고 그 빈도가 증가했다. 무료 콘서트 등 여러 형태의 오락·박람회·시장·행진·시위·종교의식은 모두 공적 공간의 활력이 여전함을 말해준다. 베트남전쟁 종식을 위한 사회운동, 흑인·여성·동성애자들의 권리 확립, 핵무장 종식, 환경보호 운동 등도 공적 공간에서 공적 이벤트를 벌여 자신의 존재를 알리고 관심을 끈다. 영(Young)이 지적하였듯이, 이런 이벤트들에는 종종 촌극 · 복장 · 꼭두각시 · 음악 · 춤 등 연극적 요소가 포함된다. 이런 표현적 요소들은 물론, 다른 다양한 역사와 관심의 표출은 '해방적 정치활동'의 하나다. 그것은 차이 · 특별성 · 감성보다 통일 · 평등 · 합리성을 중시하는, 시민 대중에 대한 계몽적 이상에 도전한다. 그런 사람들은 "권력에 대항하기 위해, 합의와 공유가 아니라 차이의 인식과 인정을 목적으로 하는 경우가 많다"(Young 1986, 399).

공적인 용도유형은 통제, 은거, 그리고 자본 축적의 요구를 완화하는 역할을 할 수 있다. 그러나 그런 세 가지 목적들이 과거에 그것들과 다른 (어쩌면 대립적인) 용도에 열려있던 용도유형들을 잠식해나가면 그런 역할의 가능성은 작아진다. 다행히 공적 공간의 사용을 제한하는 것은 법적으로 금지되고 있으며, 공적 이벤트의 수와 다양성이 증가하는 것 같다. 또한 '공적인 것'의 정의에 이의를 제기하는 새로운 용도유형도 대두되고 있다. 렘 콜하스(Rem Koolhass)가 설계한 해협 여객선을 위한 시브루지 해안터미널(Seebruge Maritime Terminal)과 같이 어떤 용도유형에는 국제적인 차원이 추가된다. 프레데릭 제임슨(Frederick Jameson)은 이 터미널이 그것이 서비스하는 나라들 사이의 "사이공간"(*interspace*)이며, 그 나라들의 "공적 공간의 외부"에 있다고 말한다(Jameson & Speaks 1992, 35).

권능과 권력 부여. 용도유형은 점유자에게 권능을 부여하는 색다른 목적을 갖기도 한다. 도서관, 학교, 대학교, 시청, 주와 국가의 의사당, 종교건물(수도원과 수녀원 포함), 그리고 공제조합과 자선을 위한 건물들은, 다 그렇지는 않지만, 그런 목적에 쓰일 수 있다. 의사당 건물들은 대중의 권력을 빼앗고 이미 힘 있는 사람들에게만 권력을 부여하는 것으로 여겨질 때가 많다. 점유자에게 권능을 주는 것을 목적으로 하는 건물들과 달리, 모자가정을 위한 임시 주거는 거주자들을 격리하고 개선하는 것을 목적으로 한다.

권능과 권력 부여라는 개념은, 특히 누가 어떻게 권력을 갖고 있는지를

그림 19-7 파이크스 플레이스(Pike's Place) **시장.** 시애틀. 사진: 린다 쉬니클로스.

생각할 때, 용도유형에서 다른 목적들을 발견하는 도구로 사용될 수 있다. 집을 저녁과 주말의 은거지로 간주하며 집의 소유에 자부심을 느끼는 임금 노동자인 남편은 단독주택과 교외 지역사회로부터 권력을 부여받아 왔다. 이런 용도유형의 확산으로, 수익을 창출하는 개발자와 소비 상품의 제조자에게 권력이 부여되었다. 그러나 여성과 어린이는 공적 생활에서 고립되고 권력을 빼앗겨왔다. 이런 비판으로부터, 모든 점유자들이 권력을 부여받도록 교외 주택과 동네를 재구상하는 문제가 제기된다.

대규모 자본의 창출이라는 목적을 위해 개발되거나 변경된 새로운 용도유형들은 소비자와 소규모 사업들의 권력을 빼앗는다. 협동조합 식료품 상점, 동네 야채시장, 지역사회 정원, 지역사회 작업장, 소규모 사업을 위한 인센티브 프로그램, 그리고 대규모 상업개발의 통제 등은 모두 이러한 경향에 대항하려는 시도들이다. 이와 비슷하게, 1970년대와 80년대의 도시재생, 대규모 공공 주거단지 사업, 그리고 도심 재개발 계획은 격리, 통제, 자본의 창출이라는 목적을 드러낸 반면, 지역 주민, 지역 사업체,

또는 기존 동네에 권력을 부여하지는 못했다. 최근의 도시재활 계획, 지역사회 개발 은행, 그리고 은행이 지역 단체에 여신을 해야 한다는 일부 도시들의 요구는 다른 곳에 있는 사람들의 이익과 목적이 아니라 그 지역 주민들의 환경에 초점을 맞춘다. 그리고 주거 · 상점 · 서비스 · 교육 · 고용 · 안전과 같은 요구에 더 많은 관심을 기울인다.

권력 부여보다 격리와 통제, 은거와 도피, 그리고 자본의 창출이 더 큰 관심을 끄는 것에서 사회의 지배적 이해관계에 용도유형이 얼마나 크게 기여하는지를 볼 수 있다. 일반적으로 사람들에게 권력을 부여해서는 사회의 지배적인 이해관계가 조장되지 않는다. 아래에서 제시되는 몇몇 개혁적인 설계는 사람들에게 권력을 부여하는 것을 목표로 했다. 점점 더 많은 용도유형들이 주로 자본을 창출하는 수단으로 사용된다는 점을 우리가 인식하면, 권력 부여라는 목적을 대항력, 곧 비판과 변화의 도구로 삼을 수 있을 것이다.

용기container가 아닌 망의 계획과 설계

용도유형은 망과 같지만, 그것은 대개 독립적이고 분리된 **용기**처럼 구상 · 계획 · 창조 · 규제된다. 공간들(실내와 실외)은 분리되고 자율적이고, 자족적이고 완전하고, 수용되고(*contained*) 고정된 것으로 인식되며 그렇게 만들어진다. 용도유형은 미리 결정된 용도와 사용자를 수용하는 방(*cell*)이 되어 그들을 더욱 세분한다. 연결과 중첩보다 분리와 격리에 훨씬 더 많은 관심이 모아진다. 용기에 자리하는 사용자는 활동적이고 참여적인 주체가 아니라 수동적인 객체로 인식되고 그렇게 다루어진다. 장소들은 너무 표준화되어 지역적인 정체성은 거의 찾아볼 수 없다. 재정과 규제를 포함한 다양한 힘들이 다양성이나 융통성을 엄격히 제한한다. 이런 일들은 물리적으로 구축된 건물과 실들에서 매우 쉽게 일어나지만, 농장이나 공원 같은 옥외의 장소들 그리고 개발과 재개발 계획에서도 일어난다.

통제와 격리, 은거와 도피는 공공 서비스를 제공하거나 권능과 권력을 부여하는 것보다 더 중요해진다. 그리고 자본의 창출과 통제가 요구된다. 모든 척도의 환경에서 기존 유형의 특징은 건축법과 지역지구제 조례로 유지되는데, 그에 따라 인공경관은 고정된 구획들의 복합체, 곧 일종의 감옥이 된다. 바타유(Georges Bataille)[16]의 아이디어들을 제시하면서, 홀리어(Hollier)는 다음과 같이 쓴다.

> 이전에 사회질서의 이미지였던 건축은 이제 그런 질서를 보장하고 부과하기까지 한다. 단순한 상징이던 건축이 이제 주인이 된 것이다. 건축은 이미지의 덫으로 사회를 포착한다. 그리고 건축이 다시 반영하는 이미지에 사회를 고정시킨다. … 건축은 사회의 정신을 표현하는 것이 아니라 그것을 질식시킨다(Hollier 1989, 47).

장소를 용기보다는 망으로 계획하고 설계하는 것은 가능하다. 망은 개방적이며, 견고하거나 고정된 경계를 갖지 않는다. 그것에는 구멍들이 있어 주변과 접촉하면서 밖으로 확장한다. 망은 다양하게 연결된 많은 끈들로 이루어진다. 그 끈들은 추가하거나 수리할 수 있다. 용기와 달리 망은 분리가 아닌 연결, 자율이 아닌 상호 의존, 단일성이 아닌 다중성, 표준화가 아닌 다양성, 그리고 활동과 변화의 가능성을 암시한다. 용도유형을 망으로 설계·계획·규제함으로써 우리는 이러한 가치들을 뒷받침하고 촉진하며, 많은 영역에서 이미 시작된 문화적 전환에 참여할 수 있다.

관련되고 중첩된 세계들

용도유형이 일상생활을 분할함에 따라 인공/자연, 직장/집, 사/공, 가족/비가족, 병/건강, 젊음/늙음과 같은 개념적 이분법이 강화된다. 그런 독립적인 범주들로 명료하게 분할되지 않는 일상생활에 도움이 되는 환경을 조성하기 위해서, 그리고 사람들과 지구(*earth*)에 해가 되는 조건을 변경하기 위해서, 이분법과 그것을 강화하는 용도유형들을 변경해야 한다. 그러한 전환을 위해서는 현실에 대한 다른 관점, 곧 자율성과 분리가 아닌 관계와 연결을 인식하고 중시하는 관점이 필요하다. 케네스 거겐(Kenneth Gergen)은 상관적 현실을, 개인의 자율성이 아닌 상호의존성을 강조하는 '존재의 새로운 어휘'로 본다. "사람은 관계와 개별적 자율성 사이에서 하나를 선택하는 것이 아니라, 다양한 상호의존성 사이에서 하나를 선택한다…"(Gergen 1991, 242). 우리가 유형, 용도, 그리고 사람들의 범주를 구축하는 방식을 전환하기 위해서도 마찬가지의 말을 할 수 있다.

인공과 자연, 문화와 자연, 그리고 도시와 시골 사이의 개념적 이분법은 모두 의문시되고 변경되고 있다. 건물, 그리고 우리가 자연의 일부로 생각하는 것들(대기, 대지, 자원, 에너지, 우리의 몸)이 서로에게 중요한 영향을 미치며, 이러한 상호작용을 고려해 건물을 설계하고 점유해야 한다는 사실이 인정되기 시작했다. 이것은 에너지를 보전하는 것, 시공과 사용에서 재료가 순환되도록 계획하는 것, 그리고 건강한 실내를 만드는 것을 의미한다.

흐르는 강물, 하수처리 시설, 농업 활동, 그리고 통조림 공장이 공존하는 공원들에서 일과 레저, 건설된 도시와 전원의 자연, 그리고 소비와 생산 사이의 이분법이 극복되었다(Cranz 1992). 올림픽 경기장인 일리노이의 〈생산적 공원〉(*productive park*) 설계에서, 크란츠와 로빈슨(Galen Cranz & David Robinson)은 재활용센터를 중심으로 단지를 만들었다. 그리고 지역사회 정원, 온실, 풍차, 퇴비 흙, 지역 주민의 정원 가꾸기 설비와 비품을 위한 창고 등을 야구장 · 농구장 · 테니스 코트, 그리고 경관에서의 산책과 휴식을 위한 장소들과 통합했다. 시설들과 그곳에서 행해지는 교육 활동을 통해서 그 생산적 공원은 레크리에이션의 기회를 제공하면서 자원의 관리도 보여준다. 크란츠와 로빈슨의 설계는 '자원 보전의 공표'라는 공원의 새로운 목적을 보여준다.

임금노동이나 다양한 종류의 주민 서비스를 주거와 통합하는 프로젝트들에서는 집과 직장 사이의 분리가 해소된다. 베빙턴(Christine Bevington)의 〈토글 케어〉(*toggle care*) 안에는 몇 개의 아파트 주호를 연결해 만든 놀이방 공간이 있다. 공간이 데이케어(*day care*) 활동에 사용되는 주간에는 그 공간에서 인접한 아파트들의 일부로 직접 들어갈 수 있어서 어린이들은 자기의 침실을 사용할 수 있으나, 거실, 부엌, 또는 성인의 침실로는 들어갈 수 없다. 밤에는 데이케어 공간은 폐쇄되고 각 아파트가 다시 완전한 별도의 주거가 된다. 지원 서비스가 주거와 밀접히 관련되어 제공될 뿐 아니라, 공간을 한 가지로 구획하는 통상적인 방식이 아니라 몇 가지로 구획할 수 있다. 그리고 하루 중에 공간의 경계와 분리 방식이 바뀐다.

주거단지를 사무실·작업장·상업공간 등 근린 업무센터와 결합해 집/직장 집합주거를 제시한 스펙(Jeff Speck)의 제안에서 집, 임금노동, 그리고 데이케어는 서로 가까이에 있다. 교외의 환경에서 임금노동이 집 가까이에 배치될 뿐 아니라, 주거와 업무센터 사이에 공유 마당을 둠으로써 가정과 직장 영역 사이에 상호작용이 유발된다. 스펙은 이 프로젝트를 교외에 위치시키고 도로, 주차, 그리고 선적인 상업건물은 관례적으로 배열했다. 그는 상업자로의 개념을 수용하나 그것의 관례적인 용도와 주거와의 관계를 상당히 변경했다. 베빙턴과 스펙의 제안에서 보듯 유형을 극단적으로 바꾸지 않고도 현행의 용도유형에서 연결과 중첩을 만들어낼 수 있다.

여러 가구들이 모인 코하우징(*cohousing*)에 대해서도 같은 이야기를 할 수 있다. 코하우징에서는 공과 사 사이의 구분을 완화하고, 필요한 공간이나 어메니티(*amenity*)[17]는 물론 삶의 한 방식을 창출함으로써 단독주택에서 나타나는 개별 가구의 고립이 완화된다. 각 가구는 자체의 완전한 주거를 갖기 때문에 프라이버시와 독립성은 변함없이 유지된다. 그러나 커뮤니티의 설계에서, 그리고 공용 주택에서 같이 저녁식사를 준비하고 먹음으로써, 다른 가구들과의 밀접한 관계와 일상적 상호작용이 의도적으로 추구되고 조장된다(McCamant & Durret 1988).

용도유형을 분할하고 우리의 생활과 경관을 독립적인 범주들로 배열하려는 노력에 따라 많은 사람들이 마찰을 피하고, 부담스럽거나 불쾌한 경

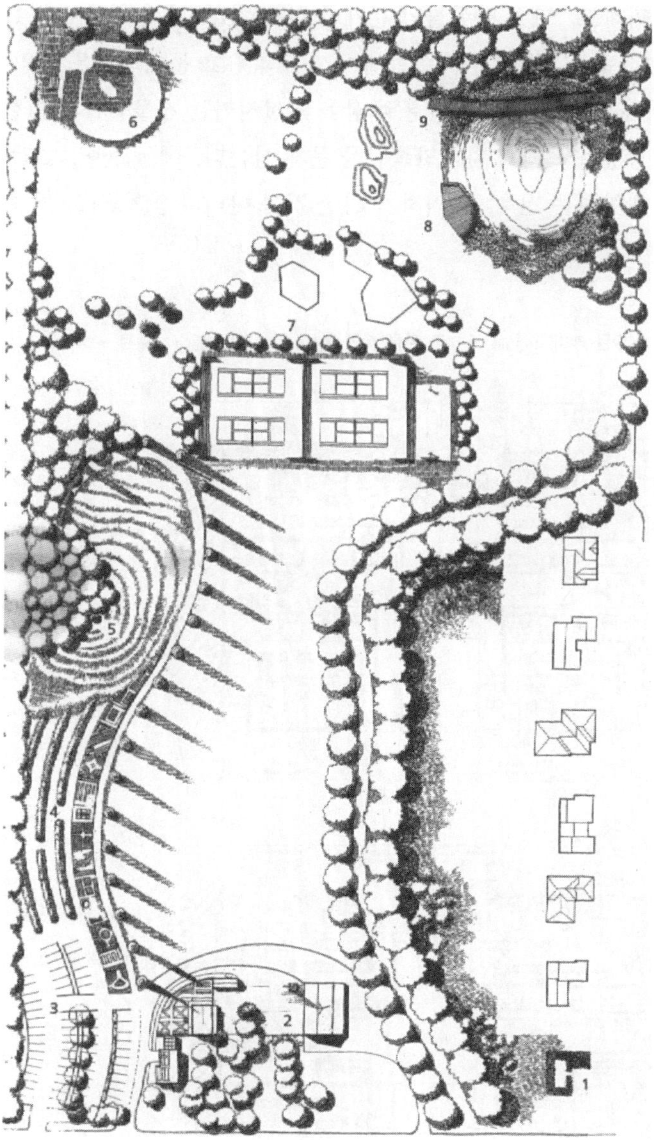

그림 19-8 〈생산적 공원〉의 평면도. 갈렌 크란츠와 데이비드 로빈슨(Galen Cranz & David Robinson). 21세기 올림픽 공원 현상설계, 1992.

1. 초원의 도깨비집, 2. 순환 센터, 전시관과 급식 주방, 사무실과 공중화장실, 창고, 온실, 3. 주차장, 4. 단지 정원, 퇴비장, 분쇄기, 5. 조망/피난
6. 기존 야구장. 7. 기존 테니스장. 8. 습지 전망대. 9. 들어 올린 보도

험들을 피하고, 다른 사람들의 문제를 무시하고, 자신의 문제를 은폐하거나 부인할 수 있었다. 우리는 문제에서 도피했고 문제의식은 마비되었다. 다든(Douglas Darden 1993)은 예상을 역전시키는 건물들을 제안함으로써 이러한 상황과 우리의 자기만족감을 문제 삼는다. 예를 들어, 그는 수용이 아니라 대항하는 건축, 기억하기 위한 것이 아니라 잊기 위한 기념비 등을

그림 19-9 〈토글 케어〉(toggle care)를 위한 제안. 건축가 크리스틴 베빙턴(Christine Bevington).

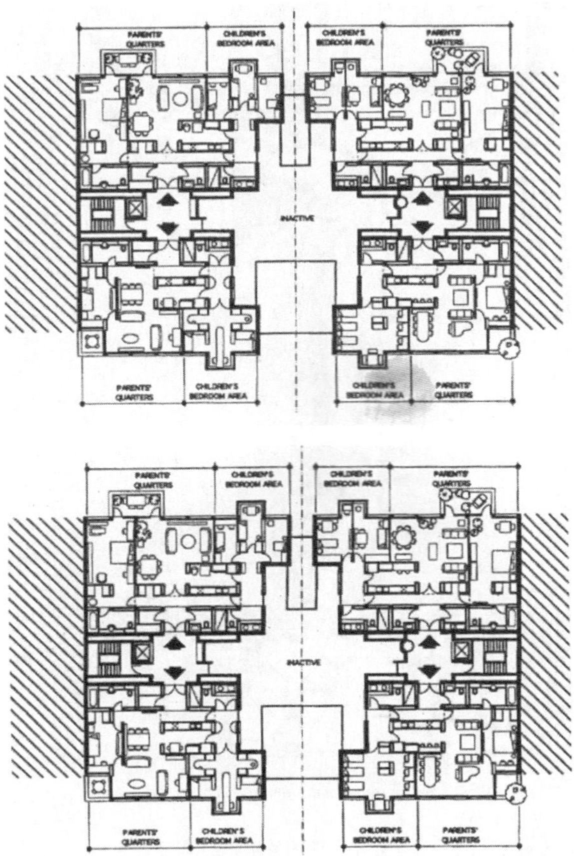

a. 가족 시간 동안의 집

b. 근무 시간 동안의 집

제안했다. 다든은 통상적으로 숨겨져 있는 것을 드러내고, 분리된 것을 연결시킨다. 그의 산소 주택은 건축주가 살아있으면서 죽어가는 것을 드러낸다. 거기서 산소 텐트는 주택의 보이는 구조체의 일부다. 그리고 건축주가 궁극적으로 맞게 된 죽음은 주택의 일부인 묘지로 표시된다. 그것은 삶과 죽음 모두를 위한 주택이다.

그림 19-10 가정/직장 집합주거 제안. 제프 스펙.

a 모형. 전면은 주차장이 있는 업무센터. 후면은 중정과 주거.

b 대지단면 다이어그램. 상층에서는 서비스 공간, 하층에서는 주차장과 중정을 잇는 통로에 의해 사무실과 작업장이 적절한 크기의 단위로 나누어졌다.

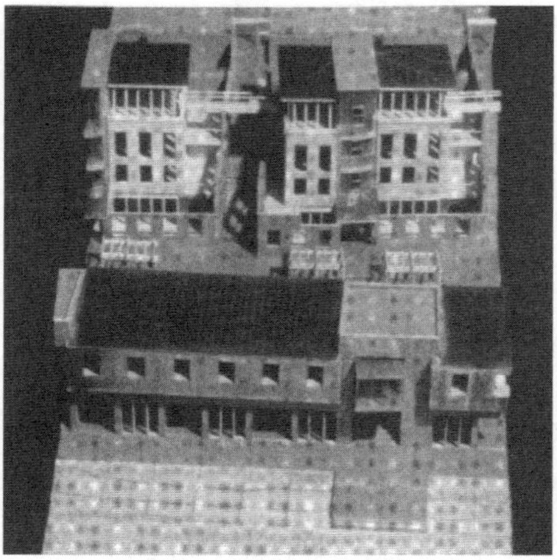

a

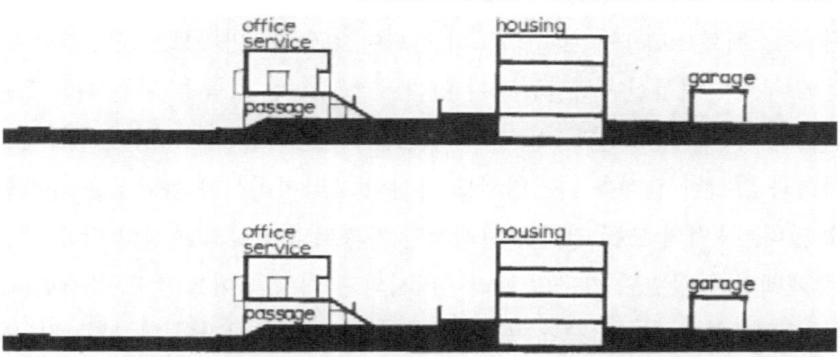

b

다중의 다양한 현실

표준화와 단일한 보편적 현실에 대한 대안은 다중적이고 다양한 현실이다. 거겐은 단일한 진리를 공표하는 이전의 전체적 담론에 반대하여 다중성과 다양성으로 전환하는 것을 "담론들의 자유로운 연출"이라고 부른다(Gergen 1991, 247). 생물지역주의(*bioregionalism*), 건축적 지역주의, 맥락주의, 역사 보존, 그리고 경관에서 문화적 정체성이 갖는 중요성에 대한 인식 등에서 다양성과 다중성이 탐구되고 있음을 볼 수 있다. 철학, 프로그램, 그리고 물리적 설계의 진화라는 측면에서 볼 때, 모자가정을 위한 다양한 임시 주거가 개발되는 것은 유익한 일이며 그런 다양성은 지속되어야 한다(Sprague 1991). 일반적으로 주거에서는, 서로 다른 종류의 가구, 그리고 가구들 혹은 가구 구성원들 사이의 관계를 수용하기 위해 다양한 바닥평면을 개발할 필요가 있다(Franck & Ahrentzen 1989).

브루클린에 있는 그린포인트 병원(Greenpoint Hospital)을 여성의 주거로 리노베이션 한 애덤(Katrin Adam)의 제안에서는 다양한 종류의 가구에 적합한 대안적 바닥평면들이 제시되었다. 두 명의 독신 여성을 위한 아파트는 독립된 현관을 갖춘 두 개의 별도의 생활공간 그리고 공동 부엌과 욕실로 구성된다. 한 쌍의 한 부모 가족을 위한 아파트에는 침실과 욕실로 된 두 스위트(*suite*)에 각각 별도의 현관이 있으며, 아파트의 중앙에는 공동의 부엌·식사실·생활공간이 있다. 그리고 한 가족을 위한 아파트는 인접한 독신(아마도 친척) 용 간이 아파트와 통합되어 있다. 따라서 독신은 가족과 밀접한 관계를 가지면서도 자신의 프라이버시와 독립성을 유지할 수 있다. 애덤의 모든 평면은 관례적인 아파트의 고립되고 성역 같은 모델을 채택하지 않고도 가구의 프라이버시와 독립성을 어느 정도 유지한다.

시애틀에 있는 파이크스 플레이스(Pikes Place) 시장의 부분적 재개발에서 단일성과 통일성보다 다양성과 변화가 선택되었다. 용도, 사람, 그리고 건축양식의 혼합이 유지·보존되어 고급 레스토랑, 쇼핑, 주거가 본래의 생선·농산물 시장, 저렴 주거, 무료식당, 중고 의류가게, 그리고

그림 19-11 〈산소 주택〉의 해부 단면. 더글러스 다든(Douglas Darden)

문신업소와 같은 특이한 서비스 공간과 공존한다(Frieden & Sagalyn 1990). 붐비고 복잡한 이 시장에서는 배달과 하역 활동이 활발히 일어난다. 배회하는 사람들이 있고 낙서가 용인되며, 분위기는 활발하고 딱딱하지 않다.

이처럼 단일하고 표준화된 개발 형태보다 다중성을 선택한 비슷한 예가 노스 캘리포니아(North California)의 만테오(Manteo)에도 있다. 거기서는 주민들의 기존 생활방식과 가치관을 뒷받침하는 장소들의 네트워크를 보존하고 개발을 제한함으로써 "도시의 전통적 미학과 좀더 질서 잡힌 새로운 개발 사이에 건강한 긴장"이 생겼다(Hester 1993, 1994). 그런 장소들은 주민들과 조사를 함으로써 발견될 수 있었다. 도시를 둘러싸는 늪, 동네 레스토랑, 동네 소다수 가게, 수변 근처의 자갈 주차장, 그리고 그 밖의 장소들은 처음에는 보존의 가치가 있어 보이지 않았다. 따라서 그것들의 중요성을 드러내고 그 중요성에 대해 설명할 필요가 있었다. 그런 장소들은 "일상생활의 패턴과 지역사회 생활의 특별한 의식을 예시하고, 전

그림 19-12 〈동네 여성 르네상스 주거〉(Neighborhood Women Renaissance Housing) 계획안. 카트린 애덤(Katrin Adam) 건축사사무소.
a. 서관 2층 계획설계 평면도 b. 서관 3층 계획설계 평면도

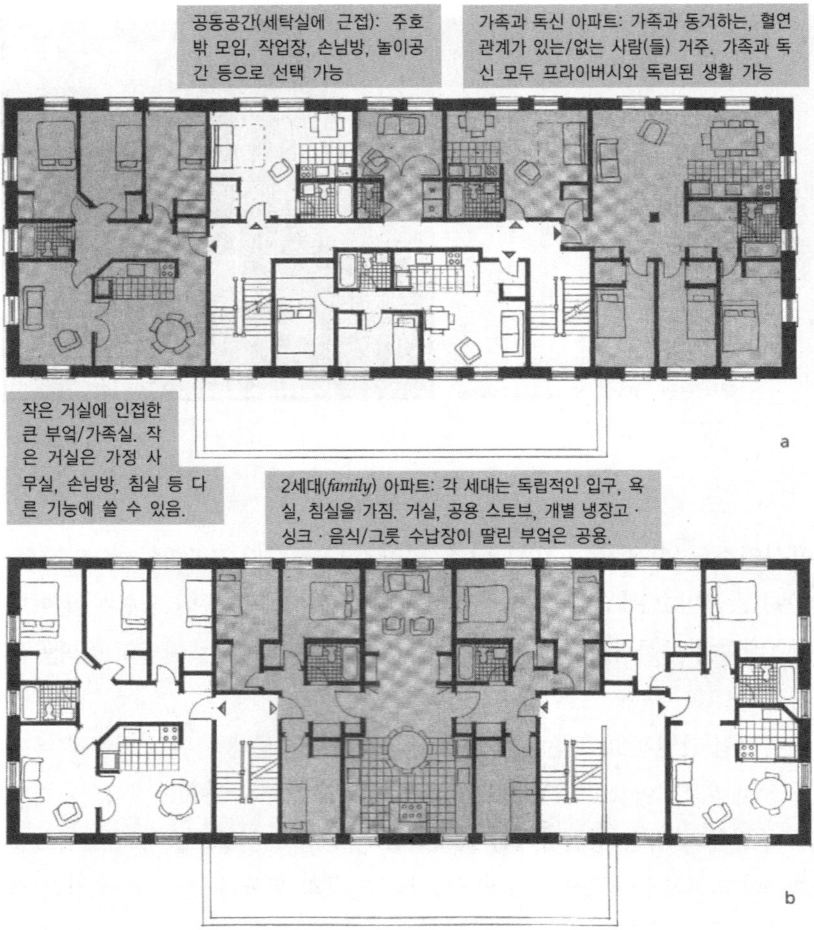

형화하고, 강화하고, 심지어 찬양하기 때문에 신성하다"(Hester 1993, 297).

다중의 현실을 인식하는 것은 우리가 잊기 쉬운 사건과 경험을 기억하는 것을 의미하기도 한다. 그것은 고통, 실수, 그리고 심지어는 잔인함을 억압하고 지우는 것보다는 그것들을 인정하는 것을 의미한다. 나치 집결 캠프의 보존에 관한 토론(Langenbach 1992)과 워싱턴에 있는 〈대학살 박물관〉의 건립과정(Gourevitch 1993)에서 입증되었듯이, 그러한 장소들을 존속시키고 설계할 때 많은 어려운 문제에 봉착한다. 사람들과 지역사회의 역사에 중요하지만 고통스런 사건들을 기록해야 하는가, 그리고 과거를 선정적이거나 시시하게 다루지 않으면서 기록하는 방법은 무엇인가? 노스다코타의 운디드 니(Wounded Knee)에서 있었던 전쟁/대학살처럼 동일한 사건이 다중으로 해석될 때, 그런 다중성을 인정하는 방법은 무엇인가? 단일하고 보편적인 현실을 위한 설계는 이런 질문들을 완전히 비켜가게 된다.

현행의 용도유형과 그것의 용도는 지배적 사회질서와 그것의 단일하고 보편적인 진리에 호응하는 자아 및 지역사회의 정체성을 형성하는 데 도움이 된다. 그리고 그러한 질서나 진실과 상충하는 경험·욕구는 억압된다. 그렇게 억압된 경험·욕구는 일종의 **발굴**을 통해 밝혀진다. 집을 대상으로 억압된 경험·욕구를 밝히기 위해 셔먼(Harvey Sherman)은 신체활동 과정을 개발했다. 그 신체활동에는 우리가 살았던 장소들의 커다란 사진 이미지에 대한 심호흡, 소리, 움직임, 그리고 말의 반응이 포함된다. "몸으로부터 지역사회를 만들기"라고 불리는 이 과정은 주택과 지역사회의 설계에 관련되는 정체성의 기억과 숨겨진 측면들을 밝히는 것을 목적으로 한다(Sherman 1993).

이러한 예들에서 우리가 권장해야 하는 전환이 시작되고 있음을 볼 수 있다. 이런 방향을 추구하기 위해서는 많은 장애물을 극복하고 어려운 질문들을 해결해야 한다. 관례적이고 표준화된 바닥평면을 선호한 시 당국은 애덤스(Katrin Adams)의 그린포인트 병원 리노베이션 제안을 수용하지 못했다. 조사와 시민참여 계획이 아니었다면 만테오(Manteo)의 '신성한' 장소들은 도시의 재개발로 사라졌을 것이다. 프로젝트가 실현되거나 계획이 채택되었다고 어려움이 끝나는 것은 아니다. 프로젝트가 계속 논란을 불러일으키기도 하고, 그것을 유지하기 위해 계속 노력해야 하는 경우도 있다.

다양성, 다중성, 그리고 상반되는 것들의 통합을 존중하려면 어느 정도의 마찰은 불가피할 뿐 아니라 바람직하기도 하다. 요헨과 게르츠(Jochen, Esther Gerz)가 디자인해 함부르크에 세운 파시즘에 대항하는 기념비는 관람자들이 기념비에 이름과 메시지를 추가할 수 있도록 디자인되었다. 그런데 기념비에는 이름, 기록과 함께 卍자가 나타났다. 많은 사람들이 기념비의 디자인이 그런 반응을 조장한다고 비판했다. 그러나 이것이 기념비의 새로운 목적이 될 수 있다. 곧, 숨겨져 있는 감정이 통탄할 만한 것이라 해도 그것을 표현하도록 허용하는 것이 기념비의 목적이 될 수도 있다(Freiman 1993). 정말이지 다중성을 인정하려 할 때 건축은 때로 마찰을 야기하기도 한다.

활동적인 주체

통제, 도피, 자본 창출을 강조하는 것, 그리고 분할되고 표준화된 용도유형의 인공경관을 만드는 것은 장소의 거주자인 우리 자신을 수동적으로 만든다. 경관이 그렇듯 우리는 이러한 조작의 객체다. 우리가 필요로 하는 것, 우리가 행하거나 경험해야 하는 것이 미리 결정되고 준비된다. 실로 그 장소가 그렇듯, 우리의 경험은 지시되고 제작된다. 이것이 근대시기에 나타난 경험의 격리, 자신의 몸과 감정으로부터의 소외를 야기한 요인이다. 통제와 격리에 쓰인 용도유형들에서 점유자는 매우 수동적이 될 수밖에 없다. 그리고 다른 용도유형들에서도 이런 식의 순응이 초래된다. 이에 대한 하나의 대안은, 사람들이 활동적인 **주체**로서 활동과 경험을 완전히 장악하도록 돕는 설계다.

레포리(Bianca Lepori)가 출산을 위한 공간을 분석하고 설계한 것에서 이러한 대안을 볼 수 있다. 그녀는 출산이 표준 모델을 따를 수 없고 그래서도 안 되는 유일한 이벤트라고 생각한다. 그녀는 진통을 하는 동안 여성이 움직임의 자유와 다른 자세·행동을 취할 수 있는 권능을 유지하도록 다양한 가능성을 허용하는 공간과 가구를 제안한다. 방의 가운데나 벽의 중심 같은 주요한 위치에 침대를 하나 놓는 대신에, 방의 중앙을 비우고 쉽게 오르내릴 수 있는 낮은 단을 한쪽에 놓는다. 다른 가구들은 스트레칭, 매달리기, 기대기, 쪼그리고 앉기, 누르기, 눕기 등 다양한 행동에 쓰일 수 있다.

이 설계의 목적은 자연분만 과정을 통제하는 것이 아니라 뒷받침하는 것이다. 미국의 관례적인 분만실에는 실의 중앙에 침대가 있다. 이것은 최선의 출산 방법이 눕는 것임을 암시한다. 여기서 여성의 역할은 수동적이

그림 19-13 진통 중의 다양한 자세와 움직임. 건축가 비안카 레포리(Bianca Lepori).

다. 곧, 다른 사람들의 행동과 결정을 수용하는 것이다. 레포리의 설계에서는 산모가 자세와 움직임의 선택 그리고 행위에 대한 신체적·정서적 통제권을 가지며, 직원은 상징적으로나 실제적으로 지원하는 역할을 한다. 레포리의 설계는 출산을 위한 기존의 공간과 공간적 실천을 대체했다기보다 또 하나의 선택을 추가해 가능성의 범위를 넓혔다. 그리고 이러한 새로운 선택은 병원의 환경에 도입될 수 있으며, 필요하면 현재의 모든 의료기술을 사용할 수 있다.

방문하는 동안에 역시 활동적인 참여와 개입을 유발하는 구조물인 워싱턴의 〈베트남전 참전 기념비〉는 아주 다른 사례다. 방문자들은 벽을 따라서 움직이면서 그들이 기억하는 사람들의 이름을 찾아 그것을 만지거나 더

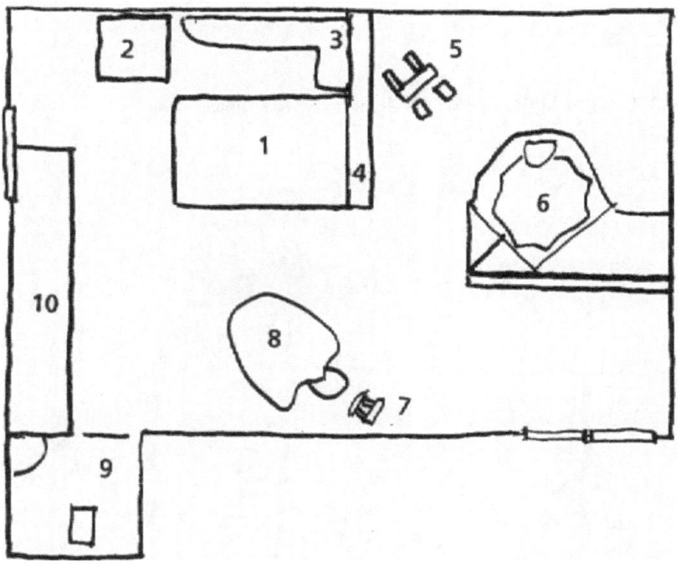

그림 19-14 병원의 환경에서 자연분만을 위한 진통과 분만실: 실험 프로젝트, 밀라노대학 성 게라르도 데이 틴토리(S. Gerardo dei Tintori) 병원. 건축가: 비안카 레포리
1. 플랫폼 병상 2. 매트, 벽에 설치된 가로대 3. 벤치 4. 낮은 벽 5. 균형 의자 6. 욕조 7. 분만의자 8. 매트, 천장에 매달린 패브릭 로프 9. 욕실 10. 캐비넷

그림 19-15 라빌레트 공원. 파리. 사진: 필자

듣는다. 그들은 선채로 회상에 잠기고, 울기도 하고 껴안기도 한다. 그리고 그들은 꽃이나 국기, 또는 기념물을 남긴다. 이 기념비는 또한 퇴역군인들이 MIA[18] 같은 문제들에 관심사를 공적으로 표현하는 장소가 되었다. 그리쉴드(Griswold 1992)가 지적하듯, 다른 기념비에서는 이런 활동들이 일어나지 않는다. 마야 린(Maya Lin)은 기념비의 새롭고 다른 목적을 구상해 디자인했다. 그것은 상실을 인정하고 치유를 얻는 것이다. 그러한 목적을 이룰 때 중심이 되는 것은 방문자들의 주체성과 움직임, 그리고 감정이다.

현대 사회에서 자기 정체성은 단순히 주어지는 것이 아니며, 성찰적 행동을 통해 활동적이고 지속적으로 창조되는 것이다(Giddens 1991). 자아는 단순한 실체가 아니라 "행동체계, 습관의 양식 등이다. 그것이 매일 매일의 생활에서 일어나는 상호작용에 실제적으로 침투함으로써 일관된 자기 정체성의 의식을 유지할 수 있다"(Giddens 1991, 49). 자기 정체성을 정신과 신체활동을 모두 포함하는 창조적 과정이라고 인정하면, 선택권을 가진 주체, 장소의 점유에 있어서 전적으로 또 자유롭게 참여하는 활동적 주체를 위한 설계의 가치를 깨닫게 된다.

개방된 틀

용도와 형태 속성 사이의 꽉 짜인 고정된 관계는 다양성, 선택, 그리고 활동적 개입을 방지까지는 아니더라도 제한한다. 많은 용도유형들은 완전하게 또 완성적으로 설계되기 때문에 선택이나 변경은 환영받지 못한다. 그것들은 어떤 활동이 어디에서 또 어떻게 일어나야 하는지 규정함으로써 선택이나 변화의 기회를 거의 남기지 않는다.

선택·부가·삭제·변경이 훨씬 쉽게 일어날 수 있는 틀을 하나의 대안으로 삼을 수 있다. 여기서 형태와 용도 속성들은 서로 단단히 묶이지 않는다. 설계자는 마음에 용도들을 상정하지만 그것들을 제한된 형태 속성들로 고정하지는 않는다. 그리하여 용도유형에서 형태와 용도가 틀에 박힌 방식으로 연결되어 정형화되고 반복을 통해 지속되는 것을 피할 수 있다. 추미(Bernard Tschumi)가 파리의 라빌레트(la Villette)에 설계한 새로운 종류의 공원에서 실현했듯이, 가장 좋은 의미에서 건축의 해체주의가 할 수 있는 일은 이런 것이다. 라빌레트 공원에서는 프로그램의 용도들을 배열한 방식이 새롭다. 그리고 그가 고안한 형태 속성, 그리고 그것과 용도의 연결도 새롭다(Tschumi 1987).

선택과 변화의 기회는 더 큰 다양성을 유발하고, 우리가 이제 인식하기 시작한 다중의 현실에 도움이 된다. 라빌레트 공원의 배치와 폴리(*folly*)[19]는 시간이 흐름에 따라 변할 수 있는 다양한 용도를 수용하는 명료하고 일관된 틀이다. 형태 속성의 틀은 고정된 반면, 용도는 변화한다. 뒤아니와 플레이터지벅(Duany & Plater-Zyberk 1991, 1992)이 개발한 도시 법규도 역시 명료하게 구성된 틀에 융통성을 통합한다. 대부분의 지역지구제 조례처럼 용도를 고정하고 제한하는 대신에, 이 법은 도시의 서로 다른 구역에 형태 속성들을 고정시키고 용도의 변화는 허용한다. 개방된 틀을 사용하면, 형태와 용도 사이를 연결하는 장(場)을 구상하고 구축할 수 있다. 계획과 지역지구제로 그런 장을 구상하고 조장할 수 있다. 제공된 틀이 선택과 변화를 수용하도록 하기 위해 여러 가능성들을 철저히 고려해야 한다.

개방된 틀을 채용할 때 크네히트(Barbara Knecht)의 무주택 정신질환자를 위한 네 가지 주거 모델 제안(1993)에서처럼 관계성, 다양성, 그리고 변화의 가능성을 모두 통합할 수 있다. 임시/영주(*Transitional/Permanent*) 모델에서는 임시 프로그램의 주민들이 프로그램 활동에 참여하면서 영주 프로그램의 주민들과 같이 한 건물에서 산다. 임시 프로그램을 위한 자금은 건물이 아니라 사람이나 주호에 적용된다. 위성(*Satellite*) 모델에서는 참여자가 임시 주거에 있는 다른 프로그램 참여자들과 협력 관계를 형성하고, 집단적으로 영주 주거로 이주한다. 연결(*Linkage*) 모델에서, 임시 프로그램은 임시 주거센터와 결합된 주간 치료 센터(*day treatment center*)인

그림 19-16 대안적 사용의 평면도. 바바라 크네히트(Barbara Knecht).

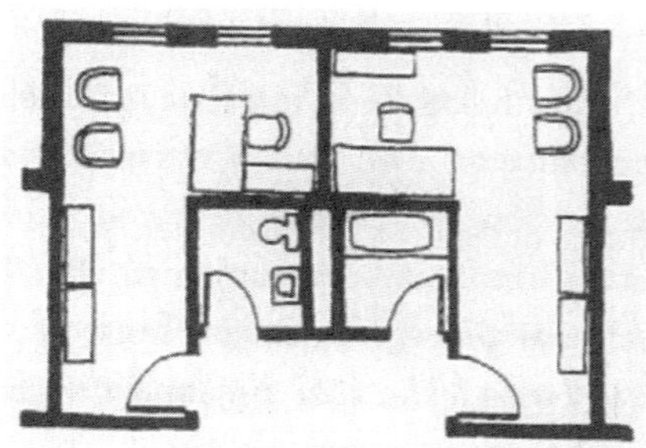

a

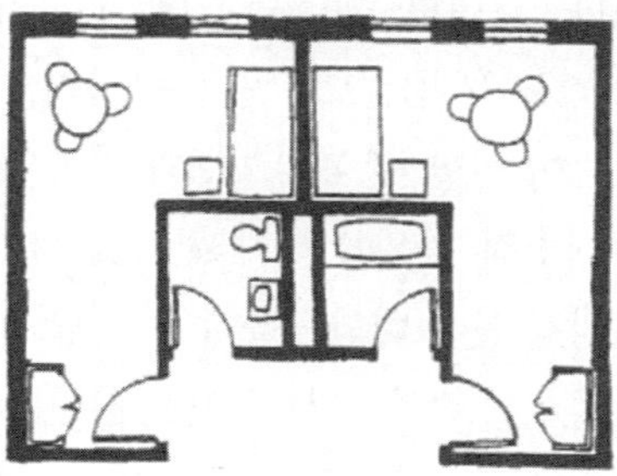

b

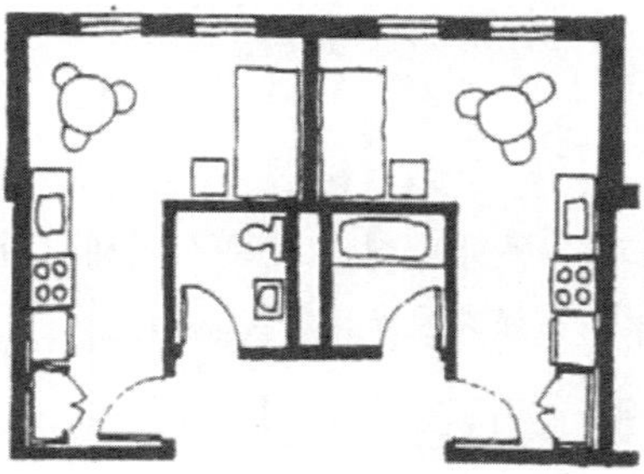

c

a. 임시 단계: 사무실
b. 임시 단계: 개인 취침 주호
c. 영주 단계: 주방을 갖춘 원룸(SRO: *single room occupancy*) 주호

자료: "융통성 있는 주거 모델: 무주택 정신질환자 수용의 제안"(Flexible Housing Models: Proposals to House Homeless Mentally Ill People), 주거 지원 공사(Corporation for Supportive Housing)를 위해 준비된 자료, 1993.

데, 임시 주거센터는 근처의 영주 주거와 긴밀히 연결해 운영함으로써 참여자들이 영주 주거로 이주한 후에도 그 프로그램과 관계를 유지한다. 그리고 전환(*Convertible*) 모델에서는 건물과 주민들이 모두 임시 프로그램에서 영주 주거로 전환한다. 어느 모델에서나 건물은 일정한 기간이 지나면 지역사회 서비스를 갖춘 영주 주거가 된다.

이러한 모델들에서 참여자들 사이, 참여자들과 직원 사이, 그리고 프로젝트와 동네 사이의 관계가 지원되고 조장된다. 건물과 서비스는 사람과 요구를 범주화하기보다 관계를 용이하게 한다. 이 모델들은 시간에 따라 변하는 다양한 요구들에 대응한다. 그리고 개인의 요구와 특정 용도유형의 용도·형태 속성 사이의 단단하고 고정된 관례적 연결이 해제된다. 시설의 속성들은 동일한 반면 사람의 요구가 변함에 따라, 개인이 한 종류의 시설에서 다른 것으로 이주하는 (그리고 어쩌면 다시 돌아오는) 것이 보장된다. 크네히트는 프로그램과 서비스, 특별한 요구를 가진 사람들, 그리고 건물 사이의 모든 연결을 좀더 느슨하고 융통성 있게 만들었다. 그래서 사람이 변할 때 프로그램과 건물도 모두 변할 수 있다.

개방적 틀은 선택과 변화를 뒷받침하지만 가능한 대안들을 제시한다. 개방적 틀은 대안들을 우연에 맡겨두지 않는다. 형태와 용도 사이에는 다양성과 느슨한 연결이 있는 반면, 여전히 어느 정도의 확실성과 예측가능성이 있다. 따라서 틀은 개방적이면서도 고정되어 있는 것이다.*

불확실성, 모호성

좀더 극단적인 접근방법은 불확실성과 유동성이 더 크도록 설계해서 우연한 사건을 유발하는 것이다. 한 예가 아그레스트(Diana Agrest)와 갠들조너스(Mario Gandelsonas)의 아이오와 주 디모인(Des Moines) 시 발전

* 선택의 범주를 고정하든 개방된 미래를 구상하든, 건물이나 경관은 안정된 것이 아니라 가변적인 것으로 인식되고 또 디자인된다.

계획이다. 도시의 미래 발전을 위해 완전하고 철저한 지침을 제시하는 전통적인 '마스터플랜'과 달리, 그들의 장래 계획에서는 도시재생을 위한 몇몇 핵심적 위치가 제안되었다. 이러한 점들, 곧 '모멘트들'(*moments*)은 기존 도시의 물리적·사회적 구성을 강화하기 위해 선택되었다. 그리고 그것들은 침을 놓을 때 몸의 혈이 그렇듯 주변에 에너지를 발생시킨다(Agrest & Gandelsonas 1994). 이러한 점들의 주변 또는 그것들의 사이에 있는 공간에 대해서는 정확한 발전 내용을 의도적으로 예측하지 않았다. 계획에 우연성이 포함된 것이다. 과정 또한 개방적이다. 지역사회를 위해 이러한 지점들을 활성화하는 몇 가지 대안들을 제안했으며, 그중에서 선택해서 지역사회의 참여로 개발하도록 했다. 그리고 폭넓은 논의를 위해 많은 언론 매체가 이런 제안과 개발을 다루는 것을 환영하고 용인했다.

그 장래 계획에는 임의성이 포함됨으로써 미래의 사건과 상황의 예측 불가능성이 인정되었다. 그 장래 계획에서 건물과 동네의 건축이 불확실성으로부터 보호해 주고, 알지 못하는 두려움을 억누르는 일종의 진정제로서 제시되지는 않았다. '어떻게 될 것인가?'하는 질문에 충분히 대답하는 대신에, 그 질문을 제기하고 부분적으로만 대답했으며, 다른 사람들의 미래 활동이 대답이 되도록 유도했다. 상호 연결된 세계, 다중의 현실, 그리고 형태와 용도 사이의 느슨한 연결을 만들어내는 과정에서는 대답보다 질문이 많이 제기된다. 범주들이 중첩되며 그것들의 경계와 내용은 변화해 모호성과 불확실성이 야기된다. 처음에는 복잡하거나 혼란스러워 보이지만 곧 생기 있고 활력 있으며, 때로는 신비한 것으로 경험된다. 그것들에는 언제나 활동과 참여의 가능성이 풍부하다.

그러한 세계는 점유자들에게 좀더 많은 것을 요구한다. 때로 그것은 실험을 요구하기도 한다. 우즈(Lebbeus Woods 1992)는 의미나 용도가 부여되지 않은 "자유공간 건축"(*free space architecture*)을 제시한다. 용도는 그 자유공간의 점유를 선택한 사람들이 만든다. "자그레브 프리 존"(*Zagreb Free Zone*) 프로젝트에서는 이런 거주용 구조물이 기존의 도시에 삽입되어 일정 기간 동안 유지된다. 신비한 모습을 가진, 지정된 의미와 용도가 없는 공간들은 우리를 당황하게 한다. 우리가 무엇을 해야 하는지 또는 믿어야 하는지 알려주지 않는다. 우리는 자신의 생각대로 하도록 방임된다.

결론

용도유형은 모두 우리 주변에 있다. 우리는 그것을 점유하고 참조하며, 매일 그것을 세우고 변경한다. 그것에서 형태 · 용도 · 의미가 연결되는 방식이 일상생활에 매우 깊숙이 박혀 있기 때문에, 우리는 용도유형을 주어진 것으로 당연하게 받아들인다. 우리는 용도유형이, 종종 우리가 의문을 갖는 목적들(가장 최근에는 소비자본주의)을 위해 만들어지고 변화되는 사회적 · 물리적 고안임을 잊는다. 짧은 기간에도 일어나는 용도유형의 변화

그림 19-17 아이오와 주 디모인(Des Moines) 시 장래 계획: 도심의 '모멘트'(moments), 선적(linear) 해석. 건축가 다이아나 아그레스트(Diana Agrest)와 마리오 갠들조너스(Mario Gandelsonas). 왼쪽부터 오른쪽으로: 제안된 호수가 있는 입구, 그리고 기존 건물의 일부를 통합하는 새로운 수변 주거지구; 새로운 언덕 지구; 모든 기존 건물을 통합하는 새로운 코트 애비뉴(Court Avenue) 주거지; 기존 건물을 강으로 연결하는 강변 도심광장; 새로운 마리나(Marina) 지구: 새로운 이스트사이드(Eastside) 복합용도 지구; 기존의 주 의회의사당.

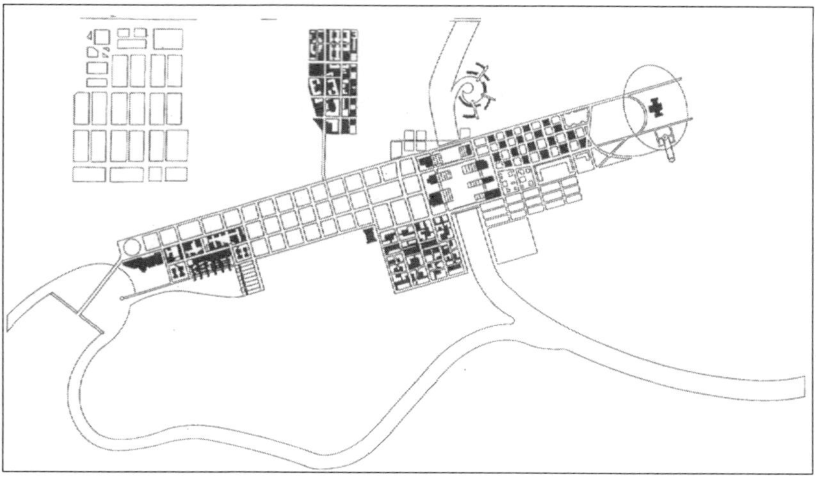

를 통해서 기존 유형을 자기의식적으로 변경하고 새로운 것을 개발하는 것이 충분히 가능함을 알 수 있다.

좀더 사회적으로 정당하고, 생태적으로 건전하고, 삶을 고양시키는 인공경관을 만들기 위해, 우리는 더 이상 용도유형을 당연한 것으로 생각하거나, 통제, 도피, 자본 창출을 위해 분할하고 표준화하지 말아야 한다. 우리는 주변의 용도유형들을 **이해하고** 다른 것들을 상상해볼 필요가 있다. 이를 위해 우리는 이 글에서 예시한 것과 같은 폭넓은 방법과 제안을 환영해야 한다. 우리는 다양한 종류의 연구, 예술, 비판적·치료적 기법, 그리고 새로운 용도유형의 설계 등을 통해 기존의 망을 밝힐 수 있다. 우리는 접근방법을 다양화해 기존의 망을 변화시키는 작업을 할 수 있다.

우리는 기존의 용도유형에서 출발해 그것의 물리적·공간적 변경을 제안할 수 있다. 베빙턴(Bevington)·애덤(Adam)·스펙(Speck)·크네히트(Knecht)의 프로젝트에서와 같이, 그런 변화 자체가 극단적인 것은 아

그림 19-18 〈균형 잡힌 돌〉
(Balanced Stones). 샘 테일러와 롭 로건 (Sam Taylor & Rob Logan). 사진: 토니 홈즈

니지만 유형의 용도와 의미에서는 극단적인 차이가 생긴다. 혹은 크란츠와 로빈슨의 생산적 공원이나 레포리의 대안적 분만실 설계에서처럼, 본질적인 변경을 통해 전적으로 새로운 유형을 제시할 수도 있다. 어느 경우든, 기존 용도유형의 속성들은 다른 유형에서 취한 속성들과 함께 새로운 구성을 도출하기 위해 취사선택할 수 있는 요소들이라고 간주해야 한다. 설계자들은 용도유형 자체를 다루지만, 그에 따라 새로운 패턴의 삶과 작업 그리고 거주를 뒷받침하기 위해 형태 · 용도 · 의미의 가변적인 망은 해체되고 재조직된다.

기존의 용도유형을 **피하고** 다른 방식으로 탐구하고 설계해 변화를 제안할 수도 있다. 예를 들어 일정한 용도를 의도하면서도 그런 용도와 관례적으로 결부된 유형과는 다른 것을 탐구하고 설계할 수 있다. 레포리는 집에서 출산한 여성들을 인터뷰해 그런 방식으로 설계했다. 또 하나의 가능성은, 만드는 입장에서가 아니라 선택한 제약들 속에서 형태 · 용도 · 의미를 탐구하는 입장에서 장소와 시나리오를 상상하는 것이다. 우즈(Lebbeus Woods)와 다든(Douglas Darden) 같은 건축가는 우리가 이미 아는 용도유형을 참조하지 않고 장소를 드로잉해서 이런 작업을 했다.* 이런 상상적 건축을 통한 아이디어와 가능성의 탐구에서, **없는** 것을 상상함으로써 **있는** 것에 의문을 제기할 수 있다.

망을 확장함으로써 우리는 이미 알고 점유하는 용도유형들을 새롭게 보게 된다. 우리는 그것들이 우리가 행하고 믿는 것, 곧 우리 자체를 형성하는 데 얼마나 깊이 관련되는지 인식하기 시작한다. 그리고 우리는 무엇이 되고 싶은지 묻기 시작한다.

---

* 내가 가르치는 유토피아 건축에 대한 수업에서 학생들은 존재하지 않는 장소를 상상하고 그 장소에서 연상되는 경험 · 활동 · 의미에 대해 이야기를 쓰고 이미지를 그린다. 그렇게 함으로써 그들은 다른 세계 및 현 세계에 대한 자신의 소망과 공포를 발견한다. 다른 수업에서는 학생들이 자신의 구상에 따라 의식(儀式)과 공간을 고안한다. 그렇게 함으로써 우리의 현재 생활방식에서 놓치고 있는 것과 현재와 다른 방식으로 생활할 수 있는 것들이 드러난다.

역자 주

1) 이슬람사원인 모스크의 사방에 세워지는 첨탑.
2) 베를린 등 서양의 도시에서 흔히 볼 수 있는 주거형식으로 커다란 중정의 주위로 주거건물을 배치하여 장방형의 블록을 구성하는 형식이다.
3) 이 글의 필자인 프랭크 교수는 번역자에게, 미국에서는 맨해튼 등 일부 대도시를 제외하고는 고층아파트에 서민층이 거주하고 있으며 대체로 부정적인 이미지를 가지고 있다고 말했다. 이는 고층아파트가 중산층 이상의 고급주거로 자리 잡은 우리나라의 경우와 상반되는 것으로, 여기서 의미 속성이 문화적으로 결정되는 경향이 있음을 알 수 있다.
4) 바실리카(*Basilica*)는 본래 로마건축에서 공공건물로 쓰인 긴 장방형의 건물유형이다. 이것이 초기 기독교건축에서 교회건물 형식으로 채용되어 발전하게 되며 고딕성당으로 완성된다.
5) 간략하게 그려 넣을 수 있다는 의미. 매핑에 대해서 "옮긴이 해제" 참조.
6) 현실의 번잡함과 문제로부터 조용히 물러나서 생활하는 것을 말한다.
7) 미국의 경우, 성장한 자식들이 모두 분가해 나가면 그 집에는 노부부만이 남게 되므로 빈방이 생기게 된다. 이때 노인들은 그 빈 방에 독립된 취사설비를 해서 타인에게 임대한다. 이렇게 함으로써 노인들의 소득증가와 아울러 주택관리비가 경감되는 효과가 있으며, 임대하는 노인이나 입주자 모두에게 친구가 생기게 되므로 고독을 해소할 수 있다. 아울러 만일 자신의 주택을 이와 같이 개조해서 자식과 같이 살게 될 경우는 부모와 자식 간에 사생활을 보호하면서도 상호 원조가 가능하다는 장점이 생기게 된다. 이러한 이유로 넓은 집의 경우는 2~4가구가 입주할 수 있도록 주택을 개조하기도 한다. 이러한 주택을 통칭 액세서리 아파트라고 한다.
8) 미취학 아동, 고령자, 신체장애인 등을 가족 대신에 전문적 훈련을 받은 직원이 주간에만 돌보는 활동을 말한다.
9) 〈베트남전 참전 기념비〉(*Vietnam Veterans Memorial*)는 1982년 워싱턴(Washington D. C.)에 건립되었다. 마야 잉 린(Maya Ying Lin)이 21세라는 약관의 나이에 디자인한 작품이다. 작품은 인도산 화강석으로 마감된 벽의 형상을 하고 있는데, 150.4미터에 달하는 벽에는 베트남전에서 전사하거나 실종된 군인들의 이름이 새겨져 있다.

베트남전 참전 기념비

10) 1876~90년 미군이 인디언을 학살한 사건을 말한다.
11) 인디언을 공격한 지휘관의 이름임.
12) 1960년대에 덴마크에서 시작된 공동의 주거형태로, 시설을 공유하며 생활도 공유하는 주택을 말한다.
13) 베드타운의 기능에서 소매·금융·위락 기능이 있는 중심지로 변화하는 교외 지역을 말한다.
14) 두 말이 비슷해서 혼용이 되기도 하지만, 여기서 보전(保全, *conservation*)과 보존(保存, *preservation*)은 서로 다른 의미로 사용되었다. 이럴 경우 일반적으로, 전자가 원형의 근간을 유지하며 새로운 조건에 맞게 다소의 변경을 수용하며 유지·관리해 나가는 것을 말하는 반면, 후자는 원형을 그대로 유지하는 것을 말한다.
15) 대형 휴양전문 기업.
16) 바타유(Georges Bataille, 1897~1962)는 프랑스의 작가·사상가로 《안구담》(眼球譚, 1928) 등의 저서가 있다.
17) 자연요소를 비롯해서 인간을 쾌적하게 해주는 요소.
18) 실종 군인.
19) 현재 컬럼비아대학 건축학과 교수로 있는 추미가 설계한 라빌레트 공원은 특별한 기능을 가지지 않으면서 공원 전체에 질서를 부여하는 이른바 폴리(*folie*, 프랑스어로 비정상적인 것을 가리킴)를 일정한 간격으로 배치한 것이 큰 특징이다. 다음 쪽의 사진에서 점으로 표현된 것이 폴리의 위치다.

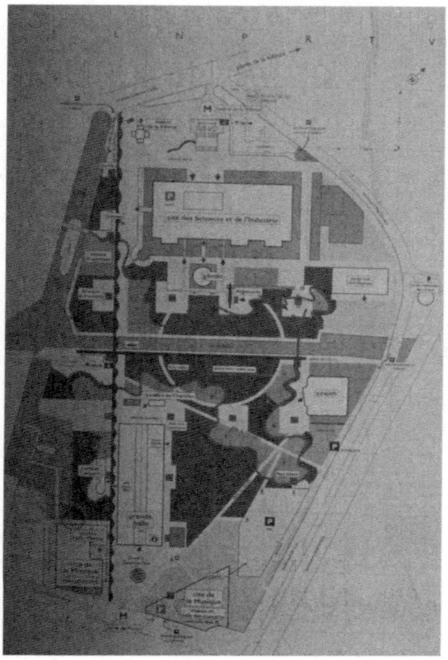

라빌레트 공원

유형학의 역사와 개념

19세기 초 프랑스 에콜 데 폴리테크니크의 교수였던 뒤랑(J. N. L. Durand)으로 거슬러 올라가는 유형학은 1940년대에 와서 이탈리아의 사베리오 무라토리(Saverio Muratori, 1910~1973)를 비조(鼻祖)로 하는 무라토리 학파에 의해 큰 연구의 흐름을 이루었다. 그 뒤 미국에서는 시애틀의 워싱턴대학교와 버펄로의 뉴욕주립대학교에서 집중적으로 연구되고 있다. 이 책은 후자에 속하는 연구자들을 중심으로 여러 대학과 연구기관에서 연구와 창작 활동을 하고 있는 전문가들이 집필한 이론서다.

이 책은 뉴저지공대의 캐런 프랭크(Karen A. Franck) 교수와 뉴욕주립대학교의 린다 쉬니클로스(Lynda H. Schneekloth) 교수가 자신들을 포함해 다양한 배경과 관점을 가지고 유형학을 연구하고 적용해온 18명의 필자들로부터 글을 받고 이들 필진의 상호 토론을 거쳐서 완성되었다. 이 책을 이루는 총 19장의 글들은 다음과 같이 6개의 부로 나뉘어 배치되었다.

"제 1부 종(*species*)의 유형화"에서는 유형과 유형화가 세계에 대한 경험의 기원이며 경험을 이해하는 방법임을 논하며, "제 2부 유형의 정착"에서는 유형과 유형화가 잘 변하지 않는 방식으로 세계를 질서화하고, 표상한다는 사실을 논한다. "제 3부 유형의 타협"에서는 유형과 유형화가 유동적이고 변화하는 것임을 논하며, “제 4부 유형을 통한 유희”에서는 유형과 유형화가 디자인에 느슨하고 직관적인 방식으로 사용됨을 논한다. 그리고 “제 5부 학문에서의 유형”에서는 유형과 유형화가 대상을 이해하고 분석하기 위해서 의식적으로 정확하게 사용되고 있음을 논한다. 마지막으로 “제 6부 유형과 사회적 실천”에서는 사회적 실천의 형태인 유형이 사회의 지배적인 가치와 이해관계를 심화시킴을 논한다.

이 책의 미덕은 가장 이론적인 논문에서 가장 적용성이 큰 사례연구에 이르기까지, 가장 철학적이고 추상적인 내용에서 가장 현실적이고 구체적인 내용에 이르기까지 논의의 스펙트럼이 매우 넓다는 데 있다. 독자들은 이 책을 통해 유형이 지적인 삶에서 차지하는 중요성과 실로 다양한 분야에 다양한 방식으로 활용될 수 있다는 것을 알게 될 것이다. 그러나 많은 필자들이 다양한 시각에서 논지를 전개함에 따라서 읽는 사람의 입장에서는 이 책을 읽으며 머리가 복잡해지기 십상이다. 따라서 이 책의 제목도 직역하면 《공간의 질서화》(*Ordering Space*) 지만, 옮긴이로서 이 책의 내용을 질서화할 필요를 느낀다. 이를 위해 유형 및 유형학의 정의와 역사를 살펴보고, 이 책에서 논의된 다양한 유형의 유형들을 정리해본다. 마지막으로 이 책에서 사용된 몇 가지 개념어를 번역과 관련하여 풀어 설명하기로 한다.

유형 · 유형학의 정의와 역사

사전적 정의

유형 (*type*) 은 그리스어의 ‘때리다’ (*to beat*) 라는 동사에서 나온 말로, 인상 또는 틀 (*impression*), 형상 (*figure*) 과 관련되는 의미를 갖는다. 유형의 사전적 정의를 살펴보면, 《옥스퍼드 영어사전》(*Oxford English Dictionary*, 1989)에서 유형은 "어떤 대상을 상징화하거나 형상화하는 것, 상징적 의미를 지닌 것"이라고 정의되어 있다. 《웹스터 사전》(*Webster's New Collegiate Dictionary*, 1986)에서는 유형이 "다수의 개체들에 공통적인 특성으로, 그것들을 확인할 수 있는 계층(종류)으로 구별해 주는 것"으로 정의되어 있다.

유형학(*typology*)은 유형을 사용한 이론 혹은 방법론을 말한다. 그것은 유형의 개념적 측면, 곧 유형을 기술(*description*)하고, 설명하고, 규정(*prescription*)하는 데 사용되는 지적 구성으로 보는 관점과 관련된다. 그러나 이 책의 곳곳에서 보듯이, 유형학이라는 용어가 단지 유형의 동의어로 쓰이거나 유형의 집합, 또는 유형을 중심으로 한 과정(*process*)을 의미하기도 한다.

이 밖에도 이 책에서는 유형형태학이라는 용어가 다루어진다. 유형학과 형태학을 결합한 도시의 물리적·공간적 구조를 밝히는 것을 목적으로 하는 유형형태학은 건물과 오픈스페이스에 대한 상세한 유형(유형학)적 분류에 바탕을 두고 도시형태(형태학)를 기술하는 연구를 말한다. 지난 세기 이탈리아의 무라토리 학파, 영국의 콘젠 학파, 그리고 프랑스의 베르사유 학파는 조금씩 다른 입장에서 유형형태학을 발전시켜 전 세계의 많은 건축·도시 연구자들과 건축가들에게 영향을 주었는데, 이에 대해서는 안느 베르네 무동이 이 책의 16장에서 상세히 논하고 있다.

여러 이론가들의 정의

이 책에서 빈번하게 인용된 학자들과 건축가들을 비롯해 여러 이론가들이 유형을 정의한 내용을 정리해보면 유형의 개념과 그 논의의 지평을 이해하는 데 도움이 될 것이다.

• **카트르메르 드 캥시**(Quatremère de Quincy, 1755~1849)
유형은 건축을 과거와 연결시키고 그것이 일정한 체계를 지니게 함으로써 최초의 불변성을 의미하는 개념이다.

• **오스발트 마티아스 웅거스**(Oswald Mathias Ungers, 1927~2007)
건축이란 무엇을 발명하는 것이 아니라 발견하는 것으로, 이미 오래전부터 알려진 개념을 끊임없이 새롭게 해석함으로써 세상을 다른 눈으로 보고 새롭게 경험하고 재발견하여 새로운 내용으로 채우는 것을 의미한다.

• **하브라켄**(N. J. Habraken, 1928~)
유형은 공유되는 지식의 총체다. 유형의 개념은 분류의 수단을 훨씬 넘는 것이며, 한 형태의 역사적 기원을 나타내는 방법 이상의 무엇이다. 그것은 사회 조직체 안에서 존재하는 복합적 형태다. 곧 유형은 공통의 경험에 의해 집단에 익숙한 지식이다. 유형은 사회와 그 문화와 함께 나타나고 사라진다. 그것은 넓은 범위에서 문화다.

• **알도 로시**(Aldo Rossi, 1931~1997)
유형의 개념은 영속적이고 복합적인 것으로, 형태에 선행하며 그 형태를 구성하는 논리적 원리다. 유형은 건축의 본질에 매우 근접해 있는 건축의 개념으로, 그 모든 변화에도 불구하고 건축과 도시의 원칙으로서 언제나 '감정과 이성'과 함께해 온 것이다.

• **호세 라파엘 모네오**(José Raphael Moneo, 1937~)

유형이란 건축가가 작품을 시작하는 최초의 출발점이다.

• **앨런 콜쿠혼**(Alan Colquhoun)

건물유형학은 시간의 흐름 속에서 인간 행위를 보호하는, 적절한 형태를 만드는 데 기여하여 온 사회 · 공간적 쉐마(*schemata*) 다.

위에서 살펴보았듯이 현대의 건축과 도시 연구에서 유형은 다양하게 정의되고 있으며, 그에 대한 핵심적 정의는 없다고 할 수 있다. 유형에 대한 정의의 이러한 느슨함 또는 다면성은 유형의 연구와 활용에 융통성과 가능성을 부여하기도 하며 반대로 그것을 어렵게 만들기도 한다. 그러나 다양한 정의들로부터 유형에 대한 일반적 개념을 추출해보면, 유형은 환경을 구성하는 장소와 공간의 범주(계층), 한 종류의 사물의 구성 · 이미지 · 종류를 이해하는 단서가 되는 본질 또는 원형(原形)이라고 요약할 수 있다.

유형학의 역사

18세기에 와서 건축분야에서 의식적 · 경험적 분류가 채택되기 시작한다. 1771년 블롱델(Blondel) 은 당시의 주요 건물유형과 프로그램을 열거했다. 이어서 1801년 뒤랑(Durand) 은 장르(*genre*), 종(*species*) 이라는 용어를 사용해 건물을 분류하는 기술적(*descriptive*) 기하학 기법을 발전시켰다. 뒤랑은 '유형'(*type*) 이라는 용어를 사용하지는 않았지만 건물과 그 기능의 범주를 분류하였으므로, 유형학이 그로부터 시작되었다고 보는 것이 여러 연구자들의 일반적인 견해다. 그는 건물유형의 기술적 분류에서 나아가 그것들의 유사성과 상이성을 분석함으로써, 유형을 분석의 수단으로 사용하는 가능성을 제시하고 나아가 설계 탐구에 활용하는 길을 열었다고 평가된다.

현대 건축가들은 기존 건물들을 이해하고, 비교하고, 미래의 건물을 설계하기 위해, 그리고 건물과 정주지 유형들의 시간적 변화와 연속성을 이해하기 위하여 유형학적 분석을 한다. 오늘날의 건축가들은 특히 근대건축에 대한 비판적 개념으로 유형학을 사용하는 경향이 있다. 이러한 대표적인 건축가가 이탈리아의 알도 로시(Aldo Rossi)다. 그는 자신의 이론과 실무를 통해 유형학을 건축의 분석과 설계에 적용할 수 있는 가능성을 보여주었으며, 자신의 이론을 정리한 책 《도시의 건축》(*The Architecture of the City*)으로 유형학의 확산에 크게 기여했다. 특히 그는 건물과 도시구역의 척도(*scale*) 사이의 간극을 잇는 데 유형의 개념을 사용해 도시와 건축에 통합적으로 접근하는 방법론을 실천적으로 보여주었다.

다양한 유형들

이 책에는 그야말로 모든 종류의 유형들이 나온다. 이 책의 필자들이 보는 유형에 대한 관점은 분류를 위한 유형, 정신적 개념으로서의 유형, 그리고 설계 실무 방법론으로서의 유형으로 나누어 볼 수 있다.

대상물의 분류를 위해 사용하는 유형으로 이 책에서 설명되는 것들은 건물유형, 주택유형, 주거유형을 비롯해 농장유형, 가로유형, 장소유형, 정주지유형, 도시유형, 경관유형, 환경유형(*setting type*), 가구유형(*household type*), 가족유형 등이다. 단데카가 쓴 “5장 미국 중서부의 농장유형: 정부 정책의 반영”에서는 농장유형이, 리츠도프가 쓴 “6장 지역지구제를 통한 미국 지역사회의 가족유형 규제”에서는 가족유형이 중심적인 주제다. 그리고 주거유형과 도시유형은 킹(King)이 쓴 “7장 용어와 유형: 주거유형과 도시유형의 이해”에서 집중적으로 논의된다.

정신적 개념으로서의 유형은 이 책에서 원형(*archetype*), 전형(*prototype*), 정형(*stereotype*), 이상형, 물질유형, 심상유형, 개념유형, 형태유형, 용도(기능)유형, 기초유형(*basic type*), 분류유형(*classificatory type*) 등으로 다양하게 제시되고 논의된다. 이 중에서 원형은 이 책의 전반에서 다루어지는 매우 중요한 개념으로, 특히 브릴(Brill)이 쓴 “3장 장소 만들기를 위한 ‘생래적 언어’로서의 원형”에서 심도 있게 논의된다. 원형의 개념에 대해서는 아래에서 별도로 정리하기로 한다.

물질유형 · 심상유형 · 개념유형에 대해서는 이 책의 편집자이기도 한 린다 쉬니클로스와 캐런 프랭크가 “1장 유형: 구속인가 희망인가”에서 상세히 논한다. 그들은 유형에 물질적 · 심상적 · 개념적 측면이 있다고 말하며, 이 세 측면의 차이와 관계에 대해 상세히 설명한다. 우리의 일반 사회는 물론 학계에서도 유형을 주로 물질적 측면에서 생각하는 경향이 있다. 이는 우리 사회의 물질중심주의를 반영하는 것이라고 생각한다. 그러나 우리 사회가 점차 삶의 질을 중시하고 다양화하면서 유형의 심상적 · 개념적 측면이 탐구될 필요성이 커지고 있다. 최근 우리 사회는 아파트로 대변되는 획일적이고 딱딱한 삶의 공간에서 벗어나려는 욕구를 표출하고 있다. 반세기 이상 잊고 있었던 한옥에 대한 폭발적인 관심이 그것을 말해준다. 그러나 우리는 아직 바람직한 공간유형과 장소유형에 대한 그림을 마음에 품고 있지 못하다. 나는 무엇보다도 우리의 역사에서 인간적인 삶의 공간에 대한 심상유형의 선례를 찾을 것으로 기대하며 그런 탐구를 진행하고 있다.

형태유형과 용도유형에 대해서는 캐런 프랭크가 "19장 유형은 우리다"에서 그것들의 관계를 중심으로 상세히 논한다. 그리고 기초유형과 분류유형은 줄리아 로빈슨이 "10장 유형이라는 질문"에서 사용한 용어인데, 전자는 문화의 모든 구성원들이 일상대화에서 사용하는 유형이고, 후자는 전문가가 건물에서 형태 등의 차이를 묘사하기 위해 사용하는 유형을 말한다. 일반인과 전문가 사이의 원활한 의사소통은 설계과정의 난제인데, 이 두 유형의 개념과 상호관계에 대한 이해는 그런 문제를 푸는 데 도움이 될 것이다.

마지막으로, 이 책에서는 방법론으로서의 유형도 다루어진다. "9장 건축 실무에서의 유형학적 사고"에서 마틴 심즈는 사례연구를 바탕으로 설계 접근방법 유형이 공간유형 및 기능 유형학과 함께 설계과정에 어떠한 영향을 주는지 예시한다. 특히 건축가들에게 도움이 되는 내용이다.

몇 가지 개념어들

원형 原型, archetype

3장에서 브릴은 원형을 "형태와 의미가 결합된 마음속의 형판(*template*)"이라고 정의한다. 원형은 이 책에서 다루어지는 가장 중요한 개념어라고 할 수 있으므로 이 책에서도 언급된 몇몇 학자들의 견해를 중심으로 원형의 개념을 좀더 살펴보기로 한다.

원형의 개념은 '관념'의 기원이라는 문제에 연관되며, 서양 철학에서는 그 뿌리를 플라톤에게서 찾을 수 있다. 플라톤에게 이데아 혹은 형상은 가지적인 모델이며, 물질적인 존재는 그것의 불완전한 복사물일 뿐이다. 외관을 넘어설 수 있는 정신만이 실재의 유형에 접근한다. 로크(John Locke)는 관념은 감각에서 온다고 보고 원형이라는 개념을 감각에서 직접 유래한 관념을 가리키기 위해 사용했다. 반면 콩디악(Étienne Bonnot de Condillac)은 원형이라는 개념에서 선택과 자유의 관념을 발견한다. 원형의 개념은 외부 사물을 관찰하고 그 성질이 일정하다는 것을 확인하고 예를 축적하는 일에서만 발견되는 것은 아니다. 그것은 우리가 미리 그 존재를 확인하지 않은 조합들에 의해 형성된 복합적인 관념이다. 그래서 정의의 개념 또는 예술에 적용되는 개념들이 존재한다. 콩디악에 따르면, "예술의 모델은 더 이상 최초의 발명가들의 정신 바깥에서는 발견되지 않는다."

정신분석학자인 융(Carl Gustav Jung)은 모든 개인의 집단 무의식 속에 존재하는 경험으로부터 획득되어 전승되는 기억을 원형이라고 정의한다. 그에 따르면, 원형은 합리적인 사유의 구성물이 아니다. 원형은 인류의 과거 경험에서 나온, 집단 무의식에 속하는 하나의 이미지다. 꿈으로서의 신화는 이 고대의 이미지들을 드러낸다. 그러나 프로이트는 이 개념의 타당성을 부정한다. 그는 신화가 거세의 환영처럼 보편적 환영을 상징적으로 표현할 수 있다고 본다. 그러나 이미지 자체는 유전적인 상속물이 아니라는 것이다.

바슐라르(Gaston Bachelard)는 상상적인 것을 다룬 저작들 속에서 융의 정신분석학을 원용했다. 예를 들어 《불의 정신분석》은 불의 관조에 의해 고무된 꿈들에 관련된 문학적 · 신화적 형태를 연구한 것이다. 바슐라르는 《몽상의 시학》에서 원형을 '세계를 믿고, 세계를 사랑하고, 우리들의 세계를 창조하는 데 우리들을 도와주는 저장된 열광'이라고 했다. 그는 원형이 상상력의 궁극성일 뿐 아니라 상상력과 대상을 하나로 묶는 역할을 하는 것이라고 보았다.

한편 건축 역사가이자 이론가인 노르베르그 슐츠(Christian Norberg-Schulz, 1926~2000)는 "원형이란 일반적 타당성을 가지고 있어서 역사를 통해 지속되는 유형이다"라고 말한다.

질서화 ordering

이 책의 제목을 이루는 용어이기도 한 'ordering'을 문맥에 따라 정확하게 파악하는 것은 이 책의 내용을 이해하는 데 중요하다. 이 책에는 'ordering'과 유사한 용어로 '범주화'(*categorizing*), '집단화'(*grouping*), '구조화'(*structuring*), '분리'(*separating*), '체계화'(*systematizing*) 등 다양한 용어가 사용되어 그것들 사이를 구분하는 것이 필요하다. 이 용어의 번역에 대해 번역자가 이 책의 편집자 중 한 사람인 캐런 프랭크 교수와 나눈 토론을 요약하면 다음과 같다.

"'ordering'은 '범주화'(*categorizing*)보다 일반적이고 포괄적인 용어다. 다시 말해 범주화는 ordering의 한 종류로 생각할 수 있다. ordering은 혼돈을 피하기 위해 가지런히 정리하는 것을 뜻하는데, 정리(*arranging*)란 어떤 사물이나 장소에 대해 다른 사물이나 장소와 관련지어 결정하는 것을 포함한다. 구조화란 이보다도 더 일반적이고 포괄적인 용어이다. 그것은 모든 종류의 구성 패턴을 지칭할 수 있다.

이 책에서 'ordering space'는 '공간을 장소의 유형들로 정리하는 것'을 뜻한다. 이런 유형들은 우리가 만든 사회적 구성물로서, 우리는 세계를 이해하고 그것에 대해 이야기하기 위해서뿐만 아니라(인식의 차원) 그 안에서 설계하고 건설하고 규제하고 행동하기 위해서 유형들을 사용한다."

이러한 토론을 통해 ordering은 범주화 · 집단화 · 구조화 · 분리 · 체계화 등과 달리 '유형화를 통해 질서를 부여하는' 의미로 사용된 용어임을 알 수 있다. 따라서 이 책의 본문에서는 'ordering'을 '질서화'로, 'ordering space'를 '공간의 유형화'로 옮기고 필요한 곳에서는 영문을 병기했다.

실 천 practice

이 책에서 'practice'는 지식 또는 유형화(*typing*)의 대응어로 사용되는데, spatial practice, social practice, intellectual practice, architectural practice 등 여러 측면에서 논의되고 있다. 'spatial practice'는 공간이나 장소와 관련된 활동, 또는 공간이나 장소를 이용하는 방식을 뜻한다. 1장에서 쉬니클로스와 프랭크는 그것을 다음과 같이 정의한다. "작물을 재배하고, 산책하고, 신을 경배하는 것과 같은 행위를 추구하는 것뿐만 아니라 그렇게 하는 방식을 말한다. 그것에는 행위자, 공간에서 활동과 상호작용의 특수한 패턴, 사용된 물건, 시간 등이 포함된다." 따라서 그것은 '공간이용방식'이라고 번역될 수도 있겠다. 그 밖의 경우 practice는 대체로 '활동'의 의미를 갖는다.

한편, 철학에서 practice는 '실천'으로 번역되는데, 맑스와 엥겔스에 의하면 그것은 사회학적으로 통합된 인간이 자신의 자연적 · 사회적 환경을 변화시키기 위하여 행하는 '대상적 활동'이며 '일체의 행동'이라고 정의된다. 이 책에서 다각적으로 논의된 practice는, 물론 온전히 일치하는 것은 아니나, 그러한 철학적 개념과 개념적으로는 관련된다. 따라서 이 책에서 사용된 여러 측면의 practice를 일관성 있게 번역하기 위해 '실천'으로 옮겼다. 곧, spatial · social · intellectual practice는 각각 '공간적 실천', '사회적 실천', '지적 실천'으로 번역했다. 다만, 'architectural practice'는 건축계에서 관례적으로 쓰이는 '건축 실무'라는 용어로 옮겼다.

매 핑

번역과정에서 나는 이 책의 공동 편집자인 캐런 프랭크 교수와 이 용어의 의미에 대해 토론했다. 나는 지도(*map*)에서 연상되듯이 매핑이 '세계를 드러내 주는 것'과 관련이 있는가라는 요지의 의문을 제기했고, 이에 대해 프랭크 교수는 역시 지도를 예시하면서 매핑이라는 단어를 사용한 의도를 다음과 같이 설명했다.

"매핑은 한 마디로 세계를 표상(*representation*)하는 것이다. 매핑은 마치 우리가 지하철을 탈 때나 도시를 돌아다닐 때 매일 사용하는 지도처럼, '실제로' 존재하는 모든 것들이 가진 밀도와 복잡함(그리고 혼동)을 어떤 종류의 구조나 체계로 단순화, 추상화시켜 준다. 그런 구조나 체계가 있어 우리는 올바른 지하철을 찾고 올바른 주소를 찾는 것과 같은 특정한 일을 할 수 있게 된다. 따라서 매핑은 특정한 활동을 하는 데 인지적인 도움을 준다.

매핑이 '세계를 드러내는 것'을 의미하지는 않는다. 오히려 그것은 세계로부터의 정보나 자료를 사용하여 세계의 표상을 구축하는 것이다. 물론 매핑이 (또는 지도가) 유용하려면 그것이 세계를 정확히 표상해야 한다. 그러나 그것이 유용하려면 그것은 좀더 추상적인 것이어야 한다.

세계 자체보다는 단순해야 한다는 뜻이다. 그래서 매핑은 실제로부터 몇 발자국 떨어져 있는 것이다. 실제의 장소와 비교할 때 그것을 나타내는 지도가 얼마나 더 깔끔하고 단정한가 생각해보라.

물론 '세계를 매핑한다는 것'은 이로부터 한 걸음 더 나아간다. 그것은 우리가 세계를 반드시 추상적으로 표상하고 그 표상을 다시 세계에 적용하는 것을 의미한다. 매핑이란 맵과 그 구조를 세계의 복잡함과 어지러움 위에 놓고 이 구조를 사용하여 어떤 활동을 하는 것이다. 예를 들어 우리는 토지이용구역을 지정하고 R1구역에서는 이런 종류의 주거만 지을 수 있고 M구역에서는 제조업이 허용된다고 말한다. 그리고 역사지구에서는 역사보존위원회의 허가를 얻어서 어떤 종류의 개조만 가능하다고 한다. 이런 모든 지정 행위는 세계와 관련된 사회적 구성 활동이다. 그러나 더 중요한 것은, 그것이 세계로부터 어떤 특징들을 취하여 맵으로 만들고, 그것을 이용하여 어떤 활동을 결정한다는 것이다."

이 책은 건축을 비롯해 다양한 분야에서 삶의 환경을 다루는 전문가들에게 직접적으로 도움을 주는 풍부한 내용을 담고 있다. 그런데 그런 전문가들은 자신들의 노력으로 과연 사회와 개인의 삶을 얼마나 좋게 바꿀 수 있는지 의문을 가질 때가 있다. 나 자신도 사실 건축은 권력과 자본의 시녀라는 극단적인 생각으로 때로 좌절감을 느낀다. 그러나 이 책을 번역하면서 여기서 논하는 넓고 개방적인 유형의 개념이 사회의 혁신과 진보를 가져오는 도구가 될 수 있다는 생각을 갖게 되었다. 우리가 마음속에 가지고 있는 심상유형을, 그리고 매일 경험하는 물질유형을 비판적으로 분석함으로써 우리 사회의 권위주의, 비합리성, 상업주의를 비판하고 그 대안을 모색할 수 있다고 본다.

캐런 프랭크는 이 책의 마지막 장인 19장에서 "우리가 현행의 용도유형으로 뒷받침되는 사회적 행동과 믿음의 주된 패턴을 변화시키길 바란다면, 유형을 변화시켜야 한다"고 말한다. 이런 면에서 유형은, 그리고 그것을 선용하는 건축은 메마르고 차가운 사회를 더불어 살 만한 곳으로 바꾸는 데 직접적으로 기여할 수 있을 것으로 믿는다. "좀더 사회적으로 정당하고, 생태적으로 건전하고, 삶을 고양시키는" 삶의 환경을 만들려는 학문적 · 실천적 노력에 이 책이 도움이 되기를 바란다.

제11장

Brown, Patricia Leigh. 1993. The architecture of those called homeless. *New York Times*, 28 March.

Egudu, Romanus N. 1977. *Four Modern West African Poets*. New York: Nok Publishers.

Gayle, Margot and Edmund Gillan, Jr. 1974. *Cast Iron Architecture*. New York: Dover Publications.

Giovannini, Joseph. 1988. Breaking all the rules. *New York Times Magazine*, 12 June.

Johnson, Philip and Mark Wigley. 1988. *Deconstructivist Architecture*. New York: Museum of Modem Art.

Mumford, Lewis. 1961. *The City in History*. New York: Harcourt, Brace & World.

Muschamp, Herbert. 1993. Shaping a monument to memory. *New York Times*, 11 April.

Myers, Mary, and Suzanne Boorsch. 1971. Grand occasions. *The Metropolitan Museum of Art Bulletin* (29) 5: 236~43.

Sennett, Richard. 1990. *The Conscience of the Eye: The Design and Social Life of Cities*. New York: Norton.

Tiwari, Sundarshan Raj. 1989. *Tiered Temples of Nepal*. Kathmandu: Mrs. Sunita Tiwari. Von Eckardt, Wolf. 1967. Crisis in Cities. New

York: Delacorte.

제12장

Alexander, C., S. Ishikawa, and M. Silverstein. 1977. *A Pattern Language: Towns, Buildings, Construction*. New York: Oxford University Press.

Baudrillard, J. 1981. Design environment or how political economy escalates into cyberblitz. In *For a Critique of the Political Economy of the Sign*, translated by C. Levin, 185~203. St. Louis, Mo.: Telos Press.

______. 1993. *The Transparency of Evil: Essays on Extreme Phenomena*. Translated by J. Benedict. New York: Verso.

Bernasconi, R. 1992. No more stories, good or bad: de Man's criticisms of Derrida on Rousseau. In *Derrida: A Critical Reader*, ed. D. Wood. Cambridge: Blackwell.

Bhabha, H. K. 1990. *Nation and Narration*. New York: Routledge.

Colquhoun, A. [1967] 1986a. Typology and design method. In *Essays in Architectural Criticism: Modern Architecture and Historical Change*, 43~50. Cambridge, Mass.: MIT Press.

______. 1986b [1978]. Form and figure. In *Essays in Architectural Criticism: Modern Architecture and Historical Change*, 190~202. Cambridge, Mass.: MIT Press.

Derrida, J. 1988. *The Ear of the Other*. Edited by C. McDonald and translated by P. Kamuf. Lincoln, Neb.: University of Nebraska Press.

Editors. 1985. Editorial: autonomous architecture. *The Harvard Architecture Review* 3 (Winter): 6~12.

Eisenman, P. 1975a. Cardboard architecture: House I. In *Five Architects*, 15~23. New York: Oxford University Press.

______. 1975b. Cardboard architecture: House II. In *Five Architects*, 25

~37. New York: Oxford University Press.

______. 1982. Editor's Introduction. In *The Architecture of the City* by Aldo Rossi. Translated by D. Ghirardo and J. Ockman. Cambridge, Mass.: MIT Press.

______. 1987. Interview by author, 3 April, Columbus, Ohio.

Ellul, J. 1964. *The Technological Society.* New York: Vintage Books.

Filler, M. 1980. Rossi secco and Rossi dolce. Art in *America* (March): 100~106.

Goodwin, B. 1980. Architecture of the id. *Architecture + Urbanism* (June): 112~24.

Greenberg, C. 1973. Modernist painting. In *The New Art*, rev. ed., ed. G. Battcock, 66~77. New York: Dutton.

Heidegger, M. 1975. Building dwelling thinking. In *Poetry, Language, Thought*, 145~61. New York: Harper & Row.

Herdeg, K. 1983. *Decorated Diagram: Harvard Architecture and the Failure of the Bauhaus Legacy.* Cambridge, Mass.: MIT Press.

Hollier, D. 1989. *Against Architecture: The Writings of Georges Bataille.* Translated by B. Wing. Cambridge, Mass.: MIT Press.

Knesl, J. 1988. Postclassical Poesis. *Pratt journal of Architecture* 2 (Spring): 163~75.

Kurzweil, E. 1980. *The Age of Structuralism: Levi-Strauss to Foucault.* New York: Columbia University Press.

Lacan, J. 1981. *The Four Fundamental Concepts of Psycho-Analysis.* Edited by J.-A. Miller and translated by A. Sheridan. New York: Norton.

La Marche, J. 1992. The desire of our eyes. *Person-Environment Theory Series* 16. Berkeley, Calif.: University of California.

______. 1993. Self and surface: the mirror of architecture. *Person-Environment Theory Series.* Berkeley, Calif.: University of California.

Levin, C. 1981. Translator's Introduction. In *For a Critique of the Political Economy of the Sign* by Jean Baudrillard. St. Louis, Mo.: Telos Press.

Libeskind, D. 1980. "Deus ex machina"/"machina ex deo": Aldo Rossi's theater of the world. *Oppositions* 21 (Summer): 2~23.

Lyotard, J-F. 1991. *The Inhuman: Reflections on Time*. Translated by G. Bennington and R. Bowlby. Stanford, Calif.: Stanford University Press.

Moneo, R. 1976. Aldo Rossi: the idea of architecture and the Modena Cemetery. *Oppositions* 5 (Summer): 1~34.

______. 1978. On typology. *Oppositions* 13 (Summer): 22~45.

Panofsky, E. 1991. *Perspective as Symbolic Form*. New York: Zone Books.

Popper, K. 1957. *The Poverty of Historicism*. London: Routledge & Kegan Paul.

Rossi, Aldo. 1976. The blue of the sky. *Oppositions* 5 (Summer): 31~4.

______. 1981. *A Scientific Autobiography*. Translated by L. Venuti. Cambridge, Mass.: MIT Press.

______. 1982 〔1967〕. *The Architecture of the City*. Translated by D. Ghirardo and J. Ockman. Cambridge, Mass.: MIT Press.

______. 1988. Architetture Padane. *Pratt journal of Architecture* 2 (Spring): 40~43.

Shane, G. 1976. Contextualism. *Architectural Design* 11: 676~9.

Tschumi, B. 1983. Spaces and events. *Themes* 3: 6~11.

Vidler, A. 1976. The third typology. *Oppositions* 7: 1~4.

______. 1977. The idea of type: the transformation of the academic ideal, 1750~1830. *Oppositions* 8: 95~115.

Wölfflin, H. 1950. *Principles of Art History: The Problem of the Development of Style in Later Art*. New York: Dover Publications.

Young, J. E. 1992. The counter-monument: memory against itself in Germany today. *Critical Inquiry* 18 (2): 267~96.

제13장

Ahsen, A. 1982. Principles of imagery in art and literature. *The Journal of Mental Imagery* 6: 213~50.

Alexander, C. 1971. *Notes on the Synthesis of Form.* Cambridge, Mass. : Harvard University Press.

Antrobus, J. S. 1968. Information theory and stimulus-independent thought. *British Journal of Psychology* 59: 423~30.

Bachelard, G. 1964. *The Poetics of Space.* Boston: Beacon.

Black, M. 1962. *Models & Metaphors: Studies in Language and Philosophy.* Ithaca, N.Y. : Cornell University Press.

Bower, G. H., J. B. Black, and T. J. Turner. 1979. Scripts in memory for text. *Cognitive Psychology* 11: 177~220.

Caplan, F. and T. Caplan. 1973. *The Power of Play.* New York: Doubleday.

City of Phoenix. 1985. *The Municipal Center Building Design Competition.* Transcript. Phoenix, Ariz.

Copleston, F. 1974. *The History of Philosophy: Volume IX.* Garden City, N.Y. : Image Books.

Cross, N. 1977. *The Automated Architect.* London: Pion.

Darke, J. 1978. The primary generator and the design process. In *Proceedings: EDRA 9.* Tucson: University of Arizona.

Downing, F. 1992a. The role of place and event imagery in the act of design. *Journal of Architectural and Planning Research* 9 (I) : 64~80.

______. 1992b. Conversations in imagery. *Design Studies* 13 (3) : 291~319.

______. 1992c. Image banks: Dialogues between the past and the future. *Environment and Behavior* 24 (4) : 441~69.

Edelman, G. M. 1992. *Bright Air, Brilliant Fire.* New York: Basic Books.

Fink, R. S. 1976. The role of imaginative play in cognitive development. *Psychological Reports* 39: 895~906.

Ghiselin, B. 1952. *The Creative Process.* New York: New American Library.

Glassie, H. 1975. *Folk Housing in Middle Virginia.* Knoxville: University of Tennessee Press.

Golomb, C. and C. B. Cornelius. 1977. Symbolic play and its cognitive significance. *Developmental Psychology* 13: 246~52.

Gordon, R. 1972. A very private world. In *The Function and Nature of Imagery*, ed. P. W. Sheehan. New York: Academic Press.

Gulgonen, A. and F. Laisney. 1982. Contextual approaches to typology of the Ecole des Beaux-Arts. *The Journal of Architectural Education* 35: 26~28.

Hebb, D. O. 1968. Concerning imagery. *Psychological Review* 78: 466~77.

Hillier, B., J. Musgrove, and P. O'Sullivan. 1972. Knowledge and design. In *Environmental Design: Research and Practice*, ed. W. J. Mitchell. Berkeley, Calif.: University of California.

Hubka, T. 1984. *Big House, Little House, Back House, Barn: The Connected Farm Buildings of New England.* Hanover N. H.: University Press of New England.

Korobkin, B. J. 1976. *Images for Design: Communicating Social Science Research to Architects.* Cambridge, Mass.: An American Institute of Architects Research Report, Architecture Research Office.

Kuhn, T. S. 1970. *The Structure of Scientific Revolutions.* Chicago: University of Chicago Press.

Langer, S. K. 1953. *Feeling and Form.* New York: Scribner's Sons.

______. 1967. *An Introduction to Symbolic Logic.* New York: Dover Publications.

Lawson, B. 1980. *How Designers Think.* London: Architectural Press.

Littlejohn, D. 1984. *Architect: The Life and Work of Charles W. Moore.* New York: Holt, Rinehart & Winston.

Mac Cormac, E. R. 1985. *A Cognitive Theory of Metaphor.* Cambridge, Mass.: MIT Press.

Mandler, G. 1975. Consciousness: respectable, useful, and probably necessary. In *Information Processing and Cognition: The Loyola Symposium*, ed. R. Solso. Hillsdale, N.J.: Lawrence Erlbaum Associates.

Marks, D. F. 1977. Imagery and consciousness: a theoretical review from an individual differences perspective. *Journal of Mental Imagery* 2: 275~90.

______. 1983. Mental imagery and consciousness: a theoretical review. In *Imagery*, ed. A. Sheikh. New York: John Wiley & Sons.

Neisser, U. 1976. *Cognition and Reality*. San Francisco: Freeman.

Oxford English Dictionary, The Compact Edition. 1971. New York: Oxford University Press.

Qualls, P. J. and P. W. Sheehan. 1983. Imaginative, make-believe experiences and their role in the development of the child. In *Mental Imagery and Learning*, eds. M. L. Fleming and D. W. Hutton. Englewood Cliffs, N.J.: Educational Technology Publications.

Richardson, A. 1983. The voluntary use of memory imagery as an aid to learning and performance. In *Mental Imagery and Learning*, eds. M. L. Fleming and D. W. Hutton. Englewood Cliffs, N. J.: Educational Technology Publications.

Rossi, A. 1981. *A Scientific Autobiography*. Cambridge, Mass.: MIT Press.

Rugg, H. 1963. *Imagination*. New York: Harper & Row.

Schön, D. A. 1983. *The Reflective Practitioner: How Professionals Think in Action*. New York: Basic Books.

Sheehan, P. W. 1972. A functional analysis of the role of visual imagery in unexpected recall. In *The Function and Nature of Imagery*, ed. P. W. Sheehan. New York: Academic Press.

Singer, D. G., and J. L. Singer. 1977. *Partners in Play*. New York: Harper & Row.

Smith, E. E. and D. L. Medlin. 1981. *Categories and Concepts*. London: Harvard University Press.

Stevens, G. 1990. *The Reasoning Architect: Mathematics and Science in*

Design. New York: McGraw-Hill.

Williams, T. and T. Scofido. 1983. Typology and primary elements. *The Journal of Architectural Education* 35: 29~32.

제14장

Alexander, C. 1964. *Notes on The Synthesis of Form*. Cambridge, Mass.: Harvard University Press.

Altman, I. and B. Rogoff. 1987. World views in psychology: trait, organismic, and transactional perspective. In *Handbook cf Environmental Psychology*; vol. I, eds. I. Altman and D. Stokols. New York: John Wiley & Sons.

Argan, G. C. 1951. *Walter Gropius e la Bauhaus*. Turin: Giulio Einaudi Editore.

______. 1963. On the typology of architecture. *Architectural Design* 33 (12): 564~5.

______. 1965. *Progetto e Destino*. Milan: II Saggiatore.

Aymonino, C. 1966. *II Significato della Città*. Bari: Laterza.

Bandini, M. 1984. Typology as a form of convention. *AA Files* 6: 73.

Barthes, R. 1967. *Eléments de Semiologie*. Paris: Editions du Seuil. English trans. 1967. *Elements of Semiology*. New York: Hill and Wang.

Bell, D. 1991. Nomads. In *Type and the (im)possibilities of Convention*. Midgard Monographs 2: 19~31.

Colquhoun, A. [1967] 1969. Typology and design method. Reprint in *Meaning in Architecture*, eds. C. Jencks and G. Baird. New York: George Braziller.

Cooper Marcus, C. and W. Sarkissian. 1986. *Housing as if People Mattered*. Berkeley, Calif.: University of California Press.

Doordan, D. P. 1989. Changing agendas: architecture and politics in contemporary Italy. *Assemblage* 8: 69.

Durand, J. N. L. 1805. *Précis des leçons d'architecture données à l'Ecole politéchnique*. Paris: Chez l′ Auteur.

Eco, U. 1968. *La Struttura Assente*. Milan: Bompiani.

______. 1976. *Theory of Semiotics*. Bloomington, Ind.: Indiana University Press.

Francescato, G. 1987. Housing planning and design: learning from three decades of experience and research. In *Public Environments*, eds. J. Harvey and D. Henning. Washington, D.C.: Environmental Design Research Association.

Gergen, K. J. 1982. *Toward Transformation in Social Knowledge*. New York: Springer-Verlag.

Giedion, S. 1967. *Space. Time and Architecture: The Growth of a New Tradition*. 5th ed. Cambridge, Mass.: Harvard University Press.

Gowans, A. 1992. *Styles and Types of North American Architecture*. New York: HarperCollins, Icon Editions.

Gutman, R. 1988. *Architectural Practice: A Critical View*. Princeton, N.J.: Princeton Architectural Press.

Hawkes, D. 1976. Types, norms and habit in environmental design. In *The Architecture of Form*, ed. L. March. Cambridge: Cambridge University Press.

Jacques, A. and A. Vilder. 1977. Chronology: the Ecole des Beaux-Arts, 1671~1900. *Oppositions* 8: 151~7.

Jones, J. C. 1970. *Design Methods: Seeds of Human Futures*. New York: Wiley-Interscience.

Kahn, A. 1991. Toward a nonoppressive interpretation of the concept of type. In *Type and the (im)possibilities of Convention*. Midgård Monographs 2: 107~13.

Kantrowitz, M. 1985. Has environment and behavior research made a difference? *Environment and Behavior* 15 (3): 311~22.

Kostof, S. 1985. *A History of Architecture: Settings and Rituals*. Oxford: Oxford University Press.

Lang, J. 1987. *Creating Architectural Theory: The Role of the Behavioral Sciences in Environmental Design*. New York: Van Nostrand

Reinhold.

Laugier, M. A. 1753. *Observations sur l'architecture.* Paris: Desaint.

Lavin, S. 1992. *Quatremère de Quincy and the Invention of a Modern Language of Architecture.* Cambridge, Mass.: MIT Press.

Lawrence, D. L. and S. M. Low. 1990. The built environment and spatial form. *Annual Review of Anthropology* 19: 453~505.

Lawrence, R. J. 1986. *Le seuil Franchi.…Logement populaire et vie quotidienne en Suisse romande 1860~1960.* Geneva: Georg Editeur.

Le Corbusier. 1930. *Prècisions sur l'état présent de l'architecture et de l'urbanisme.* Paris: Crès & C. English trans.

______. 1991. *Precisions on The Present State of Architecture and City Planning.* Cambridge, Mass.: MIT Press.

______. 1981. *Le Corbusier Sketchbooks.* New York: Architectural History Foundation.

Lorenz, E. N. 1979. On the prevalence of aperiodicity in simple systems. In *Global Analysis*, eds. M. Gremela and J. Mardsen. New York: Springer-Verlag.

Michelson, W. 1968. Most people don't want what architects want. *Transaction* (July-August): 37~43.

Mitchell, W. J. 1990. *The Logic of Architecture.* Cambridge, Mass.: MIT Press.

Moneo, R. 1978. On typology. *Oppositions* 13: 23~45.

Moudon, A. 1989. The role of typomorphological studies in environmental design research. In *Changing Paradiams*, eds. G. J. Hardie, R. Moore, and H. Sanoff. Washington, D.C.: Environmental Design Research Association.

Muratori, S. 1959. *Studi per una Operante Storia Urbana di Venezia.* Rome: Istituto Poligrafico dello Stato.

Newman, O. 1980. *Community of Interest.* Garden City, N.J.: Anchor Press/Doubleday.

Oechslin, W. 1986. Premises for the resumption of the discussion of typology. *Assemblage* I: 37~53.

Passanti, M. 1963. *Nel Mondo Maaico di Guarino Guarini.* Turin: Toso.

Pérez-Gómez, A. 1991. Architecture is not a convention. In *Type and the (im)possibilities of Convention.* Midgard Monographs 2: 11~18.

Pevsner, N. 1936. *Pioneers of the Modern Movement: From William Morris to Walter Gropius.* London: Faber & Faber.

______. 1976. *A History of Building Types.* Princeton, N.J.: Princeton University Press.

Portoghesi, P. 1991. Progettare l' architettura ascoltando. *Domus* 723: 21~6.

Proshansky, H. M. 1987. The field of environmental psychology: securing its future. In *Handbook of Environmental Psychology,* vol. 2, eds. D. Stokols and I. Altman. New York: John Wiley & Sons.

Quatremère De Quincy, A. C. [1825] 1977. English trans.: Vidler, A. 1977. Type. *Oppositions* 8: 147~50. Published originally in Architecture. *Encyclopédie Méthodique,* vol. 3. Paris: Panckoucke.

Rapoport, A. 1984. Architectural education: there is an urgent need to reduce or eliminate the dominance of the studio. *Architectural Record* (October): 100~103.

______. 1990. *History and Precedent in Environmental Desi8n.* New York: Plenum.

______. 1991. Studying practitioners of environmental design professions. Oral presentation at the 22nd Conference of the Environmental Design Research Association, March 12~15, Oaztepec, Mexico.

Robinson, J. 1991. Premises, premises: architecture as a cultural medium. In *Type and the (im)possibilities of Convention.* Midgard Monographs 2: 11~18.

Rogers, E. 1965. *L'utopia della Realtà; Un Esperimento Didattico sulla Tipologia della Scuola Primaria.* Bari: Leonardo da Vinci Editrice.

Rossi, A. 1982. *The Architecture of the City.* Cambridge, Mass.: MIT Press.

Saegert, S. 1987. Environmental psychology and social change. In *Handbook of Environmental Psychology,* vol. 1, eds. D. Stokols and I. Altman. New York: John Wiley & Sons.

Saitowitz, S. 1992. Jury Comments. *Progressive Architecture* (January): 92~94.

Schön, D. A. 1988. Designing: rules, types and worlds. *Design Studies* 9 (3): 181~90.

Scuri, P. 1990. *Late-Twentieth-Century Skyscrapers.* New York: Van Nostrand Reinhold.

Sommer, R. 1987. Dreams, reality, and the future of environmental psychology. In *Handbook of Environmental Psychology,* vol. 2, eds. D. Stokols and I. Altman. New York: John Wiley & Sons.

Thiis-Evensen, T. 1987. *Archetypes in Architecture.* Oxford: Oxford University Press.

Thorn, R. 1991. *Predire n'est pas expliquer.* Paris: Eshel.

Vidler, A. 1977. The production of types. *Oppositions* 8: 93.

Zeisel, J. 1981. *Inquiry by Design.* Monterey, Calif.: Brooks/ Cole.

Zevi, B. [1948] 1974. *Architecture as Space.* Translated by M. Gendel. London: Oxford University Press.

———, 1960. *Architettura in Nuce.* Venice-Rome: Istituto per la Collaborazione Culturale.

제15장

Collins, Peter. 1965. *Changing Ideals in Modern Architecture 1750~1950.* London: Faber and Faber.

Durkheim, Emile and Marcel Mauss. 1903. *Primitive Classification.* Translated and edited by R. Needham. London: Cohen and West.

Habraken, John. 1985. *The Appearance of the Form.* Cambridge, Mass.: A water Press.

Hillier, Bill and Julienne Hanson. 1984. *The Social Logic of Space.* Cambridge: Cambridge University Press.

Lawrence, Roderick. 1986. *Le Seuil franchi… logement populaire et vie quotidienne en Suisse romande 1860~1960.* Geneva: Georg Editeur.

______. 1987. *Housing, Dwellings and Homes: Design Theory, Research and Practice.* Chichester, U.K.: John Wiley & Sons.

______. 1993. Reinterpretation of cognitive, institutional and material structure in an integrative historical perspective. *The Quarterly Newsletter of the Laboratory for Comparative Human Cognition* 15 (1): 16~23.

March, Lionel and Philip Steadman. 1971. *The Geometry of Environment.* London: Royal Institute of British Architects.

Markus, Thomas. 1987. Buildings as classifying devices. *Environment and Planning B* 14 (4): 467~84.

Needham, Rodney, ed. 1973. *Right and Left: Essays in Dual Symbolic Classification.* Chicago: Chicago University Press.

Pevsner, Nicholas. 1976. *A History of Building Types.* London: Thames & Hudson.

Quatremère de Quincy, Antoine. 1832. *Dictionnaire historique d'architecture comprenant dans son plan les notions historiques, descriptives, arché alogiques, bibliographiques, théoriques, didactiques et pratiques de cet art.* Paris: Editions de Paris.

Rossi, Aida. 1966. *The Architecture of the City.* Translated by D. Ghirardo and J. Ockman. Cambridge, Mass.: MIT Press.

Steadman, Philip. 1983. *Architectural Morphology: An Introduction to the Geometry of Building Plans.* London: Pion.

Tambiah, Stanley. 1969. Animals are good to think and good to prohibit. *Ethnology* 8 (4): 423~59.

제16장

Anderson, Stanford. 1982. Types and conventions in time: toward a history for the duration and change of artifacts. *Perspecta* 18: 109~18.

Argan, G. C. 1965. Sui concetto di tipologia architettonica. *Praaetto e*

Destino: 75~81.

Aymonino, C., M. Brusatin, G. Fabbri, M. Lena, P. Loverro, S. Lucianetti, and A. Rossi. 1966. *La Città di Padova, saaaio di analisi urbana.* Rome: Officina edizoni.

Aymonino, Carlo. 1976. *Il significato della città.* Bari: Laterza.

Bandini, Micha. 1984. Typology as a form of convention. *AA Files* 6 (May): 73~82.

______. 1988. La contribution britannique à la morphologie urbaine. In *Morphologie urbaine et parcellaire*, eds. P. Merlin, E. d'Alfonso, and F. Choay, 81~86. Paris: Presses universitaires de Vincennes.

______. 1992. Some architectural approaches to urban form. In *Urban Landscapes: An International Perspective*, eds. J. W. R. Whitehand and P. J. Larkham, 133~69. London: Routledge.

Boudon, FranlToise, André Chastel, Hélène Couzy, and Françoise Hamon. 1977. *Système de l'architecture urbaine: le quartier des Halles à Paris.* Paris: Editions du Centre National de la Recherche Scientifique.

Boyer, Christine C. 1985. *Manhattan Manners: Architecture and Style 1850 ~1900.* New York: Rizzoli.

Broadbent, Geoffrey. 1990. *Emerging Concepts in Urban Space Design.* New York: Van Nostrand Reinhold.

Brown, Denise Scott. 1986. Invention and tradition in the making of American place. *The Harvard Architecture Review*: 162~71.

Caniggia, Gianfranco. 1984a. *Composizione architettonica e tipologia edilizia,* 2. *Il projetto nell'edilizia di base.* Venice: Marsilio Editori.

______. 〔1963〕 1984b. *Lettura di una città: Como.* Como: Edizione New Press.

______. 1984c. *Moderno con moderno.* Venice: Marsilio Editori.

______. 〔1976〕 1985. *Strutture dello spazio antropico.* Florence: Ed. Alinea.

Caniggia, Gianfranco and Gian Luigi Maffei. 1979. *Composizione architettonica e tipoloaia edilizia,* 1. *Lettura dell'edilizia di base.* Venice: Marsilio Editori.

Casabella. 1985. Issue on typology. 49 (January/February).

Castex, Jean, Jean-Charles Depaule, and Philippe Panerai. 1977. *Formes urbaines: de l'îlot à la barre*. Paris: Dunod.

Castex, Jean, Patrick Céleste, and Philippe Panerai. 1980. *Lecture d'une ville: Versailles*. Paris: Editions du Moniteur.

Castex, Jean and Philippe Panerai. 1982. Prospects for typomorphology. *Lotus Intenational* 36: 94~99.

Cervellati, Pier Luigi, Roberto Scannavini, and Carlo de Angelis. 1977. *La nuova cultura della città. La salvaauardia dei centri storici, la riappropriazione sociale degli organismi urbani e l' analisi dello sviluppo territoriale nell' esperienza di Bologna*. Milan: Mondadori.

Choay, Françoise, ed. 1965. *L'urbanisme: utopie et réalités, une anthologie*. Paris: Editions de Seuil.

______. 1980. *La rèale et le modèle, Sur la théorie de l' architecture et de l'urbanisme*. Paris: Editions du Seuil.

______ and Pierre Merlin. 1986. *A propos de la morphologie urbaine*. Tome 1, rapport de synthèse. Laboratoire "Théorie des mutations urbaines en pays développés," Université de Paris VIII, Institut d'urbanisme de l' Académie de Paris, E. N. P. C, mars.

Ciccone, F. ed. 1984. *Recupero e riqualificazione urbana nel programma staordinario per Napoli*. Milano: Dott. Antonino Giuffrè Editore, August.

Colquhoun, Alan. 1969. Typology and design method. In *Meaning in Architecture*, eds. C. Jencks and G. Baird. New York: George Braziller.

Comune di Bologna. 1979. *Risanamento Conservativo del centro storico di Bologna*. Bologna: Graficoop.

Conzen, M. P. 1978. Analytical approaches to the urban landscape. In *Dimensions of Human Geography*, ed. K. W. Butzer, 128~65. Chicago, Ill.: University of Chicago Department of Geography, Research Paper 186.

______. 1980. The morphology of nineteenth-century cities in the United States. In *Urbanization in the Americas: The Background in*

Comparative Perspective, eds. W. Borah, J. Hardoy, and G. Stelter, 119~41. Ottawa: National Museum of Man.

______. 1990. Town-plan analysis in an American setting: cadastral processes in Boston and Omaha, 1630~1930. In *The Built Form of Western Cities*, ed. T. R. Slater, 142~70. Leicester, U.K.: Leicester University Press.

Conzen, M. R. G. 1960. Alnwick, Northumberland: a study in town-plan analysis. Publication No. 27. London: Institute of British Geographers.

______. 1968. The use of town-plans in the study of history. In *The Study of Urban History*, ed. H. J. Dyos, 114~30. New York: St. Martin's Press.

Corboz, André. 1992. L'urbanisme du XXe siècle, esquisse d'un profil. Genève: Fédération des Architectes Suisses.

Croizé Jean-Claude, Jean-Pierre Frey, and Pierre Pinon, eds. 1991. *Recherche sur la typologie et les types architecturaux*. Paris: L'Harmattan.

Devillers, Christian. 1974. Typologie de l'habitat et morphologie urbaine. *Architecture d'Aujourd'hui* 174 (July).

Divorne, Françoise, Bernard Gendre, Bruno Lavergne, and Philippe Panerai. 1985. *Les Bastides d'Aquitaine, du Bas-Languedoc et du Béam, essai sur la réaularité*. Brussels: Editions des Archives d' Architecture Moderne.

Downing, Andrew Jackson [1850] 1969. *The Architecture of Country Houses*. New York: Dover Publications.

Durand, J. N. L. 1801. *Recueil et parralèle des edifices de tout genre anciens et modernes, remarquables par leur beauté, par leur grandeur ou par leur singularité, et dessinés sur une même échelle*. Paris: An IX.

______. 1802. *Précis des leçons d'architecture données à l'Ecole polytechnique*. Paris: An X.

Dyos, H. J., ed. 1968. *The Study of Urban History*. New York: St. Martin's Press.

Fortier, Bruno. 1986. La rue Réaumur. *Les annales de la recherche urbaine*

32: 23~28.

Gerosa, Pier Giorgio. 1986. Sur quelques aspects novateurs dans la théorie urbaine de Saverio Muratori. *Collection: Urbanisme et Sciences Sociales* 6. Strasbourg, France: Université des sciences humaines, Ecole d'architecture de Strasbourg.

Goode, Terence. 1992. Typological theory in the U. S.: the consumption of architectural autheticity. *Journal of Architectural Education* 46 (1): 2~13.

Goodey, Brian. 1985. The current condition of urban design: the significance of Lynch's final question: "How to make public the analysis of local place quality?" Unpublished paper based on a presentation to the seminar *L'analisi de 'Iuogo'*, 23 March Istituto di Architettura e Urbanistica, Università degli Studi di Napoli, Italy.

Groth, Paul. 1981. Streetgrids as frameworks for urban variety. *The Harvard Architectural Review* 2 (Spring): 68~75.

______. 1988. Generic building and cultural landscapes as sources of urban history. *Journal of Architectural Education* 41 (3): 41~44.

Holdsworth, Deryck W. 1992. Morphological change in Lower Manhattan, New York, 1893~1920. In *Urban Landscapes: An International Perspective*, eds. J. W. R. Whitehand and P. J. Larkham, 114~32. London: Routledge.

Huet, Bernard. 1978. Small manifesto. *Rational Architecture Rationelle.* Brussels: Archives de l'Architecture Moderne 54.

Hull, Steven. 1982. *Alphabet City.* New Yark: Pamphlet Architecture.

______. 1983. *Rural & Urban Houses in North America.* New York: Pamphlet Architecture.

Jones, A. N. and P. J. Larkham. 1991. Glossary of urban form. Historical Geography Monograph No. 26. London: Institute of British Geographers. *Journal of Architectural Education.* 1982. Issue on typology in design education. 35 (2).

Katz, Peter, ed. 1994. *A New Urbanism.* New York: McGraw-Hill.

Kostof, Spiro. 1991. *The City Shaped: Urban Patterns and Meanings Through History.* Boston: Little, Brown.

______. 1992. *The City Assembled: The Elements of Urban Form Through History*. Boston: Little, Brown.

Kropf, Karl S. 1993. *The Definition of Built Form in Urban Morphology*. Ph. D. dissertation, vols. 1, 2. Department of Geography, University of Birmingham, England.

Laugier, P. 1754. *Essai sur l'architecture*. Paris: Duchesne.

Lavedan, Henri. 1926. *Qu'est-ce que l'urbanisme?* Paris: Que sais-je.

Lawrence, Roderick J. 1985. Architecture of the city reinterpreted: a critical review. *Design Studies* 6 (3): 141~49.

Lefebvre, Henri. 1968. *Droit à la ville*. Paris: Editions Anthropos.

______. 1970. *Du rural à l'urbain*. Paris: Editions Anthropos.

Lynch, Kevin. 1981. *Theory of Good City Form*. Cambridge, Mass.: MIT Press.

Maffei, Gian Luigi. 1981. *La Progettazione edilizia a Firenze 1910~1930*. Venice: Marsilio Editori.

______. 1990a. *La casa fiorentina nella storia della citta*. Venice: Marsolio Editori.

______, ed. 1990b. *La casa rurale in Lunigiana*. Venice: Marsolio Editori.

Malfroy, Sylvain and Gianfranco Caniggia. 1986. *L'approche morpholoaique de la ville et du territoire*. Zurich: Eidgenössische Technische Hochschule, Lehrstuhl für Städtebaugeschichte, October.

Maretto, Paolo. 1986. *La casa veneziana nella storia della città, dalle origini all'ottocento*. Venice: Marsilio Editori.

Merlin, Pierre, E. d'Alfonso and F. Choay, eds. 1988. *Morphologie urbaine et parcellaire*. Paris: Presses universitaires de Vincennes.

Moneo, Raphael. 1978. On typology. *Oppositions* 13 (Summer): 23~45.

Moudon, Anne Vernez. 1986. *Built for Change: Neighborhood Architecture in San Francisco*. Cambridge, Mass.: MIT Press.

______. 1987. The research component of typomorphological studies. AIA/ ACSA Research Conference, Boston, November.

______. 1992a. A catholic approach to organizing what urban designers should know. *Journal of Planning Literature* 6 (May): 332~49.

______. 1992b. The evolution of twentieth-century residential forms: an

American case study. In *Urban Landscapes: An International Perspective*, eds. J. W. R. Whitehand and P. J. Larkham, 170~206. London: Routledge.

______. 1995. Teaching urban form. *Journal of Planning Education and Research* 14 (2): 123~133.

______. Manuscript in progress. *City Building*.

Muratori, Saverio. 1959. *Studi per una operante storia urbana di Venezia*. Rome: Instituto Poligraphico dello Stato.

______. 〔1959〕 1985. *Una lezione di seminario per la preparazione alla missione di architetti e per la formazione di docenti in una scuola di architettura*. Transcribed by Guido Marinucci. Edizione dei Corsi di Composizione Architettonica di R. eS. Bollati, Facoltà. di Archiettura di Reggio Calabria.

______, Renato Bollati, Sergio Bollati, and Guido Marinucci. 1963. *Studi per una operante storia urbana di Roma*. Rome: Consiglio nazionale delle riceche.

Myers, Barton and George Baird. 1978. Vacant lottery. *Design Quarterly* 108.

Panerai, Philippe, Jean-Charles Depaule, Marcelle Demorgon, and Michel Veyrenche. 1980. *Eléments d'analyse urbaine*. Brussels: Editions Archives d'Architecture Moderne.

Pevsner, Nikolaus, Sir. 1976. *A History of Building Types*. London: Thames and Hudson.

Poëte, Marcel. 〔1929〕 1967. *Introduction à l'urbanisme*. Paris: Editions Anthropos.

Porphyrios, Demetri, ed. 1984. Leon Krier: houses, palaces, cities. *Architectural Design* 54 (7/8).

Porter, William L. and Stanley Tigerman. 1992. Administrators' essays on architectural history. *Journal of Architectural Education* 46 (1): 46~50.

Quatremère de Quincy, A. C. 1977. Type. With an introduction by Anthony Vidler. *Oppositions* 8 (Spring): 147~150.

Raymond H., N. Haumont, M. G. Raymond, and A. Haumont. 1979.

L'habitat pavillonaire. 3d ed. Paris: Centre de Recherche d'Urbanisme.

Rossi, Aldo. 1964. Aspetti della tipologia residenziale a Berlino. *Casabella-continuità* 288 (June): 10~20.

______. 1981. *A Scientific Autobiography*. Cambridge, Mass.: MIT Press.

______. [1966] 1982. *The Architecture of the City*. Cambridge, Mass.: MIT Press.

Rouleau, Bernard. 1983. *Le traçé des rues de Paris, formation, typologie, fonctions*. Paris: Editions du Centre Nationale de la Recherche Scientifique.

______. 1985. *Villages et faubourgs de l'ancien Paris, Histoire d'un espace urbain*. Paris: Editions du Seuil.

Rowe, Collin, and Fred Koetter. 1978. *Collage City*. Cambridge, Mass.: MIT Press.

Samuels, Ivor. 1988. La morphologie urbaine: de la recherche à la profession. In *Morphologie urbaine et parcellaire*, eds. P. Merlin, E. d'Alfonso, and F. Choay, 87~93. Paris: Presses universitaires de Vincennes.

______. 1990. Architectural practice and urban morphology. In *The Built Form of Western Cities*, ed. T. R. Slater, 415~35. Leicester, U.K.: Leicester University Press.

Sartogo, Francesca. n.d. *Venzone come e perché*. Roma: Alba Centro Stampa.

Schön, Donald A. 1988. Toward a marriage of artistry and applied science in the architectural design studio. *Journal of Architectural Education* 41 (4): 4~10.

Slater, T. R. 1984. Preservation, conservation and planning in historic towns. *The Geographical Journal* 150 (3): 322~34.

______. 1987. Ideal and reality in English Episcopal medieval town planning. *Transactions of Institute of British Geographers* 2: 191~203.

______. ed. 1990. *The Built Form of Western Cities*. Leicester University Press.

Solomon, Daniel. 1992. *ReBuilding*. New York: Rizzoli.

Tafuri, Manfredo. 1989. *History of Italian Architecture 1944~1985*. Cambridge, Mass.: MIT Press.

Tice, James. 1993. Themes and variations: a typological approach to housing design, teaching, and research. *Journal of Architectural Education* 46 (3): 162~75.

Typologie apérationnelle de l'habitat ancien (1850~1948). 1979. Collection Actes des Colloques. Paris: Plan Construction.

Ungers, Oswald Mathias. 1979. Architecture of the collective memory: the infinite catalogue of urban forms. *Lotus International* 24: 5~11.

Upton, Dell. 1981. Ordinary buildings: a bibliographical essay on American vernacular architecture. *American Studies International* 14 (2): 57~73.

Upton, Dell and John Michael Vlach, eds. 1986. *Common Places: Readings in American Vernacular Architecture*. Athens, Ga.: University of Georgia Press.

Urban Morphology Research Group. 1987 to present. *Urban Morphology Newsletter*. Birmingham: University of Birmingham, Department of Geography.

Vance, James E. 1977. *This Scene of Man: The Role and Structure of the City in the Geography of Western Civilization*. New York: Harper's College Press.

______. 1990. *The Continuing City*. Baltimore, Md.: Johns Hopkins University Press.

Vidler, Anthony. 1976. The third typology. *Oppositions* 7.

______. 1977. The idea of type: the transformation of the academic ideal, 1750~1830. *Oppositions* 8 (Spring): 93~113.

Whitehand, J. W. R., ed. 1981. The urban landscape: historical development and management, papers by M. R. G. Conzen. Special Publication No 13. Institute of British Geographers. New York: Academic Press.

______. 1987. The changing face of cities: a study of development cycles and urban form. Special Publication No. 21. Institute of British

Geographers. Oxford: Blackwell.

______. 1988. Recent developments in urban morphology. In *Urban Historical Geography, Recent Progress in Britain and Germany*, eds. D. Denecke and G. Shaw, 285~96. Cambridge: Cambridge University Press.

______. 1992. The making of the urban landscape. Special Publication No. 26. Institute of British Geographers. Oxford: Blackwell.

______ and P. J. Larkham, eds. 1992. *Urban Landscapes: An International Perspective*. London: Routledge.

제17장

Augé, Claude, ed. 1933. *Nouveau petit Larousse illustré*. Paris: Larousse.

Baltard, L.-P. 1829. *Architectonographie des prisons…*. Paris.

Banham, Reyner. 1984. *The Architecture of the Well-Tempered Environment*. 2nd ed. Chicago; University of Chicago Press.

Bender, John. 1988. *Imagining the Penitentiary*. Chicago: University of Chicago Press.

Bentham, Jeremy. 1791. *Panopticon; or, the Inspection House…*. 3 vol. London; T. Payne.

______. [1791] 1977. *Le Panoptique, précédé de L'oeil du pouvoir, entretien avec Michel Foucault, Postface de Michelle Perrot*. Paris: Pierre Belfond.

Brazier, Dumersan and Delestre-Poirson. 1818. *L'ecole de village, ou L'enseignement mutuel, comédie en un acte, mêlée de vaudevilles*. Paris; Ladvocat.

Charpentier, Théodore. 1838. *Projet de Maison Pénitentiaire*. Paris.

Corbin, Alain. 1986. *The Foul and the Fragrant: Odor and the French Social Imagination*. Leamington Spa, U.K.: Berg.

Durand, J.-N.-L. 1801. *Recueil et parallèle des édifices de tout genre, anciens et modernes*. Paris.

______. 1809. *Précis des leçons d'architecture données à l'Ecole polytechnique.* 2 vols. Paris.

______. 1840~1841. *Précis des leçons d'architecture données à l'Ecole polytechnique.* Pirate edition of Durand's revised, enlarged edition of 1813. 2 vols. Liège.

Evans, Richard J. 1988. Epidémies et révolutions; le choléra dans l'Europe du XIXe siècle. In *Peurs et terreurs face à la contagion.* edited by Jean-Pierre Bardet et al. and translated by Françoise Lehenand, 107~35. Paris: Fayard.

Evans, Robin. 1982. *The Fabrication of Virtue.* Cambridge: Cambridge University Press.

Foucault, Michel. [1975] 1979. *Discipline and Punish: The Birth of the Prison.* Translated by Alan Sheridan. New York: Vintage Books.

Frankl, Paul. [1914] 1982. *Principles of Architectural History: The Four Phases of Architectural Style, 1420~1900.* Translated and edited by James F. O'Gorman. Cambridge, Mass.: M1T Press.

Goffman, Erving. 1961. *Asylums: Essays on the Social Situation of Mental Patients and other Inmates.* Garden City, N.Y.: Anchor-Doubleday.

Harou-Romain. 1840. *Projet de pénitencier.* Caen: Lesaulnier.

Ignatieff, Michael. 1978. *A Just Measure of Pain: The Penitentiary in the Industrial Revolution.* London: Macmillan.

Ingersoll, Richard. 1991. Four works by Aldo Rossi in Italy: building is forgetting. *Concrete* 2 (Fall): 10~13.

Jacques, Annie. 1986. *La carrière de l'architecte au XIXe siècle.* Les dossiers du Musée d'Orsay 3. Paris: Réunion des musées nationaux.

Lancaster, J. 1816. *Méthode lancastérienne, ou Système d'éducation britannique.* Translated by Th. F. A. Jouenne and J. R. Jones. Brussels: P.J. De Mat.

Le Bras, Hervé and Emmanuel Todd. 1981. *L'invention de la France.* Paris: Librairie Générale Françsaise.

Middleton, Robin, ed. 1982. *The Beaux-Arts and Nineteenth-Century French Architecture.* Cambridge, Mass.: MIT Press.

Nye, Robert A. 1984. *Crime, Madness, and Politics in Modern France: The Medical Concept of National Decline.* Princeton, N. J. : Princeton University Press.

Pérez-Gómez, Alberto. 1983. *Architecture and the Crisis of Modern Science.* Cambridge, Mass. : MIT Press.

Perrot, Michelle, ed. 1991. *From the Fires of Revolution to the Great War.* Vol. 4 of *A History of Private Life.* edited by P. Ariès and G. Duby and translated by Arthur Goldhammer. Cambridge, Mass. : Harvard University Press.

Petit, Jacques-Guy. 1990. *Ces peines obscures: La prison pénale en France, 1780~1875.* Paris: Fayard.

______. ed. 1991. *Histoire des galères, bagnes, et prisons, XIIle~XXe siècles: Introduction à l'histoire pénale de la France.* Paris: Privat.

Pevsner, Nicolas. 1976. *A History of Building Types.* Bollingen Series XXXV 19. Princeton, N. J. : Princeton University Press.

Rabinow, Paul. 1989. *French Modern: Norms and Forms of the Social Environment.* Cambridge, Mass. : MIT Press.

Rothman, David J. 1971. *The Discovery of the Asylum: Social Order and Disorder in the New Republic.* Boston, Mass. : Little, Brown.

Rykwert, Joseph. 1982. The Ecole des Beaux-Arts and the classical tradition. In *The Beaux-Arts and Nineteenth-Century French Architecture*, ed. R. Middleton, 8~17. Cambridge, Mass. : MIT Press.

Smith, Bonnie G. 1981. *Ladies of the Leisure Class.* Princeton, N. J. : Princeton University Press.

Szambien, Werner. 1982. Durand and the continuity of tradition. In *The Beaux-Arts and Nineteenth-Century French Architecture*, ed. Robin Middleton, 18~33. Cambridge, Mass. : MIT Press.

Tafuri, Manfredo. 1976. *Architecture and Utopia: Design and Capitalist Development.* Translated by B. Luigia La Penta. Cambridge, Mass. : MIT Press.

Teyssot, Georges. n. d. La ville-équipement: la production architecturale des bâtiments civils, 1795~1848. *Architecture Mouvement Continuité* 45: 87~92.

______. 1988. Type, program and regularity: the diffusion of architectural principles in the Conseil des Bâtiments Civils. *Canon: Princeton Journal Thematic Studies in Architecture* 3: 119~37.

Vanderburgh, David. 1993. Cultures of public architecture in nineteenth-century France: Re-forming the provincial prison. Ph. D. dissertation, University of California, Berkeley.

Van Zanten, David. 1987. *Designing Paris: The Architecture of Duban, Labrouste, Duc, and Vaudoyer.* Cambridge, Mass.: MIT Press.

______. 1989. Nineteenth-century French government architectural services and the design of the monuments of Paris. *Art Journal* 48 (1): 16~22.

Vidler, Anthony. 1987. *The Writing of the Walls: Architectural Theory in the Late Enlightenment.* Princeton, N. J.: Princeton Architectural Press.

제18장

Ackerman, James S. 1966. Architecture. *Encyclopaedia Britannica* 14th ed., Chicago: Encyclopaedia Britannica, 310~12.

Anderson, Stanford. 1986. Critical conventionism in architecture. *Assemblage* 1: 7~23.

Baltard, Louis-Pierre. 1839. *Introduction au cours d'architecture.* Paris.

Banham, Reyner. 1960. *Theory and Design in the First Machine Age.* New York: Praeger.

Barry, Joseph A. 1953. Report on the American battle between good and bad modern houses. *House Beautiful* 95 (May): 172~3; 266~73.

Colomina, Beatriz. 1992. The split wall: domestic voyeurism. In *Sexuality and Space*, ed. B. Colomina, 73~130. New York: Princeton Architectural Press.

Colquhoun, Alan. 〔1967〕 1981. Typology and design method. In *Essays in Architectural Criticism: Modern Architecture and Historical*

Change, 43~50. Cambridge, Mass. : MIT Press.

Drexler, Arthur, ed. 1977. *The Architecture of the Ecole des Beaux-Arts.* Cambridge, Mass. : MIT Press.

Egbert, Donald D. 1980. *The Beaux-Arts Tradition in French Architecture.* Edited by D. V. Zanten. Princeton. N. J. : Princeton University Press.

Farnsworth, Edith. *Memoirs.* Unpublished Manuscript, 3 vols., Newberry Library Archives.

Franck, Karen A. and Sherry Ahrentzen, eds. 1991. *New Households, New Housing*, New York: Van Nostrand Reinhold.

Friedman, Alice T. 1985. Academic Theory and A.-L.-T. Vaudoyer's *Dissertation sur l'architecture. The Art Bulletin* 67 (1) : 110~22.

______. 1992. A house is not a home: Hollyhock House as "art-theatre garden." *Journal of the Society of Architectural Historians* 60 (3) : 239~60.

Herdig, Klaus. 1983. *The Decorated Diagram: Harvard Architecture and the Failure of the Bauhaus Legacy.* Cambridge, Mass. : MIT Press.

Ladd, Florence. 1977. Residential history: you can go home again. *Landscape* 21 (2) : 15~20.

Lavin, Sylvia. 1992. *Quatremère de Quincy and the Invention of a Modern Language of Architecture.* Cambridge, Mass. : MIT Press.

Laugier, Marc-Antoine. [1753] 1977. *An Essay on Architecture.* Translated with an introduction by Wolfgang and Anni Hermann. Los Angeles: Hennessey and Ingalls.

Lefebvre, Henri. [1974] 1991. *The Production of Space.* Translated by D. Nicholson-Smith. Oxford: Blackwell.

Moneo, Rafael. 1978. On typology. *Oppositions* 13: 22~45.

Neumeyer, Fritz. 1991. *The Artless Word: Mies van der Rohe on the Building Art.* Cambridge, Mass. : MIT Press.

Rockcastle, Garth, ed. 1991. *Type and the (im) Possibilities of Convention.* New York: Princeton Architectural Press.

Rossi, Aldo. 1982. The structure of urban artifacts. In *The Architecture of the City.* Translated by D. Ghirardo and J. Ockman. Cambridge,

Mass. : MIT Press.

Rykwert, Joseph, 1972. *On Adam's House in Paradise: The Idea of the Primitive Hut in Architectural History*. Greenwich, N. Y. : New York Graphic Society.

Schultze, Franz. 1986. *Mies van der Rohe*. Chicago: University of Chicago Press.

Scott, Joan. 1988. Gender: a useful category of historical analysis. In *Gender and the Politics of History*. New York: Columbia University Press.

Smith, Kathryn. 1978. Frank Lloyd Wright, Hollyhock House and Olive Hill, 1914~1924. *Journal of the Society of Architectural Historians* 38 (1) : 15~33.

______. 1992. *Frank Lloyd Wright: Hollyhock House and Olive Hill: Buildings and Projects for Aline Barnsdall*. New York: Rizzoli.

Vaudoyer, A. -L. -T. 1832. *Dissertation sur l'architecture*. Unpublished manuscript. Royal Institute of British Architects, London.

Vidler, Anthony. 1977. The idea of type: the transformation of the academic ideal. *Oppositions* 8: 95~113.

Weisman, Leslie. 1992. *Discrimination by Design: A Feminist Critique of the Man-made Environment*. Urbana and Chicago: University of Illinois Press.

Wright, Frank Lloyd. 1943. *An Autobiography*. rev. ed. New York: Duell, Sloan and Peance.

제19장

Agrest, D. and Gandelsonas, M. 1994. *Agrest and Gandelsonas, Architects*. New York: Princeton Architectural Press.

Ahrentzen, S. 1991. *Hybrid Housing: A Contemporary Building Type for Multiple Residential and Business Use*. Milwaukee, Wis. : Center for Architectural and Planning Research, University of Wisconsin.

Barna, J. 1992. *The See-Through Years: Creation and Destruction in Texas Architecture*. Houston, Tex. : Rice University Press.

Baum, D. 1992. Sacred places. *Mother Jones* (March/April) : 32~38.

Calthorpe, P. 1993. *The Next American Metropolis*. New York: Princeton Architectural Press.

Cole, T. R. 1992. *The Journey of Life: A Cultural History of Aging in America*. New York: Cambridge University Press.

Cranz, G. 1982. *The Politics of Park Design*. Cambridge, Mass. : MIT Press.

______. 1992. The principles of sustainable development can and must shape our cities and parks. Paper presented at Environmental Design Research Association Conference, Boulder, Co., April, 1992.

Crawford, M. 1992. The world in a shopping mall. In *Variations on a Theme Park*, ed. M. Sorkin, 3~30. New York: Noonday Press.

Cromley, E. M. 1990. *Alone Together: A History of New York's Early Apartments*. Ithaca, N.Y. : Cornell University Press.

Darden, D. 1993. *Condemned Building*. New York: Princeton Architectural Press.

Davis, M. 1991. *City of Quartz: Excavating the Future in Los Angeles*. New York: Vintage Books.

Duany, A. and E. Plater-Zyberk. 1991. A town plan for Seaside. In *Seaside: Making a Town in America*, eds. D. Mohney and K. Easterling, 86~107. New York: Princeton Architectural Press.

______. 1992. The second coming of the American small town. *Wilson Quarterly* (Winter) : 19~48.

Forty, A. 1980. The modern hospital in England and France. In *Buildings and Society*, ed. A. King, 61~93. London: Routledge & Kegan Paul.

Franck, K. A. 1989a. Overview of single room occupancy housing. In *New Households, New Housing*, eds. K. A. Franck and S. Ahrentzen, 245~62. New York: Van Nostrand Reinhold.

______. 1989b. Towards a feminist architecture. In *Architecture: A Place for Women*, eds. E. P. Berkeley and M. McQuaid. Washington, D. C. : Smithsonian Institution Press.

______. 1994. Questioning the American Dream: housing innovations in the United States In *Housing Women*, eds. R. Woods and R. Gilroy. London: Routledge.

Franck, K. A. and S. Ahrentzen. 1989. *New Households, New Housing*. New York: Van Nostrand Reinhold.

Freiman, Z. 1993. The sorrow and the pity. *Progressive Architecture* (February) :75~76.

Frieden, B. J., and L. B. Sagalyn. 1989. *Downtown, Inc.: How America Rebuilds Cities*. Cambridge, Mass. : MIT Press.

Garreau, J. 1991. *Edge City: Life on the New Frontier*. New York: Doubleday.

Gergen, K. 1991. *The Saturated Self: Dilemmas of Identity in Contemporary Life*. New York: Basic Books.

Giddens, A. 1991. *Modernity and Self Identity*. Stanford, Calif. : Stanford University Press.

Goode, T. 1992. Typological theory in the United States. *The Journal of Architectural Education* (September) : 2~13.

Gourevitch, P. 1993. Behold now behemoth: the Holocaust Memorial Museum. *Harpers* (July) : 55~62.

Griswold, C. 1992. The Vietnam Veterans Memorial and the Washington Mall. In *Critical Issues in Public Art*, eds. H. Senie and S. Webster, 71~99. New York: HarperCollins.

Guterson, D. 1992. No place like home. *Harpers* (November) :55~64.

Hayden, D. 1990. Using ethnic history to understand urban landscapes. *Places* (Fall) :11~17.

Hester, R. T. 1993. Sacred structures and everyday life. In *Dwelling, Seeing and Designing*, ed. D. Seamon, 271~98. Albany, N. Y. : State University of New York Press.

Holl, S. 1980. *The Alphabetical City*. New York: Pamphlet Architecture.

Hollier, D. 1989. *Against Architecture: The Writings of Georges Bataille*. Cambridge, Mass. : MIT Press.

Hubbard, W. 1987. A meaning for monuments. In *The Public Face of Architecture*, eds. N. Glazer and M. Lilla,. 124~41. New York: Free Press.

Jackson, J . B. 1984. *Discovering the Vernacular Landscape*. New Haven, Conn. : Yale University Press.

Jacobs, J. 1961. *The Death and Life if Great American Cities*. New York: Vintage Books.

Jameson, F. and M. Speaks. 1992. Envelopes and enclaves: the space of post-civil society, an architectural conversation. *Assemblage* 18: 32~37.

King, A. 1992. Building institutionally significant histories. In *Changing Places: ReMaking Institutional Buildings*, eds. L. H. Schneekloth et al., 124~36. Fredonia, N. Y. : White Pine Press.

Knecht, B. 1993. *Flexible Housing Models for Mentally Ⅲ Homeless People: Final Report to Corporation for Supportive Housing*. New York: Barbara Knecht, Inc.

Langenbach, R. 1992. The good and the evil: the preservation of monuments with a negative symbolic image. In *Changing Places: ReMaking Institutional Buildings*, eds. L. H. Schneekloth et al., 159~95. Fredonia, N. Y. : White Pine Press.

Lepori, B. 1992. *La Nascita e i suoi Luoghi*. Como, Italy: Red Studio Adazionale.

McCamant, K. and C. Durrett. 1988. *Cohousing: A Contemporary Approach to Housing Ourselves*. Berkeley, Calif. : Habitat Press.

Newman, O. 1972. *Defensible Space*. New York: Macmillan.

New York City Planning Commission. 1993. *Shaping the City's Future: New York City Planning and Zoning Report*. New York: Department of City Planning.

Oldenburg, R. 1989. *The Great Good Place*. New York: Pantheon Books.

Perin, C. 1977. *Everything In its Place: Social Order and Land Use in America*. Princeton, N. J. : Princeton University Press.

Polyzoides, S., R. Sherwood, and J. Tice. 1992. *Courtyard Housing in Los Angeles*. New York: Princeton Architectural Press.

Ritzdorf, M. 1986. Women and the city: land use and zoning issues. *Urban Resources* (Winter): 23~27.

Sennett, R. 1970. *The Uses of Disorder: Personal Identity and City Life.* New York: Knopf.

Shennan, H. 1993. The body in the house: restimulating bodily memory as a means to reclaim the identities of our bodies in the environment. In *Body, Technology and Design*, eds. M. Underhill and M. Underwood. Washington, D.C.: American Collegiate Schools of Architecture Press.

Sloan, D. 1991. *The Last Great Necessity.* Baltimore, Md.: Johns Hopkins University Press.

Solomon, D. 1992. *ReBuilding.* New York: Princeton Architectural Press.

Sorkin, M. 1992. *Variations on a Theme Park: The New American City and the End of Public Space.* New York: Noonday Press.

Sprague, J. F. 1991. *More Than Housing: Lifeboats for Women and Children.* Boston: Butterworth Architecture.

Stuebing, S. 1992. *The Seattle Public Schools' School Design Notebook.* Newark, N.J.: School of Architecture, New Jersey Institute of Technology.

Thome, R. 1980. Places of refreshment in the nineteenth century city. In *Buildings and Society*, ed. A. King, 228~54. London: Routledge & Kegan Paul.

Tschumi, B. 1987. *Cinegramme Folie: Le Parc de la Villette.* New York: Princeton Architectural Press.

Tuan, Y. F. 1982. *Segmented Worlds and Self: Group Life and Individual Consciousness.* Minneapolis, Minn.: University of Minnesota Press.

Weschler, L. 1993. In a desert of pure feeling. *The New Yorker.* July 7: 80~91.

Wolfe, M. 1992. Invisible women in invisible places: lesbians, lesbian bars and the social production of people/environment relationships. *Architecture and Behavior* 8 (2): 137~58.

Woods, L. 1992. *Anarchitecture: Architecture is a Political Act.* New York: St. Martin's Press.

Young, I. M. 1986. Impartiality and the civic public. *Praxis International* 5(4): 381~401.

Zukin, S. 1991. *Landscapes of Power*. Berkeley, Calif.: University of California Press.

찾아보기

(용 어)

ㄱ ~ ㄴ

가구(*household*) ··········· 145, 293
가로유형 ··········· 191, 192
가상현실 ··········· 126
가치체계 ··········· 265
각본화된 행태(*scripted behavior*) ··········· 72, 74~77, 81, 85, 91
같음(*sameness*) ··········· 49, 53~56, 61
개념 유형 ··········· 51
거주하는 기계(*machine à habiter*) ·· 48
건물유형 ··········· 17, 18, 27, 48, 100, 123, 137, 138, 140, 167, 170, 175, 177, 178, 180, 181, 185, 188, 189, 191, 193, 195, 203, 204, 215, 218, 220, 225, 226, 245, 246, 273, 292, 329
건물유형학 ··········· 45, 163, 171, 177~180, 203
건물조직 ··········· 185, 191, 203
건설주기(*building cycle*) ··········· 189
건조물(*built object*) ··········· 172
건조형태 ··········· 177, 190, 262
건조환경(*built environment*) ··· 11, 117, 120, 121, 132~134, 137~141, 143, 146, 148, 162~165, 168, 172, 179, 198
《건축과 유토피아》(*Architecture and Utopia*) ··········· 244
건축의 자율성 ··········· 177
건축적 원형(*archetype*) ··········· 36
격리 ··········· 291~293, 299, 300

306~308, 318
경관 장소 …… 63
경험의 격리 …… 288, 318
계몽시기 …… 180
계몽 유형(*Enlightenment type*) …… 50
계몽주의 …… 35, 40
고급양식 건축 …… 203, 207
고딕건축 …… 61
고딕양식 …… 233
고전양식 …… 258
고전주의 …… 254, 256, 258
공간유형학 …… 259
《공간의 시학》(*The Poetics of Space*) …… 79
공간적 실천 …… 289, 292
공공 서비스 …… 291, 303, 308
공공영역 …… 157
공동주택 …… 130, 149~151, 158, 161
공유지식 …… 141~144, 165
공적 영역 …… 157
과정적 유형학(*tipologia processuale*) …… 174, 175
관계유형(*relational type*) …… 100, 102, 104
관계적 유형학 …… 101
관통형 바닥평면(*through type*) …… 146, 150, 151
교류적 접근방법(*transactional approach*) …… 122, 127
구성개념 …… 54, 64, 66, 72, 74, 77~81, 85, 90, 91, 112, 125, 173
구성주의 …… 27
구조 …… 35, 36, 54, 56
구조언어학 …… 36
구조주의 …… 36, 49
권력관계 …… 262, 264~267
권력 부여 …… 291, 305, 307
귀납적 유형 …… 202, 205
그로피우스 …… 108
근대 건축 …… 15, 45, 93, 170, 179, 197
근대 경관 …… 291
근대도시 …… 15, 177, 204
근대성 …… 220, 237, 245, 288
근대운동 …… 89, 105, 106, 108, 197, 207, 259
근대적 경관 …… 29
근대주의 …… 18, 21, 24, 27, 35, 43, 177, 178, 181, 194, 198, 203, 207, 262
근대주의 건축 …… 17, 18
근대주의 도시 …… 18, 176, 177
근대주의자 …… 18, 58, 170, 181, 255, 256, 259, 260
글쓰기 …… 33, 35
기념비주의(*Monumentalism*) …… 61
기능유형 …… 141, 226, 228, 230
기능주의 …… 104, 109, 177, 233
기원(*origin*) …… 12, 35, 50, 60, 85, 91, 105, 106, 177, 226
기의(*signifiant*) …… 59
기초유형(*basic type*) …… 175, 182
기표(*signifie*) …… 59
기하학적 유형학 …… 101, 102
기호 …… 59
기호-기능(*sign-function*) …… 112, 114

낙수장 ························ 73
내밀함(*intimacy*) ························ 79
〈놀리의 지도〉(*Nolli Map*) ············ 60

ㄷ ~ ㄹ

단독주거지 ························ 296
단독주택(*pavillonnaire*) ········ 151, 196, 206, 288~290, 296, 299, 300, 306, 310
단독주택지 ························ 295
단일가구 단독주택 ························ 195
단일가족 ························ 300
대리(*substituting*) ························ 34
대립(*opposition*) ························ 54
대상물-유기체(*object-organism*) ························ 172, 173
대중(*the Many*) ·········· 216, 220, 244
대학살 박물관 ························ 28, 317
도구적 역사(*instrumental history*) · 111
도구적(*instrumental*) 학문 ····· 125, 129, 132, 133
도무스(*domus*) ························ 175
도상(*icon*) ·· 107, 123, 124, 167, 211
도시건설(*City Building*) ······ 169, 180, 182, 197, 205, 209, 211
도시건설과정 ··············· 189, 190, 194, 197, 205, 208
도시경관 ···· 185, 187, 191, 193, 195
도시경관 관리 ························ 193, 210
도시구조 ························ 171, 201
도시분석 ···· 178~182, 199~201, 210
도시유형 ························ 111, 163, 203
도시유형학 ························ 128
《도시의 건축》(*The Architecture of the City*) ·················· 59, 177, 181
도시 전체 형태(*city form*) ·· 168, 182, 189, 208
도시조직 ············ 181, 187~191, 197
도시주거 ························ 155, 156, 162
도시주거유형 ························ 161
도시주택 ························ 154, 212
도시주택유형 ······ 146, 154, 162, 163
도시평면 ························ 185, 186, 189, 191, 193, 211
도시-평면 분석(*town-plan analysis*) ························ 185
도시형태(*urban form*) ·· 167~169, 171, 172, 174, 177, 179~181, 184, 185, 189, 195, 197, 200, 201, 203
도시형태학 ·········· 163, 177, 185, 190, 191, 196, 209
도시형태학연구 그룹(*Urban Morphology Research Group*) ·············· 183, 189
도피 ··· 291, 294, 296, 307, 308, 318
독일건축박물관(*Deutsches Architektur Museum*) ························ 21, 31
동일성(*identity*) ························ 54, 61
라빌레트 공원 ············ 322, 330, 331
로우하우스(*row house*) ········ 141, 175
로코코 ························ 61

ㅁ ~ ㅂ

말하는 건축(*architecture parlante*) ························ 42, 48

말하는 기념비(*speaking monuments*) ··· 42
말하는 도시(*cité parlante*) ··· 47
망각하는 건축(*forgetting architecture*) ··· 33, 35, 46
매핑(*map*) ··· 55, 287, 329
맥락주의 ··· 40
명명(*naming*) ··· 72, 73, 222, 283, 284
목소리 ··· 34, 35
무라토리 학파 ··· 176, 182, 197, 208
물성(*materiality*) ··· 52
미끄러짐(*sliding*) ··· 62
민족지학 ··· 139, 140
민중정신(*volksgeist*) ··· 41
바로크 ··· 60
바우하우스 ··· 108, 255
바탕(*ground*) ··· 36
반족(*moiety*) ··· 139, 166
방갈로 ··· 201
방법론학파(*methodologist school*) ··· 109, 121
방법론자 ··· 110, 112
버밍엄 그룹 ··· 210
범주화 ··· 70, 92, 324
베르사유 학파 ··· 185, 194, 198, 199, 201, 203, 205, 207~209
〈베트남전 참전 기념비〉 ··· 298, 320, 329, 330
벨탄샤웅(*weltanschauung*) ··· 114
변경(*frontier*) ··· 287
보충(*supplement*) ··· 34
보편적 공간(*universal space*) ·· 51, 61, 269, 275
보호 ··· 291, 297~299
부가(*adding*) ··· 34
부르주아지 ··· 216, 219, 220, 222~225, 227, 235, 236, 240, 243, 248
분류기법 ··· 202
분류체계 ··· 140, 201
분해도(*resolution*) ··· 190, 191
비신비화 ··· 228
비신성화 ··· 226
비엔나 슈퍼블록(*Viennese Superblock*) ··· 130
비유형(*non-type*) ··· 36
빅토리아양식 ··· 15
빅토리아양식 주택 ··· 21
빛나는 도시(*La Ville Radieuse, Cité Radieuse*) ··· 12, 197, 207

ㅅ~ㅇ

사적 영역 ··· 160
사회적 실천 ··· 209, 223, 252, 262, 273
산업단지(*industrial park*) ··· 300, 301
산업도시 ··· 191
상세(*specificity*) ··· 190~192
상징주의 ··· 50
생성원-추정-분석(*generator-conjecture-analysis*) 모델 ··· 84
생식력(*genitality*) ··· 266
선례 ··· 64, 85~88, 90, 92, 97, 106~109, 112, 123~125, 132, 253
선험적 건물유형 ··· 178
선험적 유형 ··· 202, 205

설계과정 ………………… 64, 70, 81, 84
108, 109, 112~114, 116, 118
121, 122, 124~126, 134, 143
178, 180, 207, 264, 267, 283
설계방법론 ……………………………… 117
세계관(*weltanschauung*) ‥ 54, 114, 115
섹슈얼리티 ……………… 266, 272, 275
수사학 ………………………………… 116
수정궁(*The Crystal Palace*) ………… 216
순수 기하학 …………………………… 40
숭고 …………………………………… 42
《스케치북》(*Sketchbooks*) …………… 123
시대정신 ……………………………… 41
시스템 이론 ……………………… 82, 83
시장 식민화(*market colonization*)
……………………………………… 188, 189
신고전주의 ………………… 40, 45, 105
신플라톤주의 …………… 105~107, 135
신합리주의 …………………… 61, 135
신합리주의자 ……………… 40, 41, 181
실천적 역사(*operational history*) … 168
170, 171, 177
심상(心像) … 50, 64, 66~68, 70, 71
76, 79, 81, 85, 88, 90~92, 272
아날 학파 …………………… 123, 135
아시텍티르 바날레(*architecture banale*)
…………………………………… 203, 207
아시텍티르 사반테(*architecture savante*)
…………………………………… 203, 207
아테네 헌장 …………………………… 207
앙시앵레짐(*ancien régime*) …· 216, 217
222, 224, 226, 231
액세서리 아파트(*accessary apartment*)
…………………………………… 296, 329
어메니티(*amenity*) …………… 210, 310
에꼴 데 보자르(*Ecole des Beaux-Arts*)
…· 105, 194, 226, 251, 253, 258
엘리트 건축 …………………………… 207
역사도시 ……………………… 178, 210
연기(*le délai*) …………………… 61, 62
용도 속성 ………… 280, 281, 283~285
289, 290, 293, 300, 302, 322
용도유형 …· 279, 284~294, 297~310
313, 317, 318, 322, 324, 326~328
원시 오두막 ‥ 105, 226, 255, 257, 272
원형(*archetype*) …… 43, 85, 181, 203
원형(*urtyp*) ………………………… 226
위니테 다비타시옹(*Unité d'habitation*)
……………………………………… 207
위상 분석(*topological analysis*)
………………………… 146, 148, 164
유기적 건축 ………………………… 266
유물론 ……………… 39, 50, 52, 56
유물론자 …………………………… 40, 51
유일자(*the One*) ‥ 216~218, 220, 244
유형학 ……… 99, 101, 104, 107, 108
111~113, 116, 125, 126
130, 137, 138, 146, 153, 154
163, 168, 169, 177, 179~181
191, 203, 204, 251, 259
262, 264, 266, 271
유형형태(*type form*) ………… 255, 256
264, 266
유형형태학 …………… 167~169, 183
193, 194, 196~199, 210, 211
유형형태학자 ………… 177, 193, 201

유형화 ················ 69, 163, 279, 281
윤곽선(*outline*) ························ 193
은거 ················· 291, 294～297, 299
301, 304, 305, 307, 308
은거지(*retreat*) ·········· 294～296, 306
은신처 ································ 15, 244
의미 속성 ························ 281, 329
의사결정론자 ···························· 121
이상형 ······································ 181
이원성 ······································· 52
이원항(*binary set*) ················ 55, 62
인간과학 ····································· 98
인공경관(*built landscape*) ····· 167～169
171, 174, 182, 190～193
198, 200, 205, 208～210
290, 302, 308, 318, 327
인공경관유형(*built landscape type*)
······································ 168, 169
인지구조 ·························· 139, 142
일상생활의 건축 ························ 207
일차 생성원(*primary generator*) ····· 84

ㅈ～ㅊ

자기 동일성(*identity*) ··················· 61
자본 창출 ···· 291, 300, 306～308, 318
자서전적(*autobiographical*) 접근방법
·· 102
자연주의 ···································· 261
자율성 ··················· 40, 41, 52, 199
자족적 공동주택(*self-contained tenement*)
·· 155
장소 만들기 ························ 63, 92
장소유형 ·········· 72, 74～77, 81, 85
91, 278, 280, 282, 284, 287
재명명(*re-naming*) ······· 222, 223, 299
재사용(*reuse*) ····· 128, 193, 232, 233
재현(*re-presentation*) ··············· 57, 59
저렴주거(*low-cost housing*) ·· 141, 314
적층화(*stratification*) ····················· 187
전이지구(*transitional neighborhood*) ·· 13
전통도시 ············ 177, 196, 204, 205
전형(*prototype*) ···· 64, 85, 87, 88, 90
92, 181, 203, 226, 228, 231, 268
전형적 평면 ······················ 203, 204
전형화 ······································ 101
점유 ·················· 277, 281, 285, 294
304, 326, 328
제 3신분(*Third Estate*) ·· 223, 224, 249
젠더(*gender*) ··············· 251, 252, 259
264～267, 275, 290
젠더 관계 ·········· 253, 263, 273, 275
젠더 역할 ················· 266, 272, 275
젠더 이념 ················· 264, 265, 275
〈조세핀 베이커 주택〉 ················ 267
존중 ························ 291, 297～299
종이 건축(*paper architecture*) ········ 70
주거유형 ···· 130, 141, 142, 153, 206
주변도시(*edge city*) ······ 21, 300, 303
주변부(*fringe belt*) ··············· 188, 189
주택유형 ············ 152, 153, 160, 162
164, 176, 191, 192, 200
중류계급 ······················ 223, 224, 227
229, 243, 245, 256
중목구조방식(*heavy timber built structure*) ································ 75

중세도시 …… 186, 188, 189
중정(*atrium*) ‥ 75, 147, 175, 212, 284
중정주택 …… 175, 212
중정형 주택 …… 212
지각(*perception*) …… 55
지역지구 …… 296
지역지구제 ‥ 285, 293, 294, 296, 322
지역지구제 조례 ‥ 277, 284, 308, 322
지역형태 …… 172
질서화 …… 64, 76, 120, 163
집산주의자(*collectivist*) …… 41
차연(*la différance*) …… 61
차이(*la différence*) … 49, 52~56, 59, 61
추상화(*abstraction*) …… 74, 76, 148
257, 260
추정-분석(*conjecture-analysis*) 모델 ‥ 83

ㅋ~ㅌ

코티지(*cottage*) …… 151, 158
코하우징(*cohousing*) …… 274, 300, 310
콘젠 학파 … 183, 184, 187, 189, 190
193, 197, 198, 207~209
타운하우스 …… 15
타자 …… 35
탈구조주의자 …… 46
탈근대 …… 51
탈근대건축 …… 93
탈근대적 기획 …… 21
탈근대주의 …… 18, 24, 27, 259
탈근대주의 운동 …… 24
탈산업사회 …… 112
텍스트 …… 27, 33~36, 52, 59, 160
텐덴자(*Tendenza*) …… 48, 49, 51
120, 181
토속적인 환경 …… 203
토지보유권(*burgage*) …… 187, 188
통제 … 291~294, 297, 305~308, 318
〈투겐다트 주택〉 …… 269

ㅍ~ㅎ

〈판스워스 주택〉 …… 263, 270, 273
팬옵티콘(*Panopticon*) …… 225, 227
239~242
평면단위 …… 185~187, 189
191~193, 204
포스트모던 건축 …… 31
폴리(*folie*) …… 62
표본 …… 201, 202
표본화(*typification*) ‥ 219~222, 225, 226
235, 237, 243~246
표상(*representation*) …· 41, 75, 78, 85
87, 112, 137, 142, 143, 205, 218
245, 252, 279, 283, 284, 297
표준화 …… 235, 286, 289~291, 294
299, 301, 307, 308
314, 315, 318, 327
프랑스학파 …… 181
프랑스혁명 …… 204, 216, 217, 219
222, 223, 225, 226, 234
237, 246~249, 256
《프레시지옹》(*Précisions*) …… 123
프루이트 이고(*Pruitt Igoe*) …… 81, 93
플랫(*flat*) …… 147
픽처레스크 분석(*picturesque analysis*)

·· 201
합리주의 ················ 45, 46, 233, 275
합리주의자 ·············· 40, 42, 48, 261
합목적(*consecrated*) 유형 ·············· 181
203, 204
해체 ·· 52
해체주의 ······································ 322
해체주의 건축 ························· 27, 28
해체주의자 ···································· 46
해체철학자 ···································· 61
핵가족 ······························· 294, 299
행동과학 ································ 98, 99
행태과학 ···························· 117, 121
현전(現前) ····························· 59, 60
형태/바탕(*figure/ground*) ·· 35, 36, 39
43, 45, 46, 60
형태 속성 ··········· 280~285, 289, 290
292, 298, 300, 322, 324
형태심리학 ················ 36, 43, 45, 46
형태유형 ······································ 284
형태학(*morphology*) ············· 168, 173
177, 209
형틀 ··· 69, 85, 86, 88, 142, 163, 262
형판(*template*) ························ 64, 84
<홀리혹 주택> ··········· 263~265, 270
환경-행태 연구(*Environment-Behavior Studies*) ················ 97, 98, 117, 122
123, 125, 134
환경결정론 ·································· 234
환경결정론자 ······························ 234
환경심리학 ·········· 97, 117, 122, 134
후기구조주의 ························· 37, 52
흔적(*trace*) ···························· 35, 60

기 타

2호연립 ····························· 141, 151
LADRHAUS(연구실: 건축과 도시 역사)
······································· 196, 197

찾아보기

(인 명)

ㄱ~ㄴ

그레이브스(Michael Graves) ……… 51
기든스(Giddens) ……… 288
나폴레옹 1세(나폴레옹 보나파르트) …… 222, 230, 234, 235, 247, 248
나폴레옹 3세(루이 나폴레옹) ……… 234, 235, 247
놀리(Giambattista Nolli 또는 Giovanni Battista) ……… 39, 60

ㄷ~ㄹ

데리다(Jacques Derrida) … 33, 34, 52, 59~61
뒤랑(J. N. L. Durand) …… 106, 169, 181, 195, 202~204, 226, 228~231, 233~235, 245
뒤르켐(Durkheim) ……… 139
라브루스트(Henri Labrouste) …… 256
라이트(Frank Lloyd Wright) · 73, 147, 263, 266~269
라포포트(Amos Rapoport) ……… 98, 112, 120, 121, 123, 134
러셀(Bertrand Russell) ……… 139
레비스트로스(Claude Lévi-Strauss) ·· 49
로스(Adolf Loos) ……… 262, 267, 275
로시(Aldo Rossi) …… 33~44, 46~48, 51, 53, 57, 59, 63, 68, 72, 73, 75, 76, 78~81, 86, 88, 92, 93, 102, 104, 120, 163, 170, 176~178, 180, 181, 199, 208, 244, 245
로저스(Ernesto Rogers) · 109~113, 120
로지에(Marc-Antonie Laugier 또는 Abbé Laugier) ·· 105, 180, 195, 202, 226, 254~257, 272

루소(Rousseau) …… 33, 34, 219, 225
루이 16세 ……………… 216, 247, 249
르가시(Jean Laurent Legacy) …… 61
르두(Ledoux) ………………………… 105
르코르뷔지에 ……… 12, 40, 52, 123
197, 237, 249
르페브르(Henri Lefebvre) … 195, 196
199, 260, 262, 266
리오타르(Lyotard) …………………… 44

ㅁ～ㅂ

멈퍼드(Lewis Mumford) …………… 12
모네오(Raphal Moneo) …………… 103
107, 108, 113, 114, 180, 181, 262
모스(Mauss) ………………………… 139
무라토리(Saverio Muratori) ‥ 111, 112
125, 128, 168, 170, 171
173, 176～180, 182, 183
194, 197～199, 203～205
무어(Charles Moore) ……………… 244
미스 반 데어 로에(Mies van der Rohe) ……………………… 51, 52, 61
115, 263, 267, 268, 270～272, 275
바르트(Barthes) ……………… 112, 120
바슐라르(Gaston Bachelard) ……… 79
반 브런트(Henry van Brunt) …… 215
발타르(L.-P. Baltard) ……… 253, 257
버나스코니(Robert Bernasconi) …… 33
베네볼로(Leonardo Benevolo) …… 171
베버(Max Weber) …………………… 139
벤담(Jeremy Bentham) …… 225, 227
236, 242
보두와이에(A.-L.-T. Vaudoyer) ……………………………… 257, 258
보타(Mario Botta) …………………… 51
분트(Wilhelm Wundt) ……… 119, 135
불레(Boullée) ……… 40, 42, 60, 61
105, 257
브라만테(Bramante) ………… 18, 21
브로델(Fernand Braudel) … 123, 136
블롱델(Francois Blondel) ………… 61
비들러(Anthony Vidler) ……… 42, 48
50, 180, 181, 201, 203
비올레르뒥(Eugène Viollet-le-Duc) ……………………… 233, 234, 249
비트루비우스 ………………… 254, 255

ㅅ～ㅇ

생틸레르(Etienne Geoffrey Saint-Hilaire) ……………………… 139
쇼애(Françoise Choay) …… 195, 207
쉐인(Shane) …………………………… 46
아르간(Guilo Carlo Argan) ……… 105
107～109, 111, 120, 178～180, 205
아리스토텔레스 …………………… 138
아이모니노(Carlo Aymonino) ………………… 128, 170, 176～180
아이젠만(Peter Einsenman) … 36, 40
51, 52
알렉산더(Christopher Alexander) ‥ 51
얀(Helmut Jahn) …………………… 27
에코(Eco) …………………………… 120
웅거스(Oswald Mathias Ungers) …………………………………… 21, 31

ㅈ~ㅊ

존슨 ··· 21
촘스키(Noam Chomsky) ··· 36
추미(Bernard Tschumi) ··· 52, 53, 322, 330

ㅋ~ㅌ

카니지아(Gianfranco Caniggia) ··· 170~173, 175, 178~180, 182, 183, 185, 187, 188, 191, 197~201, 204
카트르메르(Quatremère de Quincy) ··· 97, 104~108, 111, 113, 114, 120, 163, 195, 202, 251, 257, 261
크네슬(Knesl) ··· 39, 51, 53, 58
크리어(Rob Krier) ··· 51
크리어(Krier) 형제 ··· 102
타푸리(Manfredo Tafuri) ··· 171, 244
템피에토(Tempietto) ··· 18
콘젠(M. R. G. Conzen) ··· 183~189, 191, 193, 197, 199, 201, 204
콜쿠혼(Alan Colquhoun) ··· 112, 113

ㅍ~ㅎ

팩스턴 경(Sir Joseph Paxton) ··· 216
펩스너(Pevsner) ··· 123
포퍼(Karl Popper) ··· 58
프랭클(Paul Frankl) ··· 215, 218, 220
하브라켄(Habraken) ··· 142, 143
홀(Steven Hall) ··· 51
화이트핸드(J. W. R. Whitehand) ··· 184, 189, 191
힐리어와 한슨(Hillier and Hanson) ··· 148

마이크 브릴 Mike Brill

버펄로(Buffalo) 뉴욕주립대학교(State University of New York)의 건축학과 교수이자 설계연구조직인 BOSTI(Buffalo Organization for Social and Technological Innovations, lnc.)의 대표였다. 프랫 인스티튜트(Pratt Institute)에서 건축학사 학위를 받은 그는 건축가, 교수, 그리고 연구자로 30여 년간 활동했다. 그는 건축을 우리 모두가 타고난 "생래적 언어"(*natural language*)라고 주창하며, 행태, 인간 활동과 만족, 공적 생활과 공적 장소에 주는 설계의 영향에 관해 많은 기사와 논문 그리고 저서를 썼다. 또한 그는 두 권으로 된 《생산성을 증진시키는 사무소 설계 활용》(*Using Office Design to Increase Productivity*, Buffalo, Bosti, 1984~85)의 저자다.

패트릭 콘돈 Patrick M. Condon

브리티시 컬럼비아대학교(University of British Columbia) 조경학 프로그램의 부교수이자 주임이다. 1981년 매사추세츠대학교(University of Massachusetts)에서 조경학 석사학위를 받았다. 1985년 미네소타대학교(University of Minnesota)에서 가르치기 전에는 도시계획가로 일했으며 개인 실무를 했다. 조경설계 이론을 다룬 그의 연구는 〈랜드스케이프 저널〉(*Landscape Journal*)과 〈미드가르드 저널〉(*Midgard Journal*)에 출판되었다. 그는 "아방가르드와 조경, 그것들은 화해할 수 있는가?"(*The Avant-Garde and the Landscape: can they be reconciled?*)라는 제목의 〈랜드스케이프 저널〉 1991년 봄 특집호를 공동으로 편집했다. 이 책에 포함된 글 외에도, 그의 유형학 연구는 〈미드가르드 저널〉과 NEA(국립예술기금)가 지원한 책인 《설계 조경 유형학》(*A Designed Landscape Typology*)에 출판되었다. 그는 아이오와 주의 페이에트(Fayette)에 있는 어퍼아이오와대학(Upper Iowa University)을 위한 설계작품을 포함해 실무를 활발히 진행하고 있다.

헤말라타 단데카 Hemalata Dandekar

앤아버(Ann Arbor)의 미시간대학교(University of Michigan) 교수다. 그녀는 봄베이대학교(University of Bombay)에서 건축학사 학위를, 앤아버의 미시간대학교에서 건축석사 학위를, 로스앤젤레스의 캘리포니아대학교(University of California)에서 도시계획 박사학위를 받았다. 건축가와 도시계획가로 활동하는 그녀는 인도의 농촌개발과 미국의 변화하는 농장경관에 관한 연구를 출판했으며, 계획의 연구방법, 여성과 은신처(*shelter*)에 대한 기사와 공저서들도 발표했다.

프랜시스 다우닝 Frances Downing

텍사스A&M대학교(Texas A&M University)의 건축학과 부교수다. 그녀는 오리건대학교(University of Oregon)에서 건축학 학사와 석사학위를, 밀워키(Milwaukee)의 위스콘신대학교(University of Wisconsin) 건축학 박사학위를 받았다. 그녀는 설계과정에서 '기억할 만한 장소 이미지'(*memorable place imagery*)의 사용, 설계자가 '기억할 만한 장소 이미지'에 할당한 의미, 그리고 설계과정의 구조에 관한 기사와 공저서를 출판했다.

구이도 프란체스카토 Guido Francescato

칼리지파크(College Park)의 메릴랜드대학교(University of Maryland) 건축학과 교수다. 그는 어바나샴페인(Urbana-Champaign)의 일리노이대학교(University of Illinois)에서 건축학 석사학위를 받았다. 그는 미국과 해외에서 건물과 도시공간을 설계했으며 《주거의 의미와 용도》(*The Meaning and Use cf Housing*, ed. E. G. Arias, Avebury, 1993)에 실린 "의미와 용도: 개념적 기반"(*Meaning and Use: A Conceptual Basis*)의 저자다. 현재 브라티스라바 건축사무소(Office of the Chief Architect of Bratislava)가 진행하는, 과거 사회주의 정권이 슬로바키아 수도에 건립한 집합주거단지(Petrzalka mass housing project)의 재활 전략 개발을 돕고 있다.

캐런 프랭크 Karen A. Franck

뉴어크(Newark)의 뉴저지공대(New Jersey Institute of Technology) 건축대학과 사회과학·정책학과 부교수다. 그녀는 뉴욕시티대학교(City University of New York)에서 환경심리학 박사학위를 받았다. 원룸 호텔, 다양한 형태의 대안 주거, 그리고 페미니스트 건축에 대한 글을 쓴 바 있으며, 셰리 아렌츤(Sherry Ahrentzen)과 함께 《새로운 가구, 새로운 주거》(*New Households, New Housing*, Van Nostrand Reinbold, 1989)를 편집했다. 국립과학기금(National Science Foundation)의 지원을 받은 혁신적 주거 연구, 국립예술기금(National Endowment for the Art)의 지원을 받은 공공주거 설계의 역사에 대한 연구 등을 통해 유형에 대한 아이디어를 개발해왔다.

앨리스 프리드먼 Alice T. Friedman

웰슬리대학(Wellesley College)의 미술 전공 교수이자 건축학 프로그램의 공동 주임이다. 현재 20세기 유럽과 미국의 주택건축에 대한 심도 있는 사례연구를 통해 건축가/건축주 관계, 젠더 이념, 그리고 건축설계를 분석한 《최상의 평면: 건축, 젠더 그리고 근대주택의 건설》(*The Best Laid Plans: Architecture, Gender and the Making of the Modern House*)을 집필하고 있다. 《엘리자베스 1세 시대 영국의 주택과 가구: 왈라톤 홀과 윌로비 가족》(*House and Household in Elizabethan England: Wollaton Hall and the Willoughby family*, University of Chicago Press, 1988)의 저자이며, 영국 르네상스 건축과 사회사에 관한 많은 글을 발표했다.

앤터니 킹 Anthony D. King

뉴욕주립대학교 빙엄턴대학교(Binghamton University, State University of New York)의 예술사와 사회학 전공 교수다. 셰필드대학교(University of Sheffield)에서 역사학 석사학위를, 브루넬대학교(Brunel University)에서 사회과학 박사학위를 받았다. 《글로벌 도시: 포스트식민주의와 런던의 국제화》(*Global Cities: Post-Imperialism and the Internationalization of London*, Routledge, 1990), 《방갈로: 글로벌 문화의 생산》(*The Bungalow: The Production of a Global Culture*, Routledge & Kegan Paul, 1984)을 포함한 여러 권의 책을 썼으며, 《건물과 사회: 건조환경의 사회적 개발에 관한 에세이》(*Buildings and Society: Essays on the Social Development of the Built Environment*, Routledge & Kegan Paul, 1980)의 편집자다.

진 라마쉬 Jean La Marche

버펄로의 뉴욕주립대학교 건축학과 부교수다. 미시간의 로렌스공대(Lawrence Technological University)에서 건축학 학사학위를 받았으며, 앤아버의 미시간대학교에서 박사과정을 마쳤다. 실무 건축가로서, 1990년 국립평화공원 현상설계(National Peace Garden Competition)에서 가작을 한 것을 비롯해 여러 디자인상을 받았다. 그의 작품은 워싱턴 D.C.의 국립건축박물관(National Architectural Museum) 전시를 비롯한 많은 전시회에서 전시되었다. 건축이론에 관한 그의 글은 버클리 PETS 연재물(Berkeley PETS series)을 비롯한 여러 책에 기고되었다. 그는 뉴욕 주의 버펄로 시에서 도시시설(*urban installation*)에 관한 학제 간 프로젝트를 개발하고 있다.

로데릭 로렌스 Roderick Lawrence

제네바대학교(University of Geneva) 인간생태학 및 환경과학센터의 교육·연구 주임이다. 오스트레일리아의 아들레이드대학교(University of Adelaide)에서 최우수 건축학 학사학위를 받았다. 그리고 영국의 케임브리지대학교(University of Cambridge)에서 문학 석사학위를, 스위스 로잔(Lausanne) 연방공대(Ecole Poly-technique Fédérale)에서 박사학위를 받았다. 유럽 경제위원회(Economic Commission for Europe)의 주거·건축·계획 위원회와 OECD의 도시국에서 자문가로 활동했다. 《문턱을 넘어서: 1860~1960년 스위스 프랑스어 사용 지역에서 민중 주거과 일상생활》(*Le Seuil franchi… logement populaire et vie quotidienne en Suisse romande, 1860~1960*, Georg Editeur, Geneva, 1986), 《주거, 거주 그리고 집: 설계이론, 연구와 실천》(*Housing, Dwellings and Homes: Design Theory, Research and Practice*, John Wiley, Chichester, U.K., 1987) 등의 저자다.

토머스 마르커스 Thomas Markus

글래스고우(Glasgow)의 스트래스클라이드대학교(University of Strathclyde) 건축 및 건설과학과 명예교수다. 그는 맨체스터대학교(Manchester University)에서 1949년에 건축학 학사학위를, 1953년에 석사학위를 받았다. 또한 1955년 맨체스터공대(Manchester Institute of Technology)에서 건축학 석사학위를 받았다. 그는 왕립예술원(Royal Society of Arts)의 회원이며 많은 기사와 저서의 저자다. 《공간과 사회의 질서: 스코틀랜드 계몽주의 시대의 건축형태와 그 맥락》(*Order in Space and Society: Architectural Form and its Context in the Scottish Enlightenment*, Mainstream, Edinburgh, 1982)의 공저자이자 편집자이며, 《권력과 건축공간: 근대사회 성립과정에서 나타난 건축의 자유와 통제》(*Buildings and Power: Freedom and Control in the Origin of Modern Building Types*, Routledge, London, 1993)를 저술했다.

안느 베르네 무동 Anne Vernez Moudon

시애틀의 워싱턴대학교(University of Washington) 건축학, 조경학, 그리고 도시설계 및 계획 교수이며, 대학원 도시설계 자격 프로그램의 부학장이자 주임이다. 그녀는 버클리(Berkeley)의 캘리포니아대학교(University of California)에서 학사학위를, 스위스 로잔 연방공대에서 박사학위를 받았다. 그녀는 도시형태 분석, 근린과 가로 설계, 그리고 보행자 계획에 중점을 둔 연구를 진행했다. 그리고 《변화를 위한 건축: 샌프란시스코의 근린 건축》

(*Built for Change: Neighborhood Architecture in San Francisco*, MIT Press, 1986)과 《공공 용도를 위한 공공가로》(*Public Streets for Public Use*, Columbia University Press, 1991)를 출간했다.

마샤 리츠도프 Marsha Ritzdorf

블랙스버그(Blacksburg)의 버지니아폴리테크닉주립대학교(Virginia Polytechnic Institute and State University) 계획학, 공공정책학, 경영학 부교수다. 그녀는 오리건대학교에서 도시계획 석사학위를, 시애틀의 워싱턴대학교에서 박사학위를 받았다. 연구자와 전문 계획가인 그녀의 전공은 여성과 토지이용계획이며, 그 주제로 책을 집필하고 있다.

줄리아 로빈슨 Julia Robinson

미니아폴리스(Minneapolis)의 미네소타대학교(University of Minnesota) 건축학과 교수다. 그녀는 미네소타대학교에서 건축학 학사와 인류학 석사학위를 받았다. 그녀는 《문화, 주거 그리고 설계》(*Culture, Housing and Design*, eds. S. Low and E. Chambers, University of Pennsylvania Press, 1988)에 실린 "문화의 매체로서의 건축"(Architecture as a Medium for Culture) 등 많은 아티클과 모노그래프의 저자다. 또한 《거울을 통해 본 건축: 공공시설과 집을 넘어서》(*Architecture Through the Looking Glass: Beyond Institution and Home*, Van Nostrand Reinhold)를 출간할 예정이다.

린다 쉬니클로스 Lynda H. Schneekloth

버펄로의 뉴욕주립대학교 건축 및 계획대학의 교수를 역임했다. 코커스 파트너십, 환경 및 조직 변화 자문위원회(The Caucus Partnership, Consultants on Environmental and Organizational Change)의 파트너다. 그녀는 매디슨(Madison)의 위스콘신대학교에서 조경학 석사학위를 받았다. 건물유형의 구축에 관한 그녀의 초기 연구는 국립예술기금의 지원을 받았다. 마시 퓨어스타인(Marcy Feuerstein), 바바라 캄파냐(Barbara Campagna)와 함께 《변화하는 장소들: 공공시설 건물 다시 만들기》(*Changing Places: Re-Making Institutional Buildings*, The White Pine Press, 1992)를 편집했으며, 로버트 쉬블리(Robert G. Shibley)와 《장소 만들기: 핵심적 실천》(*Placemaking: The Art and Practice of Building Communities*, John Wiley and Sons, 1995)을 저술했다.

마틴 심즈 Martin Symes

영국 맨체스터대학교의 도시재생 전공 교수이자 건축학과장이다. 그는 케임브리지대학교에서 건축을, AA(*Architectural Association*)에서 계획을 공부했으며, 후에 바틀렛대학(Bartlett School)에서 박사학위를 받았다. 그는 건축, 도시설계, 그리고 인간 환경에 관한 많은 글을 책과 잡지에 기고했다. 그리고 〈도시 수변 재생〉(*Urban Waterside Regeneration*, Ellis Hillman, 1993)을 공동으로 편집했다. 프랑스 정부의 도시 전략과 프로젝트에 대한 국제 연구를 진행하고 있다.

데이비드 반더버그 David Vanderburgh

밴쿠버의 브리티시컬럼비아대학교 건축대학 킬램(Killam) 박사후 연구원이다. 그는 1990년과 1993년에 버클리 캘리포니아대학교에서 건축학 석사와 박사학위를 받았다. 그는 〈장소〉(*Places*)지 1992년 여름호에 "우르비노: 계획, 보존, 그리고 다문화"(*Urbino: Planning, Preservation, and Polyculture*)를, 《건축: 도시와 기술》(*On Architecture: The City and Technology*, Mrc Angelil ed., Butterworth Publishers, 1991)에 "판도라의 블랙박스: 1830-1880년 프랑스의 셀룰러 감옥"(*Pandora's Black Box: The Cellular Prison in France*, 1830~880) 등을 출간했다. 그는 19세기 유럽과 북미의 건축과 사회개혁에 관한 책을 집필하고 있다.

낸시 울프 Nancy Wolf

뉴욕 시에 거주하는 미술가다. 로드아일랜드 프로비던스(Providence)에 있는 로드아일랜드디자인스쿨(Rhode Island School of Design)에서 미술 학사학위를 받았다. 사람들과 근대 기술환경, 도시, 현대건축의 관계는 오랫동안 그녀의 미술의 주제였다. 그녀의 드로잉, 페인팅, 그리고 판화는 근대주의, 탈근대주의, 그리고 해체주의 건축에 대한 시각적 비판이다. 유럽·아시아·아프리카에서 살고 여행한 경험은 새로운 기술, 그리고 삶을 위한 인간적 공간의 창조에 대한 그녀의 사고에 영향을 주었다. 그녀의 작품은 워싱턴 D.C.의 마샤 마테이카 갤러리(Marsha Mateyka Gallery)에 전시되고 있다.

한 필 원 (韓弼元)

동아시아 건축의 연구자인 한필원 교수는 서울대학교 건축학과를 졸업하고 같은 대학원에서 석사·박사학위를 받았다. 1989년에서 1995년까지 성림종합건축사사무소와 공간 종합건축사사무소에서 건축설계 실무를 했다. 1995년에서 1996년까지 중국의 칭화대학교〔淸華大學〕 건축학원에서 연구했으며, 2003년에서 2004년까지 미국 버펄로의 뉴욕주립대학교에서 방문교수로 있었다. 1996년부터 한남대학교 건축학부 교수로 있으면서 ATA아시아건축연구실를 이끌고 있다.

저서로 《한국의 전통마을을 찾아서》(휴머니스트, 2011), 공저로 《주거의 문화적 의미》(세진사, 2000), 《지식의 최전선》(한길사, 2002), 《신지식의 최전선》(한길사, 2008), 《한국의 전통생태학》(사이언스북스, 2004), 《한국의 전통생태학 2》(사이언스북스, 2008), 《내 인생을 바꾼 한 권의 책 2》(리더스북, 2009), 《친환경 건축설계 가이드북》(발언, 2009) 등이 있다. 또한 한국의 역사도시에 대한 연구서를 한국과 미국에서 곧 출간할 예정이다.